Oldenbourg

Leistungselektronik

von
Dieter Anke

2., überarbeitete Auflage

Oldenbourg Verlag München Wien

Die Deutsche Bibliothek - CIP-Einheitsaufnahme

Anke, Dieter:
Leistungselektronik / von Dieter Anke. – 2., überarb. Aufl.. - München
; Wien : Oldenbourg, 2000
ISBN 3-486-22634-7

© 2000 Oldenbourg Wissenschaftsverlag GmbH
Rosenheimer Straße 145, D-81671 München
Telefon: (089) 45051-0
www.oldenbourg-verlag.de

Lektorat: Martin Reck
Herstellung: Rainer Hartl
Umschlagkonzeption: Kraxenberger Kommunikationshaus, München
Gedruckt auf säure- und chlorfreiem Papier
Druck: Huber KG, Dießen
Bindung: R. Oldenbourg Graphische Betriebe Binderei GmbH

Vorwort

Das vorliegende Buch zum Thema Leistungselektronik erschien erstmalig 1986. Halbleiter-schalter wie PowerMOSFET, BIMOS-Schalter und GTO waren bereits bekannt, auf Grund ihrer geringen Schaltleistung aber für die Leistungselektronik weitgehend uninteressant. Geprägt wurde die Leistungselektronik von dem Thyristor, einem Halbleiterschalter der zwar über einen Steueranschluss einschaltbar aber nicht mehr ausschaltbar war, und den mit Thyristoren bei vertretbarem Aufwand realisierbaren Wandlerschaltungen. Dies waren Schaltungen, in denen ein einmal gezündeter Thyristor selbstständig verlöschte, sei es durch einen zu Null gehenden Strom oder durch eine netzbedingte Kommutierung zu anderen Thyristoren. Nur in speziellen, durch die Anwendungsaufgabe unvermeidbaren Fällen, wur-den Schaltungskonzepte gewählt, in denen Thyristoren durch Zusatzschaltungen, den Löschschaltungen, auszuschalten waren. Falls möglich, wählte man dann ausgeklügelte Schaltungen, in denen zumindest Teile der aufwändigen Löschschaltung mehrfach nutzbar waren.

Inzwischen, nach über einem Jahrzehnt, wurden dank der aus der Mikroelektronik stam-menden Technologien durch Parallelschaltung vieler Schalterzellen auf dem Halbleiterchip die Schaltleistungen des PowerMOSFET und des GTO entscheidend gesteigert. Durch Kombination der Eigenschaften des MOSFET und des Bipolartransistors in Form des IGBT kam ein weiteres, gerade für die industrielle Leistungselektronik interessantes Bauelement hoher Schaltleistungen hinzu. Damit verfügt nun die Leistungselektronik nicht nur über ein- und ausschaltbare Halbleiterschalter, sondern darüber hinaus auch über schnelle Halbleiter-schalter für fast alle Anwendungsbereiche und kann mit diesen neuartige Schaltungskonzep-te für

kleine, leichte und mobile Systeme

hohe Wandlungsgüte

leistungsfaktoroptimierte Wandler

netzrückwirkungsarme Wandler

realisieren. Im Gegensatz zur Thyristorschaltungstechnik wird nunmehr bewusst die einfa-che Ausschaltbarkeit und die hohe Schaltgeschwindigkeit für mehrfach pulsende Wandler-schaltungen ausgenutzt. Der Wegfall von Löschschaltungen führt durch Schaltungsvereinfa-chung zu höherer Zuverlässigkeit und, bei vergleichbaren Aufgabenstellungen, zu verbes-sertem Wirkungsgrad und zu reduziertem Gewicht. Ein Beispiel hierfür ist der Triebkopf des ICE 1 (Intercity Express der Deutschen Bahn). Hier wurden durch die Einführung der GTO-Technik im Vergleich zur Thyristortechnik 33% Gewichtsreduzierung erzielt.

Wir befinden uns also in einem technologischen Umbruch. Einerseits werden wir uns auf Grund der großen Lebensdauer von Investitionsgütern, hierzu zählen auch leistungselektronische Wandler mit Thyristoren, noch lange mit der Thyristortechnik befassen müssen, andererseits werden wir, insbesondere in der Entwicklung, zunehmend mit neuen Schaltungskonzepten auf der Basis der neuen ein- und ausschaltbaren Halbleiterschalter konfrontiert. Diese Konfrontation beschränkt sich nicht allein auf das Schaltungskonzept, auch Gerätekonstruktion, Bauelementeanordnung, Platinen-Layout ... sind mit der Einführung schneller Halbleiterschalter hinsichtlich dynamischer Verluste sowie interner elektromagnetischer Verträglichkeit (Eigenstörsicherheit) und externer elektromagnetischer Verträglichkeit (EMV-Gesetz) neu zu überdenken.

Das vorliegende Buch, welches auf der Basis einer an der Fachhochschule Regensburg gehaltenen Vorlesung mit dem Titel

    Leistungselektronik und EMV

entstand, versucht dem technologischem Umbruch durch Behandlung beider Technologien, der Thyristortechnik und der Technik mit ein- und ausschaltbaren Halbleiterschaltern, gerecht zu werden. Hierzu sind, was die Struktur des Buches betrifft, Kompromisse unvermeidbar.

Danken möchte ich für viele Anregungen aus dem Bereich der Universität der Bundeswehr München, dort entstand die erste Auflage dieses Buches, sowie für Anregungen und kritische Kommentare meiner Studenten an der Fachhochschule Regensburg, die das Entstehen dieser zweiten Auflage als Studienskript aktiv begleiteten.

Mein ganz besonderer Dank gilt meiner Ehefrau Silvia Anke, die mich geduldig bei der Erstellung dieser zweiten Auflage, sei es durch Umstellung von Passagen und Zeichnungen aus der nicht computergerechten Erstauflage, oder sei es durch die Gestaltung von neuen Passagen unterstützte.

Lappersdorf / Regensburg

Juni 2000

Dieter Anke

Inhalt

1 Einführung / Aufgaben und Methoden der Leistungselektronik 1

2 Bauelemente der Leistungselektronik 9

2.1 Halbleitermaterialien 10

2.2 Diode 12

2.2.1 Diode – Statische Betrachtung 12

2.2.2 Diode – Dynamische Betrachtung 16

2.2.3 Diode im Wechselstromkreis / Einpulsgleichrichter 26

2.3 Leistungstransistor, PowerMOSFET, IGBT 34

2.4 Thyristor 43

2.4.1 Thyristor – statische Betrachtung 43

2.4.2 Thyristor – dynamische Betrachtung 54

2.4.3 Thyristor – Ansteuerschaltungen 62

       2.4.3.1 Thyristor-Zündschaltung 62

       2.4.3.2 Löschschaltungen 70

2.5 Triac 89

2.6 GTO – Abschaltthyristor 89

2.7 Symmetrische Halbbrücke, Universalschalter 92

3 Leistungselektronische Wandler – Grundlagen 93

3.1 Klassifizierung / Taktungs- und Führungsprinzipien 94

3.2 Wandlung durch Schalten / Schaltmodulation 95

4 Wechselstrom-Gleichstrom-Umrichter 105

4.1 Umrichtertypen 105

4.2 Netzgeführte Wechselstrom-Gleichstrom-Umrichter / I-Umrichter 108

4.2.1 Zweiphasensysteme 110

       4.2.1.1 Mittelpunktschaltung (M2-Schaltung) / Grundlagen 110

       4.2.1.2 M2-Schaltung bei $\tau \neq >> \infty$ 121

       4.2.1.3 M2-Schaltung – Leistungsanalyse 127

       4.2.1.4 M2-Schaltung mit endlicher Kommutierungsdauer 139

       4.2.1.5 M2-Schaltung : Spannungsverluste 149

4.2.1.6 M2-Schaltung : Transformator 152

4.2.1.7 M2-Schaltung : Steuerteil 154

4.2.1.8 Brückenschaltung (B2-Schaltung) 159

4.2.2 Dreiphasensysteme 173

4.2.2.1 Mittelpunktschaltung (M3-Schaltung) 173

4.2.2.2 Brückenschaltung (B6-Schaltung) 191

4.2.3 Netzgeführte, gesteuerte Gleichrichter / Zusammenfassung der Kenndaten 200

4.2.4 Vierquadranten-Gleichrichter / Umkehrstromrichter 203

4.3 Selbstgeführte Wechselstrom-Gleichstrom-Umrichter 209

4.3.1 Netzrückwirkungsarme Wechselstrom-Gleichstrom-Umrichter 209

4.3.2 Blindleistungskompensation 217

5 Wechselstromschalter, Wechselstromsteller **219**

5.1 Einphasen-Wechselstromsteller mit R-Last 221

5.1.1 Phasenanschnittsteuerung 221

5.1.2 Phasenabschnittsteuerung, Sektorsteuerung 226

5.1.3 Periodengruppensteuerung / Schwingungspaketsteuerung 229

5.2 Einphasenwechselstromsteller mit Phasenanschnittsteuerung und R/L-Last) 232

5.3 Dreiphasen-Wechselstromsteller / Drehstromsteller 239

6 Gleichstrom-Gleichstrom-Umrichter / Gleichstromsteller **245**

6.1 Tief-/Hochsetzsteller – Wandlungsprinzipien 246

6.2 Mittelpunkt- / Brückenschaltungen – Mehrquadrantenschaltungen 263

6.3 Steuerverfahren 270

7 Gleichstrom-Wechselstrom-Umrichter / Wechselrichter **273**

7.1 Schaltungsstrukturen 273

7.1.1 Wechselrichter mit Einzellöschung 274

7.1.2 Thyristor-Wechselrichter ohne Einzellöschung 277

7.1.3 Schwingkreisumrichter 283

7.2 Steuerungsprinzipien / Pulsungsverfahren 285

7.2.1 180^0-Pulsung / Sektorsteuerung 286

7.2.2 Mehrfachpulsung / Pulsbreitenmodulation 288

8 Wechselstrom-Wechselstrom-Umrichter **293**

8.1 Netzgeführte Direktumrichter 293

8.2 Zwischenkreisumrichter / Frequenzumrichter...294

9 Schaltnetzteile **297**

10 Elektromagnetische Verträglichkeit (EMV)..**305**
10.1 Problemstellung / EMV-Gesetz 305

10.2 Netzrückwirkung..309

10.3 Funkstörung 320

10.3.1 Störungsursache...321

10.3.2 Störgrößenausbreitung 326

10.3.3 Störgrößenmessung...329

10.4 Störfestigkeit...335

10.5 Entstörung...335

Literatur **345**

Sachregister...**348**

1 Aufgaben und Methoden der Leistungselektronik

Wird man erstmalig mit dem Begriff Leistungselektronik konfrontiert, dann stellen sich sicherlich die Fragen:

* Was sind die Aufgaben der Leistungselektronik?

* Wie löst die Leistungselektronik grundsätzlich die gestellten Aufgaben?

Zur ersten Frage: Grundaufgabe der Leistungselektronik ist nach Bild 1.1 die – im Idealfall – verlustfreie Wandlung eines elektrischen Betriebszustandes (Primärnetz, speisendes Netz), beschrieben durch die Kenngrößen

U_1 : Spannung

I_1 : Strom

f_1 : Frequenz

m_1 : Phasenzahl (Drehstromsysteme)

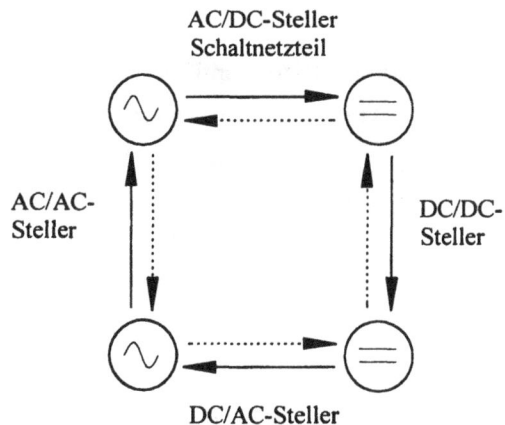

Bild 1.1:
Klassifizierung leistungselektronischer Wandler nach dem Frequenzkriterium

in einen zweiten Betriebszustand (Sekundärnetz, Last- bzw. Verbrauchernetz) mit den Kenngrößen

$$U_2, I_2, f_2, m_2$$

und umgekehrt. Letzteres allerdings nur bei rückspeisefähiger Auslegung des „leistungs-elektronischen Wandlers" bzw. „Umrichters" oder „Stellers".

Selbstverständlich sind hierbei nicht alle Betriebsparameter voneinander unabhängig ein-stellbar. So sind z.B. Spannung U und Strom I über die Leistung miteinander verknüpft.

Ausgehend von Bild 1.1 kann man die Wandler mittels Primärfrequenz f_1 und Sekundär-frequenz f_2 in vier Wandlungsgrundarten unterteilen:

a: Sekundärnetz = Gleichspannungsnetz; $f_2 = 0$ Hz

   Kennzeichen: große Lastzeitkonstante τ ; Symbolik: Bild 1.2

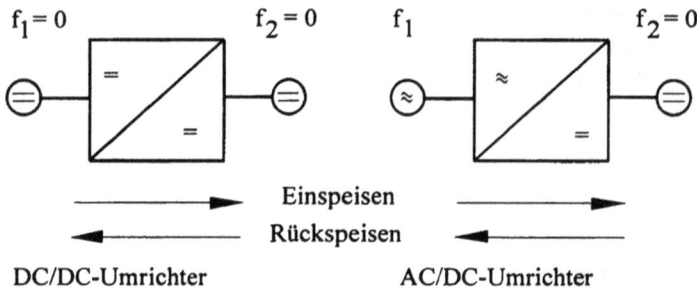

Bild 1.2:
DC/DC-Umrichter;
AC/DC-Umrichter

Varianten:

- Gleichstrom-Gleichstrom-Umrichter

   Gleichstromumrichter, DC/DC-Wandler, Gleichstromsteller

- Wechselstrom-Gleichstrom-Umrichter

   AC/DC-Wandler, gesteuerter Gleichrichter

Anwendungsbeispiele:

– Drehzahlsteuerung von Gleichstrommaschinen über das Ankergesetz

   $$U \sim n \cdot \phi$$

   U: induzierte Spannung; n: Drehzahl; ϕ: magnetischer Fluss

   Realisierungsarten:

   Einquadrantenbetrieb: $U_2 \geq 0$, $I_2 \geq 0$

      nur Einspeisen, Antreiben in einer Drehrichtung

   Zweiquadrantenbetrieb: $U_2 > 0$, $U_2 < 0$, $I_2 \geq 0$

      Einspeisen und Rückspeisen

      Antreiben und Bremsen in unterschiedlichen Drehrichtungen

      Vierquadrantenbetrieb: $U_2 > 0$, $U_2 < 0$, $I_2 > 0$, $I_2 < 0$

          Einspeisen und Rückspeisen

          Antreiben und Bremsen in beiden Drehrichtungen

          Einsatzbeispiele: Straßenbahnantrieb, U-Bahnantrieb

– Erregerstromstellung in Gleichstrom- und Synchronmaschinen

– Erregerstromstellung von Magneten

          Einsatzbeispiele:

          Magnetstromstellung in Magnetschwebefahrzeugen (Anwendung als Hochgeschwindigkeitsbahn ($v_{max}(1988) = 412{,}6\,\text{km/h}$)

          Stromstellung in Hubmagneten von Krananlagen (Eisenerz-/Schrottverladung, Containerverladung)

– Schaltnetzteile zur Spannungsversorgung von Elektronikgeräten, zur Batterieladung, zum Betrieb von Schweißanlagen, ...

b: Sekundärnetz = Wechselspannungsnetz; $f_2 \neq 0\,\text{Hz}$

      Kennzeichen: kleine Lastzeitkonstante τ; Symbolik: Bild 1.3

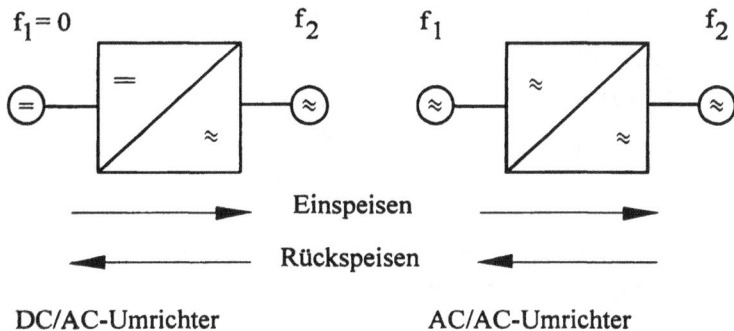

Bild 1.3:
DC/AC-Umrichter
AC/AC-Umrichter

        DC/AC-Umrichter   AC/AC-Umrichter

Varianten:

• Gleichstrom-Wechselstrom-Umrichter

    DC/AC-Wandler, Wechselrichter

• Wechselstrom-Wechselstrom-Umrichter

    Wechselstromumrichter, AC/AC-Wandler, Frequenzumrichter

    oder – bei Einschränkung auf $f_1 = f_2$ – Wechselstromsteller

Anwendungsbeispiele :

– Kopplung von nicht synchronisierten Energieversorgungsnetzen

– Statische Umformer zur Erzeugung von Wechselspannungsnetzen (16 2/3Hz, 50Hz, 60Hz, 200Hz, 800Hz... aus Primärnetzen anderer Frequenz)

   Einsatzbeispiel: Unterbrechungsfreie Stromversorgungsanlagen (USV-Anlagen)

– Frequenzumrichter für Drehstrommaschinen

   Einsatzbeispiele:

   Antrieb dieselelektrischer Lokomotiven mit Asynchronmotoren

   Antrieb von U-Bahnen und Straßenbahnen mit Asynchronmotoren

   Antrieb von Wechselstromlokomotiven mit Asynchronmotoren (Deutsche Bahn: E120, ICE)

   Der Einsatz von Asynchronmotoren, wie er sinnvoll erst durch leistungselektronische Wandler ermöglicht wird, bietet eine Reihe von antriebstechnischen Vorteilen. Hierzu ein Vergleich zweier Lokomotiven mit annähernd gleichem Gesamtgewicht:

DB-Baureihe	E 120	E 110
Antrieb	Asynchronmotor	Kommutatormotor
Gesamtgewicht	84 t	85 t
Gewicht Drehgestell	2*16 t	2*22 t
Leistung	5600kW	3700kW
Zugkraft bei		
v = 80km/h	200kN	85kN
100km/h	160kN	85kN
160km/h	100kN	65kN
Einsatz	beliebig	Schnellzug

– Leistungsaufnahmesteuerung von Wechselstromlasten

   Einsatzbeispiele:

   Helligkeitssteuerung von Lampen (Dimmer)

   Leistungssteuerung elektrischer Heizungen

– Zu- bzw. Abschalten von Wechselstromlasten

   Einsatzbeispiel:

   thyristorgesteuertes Anschalten von Transformatorabgängen in Elektrolokomotiven

Die eben genannten Wandlungsaufgaben lassen sich nicht immer in allen Wertekombinationen

$$U_1, I_1, f_1, m_1 \quad / \quad U_2, I_2, f_2, m_2$$

uneingeschränkt und wirtschaftlich durchführen. Dies gilt insbesondere für

• Gleichstromumrichter höherer Leistungen bei $U_2 > U_1$

sowie für

• Wechselstromumrichter bei $f_1 \neq f_2$ und $f_2 \neq < 0{,}5 \cdot f_1$

Als Lösung bietet sich dann, wie beispielsweise bei den Drehstromantrieben von Wechsel-stromlokomotiven, ein zwischengeschalteter Betriebszustand an.

$$\left|\begin{matrix} U_1 \\ I_1 \\ f_1 \\ m_1 \end{matrix}\right| \; \begin{matrix} \rightarrow \\ \\ \leftarrow \\ \end{matrix} \; \left|\begin{matrix} U_z \\ I_z \\ f_z \\ m_z \end{matrix}\right| \; \begin{matrix} \rightarrow \\ \\ \leftarrow \\ \end{matrix} \; \left|\begin{matrix} U_2 \\ I_2 \\ f_2 \\ m_2 \end{matrix}\right|$$

Ein derartiger, so genannter Zwischenkreisumrichter wird also mittels zweier Einzel-umrichter (Teilumrichter) realisiert. Bild 1.4 zeigt hierzu ein Anwendungsbeispiel aus der Bahntechnik.

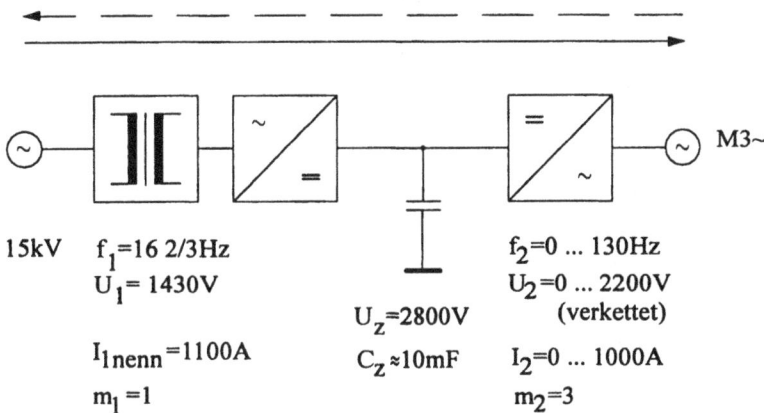

15kV	f_1=16 2/3Hz		f_2=0 ... 130Hz
	U_1= 1430V		U_2=0 ... 2200V
		U_z=2800V	(verkettet)
	I_{1nenn}=1100A	C_z≈10mF	I_2=0 ... 1000A
	m_1=1		m_2=3

Bild 1.4: Zwischenkreisumrichter im ICE (Baureihe 401); Nennleistung eines Triebkopfes: P_n = 4800kW $\hat{=}$ 6860Ps ; Anzahl Umrichter/Triebkopf: 4 ; Technologie: erste Baureihe in Thy-ristortechnik, zweite Baureihe in GTO-Technik

Damit ist die Aufgabenstellung der Leistungselektronik, nämlich die Wandlung elektrischer Betriebszustände, einführend bekannt. Gleichfalls bekannt ist die Klassi-fizierungsmöglichkeit leistungselektronischer Wandler nach dem Frequenzkriterium bzw. der Wandlungsart.

Und nun zur zweiten Frage! Wie löst die Leistungselektronik grundsätzlich die gestellten Aufgaben? Im Gegensatz zu Maschinenwandlungen, wo näherungsweise von analogen Wandlungen zu sprechen ist, erfolgt diese bei leistungselektronischen Wandlern durch ge-zieltes Schalten – man spricht auch von Schaltmodulation – zusammen mit einer eventuellen

Filterung. Bild 1.5. zeigt als Beispiel das Prinzip einer Gleichstrom-Wechselstrom-Wandlung. Nach Maßgabe einer „Steuerung" werden in der mit einem Schaltersymbol versehenen Wandlerschaltung Schaltvorgänge so ausgeführt, dass von der primärseitigen Spannung U_1 Spannungszeitblöcke bzw. Impulse unterschiedlicher Dauer und Polarität an die Sekundärseite durchgeschaltet werden. Mittels zusätzlicher Filter wird dann aus 2 Impulsen pro Periode (einfach pulsende Wandlerschaltung) bzw. 14 Impulsen pro Periode (Beispiel einer mehrfach pulsenden Wandlerschaltung) die gewünschte, sinusförmige Spannung u_2 nachgebildet.

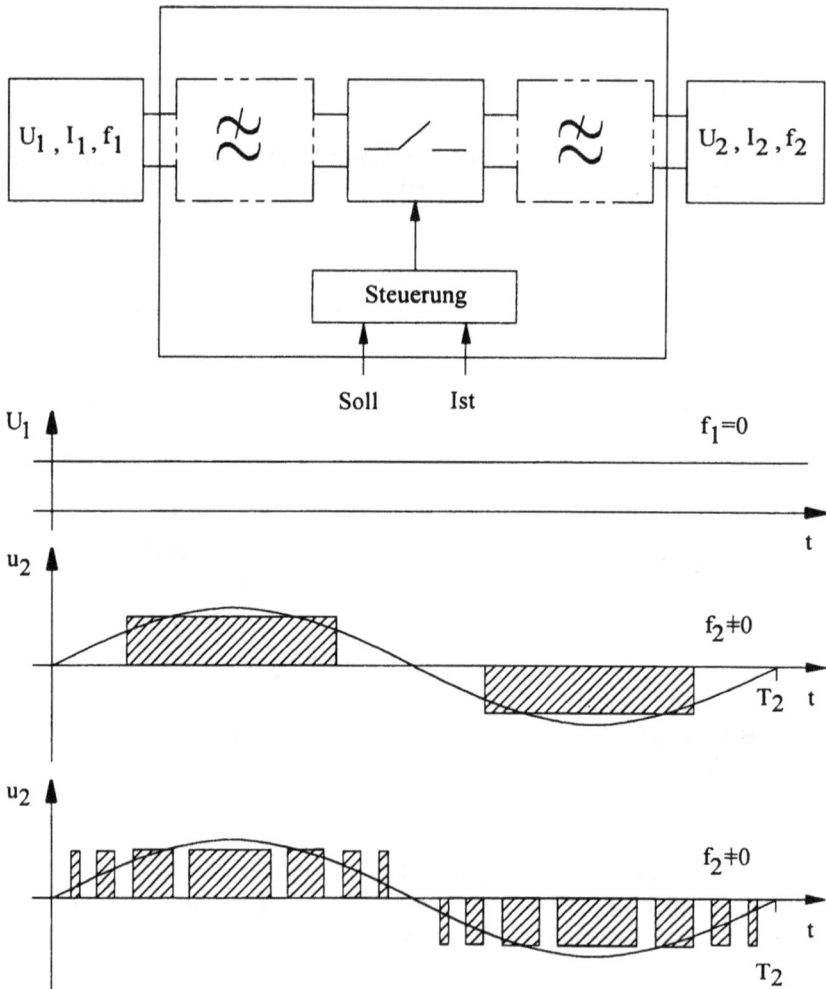

Bild 1.5: Qualitative Darstellung „Wandeln durch Schalten" (Bespiel: DC/AC-Umrichter)

Allerdings werden mit diesem Wandlungsprinzip in Abhängigkeit vom gewählten Pulsverfahren neben der gewünschten Spektralkomponente f_2 auch weitere, hier unerwünschte und durch Filter zu unterdrückende Spektralkomponenten erzeugt. Dabei zeigt die Fourier-Analyse, dass mit geeigneter Erhöhung der Impulszahl pro Periode der Filteraufwand (Baugröße, Gewicht) bei gleich bleibender Güteanforderung an u_2 reduziert werden kann. Diese Feststellung führt in der modernen Leistungselektronik zu Pulsverfahren bzw. Schaltmodulationen mit möglichst großer Anzahl der Impulse/Periode.

Arbeitet also, was nicht zwingend so sein muss, ein Pulsverfahren mit konstanter Schaltfrequenz f_s, so folgt aus Bild 1.5 und der Forderung nach hoher Nachbildungsgüte bei geringem Filteraufwand für die Schaltfrequenz:

$$\text{Schaltfrequenz} \quad f_s \geq \text{Primärfrequenz } f_1 \text{ (ideal: } f_s \gg f_1 \text{)},$$
$$f_s \geq \text{Sekundärfrequenz } f_2 \text{ (ideal: } f_s \gg f_2 \text{)}$$

Erforderlich sind also schnelle Schalter, wie sie heute technisch sinnvoll durch Halbleiter realisierbar sind. Da es sich bei diesen mit Ausnahme einiger Spezialausführungen um Schalter mit eindeutiger Vorzugsrichtung des Stromes handelt, spricht man gelegentlich auch von Stromrichterventilen oder gar nur von Ventilen.

Zu steuern sind die Schaltvorgänge durch eine elektronische Steuerung, die nach Maßgabe von Sollwertvorgaben, Istwerterfassungen sowie internen Überwachungseinrichtungen im leistungselektronischen Wandler digitale Ansteuersignale für die Stromrichterventile zu bilden hat. Diese Steuerung wird, abhängig von der Aufgabenstellung, sowohl analoge Komponenten – z.B. Operationsverstärker – als auch digitale Komponenten – z.B. Zeitglieder, Logikschaltkreise, Mikroprozessoren – beinhalten.

Auf Grund des schaltenden Wandelns der Leistungselektronik und der hierdurch gemäß Fourier-Analyse erzeugten ausgedehnten Spektren können sowohl in den angeschlossenen Netzen (Bild 1.6) als auch in der Feldumgebung Störungen (Netzrückwirkungen, Funkstörungen) beobachtet werden, die durch geeignete Dimensionierung vor- und nachgeschalteter Filter, aber auch durch geeignete Wandlungskonzepte und Konstruktionstechniken möglichst gering zu halten sind.

Bild 1.6:
Beispiel eines gestörten
230V/50Hz-
Industrienetzes

Der Leistungselektroniker hat sich also mit folgenden Teilaufgaben zu befassen:

1. Eigenschaften der Halbleiterschalter / Stromrichterventile

2. Entwurf und Realisierung leistungselektronischer Wandlersysteme (Umrichter, Strom-richterschaltungen)

3. Entwurf und Realisierung der Ansteuerelektronik

4. Elektromagnetische Verträglichkeit (EMV)
   Netzrückwirkung, Funkstörung, Eigenstörsicherheit
   HF-gerechtes Geräte-Layout

Die Teilaufgaben 1., 2. und 4. werden im Folgenden ausführlicher behandelt; die 3. Teil-aufgabe wird nur kurz gestreift.

Historisch gesehen leitet sich die Leistungselektronik aus der Stromrichtertechnik ab, von der sie für den Sprachgebrauch noch viele Begriffe übernommen hat. Viele Wandlungsprin-zipien sind deshalb auch altbekannt. Der Durchbruch zur weit verbreiteten Anwendung in kleinen, leichten, mobilen (robusten) Wandlersystemen mit hohem Wirkungsgrad gelang je-doch erst mit der Einführung der Halbleiterventile.

Hierzu einige historische Daten:

> 1902 Quecksilberdampfgleichrichter – Gasentladungsventil mit Gasfüllung
        und Quecksilberkathode (Cooper-Hewitt)

        Ausführungsformen:

                Excitron (dauererregte Kathode)

                Ignitron (gezündete Kathode)
                $$U = ...150\text{kV}, \quad I = ...1000\text{A}$$

> 1922 Gittergesteuerte Gasentladungsventile - Gasentladungsventil mit Argon-
        bzw. Quecksilberdampffüllung und Glühkathode

        Ausführungsform:

                Thyratron $U = ...20\text{kV}, \quad I = ...45\text{A}$

> 1925 Halbleitergleichrichter

        Ausführungsformen:

                Kupferoxydulgleichrichter

                Selengleichrichter

> 1940 Halbleiterdioden

        Ausführungsformen:

                Germaniumdiode

                Siliziumdiode

> 1948 Transistoren

> 1958 Thyristoren

2 Bauelemente der Leistungselektronik

Die erfolgreiche Verbreitung leistungselektronischer Wandler ist direkt verknüpft mit der Entwicklung geeigneter Schalter bzw. Ventile. Bei der Beschränkung auf die moderne Leistungselektronik sind dies:

- Diode
- Leistungs-Schalttransistor
- Leistungs- bzw. PowerMOSFET
- IGBT (insulated gate bipolar transistor)
- Thyristor
- Triac
- GTO (gate turn off thyristor) / Abschaltthyristor
- Module / Zusammenfassung von Dioden und Transistoren (Dioden und Thyristoren) zu symmetrischen Halbbrücken, symmetrischen. Vollbrücken, ...

Prognosen der Leistungshalbleiterindustrie sowie von Anwendern der Halbleiterschalter lassen für den Einsatz folgenden Trend erkennen:

- Halbleiterschalter für Schaltungen, in denen nur die Einschaltbarkeit gefordert wird, z.B. für konventionelle, netzgeführte gesteuerte Gleichrichter (Kap. 4.1) oder Wechselstromsteller (Kap. 5):

    → Thyristor

- Halbleiterschalter für Schaltungen mit geforderter Ein- und Ausschaltbarkeit, z.B. für Gleichstromsteller, moderne mehrfach pulsende Wandler, ... (Bild 2.1):

- bei Schaltleistungen P_{sch} = Sperrspannung·Durchlassstrom $< \cong 1000$kVA

    → IGBT

- bei Schaltleistungen $> \cong 1000$kVA

    → GTO

- bei Schaltleistungen $> \cong 10$MVA

    → Thyristor mit Löschschaltung

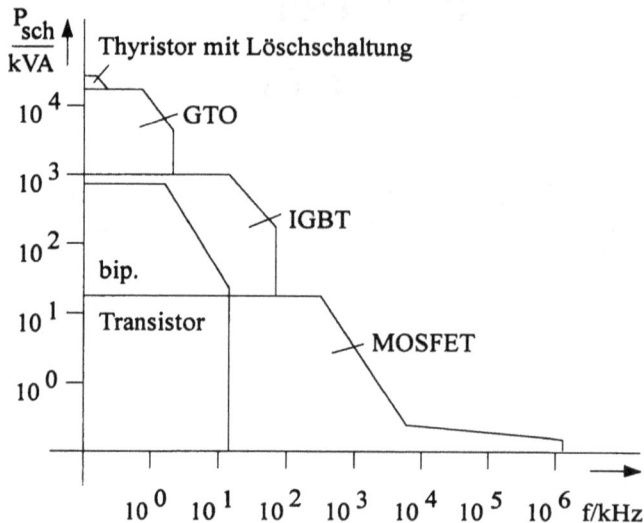

Bild 2.1: Einsatz der Halbleiterschalter im Jahr 2000 (Quelle: Siemens)

Im Folgenden werden die Eigenschaften der für die Leistungselektronik wichtigsten Ventile
-Diode, IGBT, Thyristor, Triac und GTO- , soweit für das Schaltungsverhalten erforderlich,
anschaulich erläutert. Transistor und MOSFET werden als Voraussetzung für das Verständnis des IGBT kurz gestreift.

Passive Bauelemente (Kondensatoren und Drosseln,), für die Leistungselektronik wichtig
als Filterelemente und Energiespeicher, werden bei speziellen Anforderungen (z.B. in Kap.
6) zusammen mit den Wandlerschaltungen behandelt

2.1   Halbleitermaterialien

Zur Realisierung von Halbleiterventilen wird der Halbleiter „Silizium" bevorzugt. Er ist gekennzeichnet durch

- Wertigkeit   : 4
- Leitfähigkeit   : Bildung von Ladungsträgerpaaren bei
                          Energiezufuhr (z.B. Wärme)
- Ladungsträgerpaar   : Elektron $e = (-q) = -1{,}6 \cdot 10^{-19}$ As
                          Defektelektron (Loch) $p = (q) = +1{,}6 \cdot 10^{-19}$ As

– Ladungsträgerdichte (Intrinsic conduction, Eigenleitung) :

$$n_i = f(T)\,;\ n_i = 1{,}4 \cdot 10^{10}\,\text{Paare/cm}^3 \text{ bei } T\text{=300K}$$

(zum Vergleich: $n_{Cu} = 8 \cdot 10^{22}\,\text{Elektronen/cm}^3$)

Die Eigenschaft von Halbleitermaterialien, sowohl Elektronen als auch Löcher zur Leitfähigkeit bereitzustellen, kann durch Zugabe von Störstellen – Dotierung – gezielt verändert werden:

- n-Dotierung mit 5-wertigen Elementen (Donatoren) wie Antimon, Phosphor, Arsen
  Hervorhebung Elektronen- bzw. n-Leitung (e: Majoritätsladungen)
  ortsfeste positive Ladung (p: Minoritätsladungen)

- p-Dotierung mit 3-wertigen Elementen (Akzeptoren) wie Aluminium, Indium, Gallium
  Hervorhebung Löcher- bzw. p-Leitung (p: Majoritätsladungen)
  ortsfeste negative Ladung (e: Minoritätsladungen)

Der so dotierte Halbleiter ist nach außen weiterhin elektrisch neutral. Er hat lediglich durch Störung der Gitterstruktur seine Bereitschaft zur Freistellung beweglicher Ladungsträger verändert.

Stets gilt dabei für die Anzahl *n* der pro Volumeneinheit frei beweglichen Elektronen bzw. *p* der frei beweglichen Löcher:

$$p \cdot n = n_i^2 = \text{const}\,(T)\,;\ T: \text{Temperatur} \tag{2.1}$$

Die Leitfähigkeit σ des dotierten Halbleiters ist proportional zur Anzahl *n* bzw. *p* der Ladungsträger und zu deren Beweglichkeit b_n bzw. b_p. Unter Einbeziehung der Elementarladung q folgt für diese Leitfähigkeit σ

$$\sigma = q \cdot \left\{ n \cdot b_n + p \cdot b_p \right\} \tag{2.2}$$

Größenbeispiel: $\quad b_n = 1350\,\text{cm}^2/\text{Vs}$

$$b_p = 480\,\text{cm}^2/\text{Vs}$$

Mit (2.1) ist (2.2) umformbar in

$$\sigma = q \cdot \left\{ n \cdot b_n + \frac{n_i^2}{n} \cdot b_p \right\} \tag{2.3}$$

Unterstellt man zur Diskussionsvereinfachung $b_n = b_p \approx 1000\,\text{cm}^2/\text{Vs}$, so ergibt sich für die Leitfähigkeit σ die in Bild 2.2 dargestellte Dotierungsabhängigkeit σ. Hiernach steigt die Leitfähigkeit σ mit zunehmender Dotierung $n > n_i$ bzw. $p > n_i$. Bei alleiniger Betrachtung dieses Aspekts ist also für Halbleiterventile der Energietechnik, wo geringe Verluste und damit hoher Wirkungsgrad ein wesentliches Entwicklungsziel sind, zur Realisierung geringer Widerstände eine hohe Dotierung anzustreben. Anzumerken ist, dass das Leitfähigkeitsminimum für $n = n_i$ in der praktischen Realisierung auf Grund unvermeidbarer Materialverunreinigungen nicht ganz erreichbar ist.

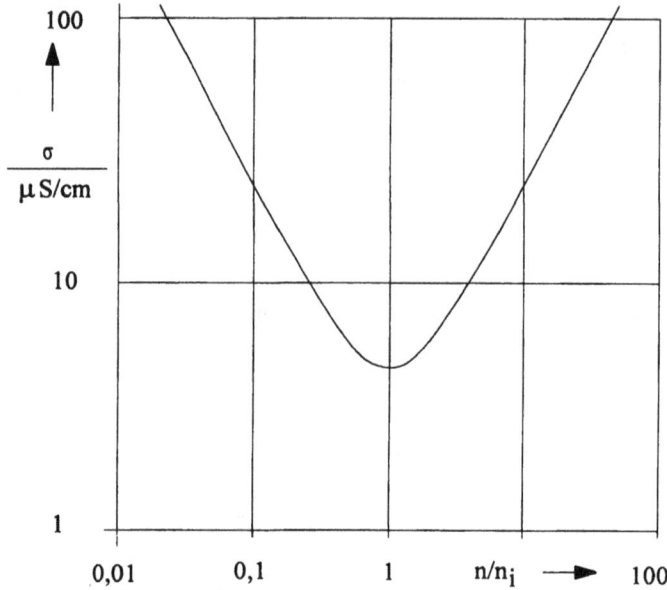

Bild 2.2: Leitfähigkeit des dotierten Si-Halbleiters (Annahme: Beweglichkeit $b_n = b_p$)

2.2   Diode

2.2.1   Diode – Statische Betrachtung

Die Diode (Bild 2.3) ist ein Halbleiterventil mit je einer p- und n-dotierten Zone. Wird positive Spannung $U_D > 0$ angelegt, so bewegen sich p- und n-Ladungen zum pn-Übergang und führen dort durch Ladungsträgerrekombination zu einem Strom $I_D > 0$.

Wird hingegen negative Spannung $U_D < 0$ angelegt, so werden die beweglichen Ladungsträger aus dem Bereich des pn-Überganges abgezogen. Es verbleibt eine ortsfeste Raumladung ρ mit negativer Polarität links (p-Bereich) und positiver Polarität rechts (n-Bereich) vom pn-Übergang. Die Diode sperrt infolge des Mangels beweglicher Ladungsträger im Bereich des pn-Überganges. Für die in diesem Bereich auftretende Sperrfeldstärke gilt (Poissonsches Gesetz |Philippow|):

$$\frac{dE}{dx} \sim \rho(x) \tag{2.4}$$

ρ : ortsfeste Raumladung (>0: n-Bereich; <0: p-Bereich)
x : Längskoordinate

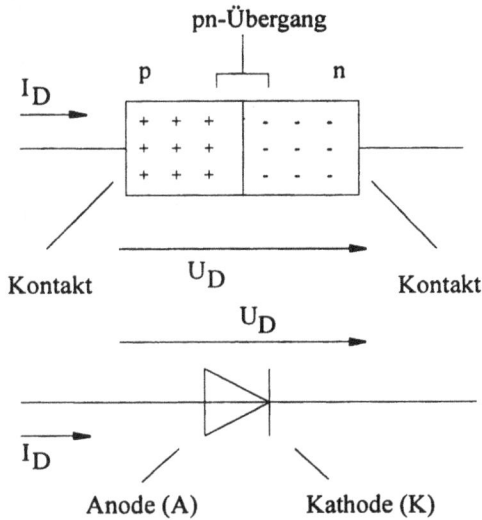

Bild 2.3: Prinzipstruktur und Schaltungssymbol von Dioden

Da auch der dotierte Halbleiter ohne äußere Einwirkung elektrisch neutral ist, führt eine hohe Dotierung im Bereich eines sperrenden pn-Überganges zu hoher Raumladung ρ und folglich zu hoher elektrischer Feldstärke E. Wird, wie in der Energietechnik, hohes Sperrvermögen gefordert, so darf im Sperrfall die für eine Stoßionisation kritische Feldstärke

$$E_{krit}(Si) \approx 200...500kV/cm$$

nicht überschritten werden. Hoch sperrende Dioden sind folglich nur durch geringe Dotierung realisierbar. Damit ergibt sich ein Konflikt zwischen den beiden Forderungen

- hohe Leitfähigkeit $\rightarrow$ hohe Dotierung (vgl. Kap. 2.1)

- hohes Sperrvermögen $\rightarrow$ geringe Dotierung

Umgehbar ist dieser Konflikt bei der technologischen Realisierung gut leitender und hoch sperrender Dioden (Transistoren, Thyristoren, ..) durch Einfügung einer dünnen, schwach p-dotierten sp-Zone im pn-Bereich (Bild 2.4). Für die erreichbare Sperrfähigkeit wird damit der spn-Übergang maßgebend. Einen Eindruck von der hiermit erzielbaren Feldstärkereduzierung vermittelt Bild 2.5. Verglichen werden dort mit (2.4) errechnete, abstrahierte Feldstärkeverläufe eines symmetrischen und eines unsymmetrischen pn-Überganges bei gleicher äußerer Sperrspannung $U_D < 0$.

Die Dicke dieser eingefügten sp-Zone ist mit 100µm...300µm ($\cong$ zwei Diffusionsweglängen) so zu wählen, dass ihr Einfluss auf die resultierende Leitfähigkeit möglichst gering bleibt. Erreichbar ist damit eine Steigerung der Sperrfähigkeit um etwa das Fünffache.

U_D

I_D

p$^+$ sp   n$^+$

hohe Dotierung   schwach p-dotiert
gute Leitfähigkeit   geringe maximale
geringe resultierende   Raumladung
Bahnwiderstände   geringe Feldstärke

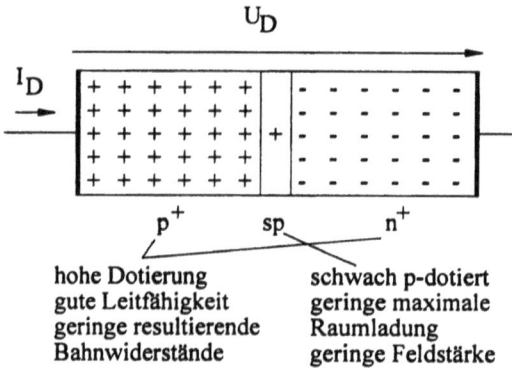

Bild 2.4: psn- bzw. pin-Diode

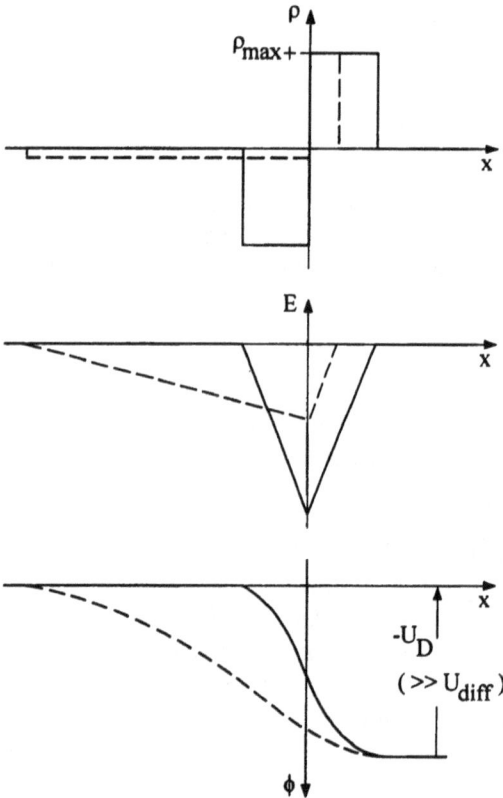

ρ

ρ_{max+}

x

Bild 2.5:

Vergleich symmetrischer / unsymmetrischer pn-Übergang

E

x

—— : *symmetrischer pn-Übergang*

$\rho_{max+} = |\rho_{max-}| = \rho$

- - - : *unsymmetrischer pn-Übergang*

$\rho_{max+} =$

x

$-U_D$

$(\gg U_{diff})$

$\rho ; |\rho_{max-}| = \rho / 10$

ϕ

Das eben beschriebene Diodenverhalten lässt sich unter Vernachlässigung der Bahnwiderstände durch die statische Shockley'sche Diodengleichung ausdrücken:

$$I_D = I_S \cdot \left\{ e^{U_D / U_T} - 1 \right\}$$

(2.5)

mit

$I_S = I_S(T)$: Sättigungssperrstrom (Betrag des Sperrstromes für hohe Sperr-
spannungen – Größenordnung 100A-Diode: $\cong 20$mA)

$U_T = \dfrac{k \cdot T}{q}$: Temperaturspannung; $U_T(300\text{K}) = 25{,}9$mV

$k = 1{,}38 \cdot 10^{-23}$ Ws/K : Boltzmann-Konstante; T : Temperatur in K

$q = |e| = 1{,}6 \cdot 10^{-19}$ As : Elementarladung (Ladung Elektron)

Die reale Diode weicht u.a. infolge der vernachlässigten Bahnwiderstände sowie des durch
die Shockleysche Diodengleichung nicht erfassten Lawinendurchbruchs bei Überschreitung
der kritischen elektrischen Feldstärke von (2.5) ab.

Bild 2.6 zeigt das Diagrammbeispiel einer realen Diode. Da sich bei dieser die Größen I_D
bzw. U_D von Durchlass- und Sperrbereich um Größenordnungen voneinander unterscheiden, wird zur geschlossenen grafischen Darstellung einer Diodenkennlinie oftmals für
Durchlass- und Sperrbereich eine unterschiedliche Ordinatenbezifferung angewandt. Dies
führt dann, obwohl für die mathematische Erfassung von Schaltungen erschwerend, zu ge-
trennten Zählpfeilsystemen für Durchlass- und Sperrbereich.

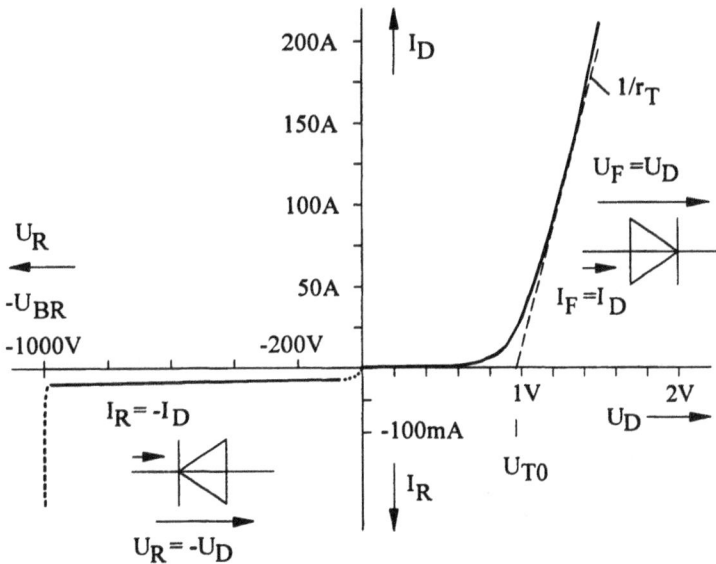

Sperrbereich :
Rückwärtskennlinie (reverse)
Rückwärtsstrom I_R
Rückwärtsspannung U_R
Durchbruchspannung U_{BR}

Durchlassbereich :
Vorwärtskennlinie (forward)
Vorwärtsstrom I_F ; Vorwärtsspannung U_F
Schleusenspannung U_{T0}
differentieller Widerstand r_T

Bild 2.6: Datenblattbeispiel einer realen Diode (SKT 2 F 50/10 bei $T_j = 130°C$)

Zur einfacheren rechnerischen Behandlung der Durchlasskennlinie kann diese gemäß Bild 2.6 sinnvoll durch die Tangente im Arbeitspunkt mit der Steigung $1/r_T$ (r_T: differentieller Widerstand) sowie die Schleusenspannung U_{T0}, das ist der Schnittpunkt von Tangente und Abszisse, ersetzt werden. Ein hierauf aufbauendes Ersatzschaltbild (Bild 2.7) sollte, damit es auch für $-U_{BR} < U_D < 0$ anwendbar ist, zusätzlich eine ideale Diode beinhalten. Zur Charakterisierung des Sperrbereiches genügt häufig die Angabe der über ein bestimmtes Sperrstromkriterium definierten Durchbruchspannung U_{BR}.

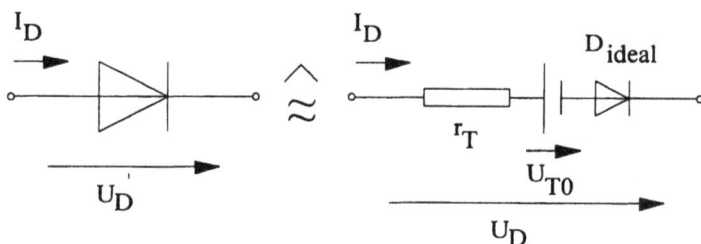

Bild 2.7: Ersatzschaltbild der Diode; U_{T0} : Schleusenspannung; r_T : differentieller Widerstand

2.2.2   Diode – Dynamische Betrachtung

Als dynamische Vorgänge werden der

Einschaltvorgang – Übergang Sperren $\rightarrow$ Durchlass

sowie der

Ausschaltvorgang – Übergang Durchlass $\rightarrow$ Sperren

verstanden.

Für leistungselektronische Anwendungen ist häufig die Problematik des Ausschaltvorganges und hierbei speziell der Effekt der „Sperrverzögerungsladung Q_{rr}“ von besonderer Bedeutung; allein dieser soll deshalb im Folgenden diskutiert werden.

Zur Diskussion dieses Ausschaltvorganges wird das in Bild 2.8 dargestellte Experiment zu Grunde gelegt. Es stellt schematisiert einen Vorgang dar, wie man ihn immer wieder in der Leistungselektronik bei Dioden, aber auch mit geringfügigen Unterschieden bei Thyristoren vorfindet. Sinn des Experimentes ist das Umschalten bzw. das Kommutieren eines eingeprägten Stromes I_d von der zunächst leitend angenommenen Diode D zum Schalter S. Letzterer wird real ein Halbleiterventil sein, soll hier aber als idealer Schalter angenommen werden.

Ermöglicht wird die Stromkommutierung durch die Polarität der Spannungsquelle U_2, da durch diese gemäß Überlagerungsansatz

$$i_D = I_d - i(U_2) = I_d - i_2$$

ein Gegenstrom $i(U_2)$ in der Diode erzwungen wird und hierdurch zu einem noch zu bestimmenden Zeitpunkt Sperrspannung an die Diode D gelangt.

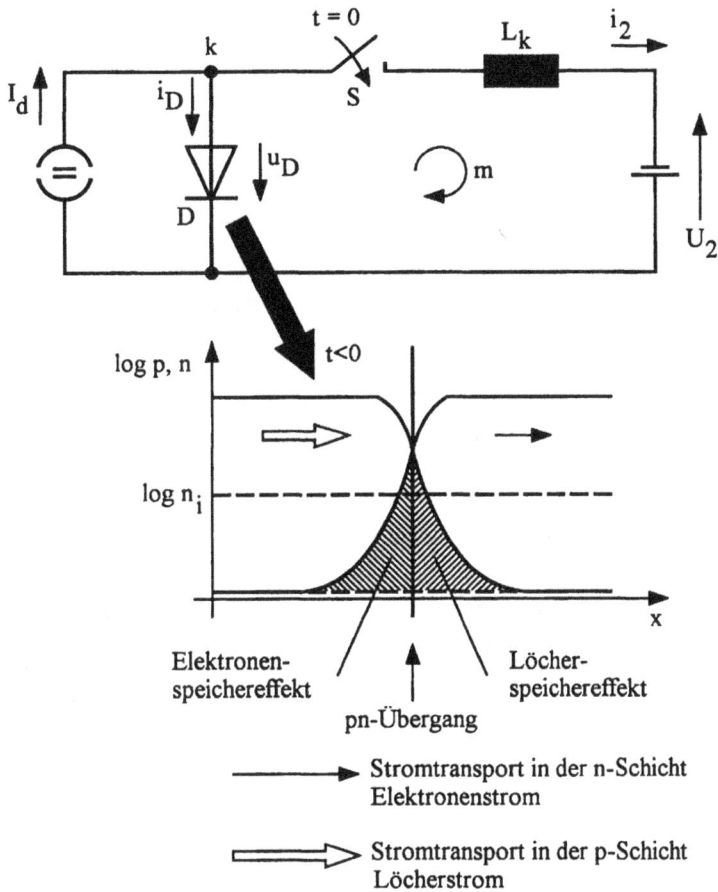

Bild 2.8:
Ausschaltvorgang /
Kommutierungsexpe-
riment

Der zeitliche Ver-
lauf des Kommutierungsvorganges wird bestimmt durch die Spannung U_2, die Induktivität
L_k, für die, sollte sie nicht direkt als Bauelement erkennbar sein, die hier nie vernachlässigbare Leitungs- oder Eigeninduktivität (Schätzwert $\approx 1\mu H/m$) anzusetzen ist, und die dynamischen Eigenschaften der Diode D. Der Einfluss der dynamischen Eigenschaften der
Diode auf den zeitlichen Ablauf des Ausschaltvorganges ist Gegenstand des Experimentes.

für t<0:

Es ist $i_D = I_d$. Der pn-Übergang der Diode wird in Vorwärtsrichtung betrieben und ist mit
Ladungsträgern überschwemmt. Majoritätsladungsträger dringen jeweils als Minoritätsladungsträger in die gegenüberliegende, entgegengesetzt dotierte Zone ein und ermöglichen
durch Rekombination im Bereich des pn-Überganges die Stromübergabe von „Löcherstrom
(p-Zone)" zu „Elektronenstrom (n-Zone)". Erfolgt die Übergabe sofort beim Passieren des
pn-Überganges, so verbleibt jenseits dieses pn-Überganges nur eine geringe übergabefähige
Ladung. Umgekehrt verbleibt bei allmählicher Rekombination eine große übergabefähige
Ladung. Damit ist diese Ladung beschreibbar als

$$Q(t < 0) \sim i_D(t < 0) \cdot \tau_L = I_d \cdot \tau_L \qquad (2.6)$$

$\tau_L = 1.....10\mu s$: Lebensdauer Minoritätsladungsträger

Alternativ zu (2.6) wird in der Nachrichtentechnik die Ladungsspeicherung im Bereich des pn-Überganges durch Einführung einer Diffusionskapazität C_d berücksichtigt.

für t≥0:

Der Schalter S ist geschlossen. Die Umkommutierung des Stromes I_d zur Spannungsquelle U_2 kann auf Grund der Induktivität L_k, aber auch auf Grund der Ladung im Bereich des pn-Überganges nicht abrupt erfolgen. Die Diode bleibt zunächst weiterhin leitend und es gilt:

$$I_d = i_D + i_2 \, ; \text{Anfangsbedingung } i_2(0) = 0 \qquad (2.7)$$

$$u_D = L_k \cdot \frac{di_2}{dt} - U_2 \approx 0 \qquad (2.8)$$

Solange der Kommutierungsvorgang nicht abgeschlossen ist, die Diode also mit $i_D > 0$ leitet, ist für u_D als Durchlassspannung eine Spannung im Voltbereich anzusetzen. Verglichen mit der Spannung U_2, die bei leistungselektronischen Wandlern in der Größenordnung von 100V bis 1000V liegt, kann also u_D in (2.8) vernachlässigt werden.

Hiermit folgt über

$$L_k \cdot \frac{di_2}{dt} = U_2$$

für die Kommutierungsgeschwindigkeit

$$\frac{di_2}{dt} = \left| \frac{di_D}{dt} \right| = \frac{U_2}{L_k} \qquad (2.9)$$

bzw. durch Integration

$$\int_{i_2=0}^{i_2(t)} di_2 = \frac{1}{L_k} \cdot \int_{t=0}^{t} U_2 \cdot dt \quad \rightarrow \quad i_2 = \frac{1}{L_k} \cdot U_2 \cdot t \qquad (2.10)$$

und mit (2.7)

$$i_D(t) = I_d - i_2 = I_d - \frac{1}{L_k} \cdot U_2 \cdot t \qquad (2.11)$$

Der Diodenstrom wird zu $i_D = 0$ zum Zeitpunkt

$$t_0 = \frac{I_d \cdot L_k}{U_2} \tag{2.12}$$

Während $0 < t < t_0$ rekombiniert ein Teil der vor Beginn der Kommutierung im Bereich des pn-Überganges existenten Ladung $Q(t<0)$, ein Teil der Ladung wird jedoch, abhängig von der endlichen Lebensdauer τ_L der Minoritätsladungsträger sowie der Kommutierungs-geschwindigkeit di_D / dt, weiterhin existent sein.

Hierzu ein quantitatives Beispiel:

Annahmen:

$$U_2 = 100V, \quad I_d = 100A$$

$L_k = 1\mu H$ ($\hat{=}$ „worst-case"-Schätzwert für die Eigeninduktivität einer
Verdrahtung mit 1m-Gesamtlänge)

aus (2.12): $t_0 = 1\mu s < \tau_L$

Der Leitfähigkeitsmechanismus der Diode bleibt bei $t_0 \neq\!>> \tau_L$ erhalten – das Zeitgesetz der Kommutierung (2.11) gilt also weiterhin. Allerdings werden nunmehr die Ladungen im Bereich des pn-Überganges nicht nur durch Rekombination allein sondern auch durch den negativen Dioden- bzw. Rückstrom $i_D < 0$ ausgeräumt.

Gegen Ende der Ladungsträgerrekombination bzw. Ausräumung bricht der Leitfähigkeits-mechanismus je nach Halbleiter (Typen: soft-recovery, snap-off) mehr oder weniger abrupt zusammen – die Diode kann wieder Sperrspannung aufnehmen.

Bild 2.9 zeigt die eben geschilderten Kurvenverläufe sowie einige Begriffsdefinitionen.

Die Sperrverzögerungsladung Q_{rr} entspricht der von der Rückstromkurve eingeschlosse-nen Fläche gemäß

$$Q_{rr} = \int_{t_0}^{t_0+t_{rr}} |i_D| \cdot dt \tag{2.13}$$

Da die am pn-Übergang gespeicherten Ladungen von $i_D(t<0) = I_d$ und der Rekombinati-onsbeitrag von t_0 abhängen, sind stark vereinfacht folgende Abhängigkeiten zu erwarten:

$$Q_{rr} \sim i_D(t < 0)$$

$$Q_{rr} \sim 1/t_0$$

$$\Rightarrow Q_{rr} \sim \frac{i_D(t<0)}{t_0} = \left|\frac{di_D}{dt}\right| = \frac{U_2}{L_k} \tag{2.14}$$

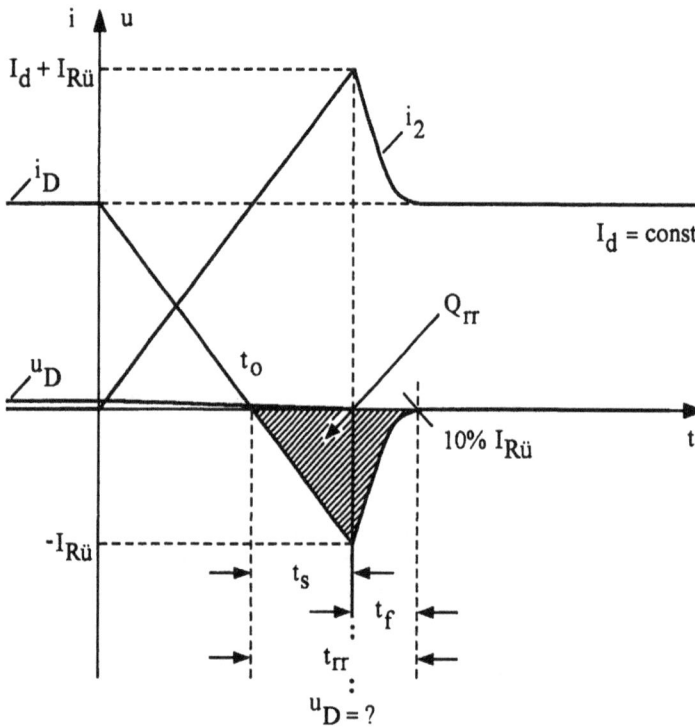

Bild 2.9:
Kommutierungsvor-
gang
t_{rr}: Sperrverzöge-
rungszeit
t_s: Spannungsnach-
laufzeit
t_f: Rückstromfall-
zeit
$t_k = t_0 + t_{rr}$: Kommutierungsdauer
$I_{Rü}$: Rückstromspit-
ze
Q_{rr}: Sperrverzöge-
rungsladung

Zumindest in ihrer Tendenz werden diese Erwartungen durch die in Bild 2.10 und 2.11 dargestellten Datenblattbeispiele bestätigt.

Speziell bei geringer Kommutierungsgeschwindigkeit $|di_D / dt|$ oder bei Dioden mit snap-
off-Verhalten wird die Rückstromfallzeit t_f im Vergleich zur Spannungsnachlaufzeit t_s
vernachlässigbar. Es ist also $t_{rr} = t_s + t_f \approx t_s$ und damit

$$Q_{rr} = \frac{1}{2} \cdot I_{Rü} \cdot t_{rr} = \frac{1}{2} \cdot \frac{I_{Rü}}{t_{rr}} \cdot t_{rr}^2 \approx \frac{1}{2} \cdot \left| \frac{di_D}{dt} \right| \cdot t_{rr}^2$$

bzw.

$$t_{rr} \approx \sqrt{\frac{2 \cdot Q_{rr}}{|di_D / dt|}} \qquad\qquad (2.15)$$

Ist, wie in (2.14) näherungsweise formuliert, $Q_{rr} \sim i_D(t < 0)/t_0 = |di_D / dt|$, so folgt mit
(2.15) unabhängig von der tatsächlichen Kommutierungsgeschwindigkeit

$$t_{rr} \approx \text{const}$$

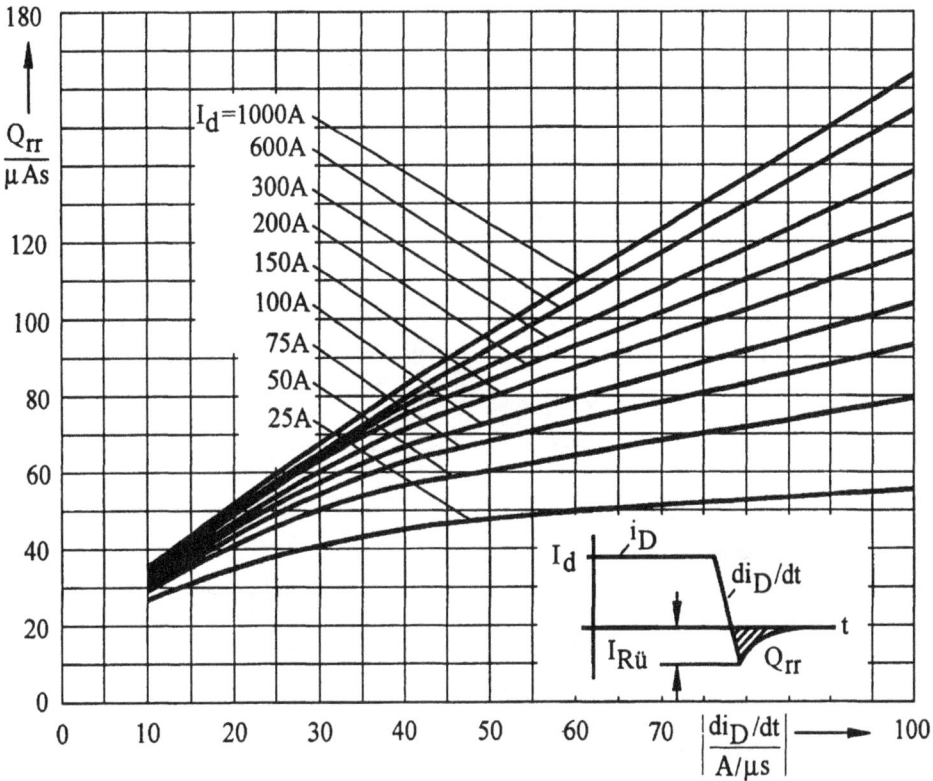

Bild 2.10: Sperrverzögerungsladung Q_{rr} als Funktion der Kommutierungsgeschwindigkeit $|di_D / dt|$ (Quelle: Siemens)

Das Phänomen eines kurzzeitig negativen Diodenstromes, der übrigens bei hoher Kommutierungsgeschwindigkeit $|di_A / dt|$ betragsmäßig durchaus größer als der vorhergehende Durchlassstrom $i_D(t < 0) = I_d$ werden kann – vgl. auch Kap. 4.2.1.4 – ist auf die am pn-Übergang gespeicherte Ladung zurückzuführen. Von dieser Erkenntnis leiten sich folgende Begriffe ab:

   Trägerspeichereffekt, Trägerstaueffekt

bzw. als Abkürzung:

   TSE-Effekt.

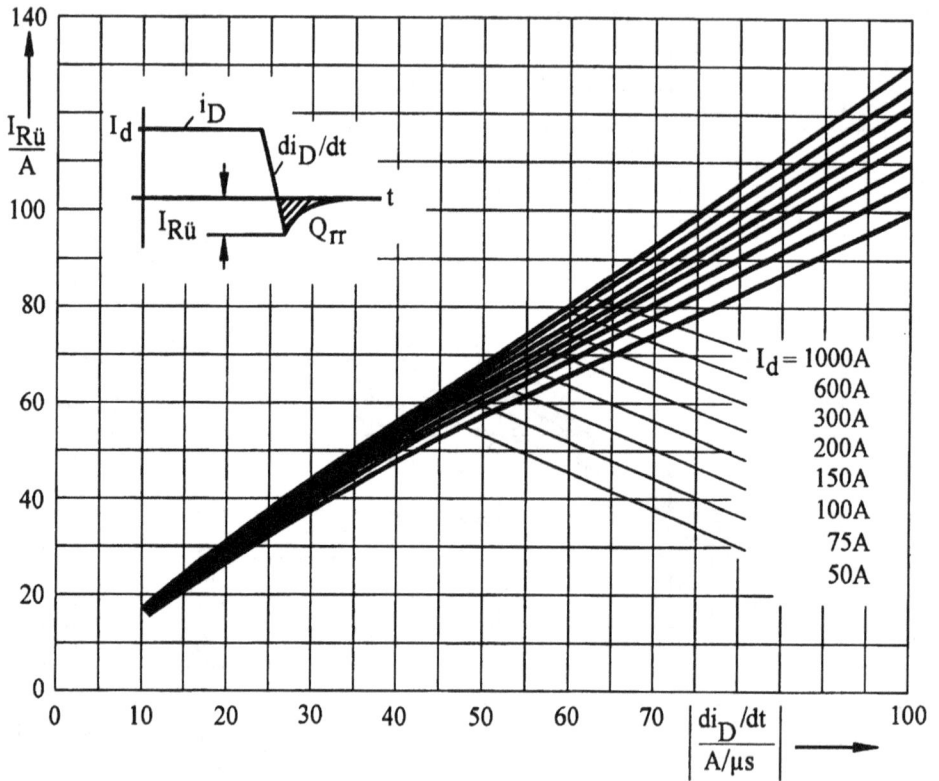

Bild 2.11: *Rückstromspitze $I_{Rü}$ als Funktion der Kommutierungsgeschwindigkeit $|di_D / dt|$ (Quelle: Siemens)*

In der Schaltungsanwendung führt der TSE-Effekt zu folgenden Auslegungsproblemen:.

- Rückstromspitze $I_{Rü}$

Auf Grund der Rückstromspitze im abkommutierenden Ventil wird der Schalter S bzw. jenes Ventil, das die Stromführung übernimmt, mit einer Überstromspitze

$$i_{2max} = I_d + I_{Rü} \tag{2.16}$$

belastet, was bei Nichtbeachtung in der Dimensionierung des Schalters S zu dessen Zerstörung führen kann. Man spricht auf Grund des Zusammenwirkens der Leitphasen beider Ventile auch von einem „Ventilkurzschluss".

- Überspannung

Während des Stromabrisses bzw. der Rückstromfallzeit t_f tritt an der Induktivität L_k eine große zeitliche Stromänderung di_2/dt auf. Als Folge wird die Diode gemäß (2.8) kurzzeitig mit einer hohen Überspannung belastet. Diese lautet:

$$u_D = L_k \cdot \frac{di_2}{dt} - U_2 \approx -L_k \cdot \frac{I_{Rü}}{t_f} - U_2 < -U_2 \qquad (2.17)$$

Wird hierbei $-u_D > U_{BR}$, so folgt ein Lawinendurchbruch und, bei Überschreitung der zulässigen Verlustleistung P_{max}, eine Zerstörung der Diode.

Erst nach Abschluss der Kommutierung, also für $t \geq t_0 + t_{rr}$, steht an der Diode die vor dem Kommutierungsexperiment erwartete Sperrspannung $u_D = -U_2$ an. Damit ist der in Bild 2.9 noch mit Fragezeichen versehene Spannungsverlauf an der Diode gemäß Bild 2.12 ergänzbar. Für die Darstellung wurde hierzu während der Rückstromfallzeit t_f – sicherlich etwas unrealistisch – $di_D/dt = const$ angenommen.

Bild 2.12:
Strom- und Spannungsverlauf während der Kommutierung

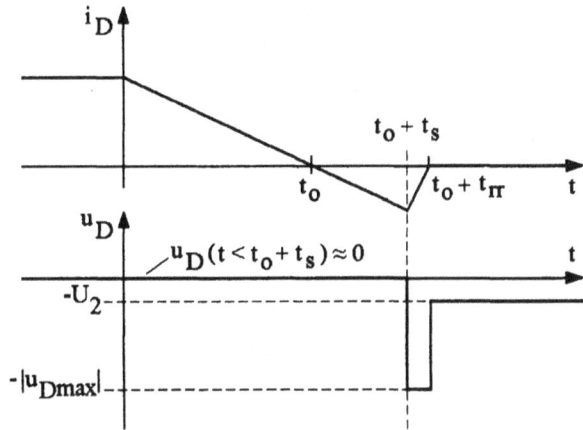

- dynamische Ausschaltverlustleistung

Folgende vier Verlustleistungen sind zu unterscheiden:

– statische Verlustleistung in Vorwärtsrichtung (Durchlassbetrieb)

– statische Verlustleistung in Rückwärtsrichtung (Sperrbetrieb)

– dynamische Einschaltverlustleistung (Übergang Sperrbetrieb → Durchlassbetrieb)

– dynamische Ausschaltverlustleistung (Übergang Durchlassbetrieb → Sperrbetrieb)

Bei geringen Schaltfrequenzen f_s dominiert die statische Durchlassverlustleistung. Mit wachsender Schaltfrequenz f_s werden jedoch die dynamischen Verlustleistungen und hierbei ganz besonders die dynamische Ausschaltverlustleistung

$$P_a = W_a \cdot f_s; \quad W_a: \text{ Ausschaltverlustenergie} \qquad (2.18)$$

immer bedeutsamer und können so zum wesentlichen Kriterium für die Einsetzbarkeit einer Diode werden. Ursache für hohe Ausschaltverlustleistungen ist das Aufeinandertreffen gleichzeitig hoher Rückströme und hoher induzierter Spannungen. An einem abstrahierten Ausschaltvorgang (Bild 2.13) soll deshalb der Zusammenhang zwischen dynamischer Ausschaltverlustleistung und verursachender Sperrverzögerungsladung Q_{rr} etwas eingehender betrachtet werden.

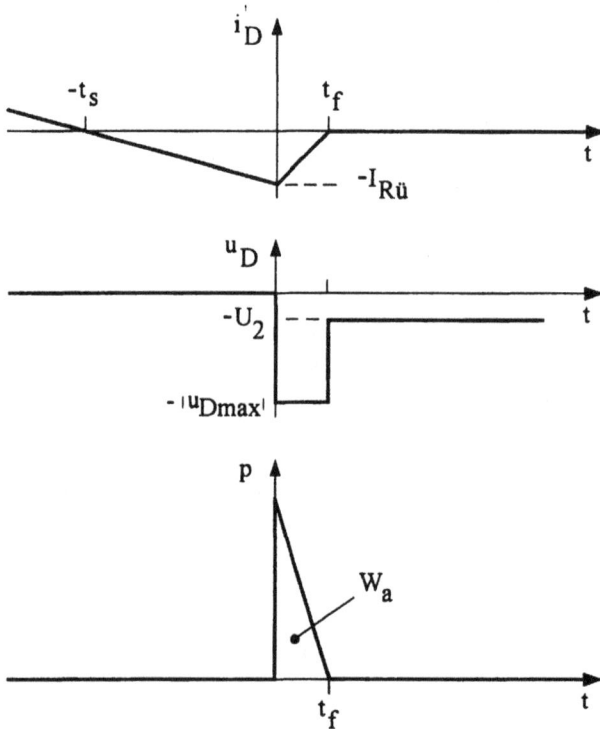

Bild 2.13:
Zur Ableitung der Ausschaltver-
lustleistung

Die Ausschaltverlustenergie W_a ist anzusetzen mit

$$W_a = \int_0^{t_f} u_D \cdot i_D \cdot dt \qquad (2.19)$$

wobei nach Bild 2.13 im Integrationsintervall $0 \le t \le t_f$

$$i_D = \frac{I_{R\ddot{u}}}{t_f} \cdot t - I_{R\ddot{u}}$$

und mit (2.17)

$$u_D = -L_k \cdot \frac{di_D}{dt} - U_2 = -L_k \cdot \frac{I_{R\ddot{u}}}{t_f} - U_2 = \text{const}$$

Damit folgt für den Ansatz nach (2.19):

$$W_a = \left\{ -L_k \cdot \frac{I_{R\ddot{u}}}{t_f} - U_2 \right\} \cdot \int_0^{t_f} \left\{ \frac{I_{R\ddot{u}}}{t_f} \cdot t - I_{R\ddot{u}} \right\} \cdot dt$$

$$W_a = \left\{ -L_k \cdot \frac{I_{R\ddot{u}}}{t_f} - U_2 \right\} \cdot \left\{ \frac{I_{R\ddot{u}}}{2} \cdot t_f - I_{R\ddot{u}} \cdot t_f \right\}$$

$$= \frac{1}{2} \cdot L_k \cdot I_{R\ddot{u}}^2 + \frac{1}{2} \cdot I_{R\ddot{u}} \cdot t_f \cdot U_2$$

(2.20)

Die Analyse des mit U_2 erweiterten ersten Summanden ermöglicht die Rückführung von (2.20) auf die Sperrverzögerungsladung Q_{rr} als Ursache der Ausschaltverlustenergie.

$$\frac{1}{2} \cdot L_k \cdot I_{R\ddot{u}}^2 = \frac{1}{2} \cdot \frac{1}{U_2 / L_k} \cdot I_{R\ddot{u}}^2 \cdot U_2$$

Nach (2.9) ist der Quotient U_2 / L_k ein Maß für die Kommutierungsgeschwindigkeit di_D / dt. Damit ergibt sich zusammen mit Bild 2.13:

$$\frac{U_2}{L_k} = -\frac{di_D(-t_s < t < 0)}{dt} = \frac{I_{R\ddot{u}}}{t_s}$$

Werden diese Umformungen in (2.20) bzw. (2.18) eingesetzt, so folgt

$$W_a = \frac{1}{2} \cdot I_{R\ddot{u}} \cdot t_s \cdot U_2 + \frac{1}{2} \cdot I_{R\ddot{u}} \cdot t_f \cdot U_2 = \frac{1}{2} \cdot I_{R\ddot{u}} \cdot t_{rr} \cdot U_2$$

$$= Q_{rr} \cdot U_2$$

(2.21)

$$P_a = Q_{rr} \cdot U_2 \cdot f_s$$

(2.22)

In der Schaltungsanwendung darf die dynamische Ausschaltverlustleistung P_a zusammen mit der im Durchlasszustand auftretenden Verlustleistung die zulässige Gesamtverlustleistung der Diode nicht überschreiten.

Die Sperrverzögerungsladung Q_{rr} samt ihren Auswirkungen (Rückstromspitze $I_{R\ddot{u}}$, induzierte Überspannung $u_{D\max}$, dynamische Ausschaltverlustleistung P_a) ist durch geeignete Maßnahmen, den so genannten Entlastungsnetzwerken, auf für die Anwendung unkritische Größen zu reduzieren.

Folgende Maßnahmen kommen in Frage:

• Reduzierung der Kommutierungsgeschwindigkeit di_D / dt durch Vergrößerung der Induktivität L_k im Kommutierungsexperiment nach Bild 2.8. Welche Auswirkungen die dann als Kommutierungsinduktivität L_k bezeichnete Induktivität ihrerseits auf die

Funktion eines leistungselektronischen Wandlers hat, wird für gesteuerte Gleichrichter in Kap. 4.2.1.4 und Kap. 4.2.2.1 untersucht.

- Reduzierung der kurzzeitigen, erhöhten Spannungsbelastung in Sperr-Richtung durch Verwendung von Dioden mit soft-recovery-Verhalten bzw., bei gegebener Diode, durch Zuschaltung eines kapazitiven, durch Widerstände bedämpften Energiespeichers gemäß Bild 2.14. Dimensionierungsvorschläge für diese häufig auch als TSE-Beschaltung bezeichnete Maßnahme nennt die Literatur |Hoffmann, Stocker|, |Heumann, Stumpe|. Empfehlenswert ist die Dimensionierung mittels Netzwerksanalyseprogrammen, wie z.B. PSPICE oder SIMPLORER.

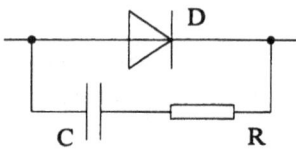

Bild 2.14:
TSE-Beschaltung

2.2.3   Diode im Wechselstromkreis / Einpulsgleichrichter

Wie wirken sich Dioden als nichtlineare Bauelemente, sei es nun als ideale Schalter oder als reale Ventile, in Wechselstromkreisen auf die zu beobachtenden Zeitfunktionen aus? Zur Klärung dieser Frage soll die in Bild 2.15 dargestellte einphasige Einpuls-Gleichrichterschaltung mit zuschaltbarer Freilaufdiode analysiert werden.

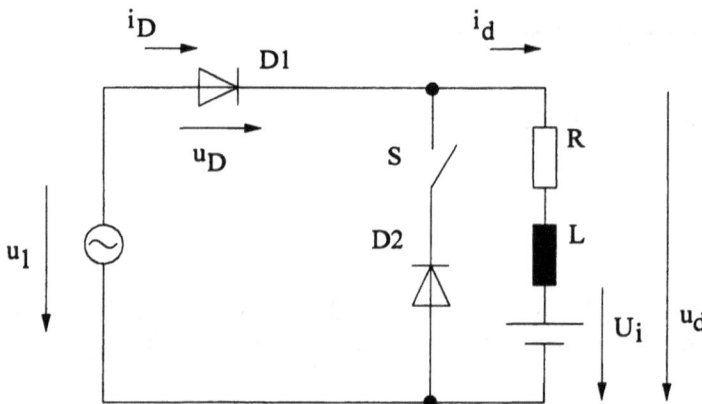

Bild 2.15:
Einphasige Einpuls-
Gleichrichterschaltung
mit zuschaltbarer
Freilaufdiode

$$u_1 = \sqrt{2} \cdot U_1 \cdot \sin \omega t$$
$$U_1 = 220\text{V}; \ f = 50\text{Hz}$$
$$U_i = 175\text{V}$$
$$L = 160\text{mH}; \ R = 25\Omega$$

Zur Erfassung dieses nichtlinearen Einflusses von Dioden auf das Schaltungsverhalten ist die betreffende Diodenkennlinie abschnittsweise zu linearisieren und die Schaltung für jeden Linearisierungsabschnitt getrennt durch Bestimmung des jeweiligen Einschwingvorganges zu analysieren. Erforderlich ist somit die Aufstellung und Lösung von Differentialgleichungen bzw. die Bestimmung der entsprechenden Laplace-Transformationen. Besonderer Vorteil der Lösungsmethode „Differentialgleichung" ist die Gewinnung analytischer Lösungen, die auf Grund ihrer physikalischen Transparenz kontrollierbar sind und eine einfache, durchschaubare Durchführung von Parameterstudien gestatten. Weniger transparent,

aber teilweise erheblich schneller sind Lösungen mittels numerischer Netzwerksanalyseprogramme zu gewinnen. Beispiele hierfür sind die Programme PSPICE (PC-Variante des Pro-
grammes „Simulation Program with Integrated Circuit Emphasis" |Hoefer, Nielinger|,
|Duyan, u.a.|) und SIMPLORER. Weiterer Vorteil derartiger Programme ist – abhängig vom
Modellierungsaufwand der Halbleiter – die einfache Miterfassung des realen Diodenverhal-
tens. Im Folgenden werden beide Analysemethoden angewandt – die Methode „Differentialgleichung" auf das Schaltungsverhalten ohne Freilaufdiode und die Methode „SIMPLO-
RER" auf das Verhalten mit Freilaufdiode.

Schaltungsverhalten ohne Freilaufdiode (S geöffnet):

Zur Schaltungsberechnung mittels der Methode „Differentialgleichung" wird für die Diode
als einfachste abschnittsweise Linearisierung ideales Sperr- und Durchlassverhalten vereinbart. Damit wird das Schaltungsverhalten abschnittsweise berechenbar:

Abschnitt I, Zeitkoordinate t_I :   Diode D1 leitet, $u_D(i_D > 0) = 0$
Abschnitt II, Zeitkoordinate t_{II} :   Diode D1 sperrt, $i_D(u_D < 0) = 0$

Abschnitt I:

Wird, was sich später auch im periodischen Betrieb als richtig erweisen wird, als Startannahme $i_d(t = 0) = i_D(t = 0) = 0$ angenommen, so folgt für die zwischen Anode und Kathode der Diode D1 anliegende Spannung

$$u_D = u_1 - u_d = u_1 - U_i$$

Leitend wird die Diode dann, wenn für $t>0$ bei zunehmender Eingangsspannung $u_D = 0$,
d.h. also $u_1 = U_i$ wird. Dies ist der Fall für

$$\sqrt{2} \cdot U_1 \cdot \sin \omega t_1 = U_i$$

bzw. für den im Zeitmaßstab t ausdrückbaren Zeitpunkt

$$t_1 = \frac{1}{\omega} \cdot \arcsin \frac{U_i}{\sqrt{2} \cdot U_1} = 1,9 \text{ms}$$

Damit lässt sich die Eingangsspannung u_1 im neuen Zeitkoordinatensystem t_I der Leitpha-
se ausdrücken als

$$u_1 = \sqrt{2} \cdot U_1 \cdot \sin \omega(t_I + t_1) \tag{2.23}$$

und der für $t_I \geq 0$ folgende Einschwingvorgang durch Aufstellung und Lösung einer Differentialgleichung ermitteln.

$$u_1 - U_i = i_d \cdot R + L \cdot \frac{di_d}{dt} \tag{2.24}$$

Zeitkonstante $\tau = L/R = 6,4\text{ms}$

Anfangsbedingung $i_d(t_I = 0) = 0$

Der allgemeine Lösungsansatz für diese lineare Differentialgleichung mit konstanten Koeffizienten lautet:

$$i_d(t_I) = \underset{\downarrow}{i_{d\infty}(t_I)} + \underset{\downarrow}{C \cdot e^{-t_I/\tau}} \tag{2.25}$$

stationäre Lösung im   flüchtige Lösung
eingeschwungenen
Zustand, d.h. Lösung
ohne Diode für $t_I \to \infty$

Die stationäre Lösung des eingeschwungenen Zustandes $i_{d\infty}$ wird von den beiden Spannungsquellen u_1 bzw. U_i geprägt und ist mittels des Überlagerungssatzes ansetzen als:

$$i_{d\infty} = f(U_i) + f(u_1) \tag{2.26}$$

mit

$$f(U_i) = i_{d\infty}(u_1 = 0) = -\frac{U_i}{R}; \quad f(u_1) = i_{d\infty}(U_i = 0) \tag{2.27}$$

$f(u_1)$ kann über das Hilfsmittel der komplexen Wechselstromrechnung bestimmt werden:

$$\underline{i_{d\infty}}(U_i = 0) = \frac{\underline{u_1}}{R + j\omega L} = \frac{\underline{u_1} \cdot e^{-j \cdot \arctan(\omega L / R)}}{\sqrt{R^2 + (\omega L)^2}}$$

$$i_{d\infty} = \frac{\sqrt{2} \cdot U_1 \cdot \sin[\omega t_I + \omega t_1 - \arctan(\omega L / R)]}{\sqrt{R^2 + (\omega L)^2}} \tag{2.28}$$

Mit (2.25) bis (2.28) folgt durch Zusammenfassung:

$$i_d = -\frac{U_i}{R} + \frac{\sqrt{2} \cdot U_1 \cdot \sin[\omega t_I + \omega t_1 - \arctan(\omega L / R)]}{\sqrt{R^2 + (\omega L)^2}} + C \cdot e^{-t_I/\tau} \tag{2.29}$$

Die unbekannte Konstante C ist über die Anfangsbedingung $i_d(t_I = 0) = 0$ bestimmbar zu

$$C = \frac{U_i}{R} - \frac{\sqrt{2} \cdot U_1 \cdot \sin[\omega t_1 - \arctan(\omega L / R)]}{\sqrt{R^2 + (\omega L)^2}} \tag{2.30}$$

Der Einschwingvorgang ist damit vollständig gelöst und lautet unter Einbeziehung der vorgegebenen Zahlenwerte:

$$i_d(t_I) = 5{,}54\text{A} \cdot \sin(\omega t_I - 0{,}51) - 7\text{A} + 9{,}71\text{A} \cdot e^{-t_I/6{,}4\text{ms}} \qquad (2.31)$$

Bild 2.16 zeigt die grafische Darstellung zu (2.31). Interessant ist hierbei die Anfangstangente des Stromverlaufes. Für diese ergibt sich in einem System 1.Ordnung (ein unabhängiger Energiespeicher) bei näherungsweise zeitlich linearer Anregung (Sinusverlauf im Bereich kleiner Argumente):

$$\frac{di_d}{dt}(t_I = 0) \approx 0$$

Wird beachtet, dass eine Diode erst für $i_D = 0$ sperrt, so fällt auf, dass der Zeitabschnitt I zwar für $u_1 = U_i$ beginnt, nicht jedoch bei erneuter Gleichheit $u_1 = U_i$ endet. Ursache hierfür ist der Stromverlauf $i_d(t_I)$. Dieser erzwingt, solange $i_d > 0$ ist, mit $i_D = i_d > 0$ ein Weiterleiten der Diode. Physikalisch zu erklären ist dies durch die als Energiespeicher wirkende Induktivität L. Denn würde einmal fiktiv angenommen, die Diode könnte für $u_1 < U_i$ und $i_d > 0$ sperren, so bedeutete dies für die an L induzierte Spannung

$$u_L = L \cdot \frac{di_d}{dt} \to -\infty$$

und als Folge dieser induzierten Spannung

$$u_D = u_1 - U_i - u_L - i_d \cdot R \to +\infty$$

Die Diode D1 würde bei vorstehender Annahme sofort wieder in den Leitzustand gezwungen werden. Der Abschnitt I kann somit tatsächlich erst dann enden, wenn mit $i_d = 0 = $ const das Induktionsgesetz unbedeutend wird. Folglich ist auch zeitweise $u_d < 0$ zu beobachten.

Abschnitt II:

Nunmehr ist $i_d = i_D = 0$ und die Diode kann sperren. Die Diodenspannung in diesem Abschnitt berechnet sich nun zu

$$u_D = u_1 - u_d = u_1 - U_i < u_1$$

Für die Schaltung ist somit eine Diode mit einer Durchbruchspannung $U_{BR} > \hat{u}_1 + U_i$ auszuwählen.

Die Diode wird erst wieder bei erneuter Gleichheit von u_1 und U_i, also für $u_1 = U_i$ leitend. Die zu Beginn des Abschnittes I getroffene Startannahme wiederholt sich also periodisch und war somit als Rechenannahme zulässig.

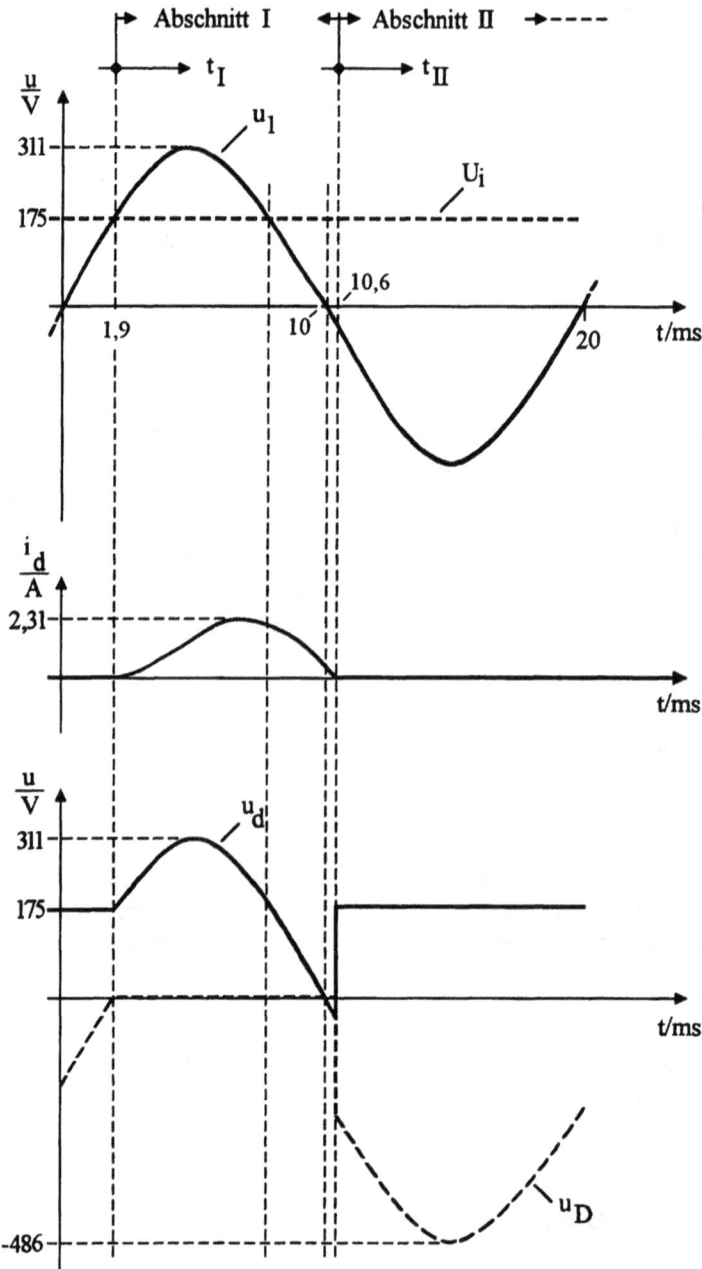

Bild 2.16:
Diodenverhalten im
Wechselstromkreis.

Die Rechnung bzw. die Darstellung in Bild 2.16 zeigt, dass zwar die Spannung u_d positive und negative Momentanwerte besitzt, der Strom i_d hingegen nur positive Stromzeitflächen aufweist. Es handelt sich also tatsächlich um eine Gleichrichterschaltung, welche die Last mit folgendem Gleichstrom I_d speist:

$$I_d = \overline{i_d} = \frac{1}{T} \cdot \int_0^T i_d(t) \cdot dt = \frac{1}{T} \cdot \int_{t_I=0}^{t_I(i_d=0)} i_d(t_I) \cdot dt$$

$$= \frac{1}{20ms} \cdot \left\{ -\frac{5,54\text{A}}{\omega} \cdot \cos(\omega t_I - 0,51) - 7\text{A} \cdot t_I - 9,71A \cdot 6,4ms \cdot e^{-\frac{t_I}{6,4ms}} \right\} \Big|_{\substack{t_I=8,7\text{ms} \\ t_I=0}} = 0,569\text{A}$$

Schaltungsverhalten mit Freilaufdiode (Schalter S geschlossen):

Wird im Zweig mit dem Schalter S eine ebenfalls ideale Diode D2 unterstellt, so muss bei geschlossenem Schalter auf Grund der Diodenpolung zu jedem Zeitpunkt $u_d \geq 0$ gelten die Lastspannung u_d kann also nie negativ werden. Dies bedeutet auch, dass die Diode D1 sperren muss, sobald $u_1 \leq 0$ wird. Der Laststrom i_d wird dann im Freilaufkreis R-L-U_i-D2-S weiterfließen, bis die in der Lastinduktivität L gespeicherte Energie in Wärme umgesetzt ist. Die Zeitfunktion $i_d(t)$ ist in diesem Zeitabschnitt durch Aufstellung einer neuen Differentialgleichung zu bestimmen.

Alternativ zur Lösung mit Differentialgleichungen können auch Netzwerksanalyseprogramme eingesetzt werden. Ein Beispiel hierfür ist das Analyseprogramm Simplorer. Dieses ist grob wie folgt strukturiert:

Eingabe	Texteditor
	grafische Eingabe „Schematic"
Simulation	Netzwerksanalysator
	Zustandsanalysator
	Signalflussanalysator
	Grafikausgabe „View Tool"
Postprozessor	Darstellung und Weiterverarbeitung von Simulationsresultaten

Für die Lösung des gegebenen Problems wird im Folgenden die grafische Eingabe mit „Schematic", die Simulation mit dem Netzwerksanalysator und die Resultatdarstellung mittels Postprozessor gewählt. Bei komplexeren Problemen kann auch eine kombinierte Simulation, z.B. mit Netzwerks- und Zustandssimulator, in Frage kommen.

Bild 2.17 zeigt zunächst die mit „Schematic" erzeugte Darstellung der Analyseaufgabe. Hierzu sind aus einer Bibliothek die Bauelemente aufzurufen und zu einer Schaltung zu verknüpfen. Punkte an den Bauelementen kennzeichnen die Zählpfeilrichtung. Weiterhin sind den Bauelementen Elementeigenschaften wie Elementwerte, Anfangsbedingungen, Kennlinien, Steuergleichungen, ... zuzuweisen. Abhängig von der Modellierungstiefe können Halbleiterbauelemente durch statische Kennlinien oder SPICE-Modelle |Hoefer, Nielinger| charakterisiert werden. Bereits bei der Erstellung der Analyseaufgabe sind Ausgabewünsche und Ziele wie z.B. die Ausgabe der Spannung an der Diode D1 in eine Datei zur späteren Weiterverarbeitung im Postprozessor festzulegen.

Drei Elementbeispiele:

– Spannungsquelle u_1

Realisierung als gesteuerte Spannungsquelle

$u_1(t) = -\text{ET1 (ext. Steuergröße)} = -\text{ET1(SINUS1)}$

mit den Steuerangaben „Sinus, Frequenz, Periode (Periode ≠ 1/Frequenz erlaubt Beschneidung der Zeitfunktion), Amplitude, Phase, Periodizität (n: Einzelschwingung), Offset". (Anmerkung: Als Zählpfeilrichtung für Quellspannungen wird jene für „elektro-motorische Kräfte (EMK)" herangezogen. Die positive Zählrichtung ist hierbei durch einen Zählpfeil vom Minus- zum Pluspol gekennzeichnet)

- Diode D1 bzw. D2

  Charakterisierung durch Exponentialfunktion gemäß (2.5) mit

  $$i(t) = Is \cdot \left\{ e^{\frac{u(t)}{Ut}} - 1 \right\} \text{ für } u(t) \geq 0 \; ; \; i(t) = \frac{u(t)}{Rr} \text{ für } u(t) < 0$$

- Induktivität L (Schematic: L1): Elementwert L=160mH; Anfangsbedingung $I0$=0

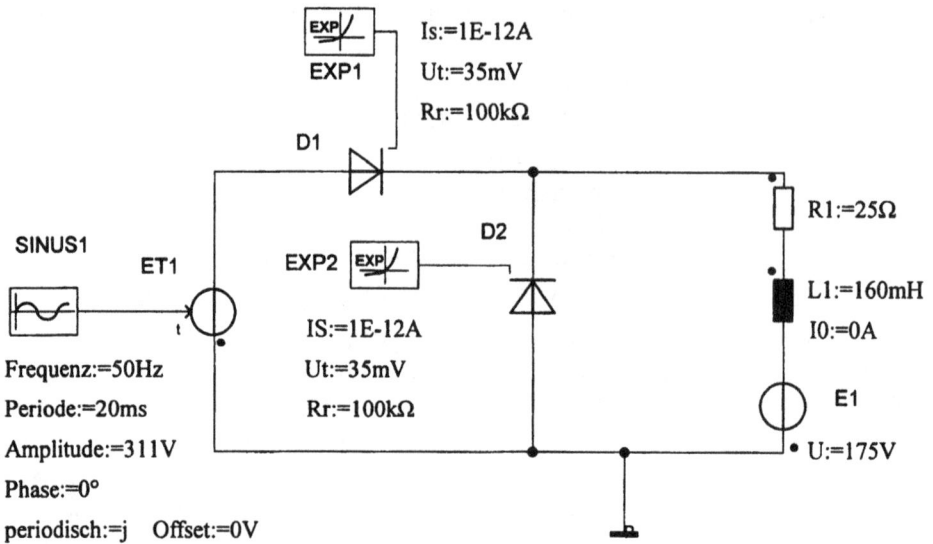

Bild 2.17: Schematic-Eingabe der einphasigen Einpuls-Gleichrichterschaltung nach Bild 2.15

Bild 2.18 zeigt die mit SIMPLORER erzielten Resultate für die gefragten Zeitfunktionen nach Zuschaltung der Freilaufdiode D2. Die in SIMPLORER integrierte Kenndatenauswertung ergibt $i_{d\,max} = i(R1)_{max} = 2{,}27\text{A}$ sowie $I_d = \overline{i(R1)} = 0{,}553\text{A}$. Diese Kenndaten liegen trotz des Wegfalls negativer Lastspannungen u_d unter den zu Bild 2.16 ermittelten Kenndaten. Ursache hierfür ist die mit SIMPLOERE berücksichtigte realere Diodenkennlinie.

$\uparrow$ $u_1/\text{V} = -\text{ET1}/\text{V}$
$\uparrow$ $U_i/\text{V} = -\text{E1}/\text{V}$

$\uparrow$ i_d/A

$\uparrow$ u_d/V

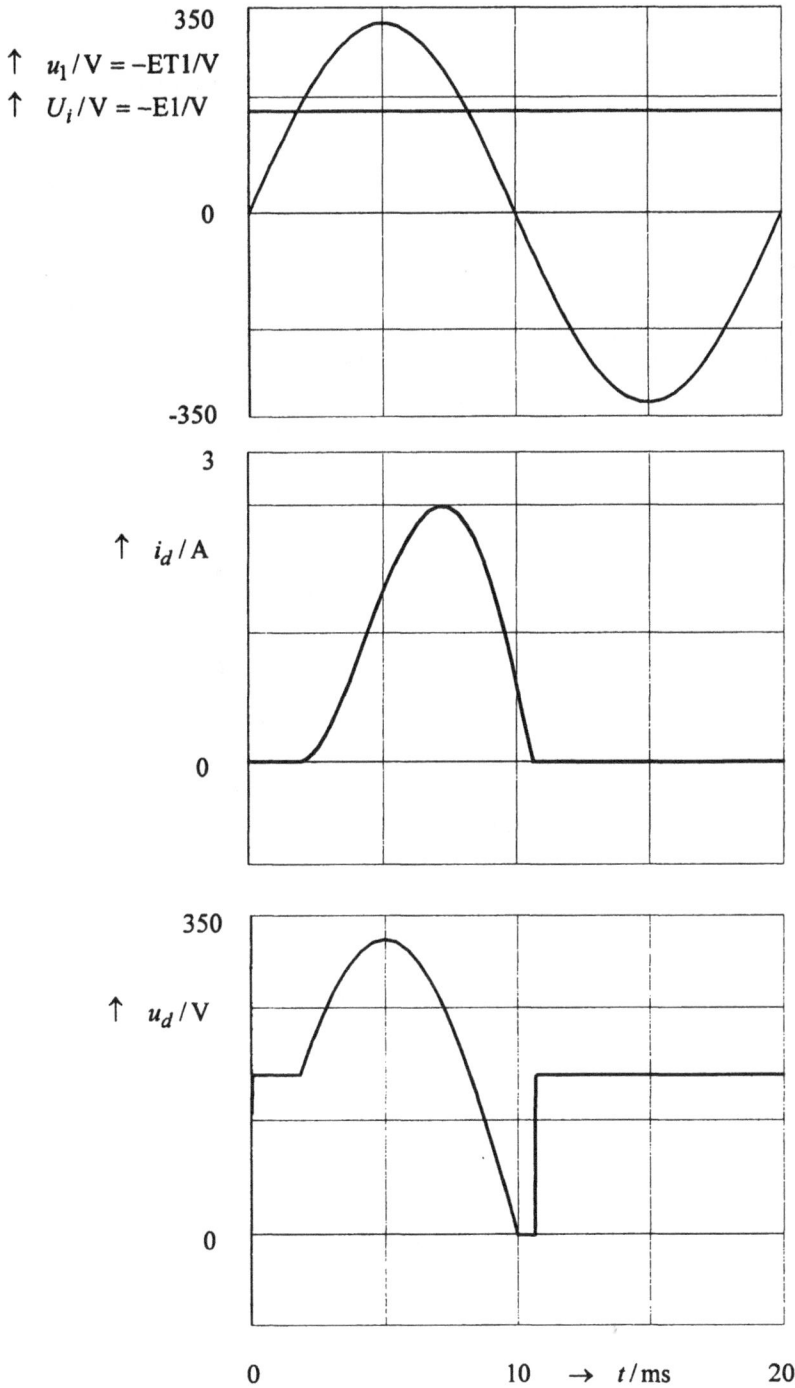

Bild 2.18:
Diode im
Wechselstrom-
kreis, Freilauf-
diode zuge-
schaltet

2.3   Leistungstransistor, PowerMOSFET, IGBT

Leistungs-(Bipolar)-Transistor und PowerMOSFET stellen auf Grund ihrer Abschaltbarkeit über den Steueranschluss (Basis bzw. Gate) eigentlich ideale Halbleiterschalter dar. Beeinträchtigt wird dieser Eindruck durch einige typspezifische negative Eigenschaften, die im Folgenden zusammen mit den jeweiligen Vorzügen kurz einander gegenübergestellt werden.

Leistungs-Transistor:

Die Bilder 2.19 bis 2.21 zeigen für das Beispiel eines npn-Bipolartransistors die prinzipielle Halbleiterstruktur, das Schaltungssymbol, das für den Hauptstromkreis maßgebende Ausgangskennlinienfeld $I_C = f(U_{CE})$ sowie das Datenblattbeispiel eines SOAR-Diagrammes (safe operating area). Die Eingangskennlinie $I_B = f(U_{BE})$ entspricht etwa einer Diodenkennlinie und ist nicht gesondert dargestellt.

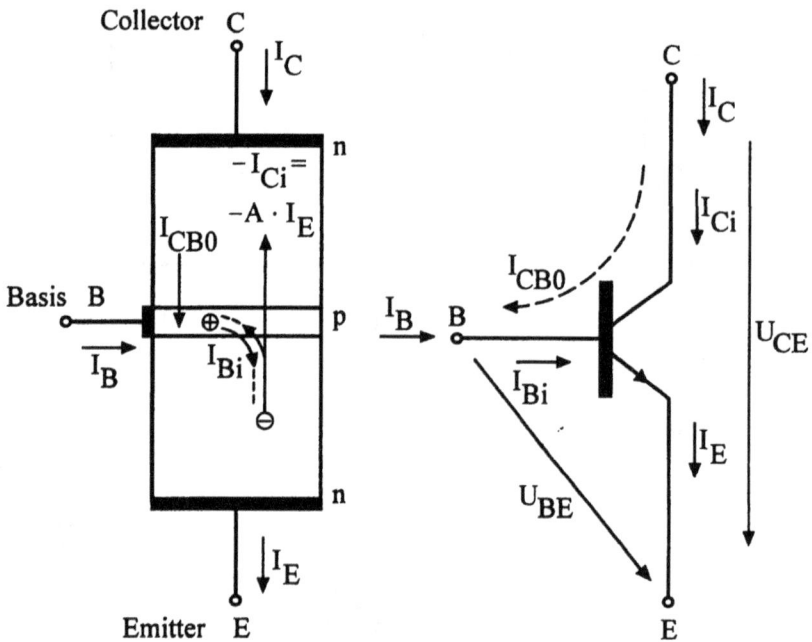

Bild 2.19: Prinzipstruktur und Schaltungssymbol des npn-Transistors

I_{CB0}: *Collector-Basis-Sperrstrom;* $A = I_C / I_E$: *Großsignalstromverstärkung in Basisschaltung* ($A <\approx 1$ *gemäß Bild 2.33 und Bild 2.34*)

Das für die leistungselektronische Anwendung relevante Verhalten der Collector-Emitter-Strecke bzw. das Verhalten im Hauptstromkreis (Bild 2.20) ist bei $U_{CE} > 0$ durch die Basisansteuerung einstellbar. Prinzipiell beruht dies auf einer durch den Basisstrom $I_B > 0$ bzw. durch die Basis-Emitter-Spannung $U_{BE} > 0$ ($> \approx 0,5V$) verursachten Ladungsträgerinjektion aus dem Emitterbereich in den Bereich des bei $U_{CE} > 0$ ohne Ladungsträgerinjektion sperrenden Basis-Collector-pn-Überganges. Voraussetzung hierzu ist eine Dicke der Basiszone in der Größenordnung der Diffusionsweglänge. Bei entsprechend großem Basisstrom wird der Basis-Collector-pn-Übergang mit Ladungsträgern überschwemmt bzw. gesättigt und verliert seine Sperrfähigkeit. Der verbleibende Spannungsabfall im Hauptstromkreis wird zu

$$U_{CEsat} \leq U_{BE}$$

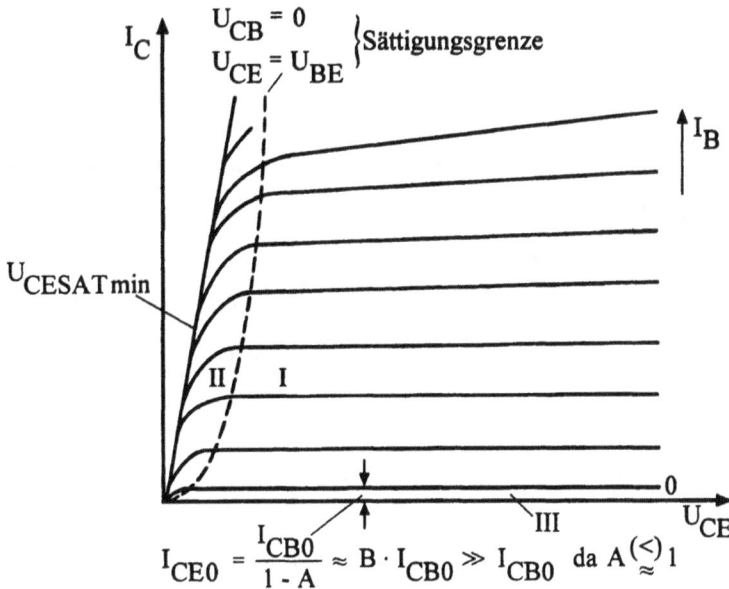

Bild 2.20: Transistor-Ausgangskennlinienfeld; I: aktiver Bereich (Anwendung als Verstärker); II: Sättigungsbereich (Schalter geschlossen); III: Sperrbereich (Schalter geöffnet); $A = I_C / I_E$: Großsignalstromverstärkung in Basisschaltung ($< \approx 1$); $B = I_C / I_B$: Großsignalstromverstärkung in Emitterschaltung ($\gg 1$)

Für $I_B = 0$ oder besser für $U_{BE} = 0$ entfällt diese Ladungsträgerinjektion und der Basis-Collector-pn-Übergang des Transistors sperrt. Der Transistor kann also durch Betrieb in den Bereichen II und III des Ausgangskennlinienfeldes die Funktion eines Schalters übernehmen.

Von großem Einfluss auf das Sperrvermögen ist die Art der Basisansteuerung (Bild 2.21). Die ungünstigste Situation ergibt sich infolge des temperaturabhängigen Collector-Basis-Sperrstromes I_{CB0} und der verbleibenden Transistorstromverstärkung für $I_B = 0$, d.h. bei offener Basis. Es ist dann gemäß Bild 2.19 und Bild 2.21

$$I_B = I_{Bi} - I_{CB0} = 0$$

$$I_C = I_E = I_{Ci} + I_{CB0} = A \cdot I_E + I_{CB0} = A \cdot I_C + I_{CB0}$$

$$I_C = \frac{1}{1-A} \cdot I_{CB0} \approx B \cdot I_{CB0} \gg I_{CB0}$$

(2.32)

und

$$U_{CE\,max} < U_{CES}$$

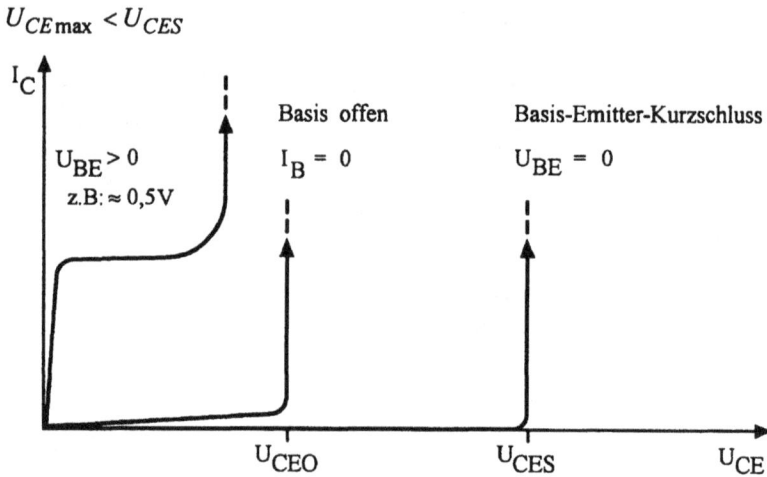

Bild 2.21: Transistorsperrvermögen als Funktion der Basisansteuerung

Das weitaus beste Sperrvermögen wird bei $U_{BE} = 0$ erzielt. In diesem Fall wird

$$I_B = -I_{CB0}; \quad I_E = 0$$

$$U_{CE\,max} = U_{CES} \text{ (erreichbar bis } \approx 2 \cdot U_{CE0})$$

Das mit $U_{BE} = 0$ – in der Schaltungspraxis auf Grund endlicher Innenwiderstände der Ansteuerung bei $U_{BE} < 0 (\approx -2V)$ – erreichbare maximale Sperrvermögen U_{CES} wird ausschließlich vom Collector-Basis-pn-Übergang bestimmt und dort durch den feldstärkeabhängigen Lawinendurchbruch limitiert. Im Falle hochsperrender Schalttransistoren muss deshalb, ähnlich wie bei der psn-Diode (Bild 2.4) diskutiert, im Bereich des Basis-Collector-pn-Überganges eine schwach dotierte Zusatzzone eingefügt werden.

Vor- und Nachteile des Leistungs-Bipolar-Schalttransistors sind:

Vorteile:

- Günstiges „Ein"-Verhalten durch Betriebsmöglichkeit im Sättigungszustand mit $U_{CEsat} < U_{BE}$

Nachteile:

- geringe Stromverstärkung $B = I_C / I_B$ hochsperrender Transistoren (Größenordnung für Leistungsschalttransistoren: $B \approx 10...25$)

  → hoher Basisansteuerstrom (hohe Ansteuerleistung) bei üblichen Übersteuerungsfaktoren m (Größenordnung $m \approx 1,5...3$) gemäß

$$I_B = \frac{m}{B} \cdot I_C \qquad (2.33)$$

- Second breakdown (2. Durchbruch infolge lokaler Überhitzung der Sperrschicht)
- ungünstiger positiver Temperaturkoeffizient des Collectorstromes

  → destabilisierende Wirkung bei Parallelschaltung

- ungünstiges SOAR-Diagramm (safe operating area $\hat{=}$ Zusammenfassung aller ansteuerungsabhängigen Grenzen im Ausgangskennlinienfeld); Beispiel: Bild 2.22
- ungünstiges Ausschaltverhalten durch hohe Speicherzeit (vgl. Diskussion Sperrverzögerungsladung Q_{rr} von Dioden)

PowerMOSFET

Die Bilder 2.23 bis 2.26 zeigen die Halbleiterstruktur des für die Leistungselektronik geeigneten selbstsperrenden Vertikal-MOSFET, dessen Schaltungssymbol sowie Kennlinienbeispiele für einen n-Kanal-PowerMOSFET |Stengl, Tihany|.

Bei $U_{DS} > 0$ und $U_{GS} = 0$ ist die Drain-Source-Strecke auf Grund der trennenden p-Zone gesperrt – es ist $I_D \approx 0$ und der PowerMOSFET als geöffneter Schalter interpretierbar. Bei $U_{GS} > 0$ werden Minoritätsladungsträger (n) aus der p-Zone unterhalb der Gate-Elektrode angereichert. Zwischen Drain und Source bildet sich ein durch U_{GS} steuerbarer, leitfähiger Kanal aus – der MOSFET kann, geeignete Ansteuerspannung U_{GS} vorausgesetzt, als geschlossener Schalter interpretiert werden. Aus der Halbleiterstruktur ist darüber hinaus entnehmbar, dass neben der gewünschten MOSFET-Struktur parasitär eine Diodenstruktur entsteht, was in vielen Anwendungsschaltungen, entsprechende Schnelligkeit der Diode vorausgesetzt, durchaus erwünscht ist.

10^2

$\dfrac{I_C}{A}$

$T_G \leq 90\,°C$

I_{CMmax} $V_T = 0,01$

10

I_{Cmax} $t_p =$

P_{max}

20µs

50µs

II

1   100µs

200µs

2. Durch-
bruch   500µs

1ms

2ms

10^{-1} 5ms

10ms

Gleichstrom

I

10^{-2}

III

IV

10^{-3}

1   10 10^2 10^3 U_{CE}/V 10^4

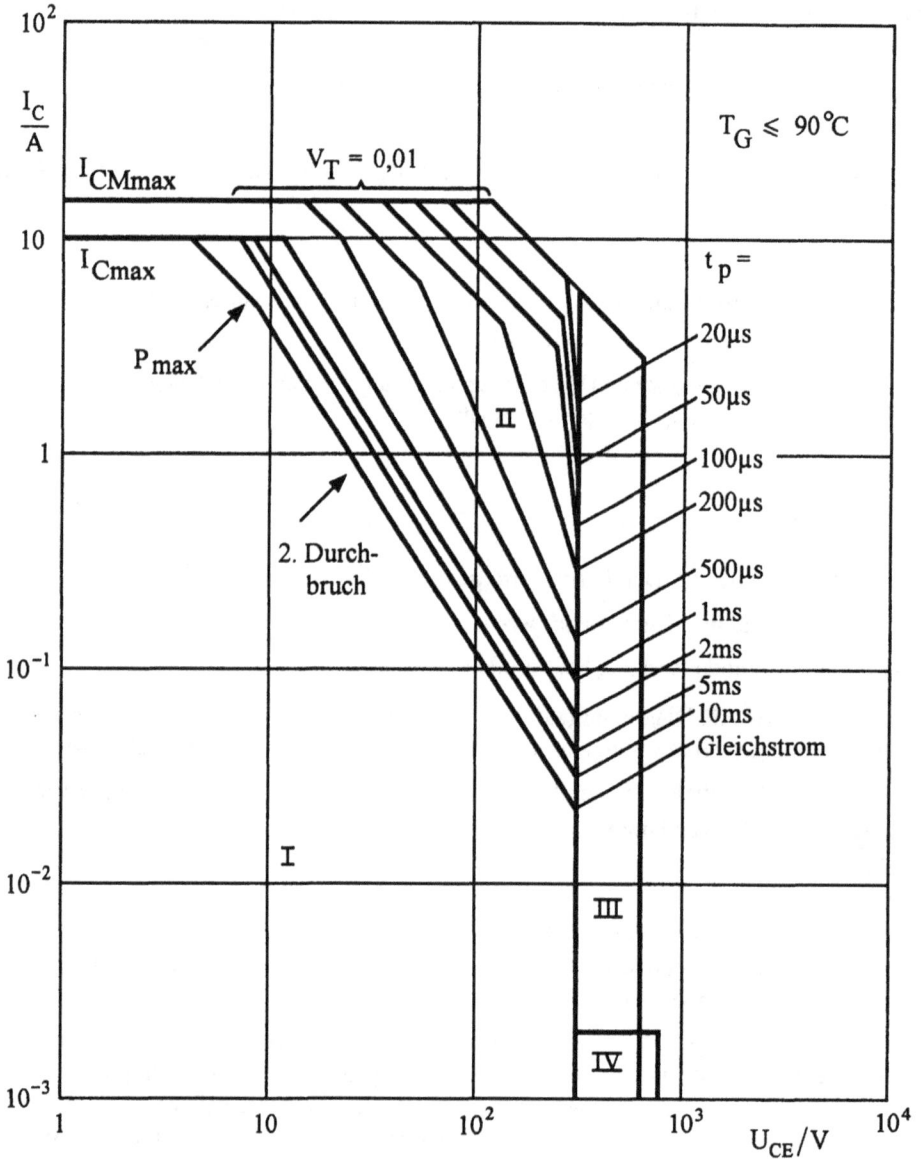

Bild 2.22: SOAR-Diagramm BDY 97 (Valvo / Philips); $I_{C\,max}$: *maximaler Gleichstrom;* $I_{CM\,max}$:
maximaler Pulsstrom bei $t_p \leq 1ms$
I: Gleichstrombetrieb; II: Pulsbetrieb mit $v_T = t_p / T_s = 0,01$; *III: während des Einschaltens*
$(\leq 0,3µs, R_{BE} \leq 100\Omega)$; *IV: periodischer Impulsbetrieb* $U_{BE} \leq 0V$

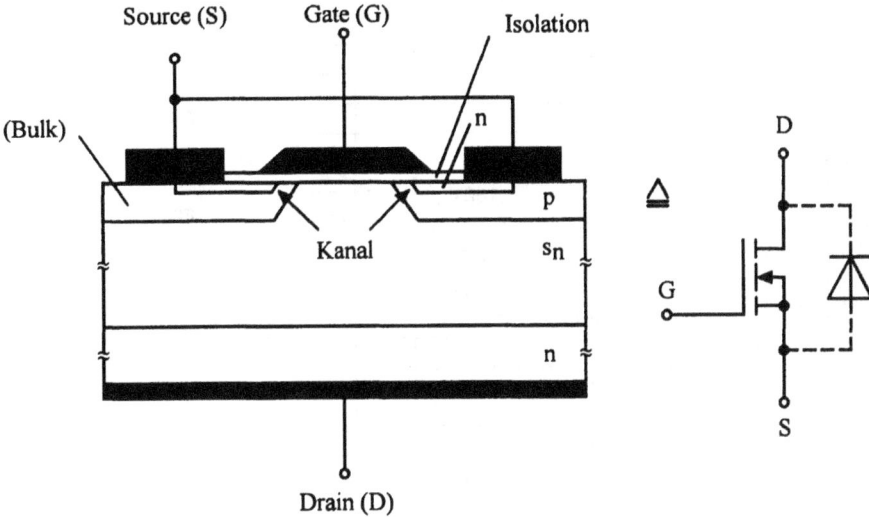

Bild 2.23: Struktur Vertikal-MOSFET-Zelle ; PowerMOSFET ≙ Parallelschaltung vieler Zellen; Schaltungssymbol PowerMOSFET

Die Leitfähigkeit des MOSFET wird durch so genannte Kanalweitenmodulation über die angelegte Gate-Source-Spannung U_{GS} bzw. die aufgebrachte Gateladung Q_G gesteuert. Die Gate-Ladecharakteristik (Bild 2.24), gültig für eine Gateaufladung bei eingeprägtem Gatestrom I_G, zeigt zunächst, ausgehend vom gesperrten Zustand des MOSFET mit vernachlässigbarer Gate-Drain-Kapazität C_{GD}, die Aufladung der Gate-Source-Kapazität C_{GS} mit $U_{GS} \sim Q_G$. Wird der MOSFET leitend, so ist zusätzlich die durch den Miller-Effekt vergrößert wirkende Gate-Drain-Kapazität C_{GD} bei $U_{GS} \approx const$ umzuladen. Der weitere Anstieg $U_{GS} \sim Q_G$ kennzeichnet den Bereich kleiner Drain-Source-Spannungen U_{DS}. Das MOSFET-Verhalten ist in diesem Bereich unabhängig von der Polarität der Spannung $U_{DS} \gtrless 0$ als steuerbarer Widerstand

$$R_{DSon} = U_{DS} / I_D = f(U_{GS}) \quad bzw. = f(Q_G)$$

interpretierbar (vgl. auch Synchronschalter Kap. 2.7 und Kap. 9).

Mit der Schalteranforderung R_{DSon} bzw. $U_{DS}(I_D)$ für den eingeschalteten Zustand kann aus dem Ausgangskennlinienfeld (Bild 2.25) die erforderliche Spannung U_{GS} und aus Bild 2.24 die erforderliche Gateladung Q_G ermittelt werden. Mit der Gateladung und der gewünschten Schaltzeit t_{on} ist dann die Amplitude des erforderlichen Gatestromes abschätzbar zu

$$I_G = \frac{Q_G}{t_{on}} \quad (I_G = const) \tag{2.34}$$

Im Bereich größerer Drain-Source-Spannungen, der für Verstärkeranwendungen, nicht hingegen für Schalteranwendungen geeignet ist, zeigt der FET Sättigungsverhalten.

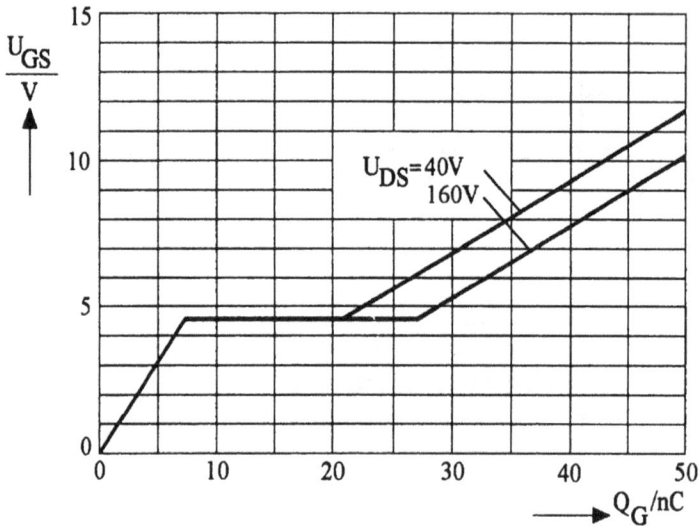

Bild 2.24:
Gate-Lade-
charakteristik Power-
MOSFET BUZ 35;
U_{DS} : Sperrspannung
vor dem Einschaltvor-
gang (Quelle: Siemens)

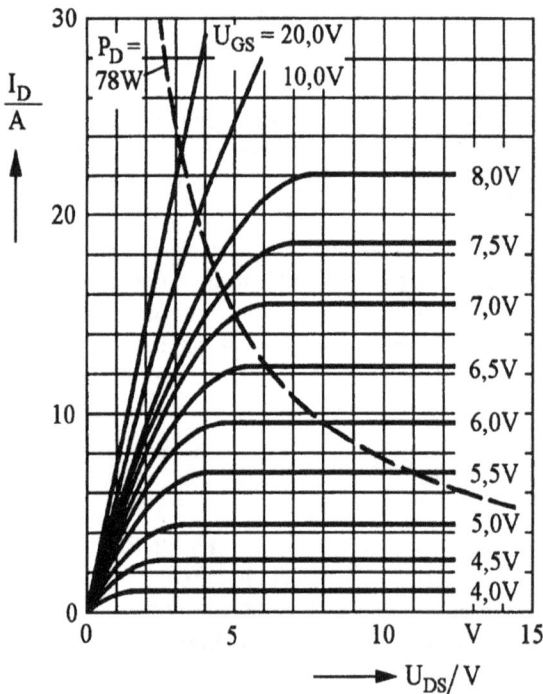

Bild 2.25:
Ausgangskennlinienfeld Power-
MOSFET BUZ 35
(Quelle: Siemens)

Vorteile des PowerMOSFET:

- Die Gate-Ansteuerung benötigt nur Steuerblindleistung zur Umladung der Gate-Kanal-Kapazität

- Mit der Größe des Gatestromes sind die Schaltzeiten beeinflussbar

- einfache Parallelschaltbarkeit durch Symmetrierung über den positiven Temperaturkoeffizienten von R_{DSon}
- kein second breakdown → günstiges SOAR-Diagramm (Bild 2.26)
- Kombination $U_{DS\,max}$ mit $I_{D\,max}$ kurzzeitig zulässig
  → Kurzschluss durch elektronische Schutzmaßnahmen beherrschbar
- keine Speicherladung → günstiges Ausschaltverhalten

Nachteile des PowerMOSFET:

- Hohe R_{DSon}-Werte bei hochsperrenden Varianten und damit hohe Durchlassverluste

Bild 2.26:
SOAR-Diagramm PowerMOSFET
BUZ 35
Tastverhältnis D=0,01
(Quelle: Siemens)

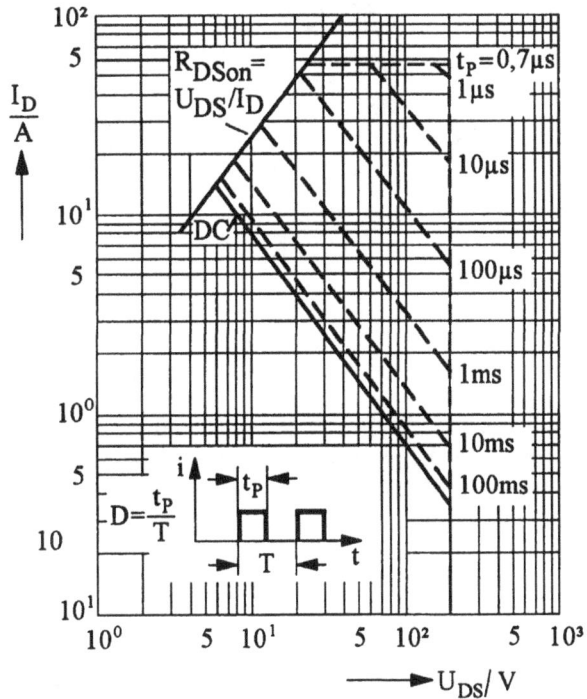

Da in der energietechnischen Anwendung der Wirkungsgrad von besonderer Bedeutung ist, können die Einsatzbereiche von Leistungs-(Bipolar)-Transistor und PowerMOSFET bei alleiniger Beachtung der Verluste im Hauptstromkreis wie folgt abgegrenzt werden:

- $U <\approx 200V$: Standard-PowerMOSFET

  $U <\approx 600V$: CoolMOS (PowerMOSFET mit R_{DSon}-Optimierung |Deboy, Lorenz, März| → ideale Anwendung z.B. in der KFz-Elektronik

- $U >\approx 200V$ ($>\approx 600V$ „CoolMOS"): Leistungs-(Bipolar)-Transistor

IGBT – insulated gate bipolar transistor

Auf Grund der jeweiligen Vor- und Nachteile wünscht sich der Schaltungsentwickler für den Bereich höherer Sperrspannungsanforderungen, wie z.B. in der Antriebstechnik, einen Halbleiterschalter mit MOS-Verhalten im Steuerkreis (→ Ansteuerung benötigt nur Steuerblindleistung) und Bipolartransistor-Verhalten im Hauptstrom- bzw. Leistungskreis (→ geringer Durchlasswiderstand hoch sperrender Varianten durch Ladungsträgerinjektion aus dem Emitterbereich in den Basis-Collector-Bereich).

Ein erster Ansatz hierfür war der BIMOS-Schalter, ein Schalter, der modulartig in einer Schaltung aus diskreten Bipolartransistoren und MOSFET das angestrebte Verhalten nachbildete. Eine entsprechende Lösung auf dem Halbleiterchip bietet der IGBT (Bild 2.27).

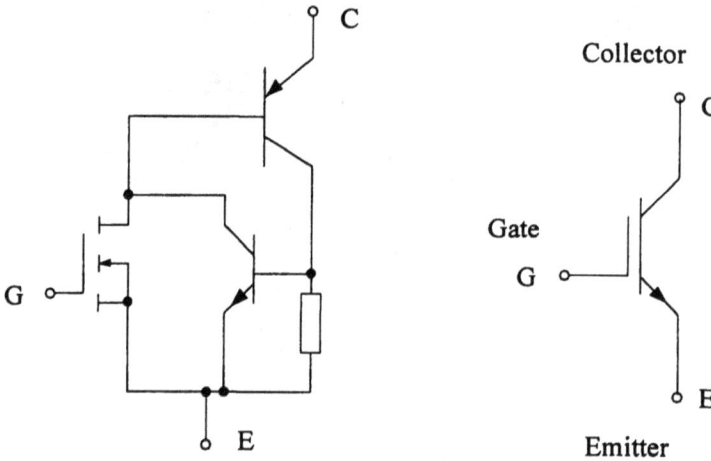

Bild 2.27:
IGBT – Ersatzschaltbild, Schaltungssymbol

Beschreibt man das Durchlassverhalten des IGBT wie bei einem PowerMOSFET durch die Angabe eines Durchlasswiderstandes, so ist die Verbesserung gegenüber einem hochsperrenden PowerMOSFET vergleichbaren Sperrvermögens wie folgt abschätzbar:

$$R_{on}(\text{IGBT}) \approx \frac{1}{6...10} \cdot R_{DSon}(\text{MOSFET})$$

Das Ersatzschaltbild zur Halbleiterstruktur zeigt, dass neben der gewünschten IGBT-Struktur parasitär eine mitgekoppelte Transistorstruktur auftritt. Wird diese, in Kap. 2.4 als Thyristor erkannte Struktur aktiviert, so schaltet diese ohne gesteuerte Möglichkeit des Sperrens durch – es kommt zum unerwünschten „latch-up". Da das günstige Durchlassverhalten wie beim Leistungstransistor durch Ladungsträgerüberschwemmung bzw. Sättigung bewirkt wird, tritt als weiterer Nachteil ein ungünstiges Ausschaltverhalten, hier durch die Angabe eines „Tailstromes" charakterisiert, auf. Dies führt bei zunehmender Schaltfrequenz f_s zu erhöhten dynamischen Verlusten im Abschaltvorgang und damit zu einer Abnahme (derating) der realisierbaren Schaltleistung ab $f_s >\approx 30\text{kHz}$. Wandler mit optimiertem Schaltverhalten (Minimierung dynamischer Verluste durch Entlastungsnetzwerke, resonantes Schaltverhalten, ...) sind mit IGBTs bis $f_s >\approx 300\text{kHz}$ bei $U_{CE} \approx 3300\text{V}$ und $I_C \approx 1000\text{A}$ realisierbar.

2.4 Thyristor

Der Thyristor wird überall dort eingesetzt, wo entweder auf die Eigenschaft Abschaltbarkeit über den Steueranschluss verzichtet werden kann, oder wo sehr hohe Schaltleistungen verlangt werden. Im zweitgenannten Einsatz ist allerdings auf Grund zunehmender Schaltleistungen der IGBTs sowie erheblicher Leistungssteigerungen der GTOs eine Verdrängung des Thyristors hin in den Grenzbereich sehr hoher realisierbarer Schaltleistungen zu registrieren (Bild 2.1). Infolge der großen Verbreitung jener Wandler, bei denen die Eigenschaft „Ausschaltbarkeit" nicht gefordert wird, ist der Thyristor jedoch immer noch das Bauelement der klassischen Leistungselektronik und soll deshalb im Folgenden auch etwas genauer betrachtet werden.

2.4.1 Thyristor – statische Betrachtung

Der Thyristor (Bild 2.28) ist ein aus vier unterschiedlich dotierten Zonen aufgebautes Halbleiterbauelement. Ähnlich wie bei Dioden kann für hochsperrende Anwendungen ohne wesentliche Auswirkung auf die Prinzipfunktion eine fünfte, schwach dotierte Zone hinzukommen.

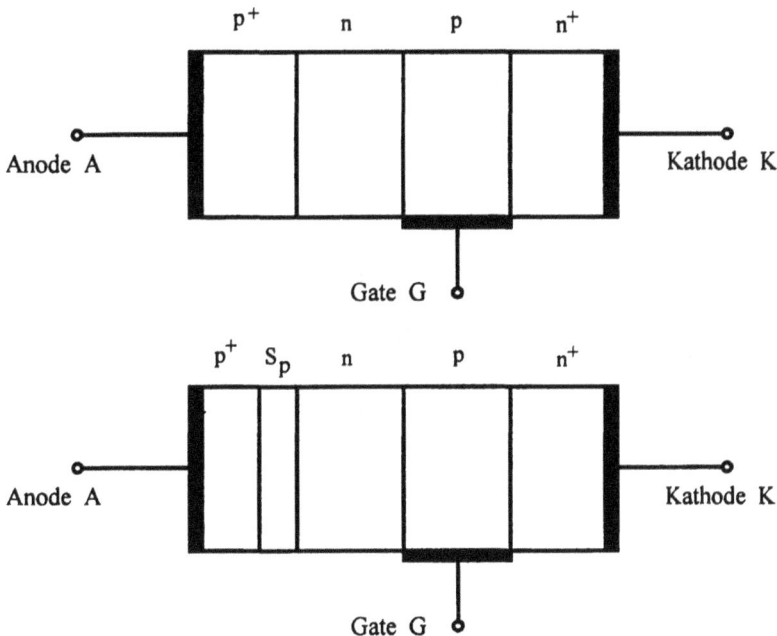

Bild 2.28: Thyristor Prinzipstruktur (Index "+": stark dotiert)

Anhand der in Bild 2.28 eingetragenen Dotierungsangaben erkennt man:

- hoch dotierte Außengebiete

  → gute Leitfähigkeit bei Trägerinjektion aus den hoch dotierten Außengebieten in die schwach dotierten Innengebiete

- schwach dotierte Innengebiete

  → hohe Sperrfähigkeit der unsymmetrischen äußeren pn-Übergänge

  → hohe Sperrfähigkeit des inneren pn-Überganges

Da sich der normale Thyristor wie eine Diode mit Einschaltbarkeit in Vorwärtsrichtung benimmt, hat sich als Schaltersymbol jenes einer Diode mit Steueranschluss eingebürgert. Unterschiedliche Darstellungsformen (Bild 2.29) nehmen dabei Rücksicht auf unterschiedliche Ansteuervarianten sowie, im Falle rückwärtsleitender und bidirektionaler Thyristoren, auf Erweiterungen der in Bild 2.28 dargestellten Halbleiterstruktur.

Thyristor allgemein

Thyristor
kathodenseitig steuerbar
rückwärts sperrend

Bild 2.29:
Thyristorvarianten / Symbole

Thyristor
anodenseitig steuerbar

Thyristortetrode

Thyristor
kathodenseitig steuerbar
rückwärts leitend

Triac
bidirektionaler
Thyristor

GTO
Abschaltthyristor

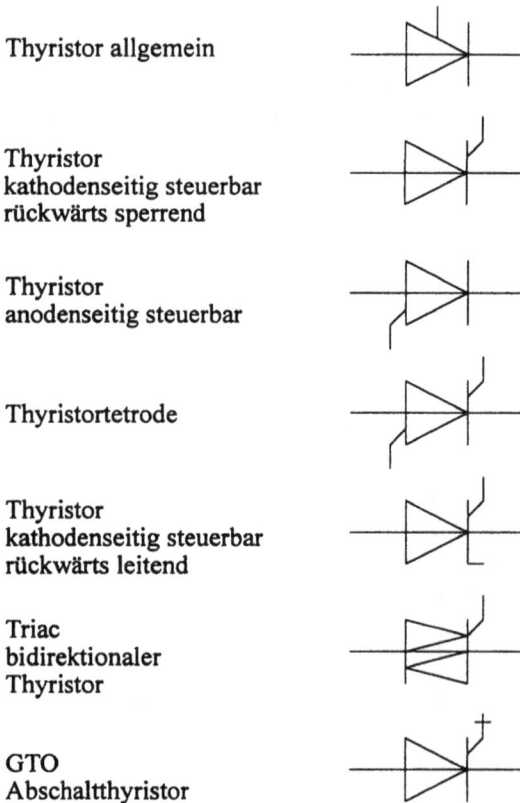

Bis auf den „Triac" werden unabhängig von der jeweiligen Realisierungsvariante die Anschlüsse im so genannten Hauptstromkreis mit Anode (A) bzw. Kathode (K) bezeichnet. Der Steueranschluss (Steuerkreis) wird allgemein Gate (G) genannt.

Im Folgenden wird nur die Normalausführung, nämlich der kathodenseitig steuerbare, rückwärts sperrende Thyristor detaillierter betrachtet. Dem Triac und dem GTO sind jeweils eigene kurze Kapitel (Kap. 2.5 bzw. Kap. 2.6) gewidmet.

Das Verhalten des kathodenseitig steuerbaren, rückwärts sperrenden Thyristors kann anschaulich anhand einiger Betriebsfälle bzw. Experimente diskutiert werden:

a: Hauptstromkreis $U_{AK} < 0$; Steuerkreis $I_G = 0$ → Gate offen (Bild 2.30)

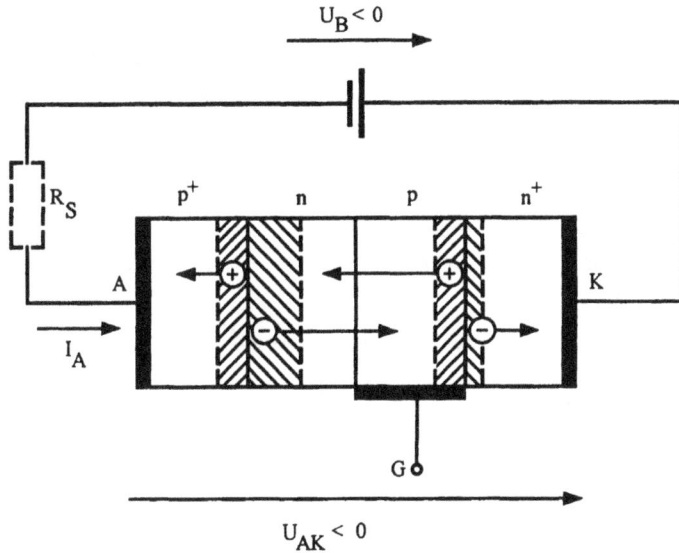

Bild 2.30:
Hauptstromkreis
$U_{AK} < 0$; Rückwärts-
Sperrkennlinie

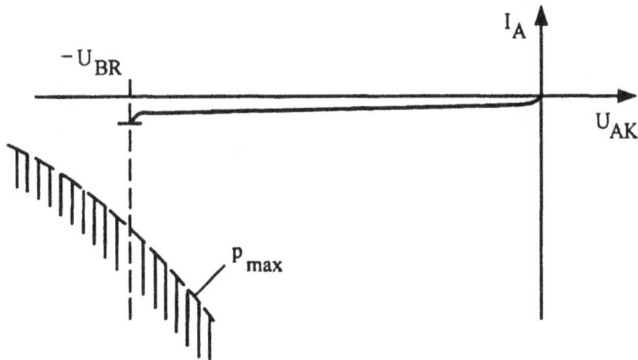

Auf Grund der angelegten Spannung $U_{AK} < 0$ tritt an den beiden äußeren pn-Übergängen eine Verarmung freier Ladungsträger ein. Es bilden sich jeweils feste Raumladungsgebiete mit dotierungsabhängiger Ausdehnung. Der Thyristor sperrt infolge der beiden Verarmungsgebiete. Zu beobachten ist ein kleiner, temperaturabhängiger und in den meisten Anwendungen vernachlässigbarer Sperrstrom $I_A < 0$. Wird die angelegte Spannung betragsmäßig erhöht, so tritt beim Überschreiten der kritischen Feldstärke ein Lawinendurchbruch auf – der Strom $|I_A|$ nimmt bei nahezu konstantem U_{AK} hohe Werte an. Wird dabei durch Einbau eines geeignet dimensionierten Schutzwiderstandes R_S eine Überschreitung der zulässige Gesamtverlustleistung P_{max} verhindert, so ist dieser Lawinendurchbruch reversibel.

Den gezeigten Sachverhalt zeigt die so genannte Rückwärts-Sperrkennlinie des Thyristors. Das Sperrvermögen des Thyristors wird hierin (Zählpfeilsystem in Durchlassrichtung) angegeben als Durchbruchspannung bzw. weniger korrekt als negative Kippspannung $-U_{BR}$.

b: Hauptstromkreis $U_{AK} > 0$; Steuerkreis $I_G = 0$ → Gate offen (Bild 2.31)

Wird ausgehend von $U_B = U_{AK} = 0$ die Spannung U_B und damit die Spannung U_{AK} erhöht, so tritt zunächst am mittleren pn-Übergang eine Verarmung freier Ladungsträger auf. Der Thyristor sperrt bei vergleichsweise kleiner elektrischer Feldstärke (im Vergleich zu Betriebsfall a.) und es fließt ein kleiner, temperaturabhängiger Sperrstrom $I_A > 0$, bis bei weiterer Erhöhung von U_B das Sperrvermögen des Thyristors auf Grund eines noch zu besprechenden Mitkopplungseffektes zusammenbricht. Den geschilderten Sachverhalt beschreibt die Vorwärts-Sperr-Kennlinie bzw. die Vorwärts-Blockierkennlinie.

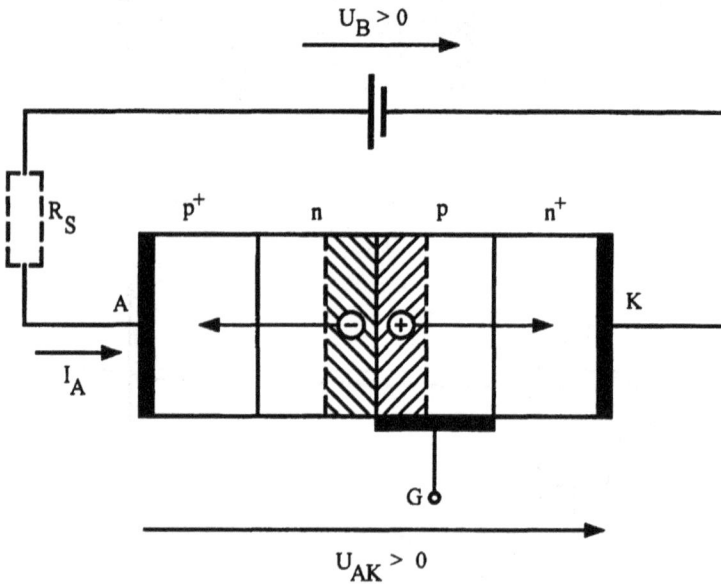

Bild 2.31: Hauptstromkreis $U_{AK} > 0$; Vorwärts-Blockierkennlinie

Die in Bild 2.31 als positive Kippspannung bzw. Nullkippspannung U_{B0} bezeichnete Spannung kennzeichnet das maximale Sperr- bzw. Blockiervermögen des Thyristors in Vorwärtsrichtung. Entwicklungsziel des Halbleiterherstellers für den Thyristor in Normalausführung ist dabei symmetrisches Sperrverhalten mit $U_{BR} \approx U_{B0}$.

c: Hauptstromkreis $U_B > U_{B0}$

Der Thyristor verliert bei $U_{AK} = U_{B0}$ sein Vorwärts-Blockiervermögen. Die Ursache hierfür ist ein durch Mitkopplung hervorgerufener Kippvorgang, der am besten durch ersatzweise Darstellung des Thyristors als Doppeltransistoranordnung zu erfassen ist (Bild 2.32).

Bereits im Fall b., also im Blockierzustand in Vorwärtsrichtung mit $U_{AK} > 0$ fließt über den mittleren, sperrenden pn-Übergang (Index 2) bei

$$U_2 \approx U_{AK} = U_B - R_S \cdot I_A < U_{B0}$$

ein kleiner, stark temperaturabhängiger Sperrstrom $I_2 = I_A$.

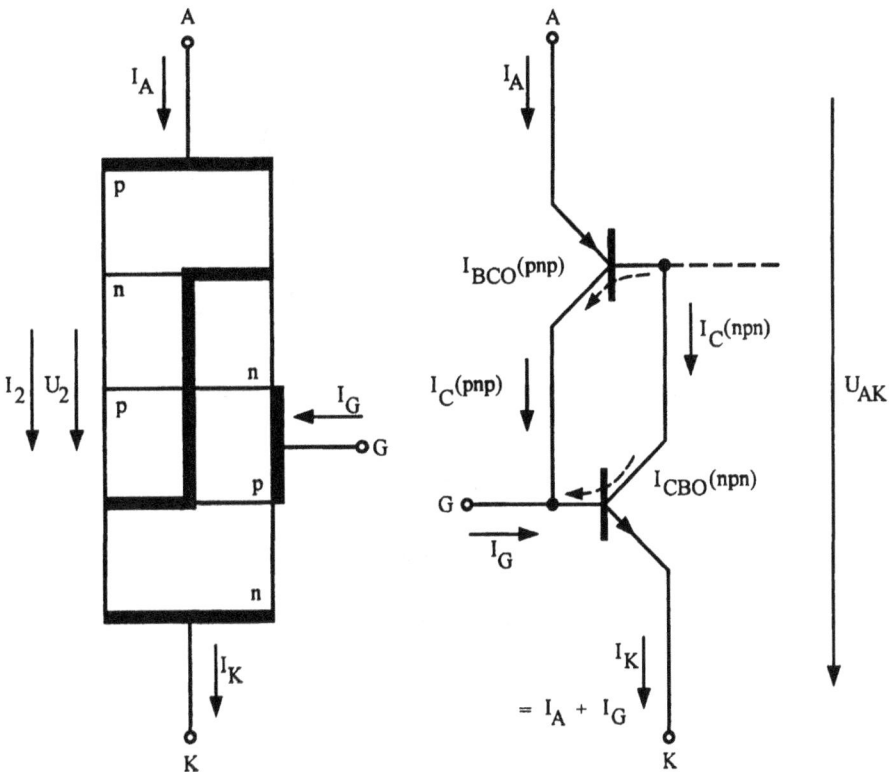

Bild 2.32: Darstellung des Thyristors als Doppeltransistoranordnung

Mit wachsender Sperrspannung U_2 nimmt I_2 zunächst nur geringfügig zu, steigt dann a-
ber abhängig von der Dotierung am mittleren pn-Übergang durch Überschreiten der kritischen Feldstärke lawinendurchbruchartig an. Teilt man nun willkürlich den Sperrstrom I_2
gleichmäßig auf die beiden Transistoren der Thyristor-Ersatzdarstellung auf, so folgt für
deren Collector-Basis-Restströme:

$$I_{BC0}(pnp) = I_{CB0}(npn) = \frac{I_2}{2}$$

Beide Restströme wirken am jeweils benachbarten Transistor als Basisansteuerströme und
rufen so Collectorströme hervor, die ihrerseits wiederum als Basisansteuerströme wirken
und sich somit gegenseitig aufschaukeln können. Es existiert also eine mitgekoppelte Ver-
stärkeranordnung, deren Strombilanz bei einer Transistorinterpretation in Basis-
Grundschaltung (Bild 2.33) und unter Einbeziehung eines möglichen Gatestromes I_G wie
folgt lautet:

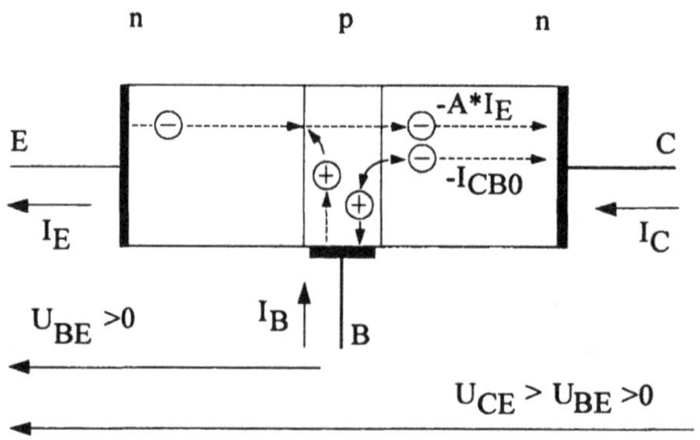

Bild 2.33: npn-Transistor in Basis-Grundschaltung (aktiver, nicht gesättigter Betriebszustand)

$$I_C(pnp) = I_E(pnp) \cdot A(pnp) + I_{BC0}(pnp) = I_A \cdot A(pnp) + I_2/2$$

$$I_C(npn) = I_E(npn) \cdot A(npn) + I_{CB0}(npn) = (I_A + I_G) \cdot A(npn) + I_2/2$$

$A <\approx 1$: Großsignal-Stromverstärkung in Basis-Grundschaltung   (2.35)

Da auf Grund des Kontinuitätsgesetzes

$$I_C(pnp) + I_C(npn) = I_A \qquad\qquad (2.36)$$

gelten muss, folgt durch Einsetzen von (2.35) in (2.36) unabhängig von der angenommenen
Aufteilung des Sperrstromes I_2 auf die beiden Transistoren:

$$I_A = \frac{A(npn)}{1 - A(pnp) - A(npn)} \cdot I_G + \frac{1}{1 - A(pnp) - A(npn)} \cdot I_2 \qquad (2.37)$$

Gleichung (2.37) beschreibt die Abhängigkeit des Anodenstromes I_A vom Sperrstrom I_2, vom Gatestrom I_G und von den Großsignalstromverstärkungen $A(pnp)$ bzw. $A(npn)$ der beiden in Basisschaltung beschriebenen Transistoren.

Wesentlich für das Thyristorverständnis ist der Nennerausdruck

$$\text{Nenner} = 1 - [A(pnp) + A(npn)] = f(I_A),$$

denn dieser kann, wenn die Summe der Stromverstärkungen den Wert 1 annimmt, zu 0 werden. Dass dieser Fall möglich ist, zeigt das Stromverstärkungsdiagramm in Bild 2.34 |Meyer|. Welche Auswirkungen dies hat, soll im Folgenden getrennt für $I_G = 0$ und für $I_G \neq 0$ untersucht werden.

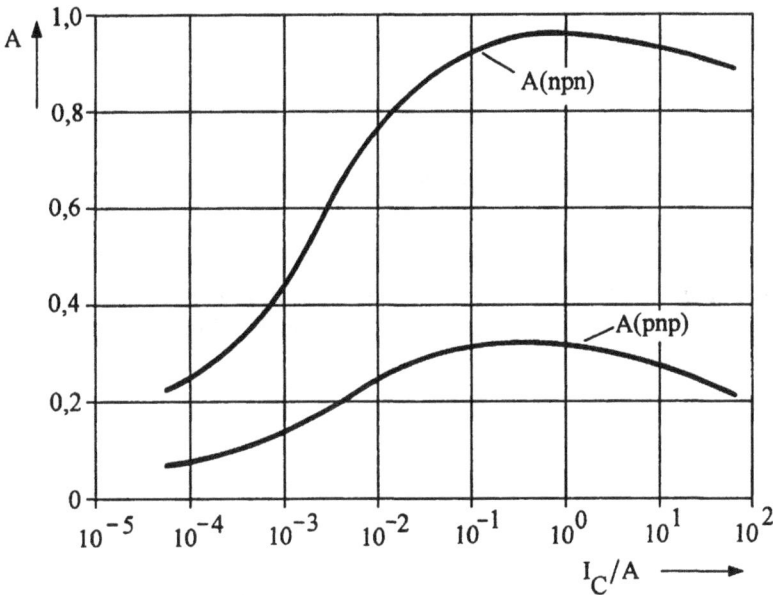

Bild 2.34: Typischer Verlauf der Großsignalstromverstärkung A von Transistoren

- **Gate offen,** $I_G = 0$

Die Gleichung (2.37) reduziert sich nunmehr auf den Ausdruck

$$I_A(I_G = 0) = \frac{1}{1 - [A(pnp) + A(npn)]} \cdot I_2 ; \quad I_2 = f(U_2 \approx U_{AK}) \qquad (2.38)$$

Bei sehr kleiner Spannung U_{AK} und folglich geringer Sperrspannung U_2 am mittleren pn-Übergang existiert ein sehr geringer Sperrstrom I_2, damit eine sehr geringe Aussteuerung der Transistoren des Thyristormodells in Bild 2.32 sowie als Folge des Bildes 2.34 eine Stromverstärkungssumme $\sum A \ll 1$. Der Thyristor blockiert mit $I_A \approx I_2$. Anders bei zunehmender Spannung $U_{AK} \rightarrow U_{B0}$! Der Sperrstrom I_2, verursacht durch einen Lawinendurchbruch am mittleren pn-Übergang, und damit die wechselseitige Aussteuerung der Transistoren sowie die Stromverstärkungssumme wachsen an. Die Folge ist eine sehr starke Zunahme des Anodenstromes I_A.

Für

$$\sum A = A(pnp) + A(npn) \rightarrow 1$$

ergibt sich formal auf Grund der Stromgleichung (2.38) $I_A \rightarrow \infty$. Da bei realen äußeren Beschaltungen des Hauptstromkreises – z.B. infolge des stets endlichen Innenwiderstandes der Spannungsquelle U_B – kein unendlich hoher Anodenstrom fließen kann, ist für den tatsächlich endlichen Anodenstrom I_A

$$I_2 = 0$$

zu fordern.

Wird auf Grund der Größe der beiden Collectorströme

$$A(npn) + A(pnp) > 1,$$

so ist sogar formal $I_2 < 0$ und somit $U_2 < 0$ zu fordern. Damit geht auch der mittlere pn-Übergang in den Durchlasszustand über. Die beiden Transistoren der Thyristor-Ersatzdarstellung werden nun jeweils im Sättigungszustand betrieben, sodass sich als resultierende Durchlassspannung am Thyristor

$$\begin{aligned} U_{AK} &= U_{EB}(pnp) + U_{CEsat}(npn) \\ &= U_{ECsat}(pnp) + U_{BE}(npn) \approx U_{BE} \end{aligned} \tag{2.39}$$

einstellt. Die Durchlassspannung des „gekippten" oder „über-Kopf-gezündeten" Thyristors liegt also nur geringfügig über jener einer Diode mit vergleichbarer maximaler Sperrspannung und vergleichbarem maximalen Durchlassstrom.

Auf Grund des geschilderten Mitkopplungsprozesses bricht die Spannung U_{AK} ausgehend vom hohen Wert der Nullkippspannung U_{B0} auf einen sehr kleinen Wert zusammen (Bild 2.35).

Wegen

$$U_B = I_A \cdot R_S + U_{AK} \quad \text{bzw.} \quad I_A = \frac{U_B - U_{AK}}{R_S} \tag{2.40}$$

verläuft dieser Übergang bei Vernachlässigung dynamischer Effekte längs einer Arbeitsgeraden mit der Steigung $-1/R_S$. Der sich nach dem Kippvorgang einstellende Betriebspunkt ist der Schnittpunkt dieser Arbeitsgeraden mit der nunmehr maßgebenden Vorwärts-Durchlasskennlinie des Thyristors. Letztere entspricht gemäß (2.39) etwa der Vorwärts-kennlinie einer Diode und kann wie diese (Bild 2.7) ersatzweise durch Schleusenspannung U_{T0}, differentiellen Widerstand r_T und, falls zur Beschreibung der Ventilwirkung erforderlich, eine in Serie geschaltete ideale Diode dargestellt werden.

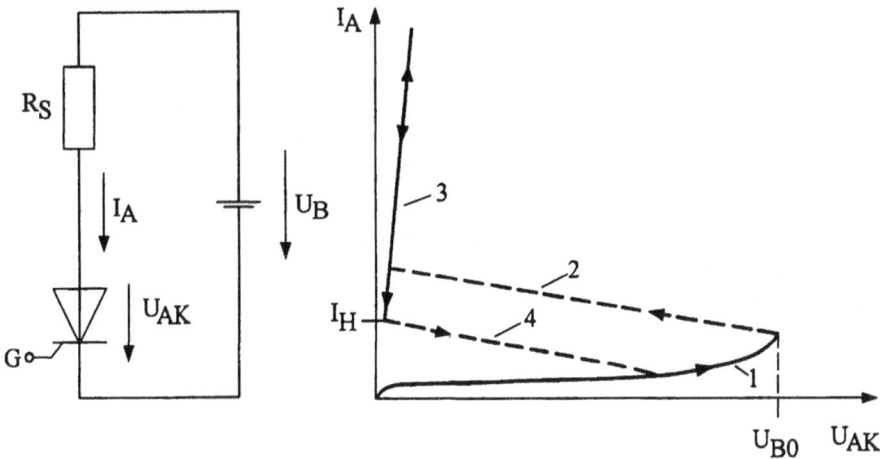

Bild 2.35: Vorwärtskennlinie des Thyristors bei $I_G = 0$

1. Vorwärts-Blockierkennlinie

2. Kippvorgang Blockieren → Durchlass (Steigung $-1/R_S$)

3. Vorwärts-Durchlasskennlinie

4. Kippvorgang Blockieren → Sperren (Steigung $-1/R_S$)

Nach erfolgtem Kippvorgang mit Zusammenbruch der Spannung $U_{AK} \to \approx 0$ – man beachte den Unterschied zum Lawinendurchbruch mit $U_{AK} \approx$ const – wird der Leitmechanismus durch den Mitkopplungsprozess aufrechterhalten. Dies gilt solange, wie

$$A(pnp) + A(npn) \geq 1$$

ist. Beendet wird der Durchlasszustand bei

$$A(pnp) + A(npn) < 1$$

Dies ist jedoch, mit Ausnahme des später zu behandelnden GTO, nur durch Maßnahmen im Hauptstromkreis, die eine entsprechende Stromreduzierung erzwingen, möglich. Der untere Grenzwert des Stromwertebereiches, innerhalb dessen der Thyristor im Durchlasszustand verharrt, wird als Haltestrom I_H bezeichnet. Erst bei $I_A < I_H$ kippt also der Thyristor vom Vorwärts-Durchlasszustand in den Vorwärts-Blockierzustand zurück. Die dann auftretende Spannung U_{AK} ist, abhängig von der Beschaltung im Hauptstromkreis, $\ll U_{B0}$.

- **Gate angesteuert, $I_G \neq 0$**

In der praktischen Anwendung interessiert die „Über-Kopf-Zündung" nur für Überspannungsschutzschaltungen. Wichtiger ist die gesteuerte Einleitung des Mitkopplungs- bzw. Kippprozesses durch einen Gatestrom $I_G \gg I_2$. Das in der Gleichung (2.37) enthaltene Produkt $A(npn) \cdot I_G$ hat nunmehr dieselbe Wirkung wie ein durch die Erhöhung der Spannung U_{Ak} verursachter Sperrstromanstieg I_2. Das bedeutet, dass der Kippvorgang unabhängig von der Größe des Sperrstromes auch durch einen Gatestrom I_G und zwar auf Grund der Steuerbarkeit von I_G bereits für $U_{AK} < U_{B0}$ eingeleitet werden kann. Man spricht in diesem Fall von einer „Zündung". Der Übergang von der Vorwärts-Blockierkennlinie zur Vorwärts-Durchlasskennlinie erfolgt wiederum längs der durch (2.40) beschriebenen Widerstandsgeraden. Bild 2.36 zeigt dies bei vorgegebenem Gatestrom I_G und steter von $U_B = 0$ ausgehender Erhöhung von U_B. Im gezündeten Zustand kann I_G entfallen – der Leitmechanismus wird wie bei der Sperrstromzündung durch den Mitkopplungsmechanismus aufrechterhalten.

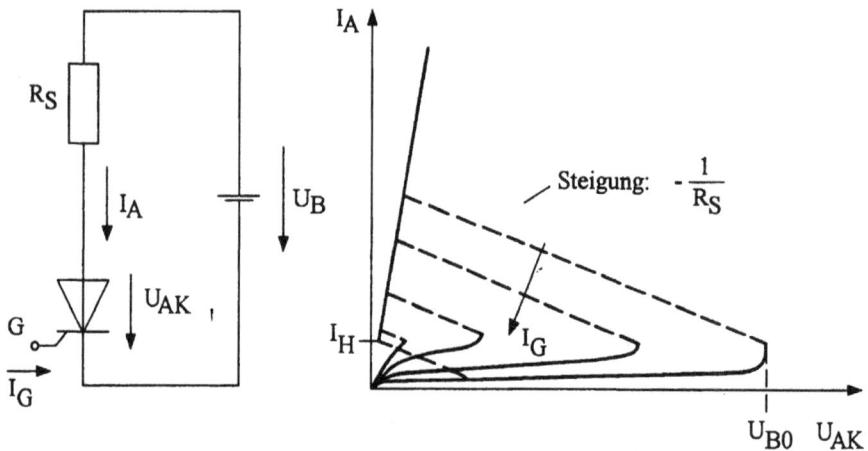

Bild 2.36: Thyristor-Vorwärtskennlinien bei $I_G \geq 0$

In Bild 2.29 wurde auch die Realisierbarkeit anodenseitig zündbarer Thyristoren genannt. In Abwandlung von (2.37) tritt dann in der Stromgleichung das Produkt $A(pnp) \cdot I_G$ auf. Gemäß Bild 2.34 ist aber typischerweise $A(pnp) < A(npn)$, sodass für diesen Steuerungsfall zur Zündung höhere Gateströme erforderlich sind. Dies begründet auch die sehr geringe Anwendung dieser Thyristorvariante.

Die Gate-Kathodenstrecke zeigt die charakteristischen Merkmale eines pn-Überganges bzw. einer Diode bei allerdings erheblichen größeren Exemplarstreuungen. Die Datenblätter enthalten deshalb in der Regel Grenzkurven des Streubereiches mit zusätzlichem Hinweis auf den Zünderfolg (Bild 2.37). Zur gesicherten Schaltungsfunktion ist das Gate im Bereich der sicheren Zündung bzw. sicheren Nichtzündung anzusteuern. Für den Zündungsfall ist dabei die von der Zündimpulsdauer t_p sowie der Zündimpulsperiode T_s abhängige maximal zulässige Verlustleistung P_{max} zu beachten.

Bild 2.37:
Gate-Kathoden-Strecke (Zünddia-
gramm)
1: Bereich möglicher Zündung
2: Bereich sicherer Zündung
I_{GD} / U_{GD} *: unterer Zündstrom /*
Zündspannung
I_{GT} / U_{GT} *: oberer Zündstrom /*
Zündspannung

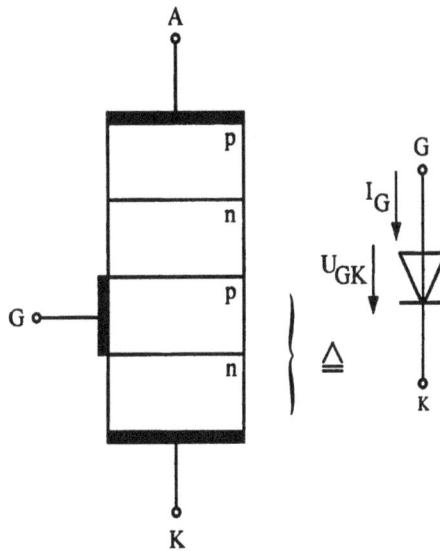

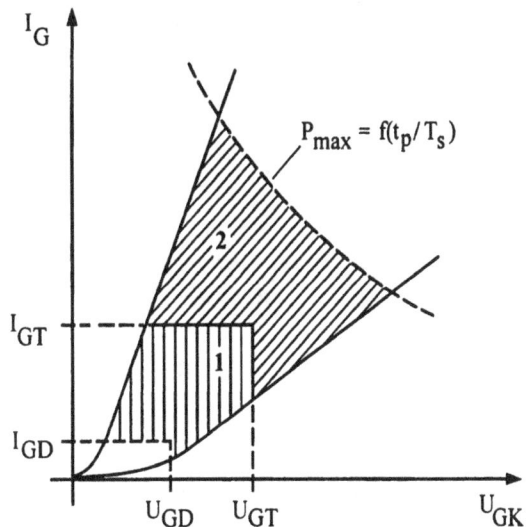

2.4.2   Thyristor – dynamische Betrachtung

Als dynamische Vorgänge werden alle jene Zeiteffekte im Haupt- und Steuerstromkreis bezeichnet, die bei der Dimensionierung einer Thyristoranwendung zu beachten sind. Hierzu
zählen das *du/dt*-Verhalten im Hauptstromkreis, die Dynamik des Zündvorganges verbunden mit dem *di/dt*-Verhalten im Hauptstromkreis sowie das Ausschaltverhalten. Letzteres
ist zumindest bezüglich der Sperrverzögerungsladung bzw. des Trägerstaueffektes (TSE)
näherungsweise vergleichbar mit dem Ausschaltverhalten einer Diode.

- *du/dt*-Verhalten

Bei einem in Vorwärtsrichtung sperrenden Thyristor mit $0 < u_{AK} < U_{B0}$ sperrt der mittlere pn-Übergang und es bildet sich an diesem ein ersatzweise auch als Sperrschichtkapazität
interpretierbares Raumladungsgebiet aus (Bild 2.38).

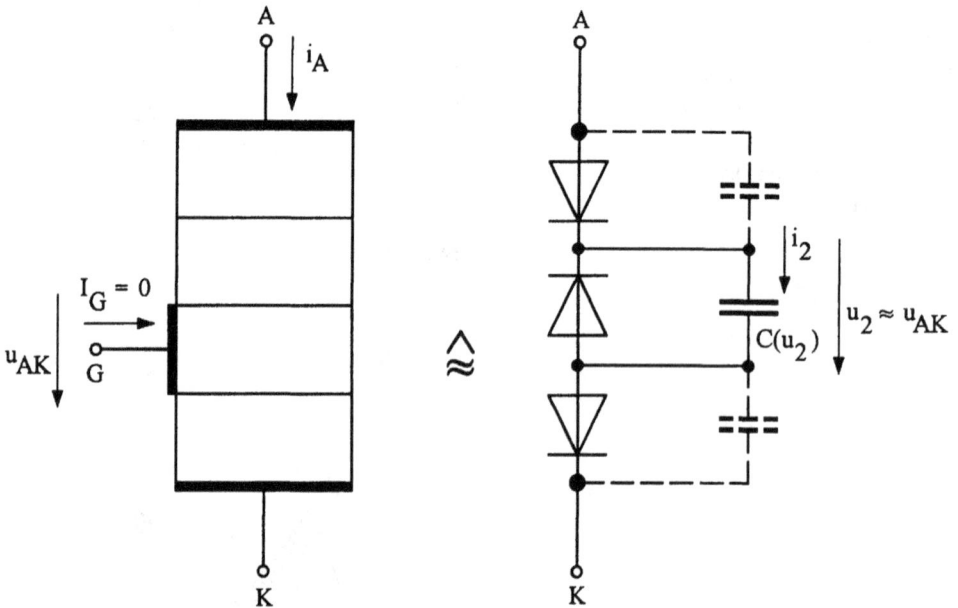

Bild 2.38: Thyristor-Ersatzdarstellung für $0 < u_{AK} < U_{B0}$ *zur Erläuterung des du/dt-Verhaltens
(stark vereinfacht ohne Erfassung des Mitkopplungseffektes)*

Ändert sich u_{AK} und damit die Sperrspannung u_2, so führt dies an der Sperrschichtkapazität zu einem kapazitiv verursachten Sperrstrom

$$i_2(C) = \frac{dQ}{dt} = \frac{d(C \cdot u_2)}{dt} = C \cdot \frac{du_2}{dt} + u_2 \cdot \frac{dC}{dt} \qquad (2.41)$$

Dieser Sperrstrom $i_2(C)$ wirkt in der Thyristorstruktur wie ein Gatestrom, kann also als Zündstrom zur ungewollten Zündung des Thyristors führen. Man spricht wie beim Überschreiten der Nullkippspannung von einer „Über-Kopf-Zündung". Im praktischen Einsatz ist deshalb die zeitliche Spannungsänderung an einem Thyristor zu limitieren. Das Datenblatt spezifiziert hierzu die kritische Spannungssteilheit

$$S_{ukrit} = \frac{du_{AK}}{dt}\bigg|_{max} \quad \text{(Größenordnung: 50 ... 1000V/µs)}$$

Besonders hohe zeitliche Spannungssteilheiten erlaubt der Thyristor mit Emitterkurzschlüssen („shorted emitter"). Bild 2.39 skizziert die Wirkung dieser Emitterkurzschlüsse am Beispiel eines Thyristors mit einer von den bisherigen Prinzipstrukturbildern abweichenden, auf Grund der hohen Stromanforderungen an Thyristoren aber insgesamt realitätsnäheren Zentralgateanordnung.

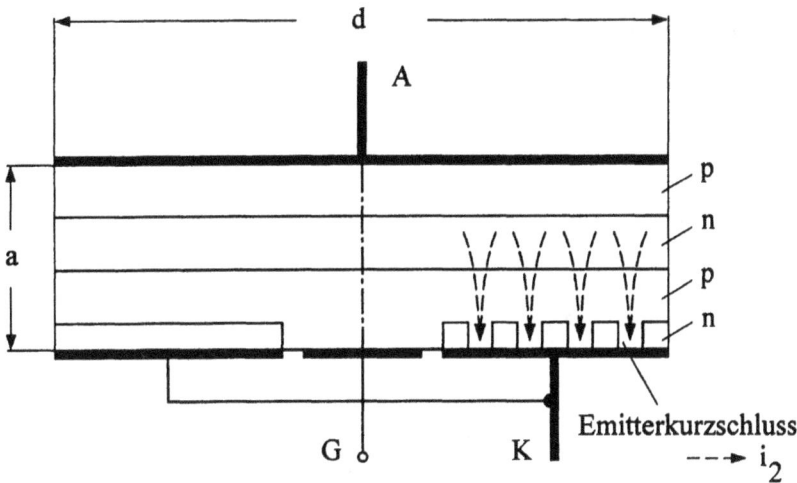

Bild 2.39: Thyristor mit Zentralgate; links: Normalausführung; rechts: Ausführung mit „shorted emitter"

Schaltungstechnisch ist S_{ukrit} durch eine geeignete RC-Beschaltung der Anoden-Kathoden-Strecke (vgl. auch TSE-Beschaltung des Thyristors bzw. der Diode) beherrschbar.

• Zündverhalten, *di/dt*-Verhalten

Versucht man einen Thyristor durch einen „sicheren" Gatestrom $I_G > I_{GT}$ zu zünden, so beobachtet man das in Bild 2.40 wiedergegebene Thyristorverhalten. Vor einem erkennbaren Einsatz des Mitkopplungs- bzw. Kipp-Prozesses verstreicht die Zündverzögerungszeit t_{gd}. Verursacht wird diese durch die notwendige Umladung von Raumladungszonen. Zu beschleunigen ist dieser Umladevorgang durch Vergrößerung des Gatestromes (Bild 2.41).

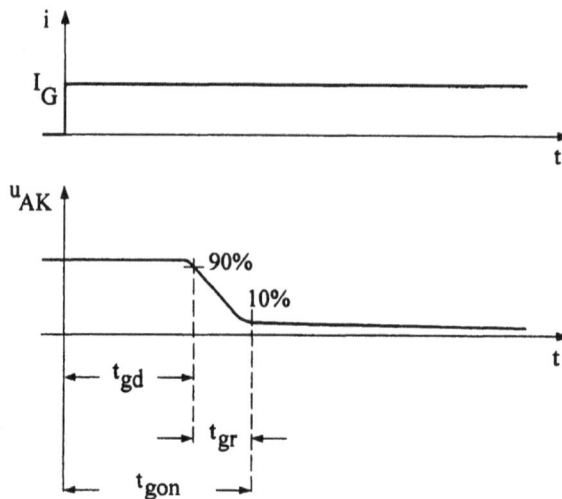

Bild 2.40: Zeitlicher Verlauf der Thyristorzündung bei hochohmiger Last und damit geringem Anodenstrom

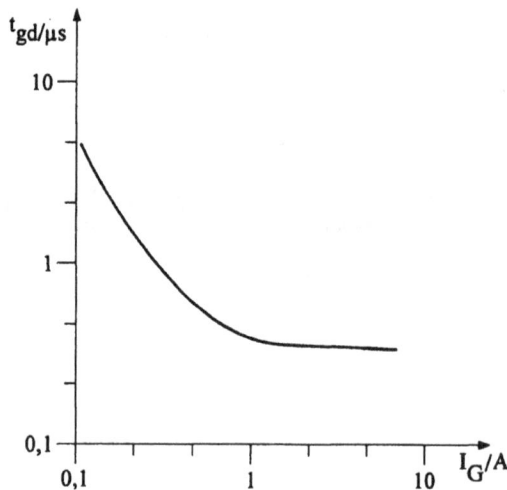

Bild 2.41: Abhängigkeit der Zündverzögerungszeit t_{gd} von der Gatestromamplitude I_G (150A-Thyristor)

Während des sich anschließenden Zeitabschnittes t_{gr} entwickelt sich im Thyristor ein Durchlasskanal und die Spannung u_{AK} bricht, wie in Bild 2.40 für eine hochohmige Last dargestellt, zusammen. Trotzdem kann auch für $t > t_{gon} = t_{gd} + t_{gr}$ und $u_{AK} \rightarrow 0$ nicht zwingend die volle Durchsteuerung des Thyristors unterstellt werden. Grund hierfür ist die ungünstige, in den bisherigen Bildern kaum zum Ausdruck kommende Thyristorgeometrie.

Da Thyristoren entsprechend ihrer energietechnischen Anwendungen im durchgeschalteten Zustand hohe Vorwärtsströme zu tragen haben, führt dies bei der technologischen Realisierung (Bild 2.39, links) zu Bauelementen mit Durchmesserwerten d, die groß sind im Vergleich zur axialen Bauelementeausdehnung a. Im Falle eines 150A-Thyristors beträgt die Größenordnung dieses Verhältnisses $d : a \approx 50 : 1$. Damit bei einer derart ungünstigen Lateralausdehnung dennoch symmetrische Zündverhältnisse für den Zündvorgang entstehen, realisiert man den Standard-Thyristor, wie bereits bei Bild 2.39 skizziert, mit einer zentralen Gateanordnung.

Analysiert man den Zünd- bzw. Durchschaltvorgang eines derartigen Zentralgate-Thyristors, so ist folgender chronologischer Ablauf festzustellen:

1. Einleitung des Zündvorganges durch einen Gatestrom vom Außenrand des Gatekontaktes zum Innenrand des Kathodenkontaktes.

2. Ausbildung des Mitkopplungseffektes am Kathodeninnenrand mit der Folge eines zunächst lateral eng begrenzten axialen Durchlasskanales zwischen Kathode und Anode.

3. Weitere laterale Ausbreitung des gezündeten Zustandes vom Kathodeninnenrand nach außen mit einer Ausbreitungsgeschwindigkeit von $\approx 0,1$mm/µs.

Unmittelbar nach Einleitung des gezündeten Zustandes existiert also nur ein geometrisch eng begrenzter Durchlasskanal von Kathode zu Anode – der Thyristor darf infolgedessen auch nur mit einem Teil des im voll durchgeschalteten Zustandes erlaubten Stromes belastet werden. Datenblätter berücksichtigen diesen Effekt durch Spezifikation einer kritischen Stromsteilheit.

$$S_{ikrit} = \left. \frac{di_A}{dt} \right|_{max} \qquad \text{(Größenordnung: 50 ... 400A/µs)}$$

Schaltungstechnisch ist S_{ikrit} durch eine in Serie zum Thyristor geschaltete Induktivität (Bild 2.42), eventuell ergänzt durch eine Freilaufdiode zur Unterbindung von Abschaltüberspannungen, zu beherrschen. Diese Induktivität dient der Begrenzung des zeitlichen Stromanstieges und ist, wie später gezeigt wird, nicht nur für die Einhaltung von S_{ikrit} sondern auch für die Beherrschung des Ausschalt- und Kommutierungsverhaltens erforderlich.

Bild 2.42:
di/dt-Begrenzung

Technologisch kann S_{ikrit} durch Gatestrukturen mit besonders langen Gaterändern, durch mikroelektronisch feine Gatestrukturen/Gateinseln über dem gesamten Thyristorquerschnitt, dies entspricht der Parallelschaltung vieler Thyristoren geringen Querschnitts auf dem Halbleiter (Beispiel: GTO) sowie durch Thyristoren mit „amplifying gate" |Meyer| gesteigert werden.

- Ausschaltverhalten – Sperrverzögerungsladung

Ein einmal gezündeter Thyristor geht erst dann wieder in den Sperrzustand über, wenn durch äußere Maßnahmen der Anodenstrom zu $i_A < I_H$ (Haltestrom) reduziert wird. Das Ausschalten eines Thyristors ist damit aber, da I_H einen gegenüber Nennbetrieb vernachlässigbaren Strom darstellt, in erster Näherung mit dem Ausschaltvorgang einer Diode vergleichbar. Ersetzt man also im Kommutierungsexperiment nach Bild 2.8 die Diode D durch einen Thyristor T, so muss sich hieran direkt das Ausschaltverhalten des Thyristors studieren lassen. Bild 2.43 zeigt das Resultat, das wie folgt in den einzelnen Zeitabschnitten zu interpretieren ist:

A - B: Stromkommutierung mit

$$\frac{di_A}{dt} = -\frac{U_2}{L_k}$$

Thyristor leitet wegen $i_A > I_H$
Ladungsträgerabbau durch Rekombination an den äußeren pn-Übergängen

B - C: Die beiden äußeren pn-Übergänge waren für $t<0$ mit Ladungsträgern überschwemmt und weisen zum Zeitpunkt $t(B)$ – entsprechende Kommutierungsgeschwindigkeit di_A / dt vorausgesetzt – Restladungen auf. Damit bleiben diese pn-Übergänge trotz $i_A < I_H$ weiter leitfähig, bis die Restladungen durch Rekombination und Rückstrom abgebaut sind.

C - D: Ist einer der beiden äußeren pn-Übergänge zuerst ladungsträgerverarmt (meist gilt dies für den kathodenseitigen pn-Übergang), so sperrt dieser und erleidet bei entsprechend hoher Spannung $U_2 > U_{BR1}$ (Sperrfähigkeit des kathodenseitigen pn-Überganges) einen Lawinendurchbruch. Damit reduziert sich die an L_k anliegende Spannung auf $U_2 - U_{BR1}$ und die weitere Kommutierung verläuft mit der reduzierten Kommutierungsgeschwindigkeit

$$\frac{di_A}{dt} = -\frac{U_2 - U_{BR1}}{L_k}$$

D - E: Ist auch der zweite pn-Übergang ladungsträgerverarmt, so reißt der Strom ab und induziert an L_k eine den Thyristor belastende Überspannung (Abhilfe: TSE-Beschaltung gemäß Bild 2.14)

Speziell bei Thyristoren, nicht hingegen bei Dioden, ist ein weiterer wichtiger Anwendungsaspekt zu beachten. Im Kommutierungsexperiment wurde der Sperrvorgang durch Ladungsträgerverarmung an den beiden äußeren pn-Übergängen erzwungen. Auf Grund des den Leitzustand für $t<t(B)$ bewirkenden Mitkopplungsprozesses, aber auch auf Grund des für $t(B)<t<t(B)+t_{rr}$ auftretenden Rückstromes $i_A < 0$ bleibt der mittlere pn-Übergang während der Kommutierung weiter leitend und somit mit Ladungsträgern überschwemmt (Bild 2.44).

Bild 2.43:
Thyristor –
Kommutierung

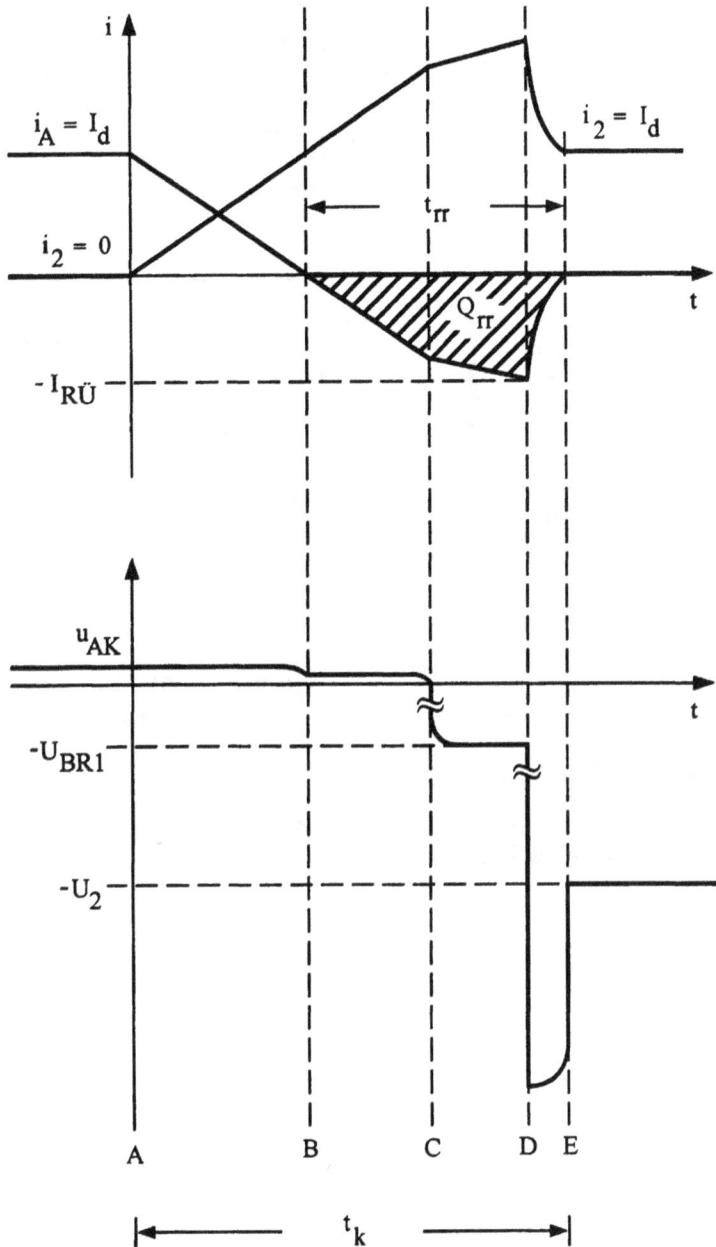

Die verbleibende Ladungsträgerüberschwemmung wird ab $t > t_k$ allmählich durch Rekombination abgebaut. Erst nach deren Abbau kann der Thyristor wieder Blockierspannung in Vorwärtsrichtung aufnehmen. Als Freiwerdezeit t_q wird nun jene Mindestzeit spezifiziert, die nach dem Nulldurchgang des Stromes $(t_0 = t(B))$ verstreichen muss, bis der Thyristor wieder in der Lage ist, Blockierspannung, d.h. also $u_{AK} > 0$ bei $i_A \approx 0$, aufzunehmen. Versieht man diese für das Wiedererlangen der Blockierfähigkeit eines Thyristors er-

forderliche Freiwerdezeit t_q in der Schaltungsanwendung mit einem Sicherheitszuschlag –
z.B. dem Faktor 1,25 – so spricht man von einer Schonzeit t_c (Bild 2.45).

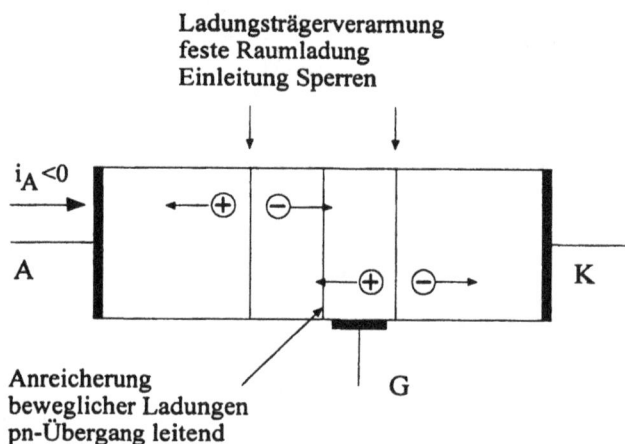

Ladungsträgerverarmung
feste Raumladung
Einleitung Sperren

$i_A < 0$

A

K

G

Anreicherung
beweglicher Ladungen
pn-Übergang leitend

Bild 2.44: Ladungsverteilung für t(B)<t<t(E)

Vergleicht man die beiden für das Ausschalten von Thyristoren relevanten Zeiten „Sperrverzögerungszeit t_{rr} " und „Freiwerdezeit t_q " miteinander, so ist folgendes festzustellen:

Sperrverzögerungszeit t_{rr}

    Mechanismus: Ladungsträgerausräumung der beiden äußeren pn-Übergänge
    durch Rückstrom und Rekombination

Freiwerdezeit t_q

    Mechanismus: Ladungsträgerausräumung des mittleren pn-Überganges allein
    durch Rekombination

Zu erwarten ist also:

$$t_{rr} \ll t_q$$

Ein Datenblattbeispiel zu Thyristoren vergleichbarer Schaltleistung (Tabelle Firma Se-
mikron) zeigt nicht nur diesen Unterschied, sondern darüber hinaus die von der Technologie abhängigen unterschiedlichen dynamischen Leistungsmerkmale. Ausgehend von der
Größenordnung der Freiwerdezeit t_q unterscheidet man deshalb zwischen Netzthyristoren
und Frequenzthyristoren. Letztere sind durch vergleichsweise kurze Freiwerdezeiten bis
herab zu etwa 10μs gekennzeichnet und erlauben die Realisierung leistungselektronischer
Wandler mit Schaltfrequenzen im Bereich einiger zig-Kilohertz. Netzthyristoren sind hingegen auf Grund ihrer großen Freiwerdezeiten nur für Anwendungen am Energieversorgungsnetz ($16\frac{2}{3}$ ... 60Hz) geeignet.

Bild 2.45:
Zur Definition von
Freiwerdezeit t_q und
Schonzeit t_c

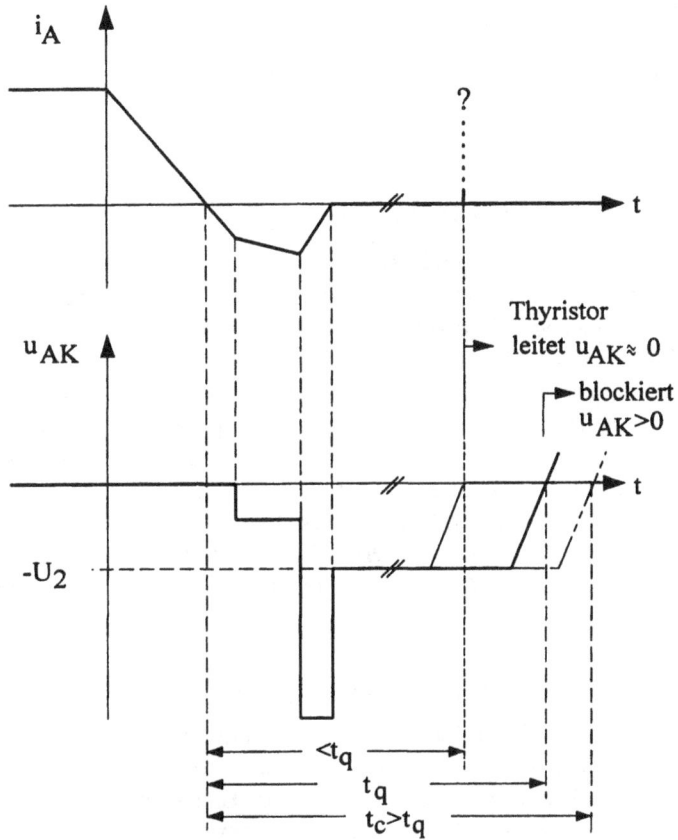

Eigenschaft	Netzthyristor SKT 250 12C Schraubthyristor	Frequenzthyristor SKT 240 F12 DS Scheibenthyristor
$\|u_{AK}\|_{max}$	1200V	1200V
I_{Amax} (Effektivwert)	450A	450A
S_{ukrit}	200V/µs	500V/µs
S_{ikrit}	100A/µs	300A/µs
Q_{rr} $(I_A = 100A; \|di_A / dt\| = 100A / µs)$	800µC	275µC
t_{rr} (*)	4µs	2,3µs
t_q	50 ... 150µs	15µs

* Anmerkung: t_{rr} berechnet aus Q_{rr} mittels (2.15), d.h. für $t_f \approx 0$

2.4.3 Thyristor – Ansteuerschaltungen

Ansteuerschaltungen werden benötigt zum

Einschalten bzw. Zünden von Thyristoren bei $u_{AK} > 0$ → Zündschaltung

und zum

Ausschalten von Thyristoren bei $i_A > 0$ → Löschschaltung

In den späteren Kapiteln wird sich noch zeigen, dass das Ausschalten eines bestimmten Thyristors oftmals aus dem Zusammenwirken von leistungselektronischem Wandler und Netzspannung erfolgt – eine individuelle thyristorbezogene Löschschaltung kann dann entfallen. Dies trifft z.B. auf die in der Praxis besonders häufig anzutreffenden gesteuerten Gleichrichter mit Netzführung (Wechselstrom-Gleichstrom-Umrichter) und Wechselstromsteller mit Phasenanschnittsteuerung (Wechselstrom-Wechselstrom-Umrichter mit $f_1 = f_2$) zu. In all jenen Anwendungen, in denen bei einer Realisierung mit Thyristoren auf Löschschaltungen, sei es nun individuell oder gruppenbezogen wie bei einer Phasenfolgelöschung, nicht verzichtet werden kann, versucht man allerdings zunehmend auf Grund des mit Löschschaltungen verbundenen Aufwandes auf Realisierungen mit den heutzutage verfügbaren, abschaltbaren Schaltern hoher Schaltleistung wie PowerMOSFET, IGBT oder GTO auszuweichen.

2.4.3.1   Thyristor-Zündschaltung

Die Zündschaltung hat die Aufgabe, mittels eines ausreichend dimensionierten Gate-Stromes den sicheren Kippvorgang vom Vorwärts-Sperrzustand (Blockierzustand) in den Vorwärts-Durchlasszustand zu bewirken. Hierzu spezifizieren die Datenblätter der Bauelementehersteller zur Kennzeichnung der gesicherten Durchschaltung den Einraststrom I_L. Dieser charakterisiert den durch Zündung zu erreichenden Mindest-Anodenstrom $i_{A\min}$ und ist gemäß Bild 2.46 |Hoffmann, Stocker| abhängig von Amplitude und Dauer des Gatestromimpulses.

Laut nachfolgendem Datenblattbeispiel ist der für das Einschalten zu erreichende Einraststrom I_L etwas höher als der für das Ausschalten zu unterschreitende Haltestrom I_H.

Semikron Netzthyristor SKT 250 ($|u_{AK\max}| = 1200V$, $I_{A\max} = 450A$)

Gatestrom ($T_a = 25°C$):	$I_{GT} = 200mA$
Zündverzugszeit ($I_G = 1A$):	$t_{gd} \approx 1\mu s$
Durchschaltzeit ($I_G = 1A$):	$t_{gr} \approx 1\mu s$
Einraststrom ($di_A / dt = S_{ikrit} = 100A/\mu s$; Zündimpuls $I_G = 1A$, $t_p = 10\mu s$):	$I_L \approx 300mA$ ($< 600mA$)
Haltestrom:	$I_H \approx 150mA$ ($< 250mA$)

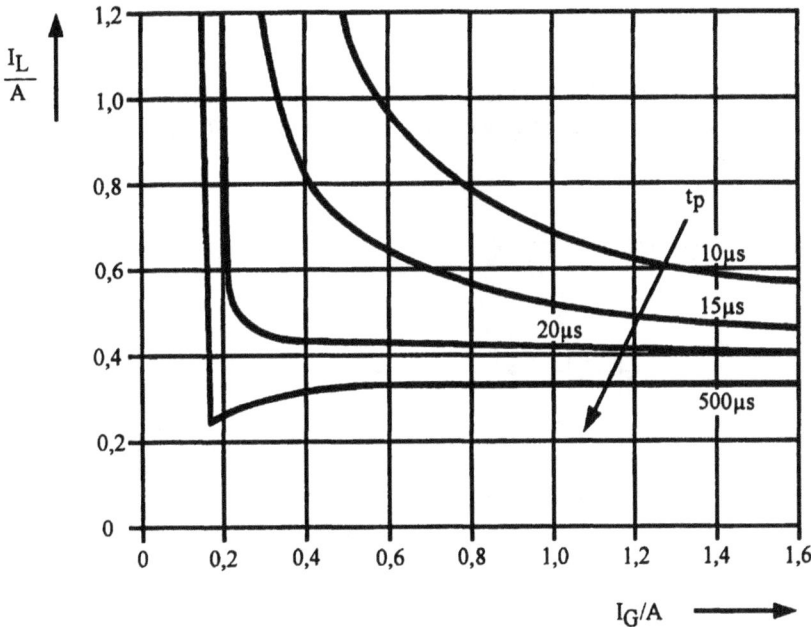

Bild 2.46: typischer Verlauf des Einraststromes I_L als Funktion des Gatestromes I_G und der Zünd-impulsdauer t_p

Im Einzelnen hat das Zündsignal folgenden Aufgaben gerecht zu werden:

- Umladung von Raumladungszonen während der Zündverzögerungszeit t_{gd}
- Ausbildung eines gezündeten Kanals zwischen Anode und Kathode
- Anstieg des Anodenstromes auf $i_A > I_L$

Bei der Bestimmung der tatsächlich erforderlichen Zündimpulsdauer ist nicht nur die Thy-ristoreigenschaft sondern auch das Lastverhalten zu berücksichtigen. Ist dieses wie in vie-len Anwendungsfällen induktiver Art (Bild 2.47), so ist die stromanstiegsbegrenzende Wir-kung der Induktivität L bei der Ermittlung der erforderlichen Zündimpulsdauer t_p von we-sentlicher Bedeutung. So folgt für den Laststromverlauf bei einer Zündung zum Zeitpunkt t=0 und der Anfangsbedingung $i_A(t = 0) = 0$, also z.B. bei der Anschaltung einer Last über einen leistungselektronisch realisierten Lastschalter oder bei der Inbetriebnahme eines leis-tungselektronischen Wandlersystems

$$i_A(t) = \frac{U_B}{R} \cdot \left\{ 1 - e^{-t/\tau} \right\} \quad ; \quad \tau = L / R$$

bzw. unmittelbar nach Einleitung des Zündvorganges durch näherungsweise Beschreibung mittels der Anfangstangente

$$i_A(t < \tau) \approx \frac{U_B}{L} \cdot t$$

und somit für die Mindestzündimpulsdauer $t_{p\,\text{min}}$ unter Einbeziehung der vom Gatestrom I_G abhängigen Zündzeit $t_{gon} = t_{gd} + t_{gr}$ (Bilder 2.40 und 2.41) sowie des Einraststromes I_L nach Bild 2.46:

$$t_{p\,\text{min}} = t_{gon}(I_G) + I_L \cdot \frac{L}{U_B} \qquad\qquad (2.42)$$

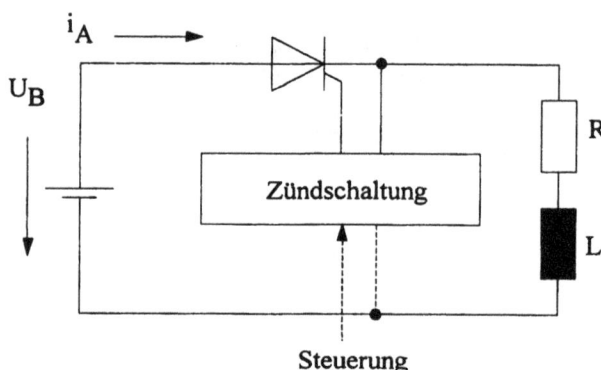

Bild 2.47:
Zündschaltung – Bestimmung der Mindestzündimpulsdauer $t_{p\,\text{min}}$ am Beispiel eines leistungselektronischen Lastschalters („highside-Schalter")

Ein Beispiel:

$$U_B = 100\text{V};\; L = 100\text{mH};\; I_L = 300\text{mA} \;\rightarrow\; t_p > t_{gon} + 300\mu\text{s} \approx 300\mu\text{s}$$

Ein Thyristor ist zwar unter idealen Bedingungen, d.h. bei vernachlässigbarem Lastverhalten, durch einen Kurzimpuls gemäß zitiertem Datenblattbeispiel (Netzthyristor SKT 250) oder noch besser durch einen etwas längeren Kurzimpuls mit $t_p \approx 50...100\mu\text{s}$ zündbar (vgl. Bild 2.48), sicherer

bei Industrienetzen mit verzerrten Spannungszeitfunktionen (Bild 1.6)

oder

bei Lasten mit großen Zeitkonstanten (Beispiel Bild 2.47, AC/AC-Steller mit RL-Last (Kap. 5.2))

ist jedoch die Zündung mit einem Langimpuls (Bild 2.48, Impulsdauer ≈ Einschaltdauer des Thyristors), eventuell unterstützt durch eine Einschaltüberhöhung zur Reduzierung der Zündverzögerungszeit t_{gd}. Einen Kompromiss zwischen beiden Zündimpulsarten stellt die ebenfalls in Bild 2.48 aufgeführte Impulsgatterzündung dar. Sie wird gerne dort angewandt, wo ein Übertrager zur Potentialtrennung zwischen Steuerteil und Leistungsteil gefordert wird, und dieser Übertrager möglichst geringer Baugröße sein sollte.

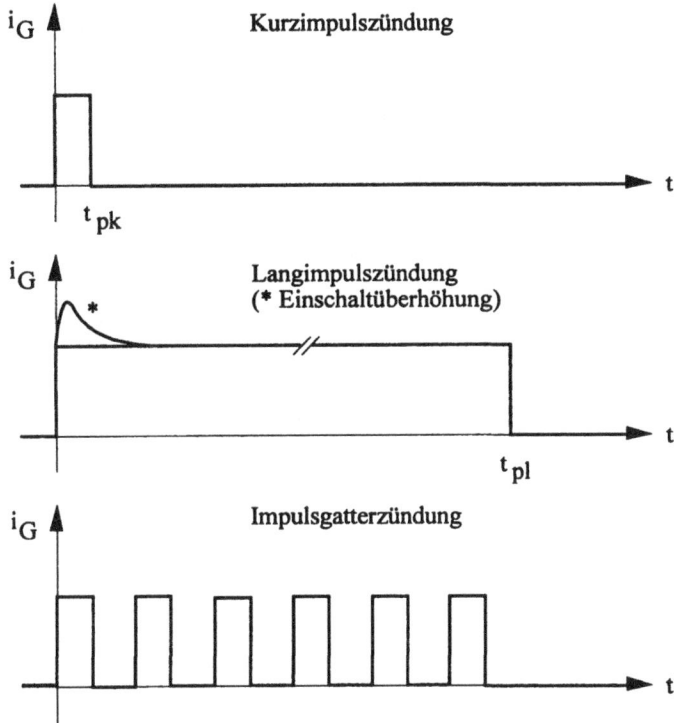

Bild 2.48:
Zündimpulsformen
(ohne Rückwirkung des
Anodenstromes im
Hauptstromkreis
$i_A = 0$ *)*

Bei erfolgreicher Thyristorzündung wird die Spannung u_{GK} nicht nur vom Zündvorgang selbst sondern auch vom einsetzenden Anodenstrom i_A geprägt. Letzterer führt zu einem Spannungsabfall am kathodenseitigen pn-Übergang, der sich für das Beispiel einer Impulsgatterzündung gemäß Bild 2.49 in einer vom Innenwiderstand R_G der Zündschaltung und dem Bahnwiderstand des Thyristors abhängigen Potentialanhebung der messbaren Gate-Kathoden-Spannung u_{GK} äußert.

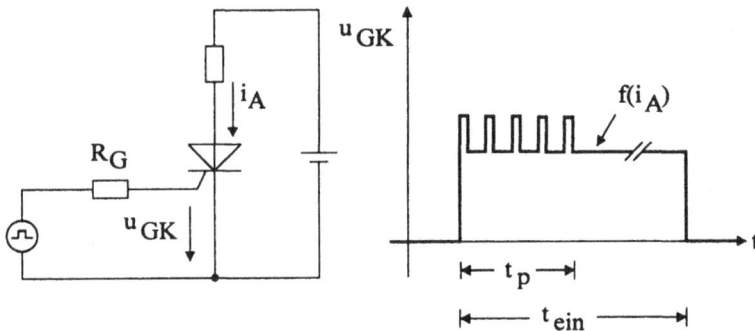

Bild 2.49: Rückwirkung des Anodenstromes i_A auf die Spannung u_{GK} bei erfolgreicher Impulsgatterzündung (t_p : Dauer Zündsignal; t_{ein} : Leitdauer des Thyristors)

Bild 2.50 zeigt das Schaltungsbeispiel einer Zündschaltung. Die Zündimpulsart im Sinne des Bildes 2.48 wird durch die Ansteuerung des Schalttransistors bestimmt.

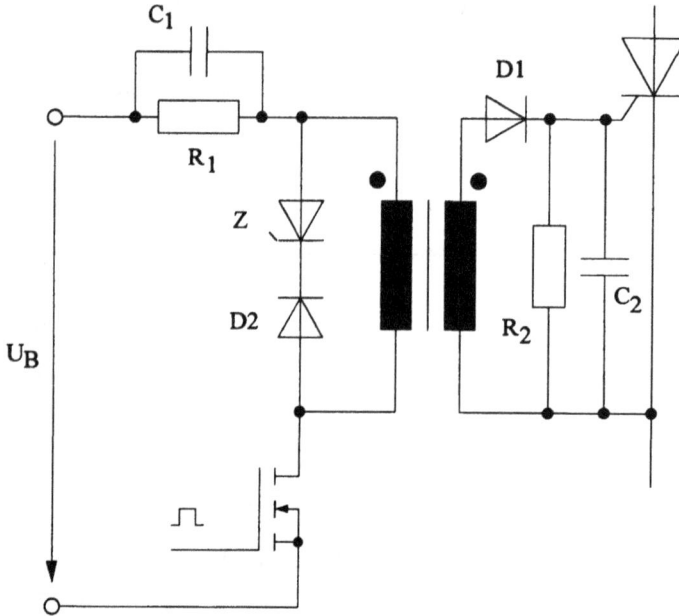

Bild 2.50: Beispiel einer Zündschaltung

In der Schaltung dienen der Übertrager zur Potentialtrennung, das Netzwerk R_1/C_1 zur Erzeugung einer Einschaltüberhöhung, das Netzwerk R_2/C_2 zur Vermeidung unbeabsichtigter Zündungen bei Potentialsprüngen im Hauptstromkreis, die Diode D1 zur Unterstützung der Sperrfähigkeit des Gate-Kathoden-pn-Überganges bei Rückwärtsbelastung und die Kombination Z/D2 zur schnellen Entmagnetisierung des Übertragers.

Problematisch ist die Realisierung des Übertragers. Vom ihm wird gleichzeitig schneller Impulsanstieg ($<\approx 1\mu s$) und möglichst ebener Impulsverlauf nach der Einschaltüberhöhung, also eine große übertragbare Spannungszeitfläche gefordert. Diese Forderung ist gleichbedeutend mit der Forderung nach einer hohen Übertragungsbandbreite, d.h. einer geringen Streuinduktivität L_σ und einer großen Hauptinduktivität L_h. Außerdem ist, damit aufeinander folgende Zündimpulse keine zunehmende Induktion (magnetische Flussdichte) B und damit Sättigung des Übertragerkernes bewirken, eine schnelle Entmagnetisierung nach jedem Impuls zu verlangen. Einige Überlegungen an vereinfachten Ersatzschaltbildern des Übertragers sollen diese Probleme verdeutlichen:

Transistorschalter geschlossen ($t \geq 0$):

Annahmen:

    idealer Transistorschalter

keine Einschaltüberhöhung $C_1 = 0$

Übersetzung ü=1:1

Streuinduktivität L_σ, Wicklungswiderstände und Wicklungskapazitäten vernachlässigt

Rückwirkungen Hauptstromkreis vernachlässigt → ohne D1, R_2, C_2

Gate-Kathoden-Strecke gemäß Diodenersatzschaltung Bild 2.7

Bild 2.51 zeigt das für diesen Fall gültige und gemäß vorstehender Vereinbarungen verein-fachte Ersatzschaltbild.

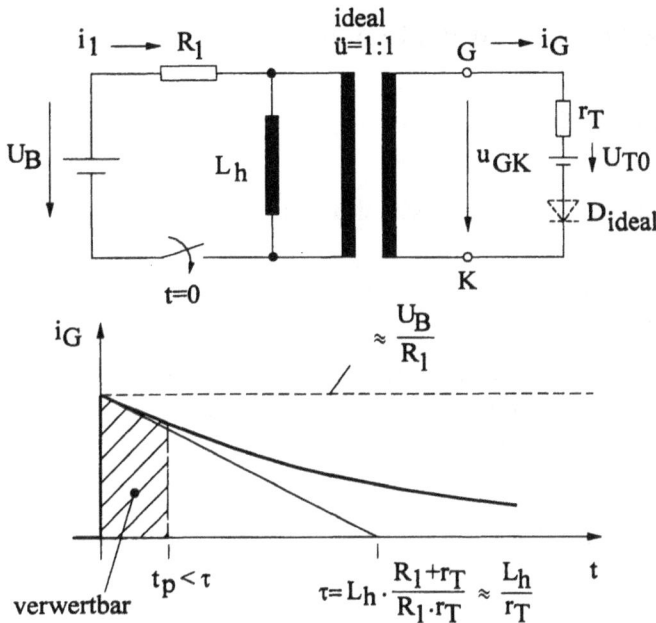

Bild 2.51: Zündschaltung – Transistorschalter schließt / vereinfachtes Ersatzschaltbild zur Bestimmung des Gatestromes $i_G (t \geq 0)$

Zur Bestimmung des Gatestromes $i_G(t)$ wird zunächst der Ersatzzweipol (U_0, R_i) bezüglich der Anschlüsse der Hauptinduktivität L_h mit der Leerlaufspannung

$$U_0 = U_B \cdot \frac{r_T}{R_1 + r_T} + U_{T0} \cdot \frac{R_1}{R_1 + r_T}$$

und dem Innenwiderstand

$$R_i = \frac{R_1 \cdot r_T}{R_1 + r_T}$$

ermittelt und hiermit die Lösung der Differentialgleichung für $u_{GK}(t)$ formuliert. Diese lautet im Gültigkeitsbereich der Dioden-Ersatzdarstellung mit $i_G > 0$:

$$u_{GK} = U_0 \cdot e^{-t/\tau} = \left\{ U_B \cdot \frac{r_T}{R_1 + r_T} + U_{T0} \cdot \frac{R_1}{R_1 + r_T} \right\} \cdot e^{-t/\tau} \qquad (2.43)$$

$$\tau = \frac{L_h}{R_i} = L_h \cdot \frac{R_1 + r_T}{R_1 \cdot r_T}$$

Aus (2.43) ist im Gültigkeitsbereich $i_G \geq 0$ der Gatestrom $i_G(t)$ bestimmbar zu

$$i_G = \frac{u_{GK} - U_{T0}}{r_T} \qquad (2.44)$$

Der Maximalwert des Gatestromes ergibt sich zum Zeitpunkt t=0 :

$$\hat{i}_G = \frac{U_B - U_{T0}}{R_1 + r_T}$$

Wählt man zur Unterdrückung des in Bild 2.37 dargestellten Toleranzeinflusses der Gate-Kathoden-Strecke des Thyristors $U_B \gg U_{T0}$ und damit auch $R_1 \gg r_T$, so folgt weiter

$$\hat{i}_G \approx \frac{U_B}{R_1} ; \quad \tau \approx \frac{L_h}{r_T}$$

Der Übertrager gestattet zwar die Übertragung der Signalzeitfläche

$$\int_0^\infty u_{GK} \cdot dt = \int_0^\infty U_0 \cdot e^{-t/\tau} \cdot dt = U_0 \cdot \tau \sim L_h$$

der in Bild 2.51 dargestellte zeitliche Verlauf des Gatestromes $i_G(t)$ gemäß (2.43) und (2.44) zeigt aber, dass sinnvolle Zündimpulse, das sind Zündimpulse mit geringem „Dachabfall" der Impulsform, nur dann zustande kommen, wenn die Zeitrelation Zündimpulsdauer t_p < Zeitkonstante $\tau \approx L_h / r_T$ eingehalten wird. Langimpulszündungen erfordern also große Zeitkonstanten τ, damit große Übertragerinduktivitäten L_h und große Übertragerbauformen.

Ist entgegen der hier getroffenen Annahmen die Streuinduktivität L_σ nicht vernachlässigbar, so setzt sich der Gatestrom $i_G(t)$ bei $L_\sigma \ll L_h$ näherungsweise aus zwei Exponentialfunktionen, der Funktion

$$i_G(t < \tau_\sigma) = \hat{i}_G(t) \cdot \left\{ 1 - e^{-t/\tau_\sigma} \right\} ; \quad \tau_\sigma = L_\sigma /(R_1 + r_T)$$

für den Stromanstieg und (2.44) mit (2.43) für den Stromabfall, zusammen.

Transistorschalter geöffnet ($t' \geq 0$):

Annahmen: wie bei Bild 2.51; $U_{T0}(D2) \ll U_Z$

In Bild 2.51 nimmt der Gatestrom i_G mit zunehmender Zeit t exponentiell ab. Der Magnetisierungsstrom i_L durch die Hauptinduktivität L_h nimmt hingegen zu und erreicht am Zündimpulsende den Wert $i_L(t = t_p)$.

Beim Öffnen des Transistorschalters würde ohne Freilaufkreis (in Bild 2.50: D2, Z) der Magnetisierungsstrom abreißen und über das Induktionsgesetz

$$L_h \cdot \frac{di_L}{dt} \to -\infty$$

an der Hauptinduktivität L_h des Übertragers eine unendlich hohe Spannung induzieren.

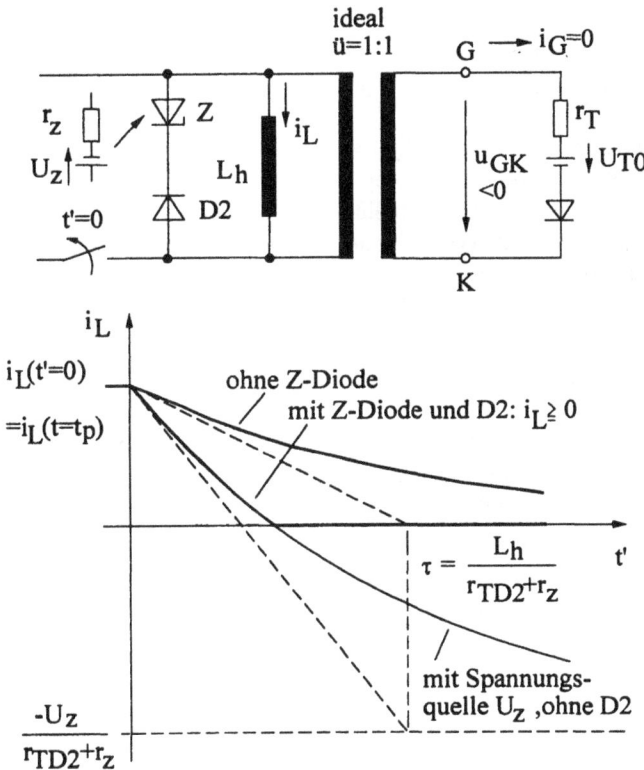

Bild 2.52: Zündschaltung – Transistorschalter öffnet / vereinfachtes Ersatzschaltbild zur Bestimmung des Stromes $i_L(t)$ in der Hauptinduktivität L_h (Zeichnungsvereinfachung: $r_{TD2} + r_Z \approx r_{TD2}$)

Als Folge könnte der Transistorschalter, eventuell auch die Serienschaltung von D1 samt Gate-Kathoden-Strecke des Thyristors, zerstört werden. Der zur Vermeidung dieses Effektes erforderliche Freilaufkreis über D2 beeinflusst die magnetische Entregung des Übertragers. Bild 2.52 zeigt das hierfür maßgebliche Ersatzschaltbild sowie, als Lösung einer Differentialgleichung, den zeitlichen Verlauf des für die Entmagnetisierung des Übertragers maßgeblichen Stromes i_L durch die Hauptinduktivität L_h. Dargestellt sind die Ströme ohne und mit Z-Diode. Erkennbar ist, dass für den Fall mit Z-Diode, diese simuliert eine flüchtige Spannungsquelle U_Z, eine erheblich schnellere Entmagnetisierung erfolgt. Die Z-Diode ermöglicht somit eine höhere Takt- bzw. Wiederholfrequenz der Zündimpulse. Diesem Vorteil steht als Nachteil die erhöhte Sperrbelastung des Schalttransistors mit $u_{DS} \approx U_B + U_Z$ sowie die ebenfalls erhöhte Sperrbelastung des Gate-Kathoden-Anschlusses (in Bild 2.50: Serienschaltung von Diode D1 und Gate-Kathoden-Strecke des Thyristors) mit $u_{GK} \approx -U_Z$ ($ü = 1:1$) gegenüber.

2.4.3.2 Löschschaltungen

Löschschaltungen haben die beiden folgenden Aufgaben zu erfüllen:

1. Reduzierung des Anodenstromes auf $i_A < I_H$ (≈ 0, Haltestrom)

2. Unterbindung einer Vorwärtsspannung $u_{AK} > 0$ während der Thyristorschonzeit t_c

Die prinzipielle Lösung der gestellten Aufgabe ist bereits aus dem Kommutierungsexperiment nach Bild 2.8 bekannt. Über eine immer vorhandene, im Grenzfall nur parasitäre Induktivität L_k wurde dort eine Spannungsquelle U_2 so an den zu sperrenden bzw. löschenden Thyristor angelegt, dass der Anodenstrom zwangsweise zu dieser Spannungsquelle musste umkommutiert werden musste. Der Thyristor sperrte nach

$$t_k = t_0 + t_{rr} = \frac{I_d \cdot L_k}{U_2} + t_{rr} \quad ; \quad t_{rr} = t_{rr}(Q_{rr})$$

und als Spannung bildete sich $u_{AK}(t > t_k) = -U_2$ aus. Auf Grund der allmählich verlaufenden Ladungsträgerrekombination am mittleren pn-Übergang war zusätzlich zu fordern, dass mindestens während der Freiwerdezeit t_q des Thyristors, besser während der Schonzeit $t_c > t_q$, an diesem $u_{AK} < 0$ anliegt.

In einer realen Löschschaltung wird man schon aus Aufwandsgründen versuchen, die Spannungsquelle U_2 durch eine „flüchtige Spannungsquelle" in Form eines kapazitiven Energiespeichers mit Aufladevorrichtung zu ersetzen. Derartige Lösungen werden im Folgenden etwas genauer betrachtet. Hierzu soll als einfachste, eine Löschschaltung erfordernde Thyristoranordnung der Leistungselektronik, der Einquadranten-Gleichstromsteller zu Grunde gelegt werden. Bild 2.53 zeigt die Schaltungsstruktur dieses Gleichstromstellers (→ Kap. 6). Zu beachten ist das modifizierte Gatesymbol des Thyristors. Vereinbarungsgemäß soll dieses die Einschaltbarkeit über den Gateanschluss und die Ausschaltbarkeit über eine nicht separat eingetragene Löschschaltung kennzeichnen.

Damit als Folge von Schaltvorgängen der Schalter T bzw. D mit

$$u_d\left(\Delta t(\text{T})\right)\Big|_{T:ein;D:aus} = U_B \cdot \quad \text{und} \quad u_d\left(\Delta t(\text{D})\right)\Big|_{T:aus;D:ein} \approx 0$$

in dieser Schaltung ein Gleichstrom $i_d \approx I_d > 0$ fließen kann, ist gemäß ausführlicher Erläuterung in Kap. 3.2 für die Last eine große Lastzeitkonstante

$$\tau = L/R = 1/\omega_T \gg \Delta t(\text{T}) + \Delta t(\text{D}) = T_s = 1/f_s$$

T_s : Schaltperiode; f_s : Schaltfrequenz; Δt: Ventileinschaltdauer

ω_T : Tiefpass-(Kreis-)-Grenzfrequenz

bzw. eine niedrige Tiefpassgrenzfrequenz

$$f_T = 1/(2\pi \cdot \tau) \ll f_s$$

zu fordern.

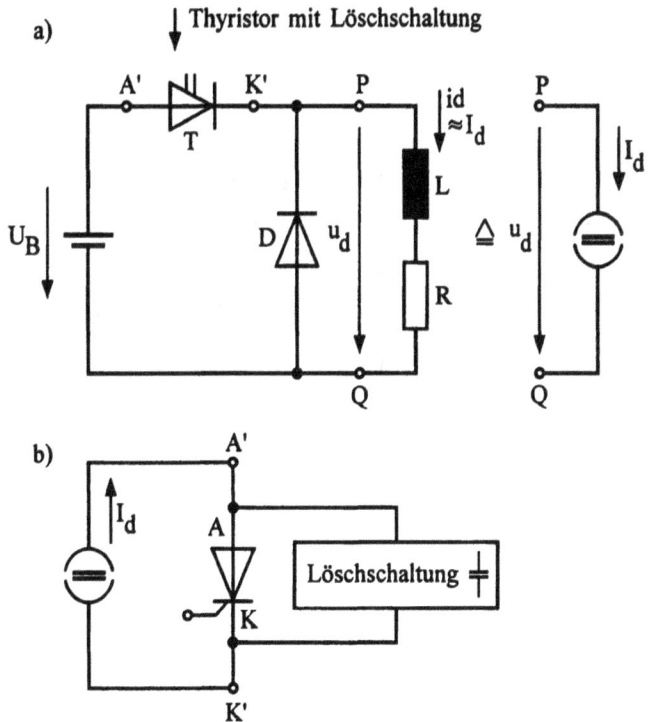

Bild 2.53:
a.) Einquadrantengleich-
stromsteller – Ventilein-
schaltdauer
$\Delta t(T) + \Delta t(D) \ll \tau = L/R$
b.) Ersatzschaltbild während
$\Delta t(T)$

Trotz des laut Fourier-Analyse unendlich ausgedehnten Spektrums der impulsförmigen Lastspannung

$$u_d = U_d + \sum_{n=1}^{\infty} \hat{u}_{dn} \cdot \cos(n\omega_s t + \phi_n)$$

$$U_d = \overline{u_d} = U_B \cdot \frac{\Delta t(\text{T})}{\Delta t(\text{T}) + \Delta t(\text{D})} \tag{2.45}$$

kann sich dann infolge der Tiefpasswirkung der Last nur ein gleichstromartiger Laststrom mit

$$i_d \approx I_d = U_d / R = const \tag{2.46}$$

ausbilden. Damit kann das Lastverhalten während einiger Schaltvorgänge als Konstantstromquelle mit $i_d = I_d$ interpretiert werden. Innerhalb des im Folgenden betrachteten Kommutierungsintervalles ist diese Annahme eines konstanten Laststromes auf Grund der geringen zeitlichen Dauer der Kommutierung selbst bei geringen Lastzeitkonstanten noch zulässig.

Der erste Lösungsvorschlag für eine Löschschaltung (Bild 2.54) benötigt neben dem kapazitiven Energiespeicher C vier Hilfsthyristoren T1 bis T4.

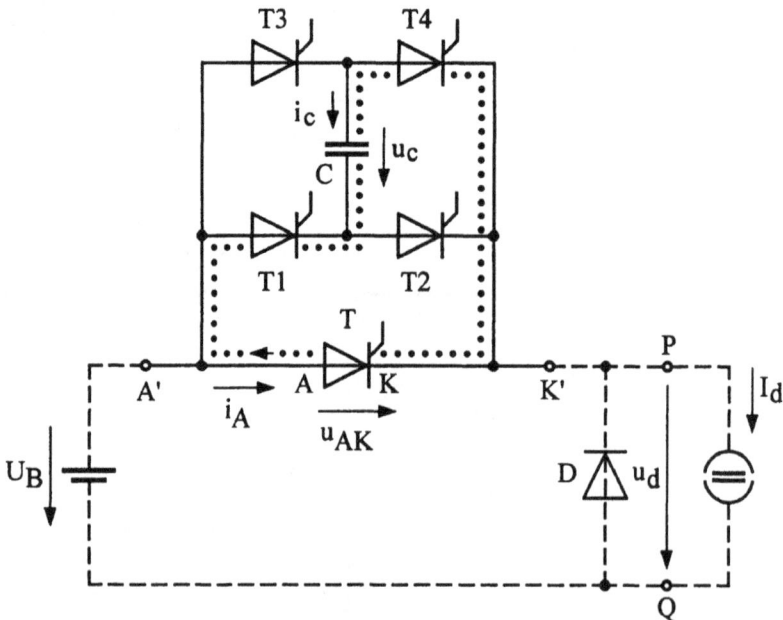

Bild 2.54: Löschschaltung mit vier Hilfsthyristoren und kapazitivem Energiespeicher C

Die Schaltungsfunktion ergibt sich aus den Zeitdiagrammen in Bild 2.55. Hierin wird, zunächst ohne weitere Erläuterung, folgender Betriebszustand vor dem ersten betrachteten Löschvorgang (Zeitpunkt $t = t_A$) angenommen:

$$u_c(t \le t_A) = +U_B \; ; \quad i_A = I_d$$

Werden zum Zeitpunkt t_A die Hilfsthyristoren T1 und T4 gezündet, so entlädt sich der Kondensator über diese, den Hauptthyristor T sowie eine bei Detailanalyse zu berücksichtigende, aber hier nicht eingetragene parasitäre Leitungsinduktivität in der „gepunktet" eingetragenen Schleife. Hierdurch wird i_A gemäß Bild 2.43 kurzzeitig negativ, bis nach Ablauf der Kommutierungsdauer t_k der Thyristor durch Ladungsträgerrekombination und Rückstrom in den Rückwärts-Sperrzustand gezwungen wird. Auf Grund der Kürze dieser Kommutierungsdauer t_k, die hier in Bild 2.55 auf Grund der erheblich größeren Schonzeit t_c und den noch größeren Einschaltintervallen $\Delta t(T)$ und $\Delta t(D)$ nur als Zeitpunkt wiedergegeben ist, kann die Teilentladung des Kondensators C innerhalb des Intervalls t_k vernachlässigt werden und es gilt:

$$u_c(t_A + t_k) \approx u_c(t_A) = U_B$$

$$u_{AK}(t_A + t_k) \approx -U_B$$

$$u_d(t_A + t_k) = u_c(t_A + t_k) + U_B \approx 2 \cdot U_B$$

Da die Diode D wegen $u_d > 0$ sperrt, muss nun der Strom I_d über U_B, T1, C und T4 fließen. Damit folgt für den Kondensatorstrom

$$i_c = C \cdot \frac{du_c}{dt} = -I_d$$

und nach entsprechender Integration für $t > t_A + t_k$ bzw. in der neuen, zum Kommutierungszeitpunkt t_A beginnenden Zeitkoordinate t_I für $t_I > 0$:

$$\int_{u_c=U_B}^{u_c(t_I)} du_c = -\frac{I_d}{C} \cdot \int_{t_I=0}^{t_I} dt$$

$$u_c = U_B - \frac{I_d}{C} \cdot t_I$$

$$u_{AK} = -u_c \tag{2.47}$$

$$u_d = u_c + U_B = 2 \cdot U_B - \frac{I_d}{C} \cdot t_I \tag{2.48}$$

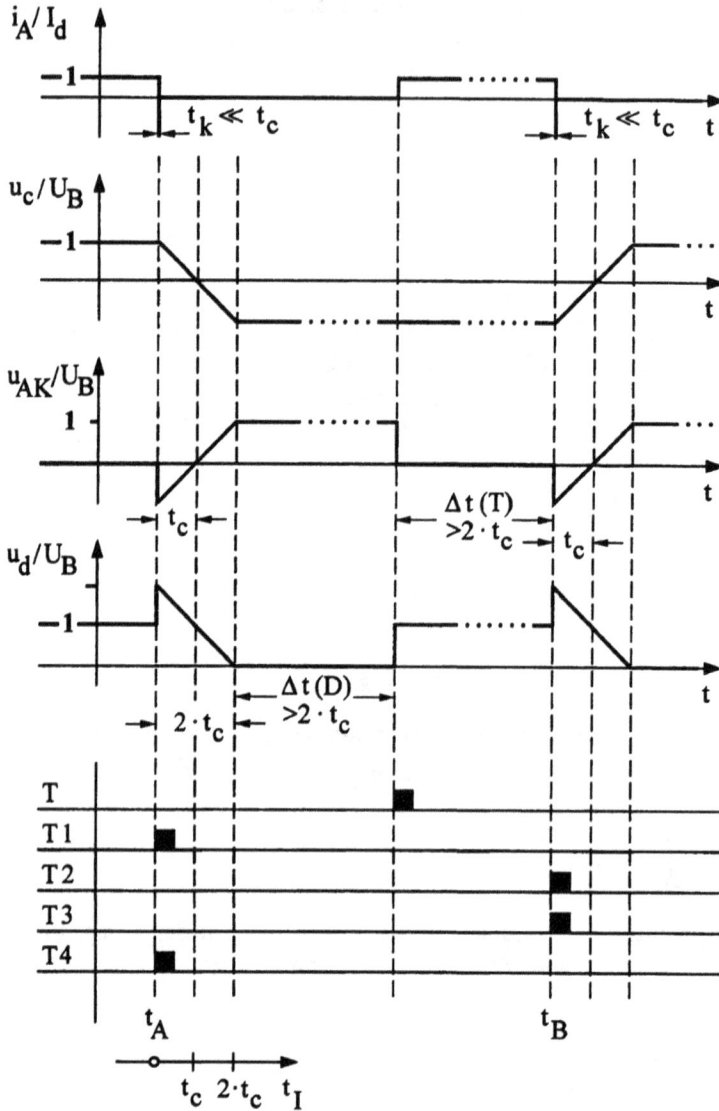

Bild 2.55: Löschschaltung mit vier Hilfsthyristoren und kapazitivem Energiespeicher -Zeitdiagramme und Zündschema

Nach Bild 2.45 wird jene Zeitspanne, innerhalb derer $u_{AK} < 0$ ist, als Schonzeit t_c bezeichnet. Diese ist nunmehr aus (2.47) über den Ansatz

$$u_{AK}(t_I = t_c) = -U_B + \frac{I_d}{C} \cdot t_c = 0$$

bestimmbar und lautet

$$t_c = \frac{U_B \cdot C}{I_d} = f(U_B, I_d) \sim \frac{1}{I_d}; \quad I_{d\,\text{max}} \rightarrow t_{c\,\text{min}} \tag{2.49}$$

Stets ist zur Gewährleistung einer sicheren Löschung für die Schonzeit $t_c > t_q$ (Freiwerdezeit) zu fordern. Der mit der Schonzeit t_c eingeführte Sicherheitsfaktor liegt meistens in der Größenordnung $t_{c\,\text{min}} / t_q \approx 1,25$. Bei gegebenen Größen U_B und $I_{d\,\text{max}}$ wird (2.49) somit zur Dimensionierungsvorschrift für C. Hieraus folgt aber auch, wie später noch gesehen wird, eine Einschränkung für die untere Grenze $I_{d\,\text{min}} \neq 0$ des durch (2.46) beschriebenen Steuerverhaltens.

$$C = \frac{t_{c\,\text{min}} \cdot I_{d\,\text{max}}}{U_B} \tag{2.50}$$

Der Laststrom I_d muss solange über die Löschschaltung fließen, bis zum Zeitpunkt $t_A + t_k + 2 \cdot t_c \approx t_A + 2 \cdot t_c$ die Lastspannung zu $u_d \approx -U_{T0}(D) \approx 0$ wird. Die Diode D leitet dann und übernimmt den Laststrom. Damit werden ihrerseits die Hilfsthyristoren T1 und T4 stromlos und verlöschen. Da nunmehr der Kondensator C gegenüber Zeitpunkt t_A entgegengesetzt geladen ist, müssen für einen zweiten Löschvorgang zum Zeitpunkt t_B die Hilfsthyristoren T3 und T2 zur Einleitung des Löschvorgangs gezündet werden. Nach abgeschlossenem zweiten Löschvorgang stellt sich dann wieder der Kondensatorladezustand des Zeitpunktes t_A ein. Die für den Zeitpunkt t_A angenommene Bedingung kehrt also im Betrieb stets wieder.

Bei der Schaltungsinbetriebnahme ist die für den Löschvorgang erforderliche Aufladung des Löschkondensators C durch Zündung der Hilfsthyristoren T3 und T2 bzw. allgemeiner durch Ansteuerung der Löschschaltung vor der erstmaligen Zündung des Hauptthyristors T zu erzwingen. Bei einer RL-Last gemäß Bild 2.53 wird durch diese Zündung von T3 und T2 ein R-L-C-Serienschwingkreis an die Betriebsspannung U_B angelegt. Bedingt durch die Ventilwirkung von T3 und T2 erfolgt hierdurch eine vom Dämpfungsgrad des Serienschwingkreises abhängige Kondensatoraufladung auf

$$u_c(R > 2 \cdot \sqrt{L/C}) = U_B \leq u_c \leq u_c(R = 0) = 2 \cdot U_B$$

Für Kommutierungsdauer t_k und Schonzeit t_c gilt im Nennbetrieb:

$$t_k \ll t_c \ll \Delta t(\text{T}) + \Delta t(\text{D})$$

Damit sind die während des Löschvorganges auftretenden Zeitfunktionen für die Bestimmung der Ausgangsgleichspannung des Einquadrantengleichstromstellers (vgl. (2.45)) mit

$$U_d = \overline{u_d} = U_B \cdot \frac{\Delta t(\text{T})}{\Delta t(\text{T}) + \Delta t(\text{D})}$$

unbedeutend. Ausgenommen von dieser Aussage sind kurze Thyristoreinschaltzeiten mit $\Delta t(T) \to 0$. Bild 2.56 zeigt hierzu einen Vergleich zweier Betriebsfälle unter der Annahme einer Impulsbreitensteuerung (Kap. 6.3) mit

$$\Delta t(T) + \Delta t(D) = T_s = \text{const}$$

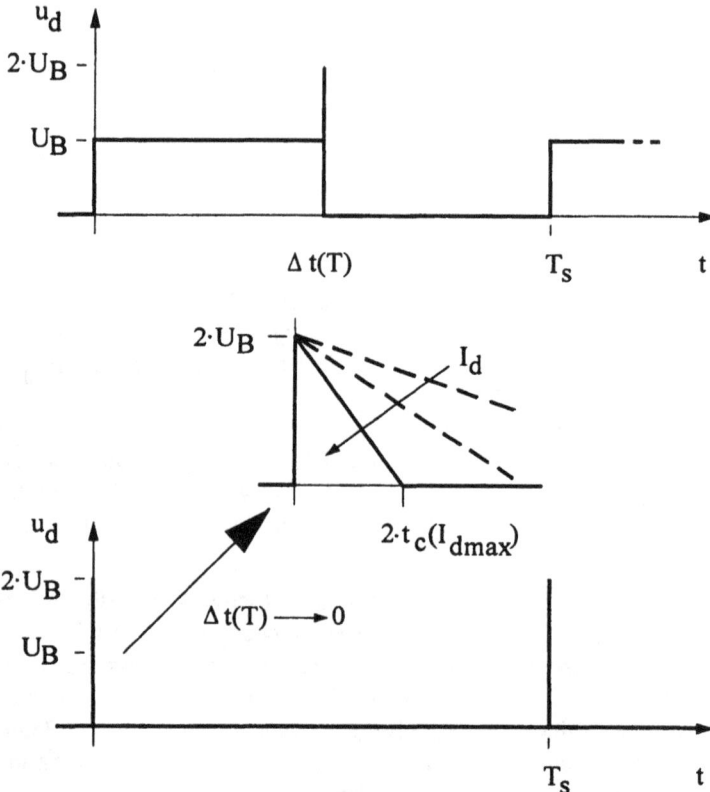

Bild 2.56: Lastspannung u_d bei langer Thyristor-Einschaltdauer (oben) bzw. kurzer Thyristor-Einschaltdauer (unten) und vollständiger C-Umladung mit $i_d = I_d = const$

Geht die Thyristor-Einschaltdauer $\Delta t(T) \to 0$, wie das in Bild 2.56 (unten) dargestellt ist, so verbleibt für die Bildung der Gleichspannung U_d nur die Berücksichtigung der durch den Löschvorgang verursachten Spannung u_d innerhalb des Intervalls $2 \cdot t_c$ (Annahme: $2 \cdot t_c \ll T_s$) und es wird:

$$U_d(\Delta t(\mathrm{T}) \to 0) = \overline{u_d} = \frac{1}{T_s} \cdot \int_{t=0}^{2 \cdot t_c} u_d(t) \cdot dt$$

$$= \frac{1}{T_s} \cdot \frac{2 \cdot U_B \cdot 2 \cdot t_c(I_d)}{2} = f(t_c) \tag{2.51}$$

Im stationären Zustand ist der Gleichstrom I_d gemäß (2.46) eine Funktion der Spannung U_d. Wird unterstellt, dass mit (2.51) ein von der Schonzeit $t_c(I_d)$ abhängiges Minimum der Lastspannung $U_{d\min}$ erfasst wird, so lässt sich unter der für Bild 2.56 getroffenen Voraussetzung vollständiger C-Umladungen mit $I_d = const$ (ideale Stromglättung) aus (2.51) und (2.49) ein minimaler Gleichstrom $I_{d\min}$ sowie eine maximale Schonzeit $t_{c\max}$ herleiten.

$$U_d(\Delta t(\mathrm{T}) \to 0) = U_{d\min} = I_{d\min} \cdot R = \frac{2 \cdot U_B}{T_s} \cdot t_{c\max}(I_{d\min})$$

$$= \frac{2 \cdot U_B}{T_s} \cdot \frac{U_B \cdot C}{I_{d\min}}$$

$$\to I_{d\min} = U_B \cdot \sqrt{\frac{2 \cdot C}{R \cdot T_s}} \tag{2.52}$$

$$\to t_c(I_{d\min}) = t_{c\max} = \sqrt{\frac{R \cdot C \cdot T_s}{2}} \tag{2.53}$$

Hierzu einige Zahlenwerte:

gegeben:

Einquadranten-Gleichstromsteller

$U_B = 110\mathrm{V}; R = 1\Omega \to I_{d\max} = 110\mathrm{A}$

Schaltfrequenz / Periode: $f_s = 200\mathrm{Hz} \to T_s = 5\mathrm{ms}$

Frequenzthyristor

Freiwerdezeit: $t_q = 20\mu\mathrm{s}$

minimale Schonzeit: $t_{c\min} = 1{,}25 \cdot t_q = 25\mu\mathrm{s}$

gesucht:

Löschkondensator: (2.50) $\to C = 25\mu\mathrm{F}$

minimaler Laststrom: (2.52) $\to I_{d\min} = 11\mathrm{A}$; $I_{d\min} / I_{d\max} = 10\%$

maximale Schonzeit: (2.53) $\to t_{c\max} = 0{,}254\mathrm{ms}$ ($\ll T_s$)

Die Herleitung von (2.52) bzw. (2.53) beruhte auf der Annahme vollständiger Umladepro-zesse. Im Bereich kleiner Gleichströme I_d ist dies nicht zwingend erforderlich, sodass der tatsächlich minimale, kontinuierlich einstellbare Gleichstrom etwas unterhalb der durch (2.52) beschriebenen Grenze liegt. Unabhängig davon existiert aber als Nachteil dieser und auch der folgenden Löschschaltung, dass eine kontinuierliche Einstellbarkeit des Stromes I_d nur zwischen $I_{d\min}$ und $I_{d\max}$ erfolgen kann.

Nachteil der Löschschaltung nach Bild 2.54 ist der hohe Ventil- und Ansteueraufwand. Dieser Aufwand lässt sich etwas reduzieren, wenn man die Funktion des Hauptthyristors T den Hilfsthyristoren T1 und T2 oder T3 und T4 zuordnet. Der eigentliche Hauptthyristor kann damit entfallen.

Eine wirklich wesentliche Ventilreduzierung erlaubt der Lösungsvorschlag nach Bild 2.57, bestehend aus einem kapazitiven Energiespeicher C, einem Hilfsthyristor T1 sowie einem so genannten Umschwingkreis (L1, D1).

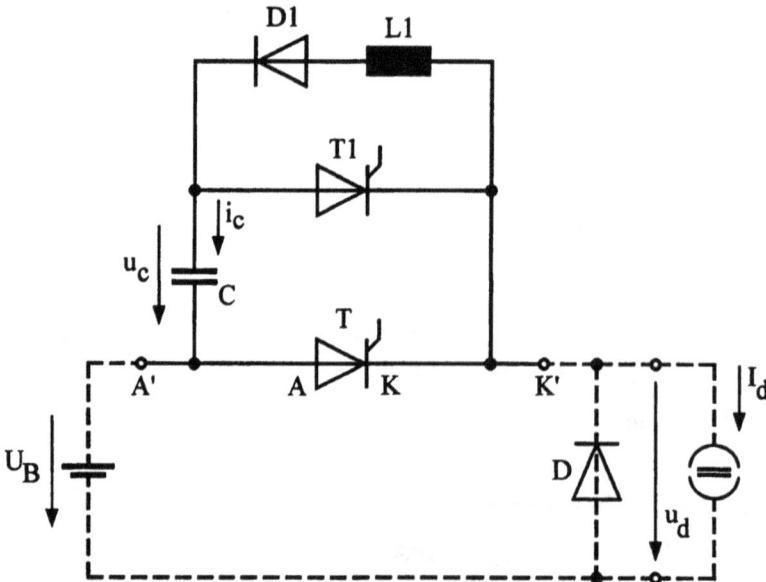

Bild 2.57: Löschschaltung mit Umschwingkreis

Die Schaltungsfunktion, wiederum erläutert mittels Zeitdiagrammen und Zündschema der Thyristoren, ist in Bild 2.58 wiedergegeben. Hierin wird, zunächst ohne weitere Begrün-dung, für den Kondensator C als Anfangsbedingung vor Beginn des ersten Löschvorganges

$$u_c(t \le t_A) = +U_B$$

angenommen. Wird nun zum Zeitpunkt $t = t_A$ (neues Koordinatensystem: $t_I = 0$) der ers-te Löschvorgang durch Zünden des Hilfsthyristors T1 eingeleitet, so nimmt der Anodenstrom i_A gemäß Kommutierungsexperiment Bild 2.9 zunächst ab und wird kurzzeitig negativ, bis nach Ablauf der Kommutierungsdauer $t_k = t_0 + t_{rr}$ der Thyristor infolge Ladungsträgerverarmung durch Rekombination und Rückstrom in den Rückwärts-Sperrzustand gezwungen wird.

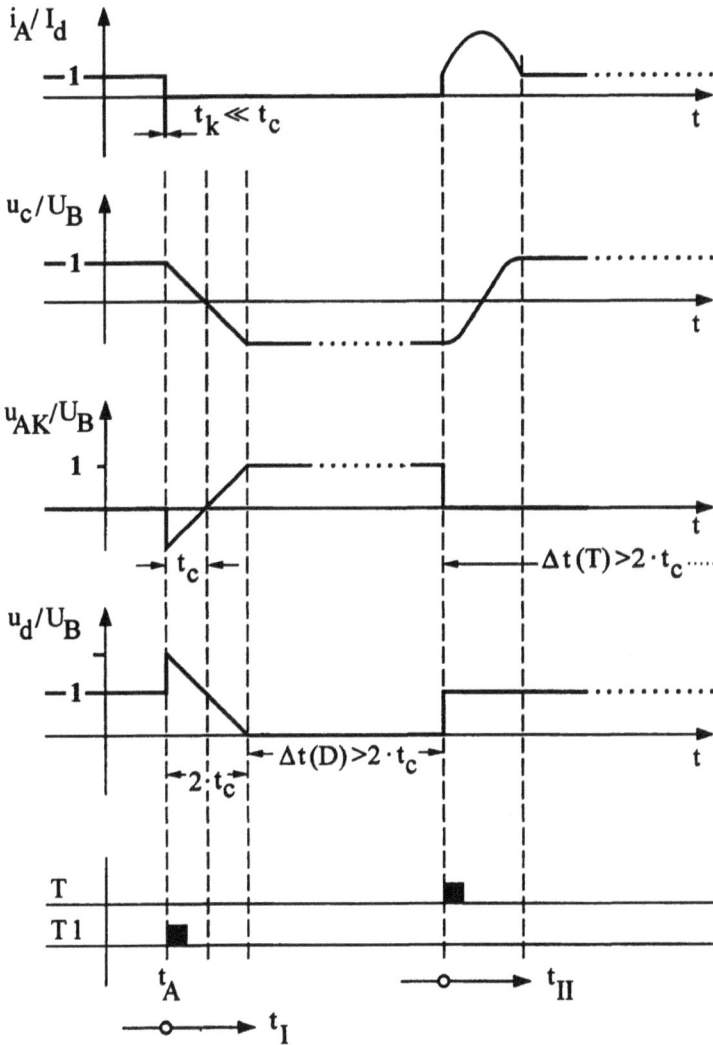

Bild 2.58: Löschschaltung mit Umschwingkreis, Zeitdiagramme und Zündschema

Wiederum ist auf Grund der Kürze dieses Vorganges dieser zusammen mit den nun folgenden Umladevorgängen sowie der Ventileinschaltdauer $\Delta t(T)$ und $\Delta t(D)$ nicht in einem gemeinsamen Diagramm darstellbar bzw. in Bild 2.58 nur qualitativ angedeutet. Da der Kondensator für die Schonzeit $t_c \gg t_k$ zu dimensionieren ist, kann die Kondensatorentladung innerhalb des Zeitintervalls t_k vernachlässigt werden. Damit folgt, ausgedrückt im neuen Koordinatensystem t_I

$$u_c(t_I = t_k) \approx u_c(t_I = 0) = U_B$$

$$u_{AK}(t_I = 0) = -u_c(t_I = 0) \approx -U_B$$

sowie

$$u_d(t_I = 0) = u_c(t_I = 0) + U_B \approx 2 \cdot U_B$$

Wegen $u_d > 0$ sperrt die Diode D, sodass der eingeprägte Laststrom I_d über die Spannungsquelle U_B und den Kondensator C fließen muss. Dies bedeutet für den Kondensatorstrom

$$i_c = C \cdot \frac{du_c}{dt} = -I_d$$

bzw. nach Umformung und Integration

$$\int_{U_B}^{u_c(t_I)} du_c = -\frac{I_d}{C} \cdot \int_0^{t_I} dt$$

$$u_c(t_I) = U_B - \frac{I_d}{C} \cdot t_I \tag{2.54}$$

sowie

$$u_{AK}(t_I) = -u_c = -U_B + \frac{I_d}{C} \cdot t_I \tag{2.55}$$

$$u_d(t_I) = U_B + u_c = 2 \cdot U_B - \frac{I_d}{C} \cdot t_I \tag{2.56}$$

In Bild 2.45 wurde jene Zeitdauer, innerhalb der $u_{AK} < 0$ ist, als Schonzeit t_c bezeichnet. Diese ist nunmehr aus (2.55) bestimmbar über

$$u_{AK}(t_I = t_c) = -U_B + \frac{I_d}{C} \cdot t_c = 0$$

und lautet wie bei der Löschschaltung mit vier Hilfsthyristoren:

$$t_c = \frac{U_B \cdot C}{I_d} = f(I_d, U_B) \qquad\qquad = (2.49)$$

Von der Löschschaltung wird $t_c > t_q$, also z.B. unter Einbeziehung eines Sicherheitszuschlages von 25% $t_{cmin} = 1,25 \cdot t_q$ gefordert. Bei gegebenen Größen U_B und $I_{d\,max}$ wird (2.49) wiederum zur Dimensionierungsvorschrift für die Kapazität C.

$$C = \frac{t_{cmin} \cdot I_{d\,max}}{U_B} \qquad\qquad = (2.50)$$

Auch hier ist bei vorgegebener Schaltperiode $T_s = \Delta t(T) + \Delta t(D)$, wie z.B. bei einem impulsbreitengesteuerten Gleichstromsteller, der durch die Anschaltzeiten steuerbare Gleichstrom unter der Voraussetzung kompletter Umladeprozesse nur innerhalb eines Bereiches $I_{d\,min} < I_d < I_{d\,max}$ kontinuierlich steuerbar.

Der Laststrom I_d fließt solange über die Löschschaltung, bis zum Zeitpunkt $t_I = t_k + 2 \cdot t_c$ die Lastspannung zu $u_d = -U_{T0}(D) \approx 0$ wird. Die Diode D leitet dann und übernimmt den Laststrom. Damit wird der Hilfsthyristor T1 ebenfalls stromfrei und verlöscht. Zu beachten ist, dass nunmehr der Kondensator C im Vergleich zur angenommenen Anfangsbedingung mit entgegengesetzter Polarität, also mit

$$u_c(t_I > 2t_c) = -U_B$$

geladen ist. Die ursprünglich angenommene Anfangsbedingung stellt sich erst nach erneutem Zünden des Hauptthyristors T wieder ein, da durch diese Zündung der Kondensator C über die zunächst leitende Diode D1 rückentladen wird. Bild 2.59 zeigt den für die Rückentladung maßgeblichen Schaltungsbereich.

Wird der Hauptthyristor zum Zeitpunkt $t_{II} = 0$ (neues Koordinatensystem!) gezündet, so folgt für die nunmehr gültigen Differentialgleichungen bzw. deren Laplace-Transformierte |Holbrook|:

$$u_c(t_{II}) + L_1 \cdot \frac{di_c}{dt} = 0; \quad i_c(t_{II} = 0) = 0$$

$$\rightarrow \underline{U}_c(s) + L_1 \cdot \left\{ s \cdot \underline{I}_c(s) - i_c(0) \right\} = \underline{U}_c(s) + s \cdot L_1 \cdot \underline{I}_c(s) = 0 \qquad (2.57)$$

$$i_c(t_{II}) = C \cdot \frac{du_c}{dt}; \quad u_c(t_{II} = 0) = -U_B \qquad (2.58)$$

$$\rightarrow \underline{I}_c(s) = C \cdot \left\{ s \cdot \underline{U}_c(s) - u_c(0) \right\} = s \cdot C \cdot \underline{U}_c(s) + C \cdot U_B \qquad (2.59)$$

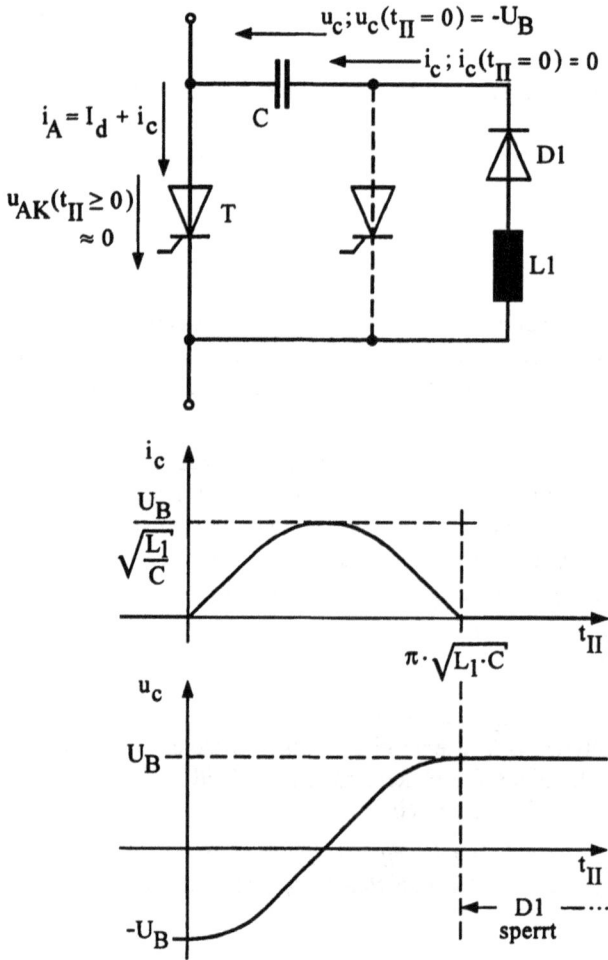

Bild 2.59: Löschschaltung mit Umschwingkreis – Umschwingvorgang

Durch Einsetzen von (2.53) in (2.51) kann $\underline{I}_c(s)$ eliminiert werden und es folgt

$$\underline{U}_c(s) = -\frac{s}{s^2 + \dfrac{1}{L_1 C}} \cdot U_B \tag{2.60}$$

bzw. mit der Korrespondenz

$$\frac{s}{s^2 + \omega_0^2} \quad \Leftrightarrow \quad \cos \omega_0 t_{II}$$

$$u_c(t_{II}) = -U_B \cdot \cos \frac{1}{\sqrt{L_1 C}} \cdot t_{II} \tag{2.61}$$

Der Kondensatorstrom ist bestimmbar durch Einsetzen von (2.60) in (2.59) oder durch Einsetzen von (2.61) in (2.58). Dabei ergibt sich:

$$i_c(t_{II}) = \frac{U_B}{\sqrt{\dfrac{L_1}{C}}} \cdot \sin \frac{1}{\sqrt{L_1 C}} \cdot t_{II} \tag{2.62}$$

Die Differentialgleichungen bzw. die zugeordneten Laplace-Transformierten samt deren Lösungen (2.61) und (2.62) gelten nur für $i_c(t_{II}) > 0$. Wird $i_c(t_{II}) = 0$, dies ist nach (2.62) der Fall für

$$t_{II0} = \pi \cdot \sqrt{L_1 C}, \tag{2.63}$$

so sperrt die Diode D1 und der Ladezustand des Kondensators C, beschrieben mit

$$u_c(t_{II0}) = +U_B$$

wird festgehalten. Dies entspricht aber genau der ursprünglich für $t_I = 0$ angesetzten Anfangsbedingung.

Bei Schaltungsinbetriebnahme kann $u_c(t_A) > 0$ durch Zünden des Hilfsthyristors T1 vor der erstmaligen Zündung des Hauptthyristors T realisiert werden. Die dann nach Zündung des Hauptthyristors T und beendetem Umschwingvorgang auftretende Ladespannung u_c ist abhängig von den im Lastwiderstand R (Laststruktur gemäß Bild 2.53) verursachten Verlusten und wird bei Verlustfreiheit zu $u_c(t_A) = 2 \cdot U_B$, bei aperiodischem Verlauf, dies entspricht realen Lastsituationen, zu

$$u_c(t_A) = U_B.$$

Gemeinsamer Nachteil beider Löschschaltungen ist die Abhängigkeit der Schonzeit t_c vom Laststrom I_d gemäß (2.49). Nimmt der Laststrom ausgehend von $I_{d\max}$, wofür ja der Kondensator C zu dimensionieren war, ab, so dauert der Löschvorgang immer länger und die Schonzeit t_c wird unnötig groß. Strebt $I_d \rightarrow 0$, so muss die Löschschaltung wegen $t_c \rightarrow \infty$ versagen. Der als Beispiel betrachtete Einquadranten-Gleichstromsteller ist also, wie bereits früher erwähnt, nur zwischen dem vorgegebenen $I_{d\max}$ und einem $I_{d\min}$ steuerbar. Zwischen dem ausgeschalteten Zustand mit $I_d = 0$ und $I_{d\min}$ herrscht Unstetigkeit.

Eine wesentliche Beschleunigung des Löschvorgangs verbunden mit einer Reduzierung der unteren Aussteuerungsgrenze $I_{d\,\text{min}}$ ergibt sich bei Ergänzung der Löschschaltung nach Bild 2.57 durch einen Rückladekreis gemäß Bild 2.60.

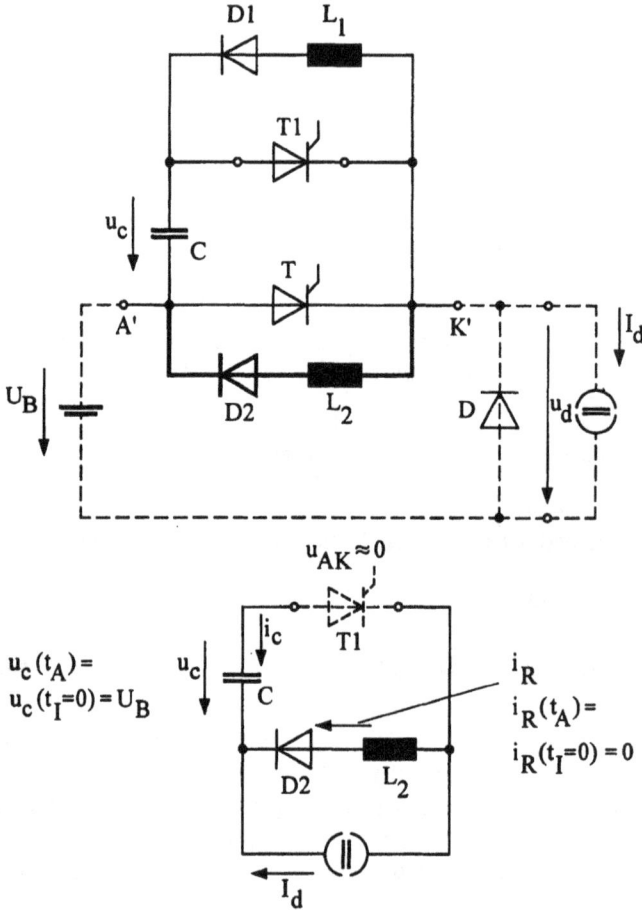

Bild 2.60: Löschschaltung mit Rückladekreis

Wird die Kommutierungsdauer t_k des Hauptthyristors vernachlässigt, so lässt sich der modifizierte Löschvorgang durch ein einfaches Ersatzschaltbild (Bild 2.60, unten) darstellen. Hierin ergibt sich der Kondensatorstrom i_c als Überlagerung des Laststroms I_d und des Rückladestromes i_R zu

$$i_c = -I_d - i_R \tag{2.64}$$

Die Lösung für den Rückladestrom $i_R = -i_c (I_d = 0)$ kann hierbei unter Beachtung der Anfangsbedingung $u_c(t_A) = +U_B$ sowie der neuen Zeitkoordinate t_I zum Löschzeitpunkt $t = t_A$ direkt aus Bild 2.59 bzw. (2.62) übernommen werden. Damit lautet das Resultat für (2.64):

$$i_c(t_I) = -I_d - \frac{U_B}{\sqrt{\frac{L_2}{C}}} \cdot \sin \frac{1}{\sqrt{L_2 C}} \cdot t_I = C \cdot \frac{du_c}{dt} \qquad (2.65)$$

Die Kondensatorspannung u_c ergibt sich durch Auflösung nach du_c und Integration als

$$u_c(t_I) = -\frac{I_d}{C} \cdot t_I + U_B \cdot \cos \frac{1}{\sqrt{L_2 C}} \cdot t_I \qquad (2.66)$$

Die nunmehr maßgebliche Schonzeit t_c ist aus (2.66) bestimmbar über

$$u_c(t_I = t_c) = -\frac{I_d}{C} \cdot t_c + U_B \cdot \cos \frac{1}{\sqrt{L_2 C}} \cdot t_c = 0 \qquad (2.67)$$

Die Rückladeinduktivität L_2 ist sinnvoll dimensioniert, wenn bei $I_{d\,max}$ der Kondensator C hauptsächlich durch den Laststrom I_d umgeladen wird und im Bereich kleiner Ströme eine ausreichend rasche Umladung durch den Rückladestrom i_R erfolgt. Damit ist (2.67) in je eine Bestimmungsgleichung für C und L_2 aufspaltbar:

für $I_{d\,max}$ bzw. $t_{c\,min}$ mit $\cos(...) \approx 1$:

$$u_c(t_{c\,min}) = -\frac{I_{d\,max}}{C} \cdot t_{c\,min} + U_B \cdot \cos \frac{1}{\sqrt{L_2 C}} \cdot t_{c\,min}$$

$$\approx -\frac{I_{d\,max}}{C} \cdot t_{c\,min} + U_B = 0$$

$$\rightarrow C = \frac{I_{d\,max} \cdot t_{c\,min}}{U_B} \qquad = (2.50)$$

für $I_d \rightarrow 0$ bzw. $t_{c\,max}$:

$$u_c(t_{c\,max}) \approx U_B \cdot \cos \frac{1}{\sqrt{L_2 C}} \cdot t_{c\,max} = 0$$

$$\rightarrow L_2 = \frac{4 \cdot t_{c\,max}^2}{C \cdot \pi^2} \tag{2.68}$$

Bild 2.61 zeigt den zeitlichen Verlauf eines Löschvorganges für folgendes, konkretes Dimensionierungsbeispiel:

Annahmen zum Gleichstromsteller:

> Betriebsspannung: $U_B = 400\text{V}$
>
> Maximaler Laststrom: $I_{d\,max} = 100\text{A}$

Annahmen zum Thyristor:

> Freiwerdezeit: $t_q = 20\mu\text{s}$
>
> Sicherheitsfaktor 1,25
>
> minimale Schonzeit: $t_{c\,min} = 1,25 \cdot t_q = 25\mu\text{s}$

Dimensionierung des Löschkondensators gemäß (2.50): $C = 6,25\mu\text{F}$

Dimensionierung der Rückladeinduktivität L_2 gemäß (2.62) für die angenommene maximale Schonzeit $t_{c\,max} = 10 \cdot t_{c\,min} = 250\mu\text{s}$: $L = 4,05\text{mH}$

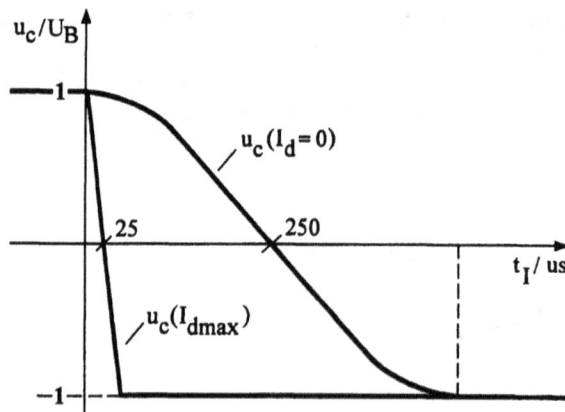

Bild 2.61: Löschvorgang mit Rückladekreis

Ein weiterer Nachteil der gezeigten Löschschaltungen ist in der Spannungsabhängigkeit der Schonzeit t_c gemäß (2.49) zu sehen. Dies führt einerseits bei der Dimensionierung zu hohen Kapazitätswerten C, andererseits bei stark veränderlicher Betriebsspannung U_B zu eingeschränkter Löschfähigkeit. Beides beruht auf der Abnahme der Schonzeit t_c mit abnehmender Betriebsspannung U_B. Eine Verbesserung der Löschfähigkeit für kleinere Betriebsspannungen U_B bzw. eine Reduzierung der erforderlichen Kapazitätswerte C bei fester Betriebsspannung U_B bietet die Ergänzung der Schaltung durch eine Nachladeinduktivität L_3 (Bild 2.62).

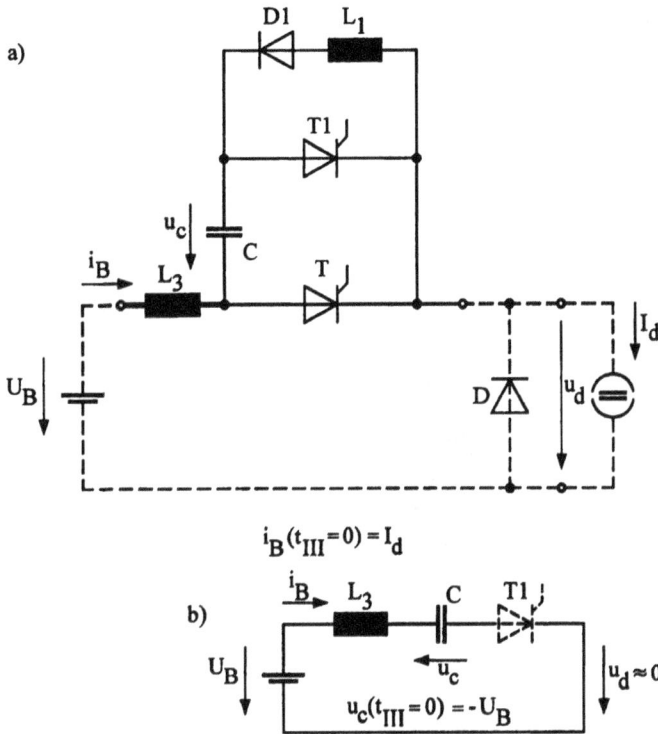

Bild 2.62: a.) Löschschaltung mit Nachladeinduktivität; b.) Ersatzschaltbild für $t_I \geq 2 \cdot t_c$ bzw. $t_{III} \geq 0$

Der Löschvorgang ist zunächst direkt mit den Erläuterungen zu Bild 2.57 bis 2.60 vergleichbar, mit dem wesentlichen Unterschied allerdings, dass nunmehr der Hilfsthyristor T1 nicht sofort sperrt, sobald mit $u_d \approx 0$ die Diode leitend wird. Ursache hierfür ist die in der Nachladeinduktivität L_3 gespeicherte Energie. Diese erzwingt für $t_I \geq 2 \cdot t_c$ bzw. $t_{III} \geq 0$ ein Weiterfließen des Stromes i_B und damit eine Weiteraufladung des Kondensators C, bis bei $i_B = 0$ infolge der Ventilwirkung des Hilfsthyristors T1 der Aufladevorgang endet. Die anhand Bild 2.62b aufgestellte Differentialgleichung ergibt hierzu (vgl. Bild 2.63)

$$u_c(t_{III} > 0) = -U_B - I_d \cdot \sqrt{\frac{L_3}{C}} \cdot \sin \frac{1}{\sqrt{L_3 C}} \cdot t_{III} \qquad (2.69)$$

$$i_B(t_{III} > 0) = I_d \cdot \cos \frac{1}{\sqrt{L_3 C}} \cdot t_{III} \qquad (2.70)$$

$$|u_{c\max}| = U_B + I_d \cdot \sqrt{\frac{L_3}{C}} \qquad\qquad (2.71)$$

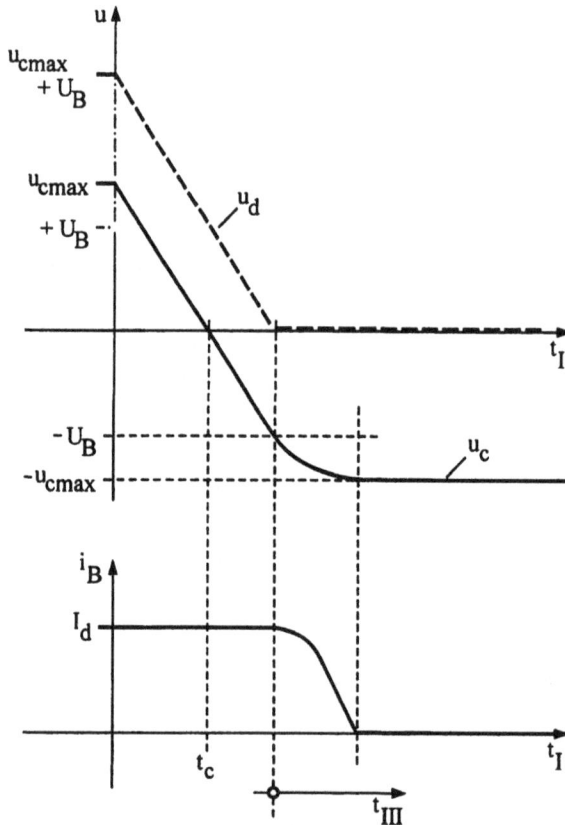

Bild 2.63: Löschvorgang mit Nachladeinduktivität

Die mittels der Nachladeinduktivität L_3 erhöhte Kondensatorspannung steht nach der Zündung des Hauptthyristors T und dem in Bild 2.59 beschriebenen Umschwingvorgang voll
für den nächsten Löschvorgang zur Verfügung. Vorteil der Schaltung ist die laststromab-
hängige Änderung der Kondensatorspannung u_c gemäß (2.69). Nachteil ist die erhöhte
Spannungsbeanspruchung der Ventile und des Verbrauchers, zumal letzterer bereits in den
Grundschaltungen nach Bild 2.54 und 2.58 während des Löschvorgangs mit $2 \cdot U_B$ belastet
wird.

2.5   Triac

In einigen Anwendungen, wie z.B. leistungselektronischen Wandlern zur Wechselstromstellung, interessieren Halbleiterschalter, die nicht nur wie der Thyristor in einer Richtung, sondern wie die Antiparallelschaltung zweier Thyristoren Strom in zwei Richtungen führen können (Bild 2.64). Technologisch führt dieser Wunsch zum Triac, bei dem durch Verschachteln zweier Thyristorstrukturen auf einem Halbleiterchip das Verhalten antiparalleler Thyristoren nachgebildet wird (Bild 2.65).

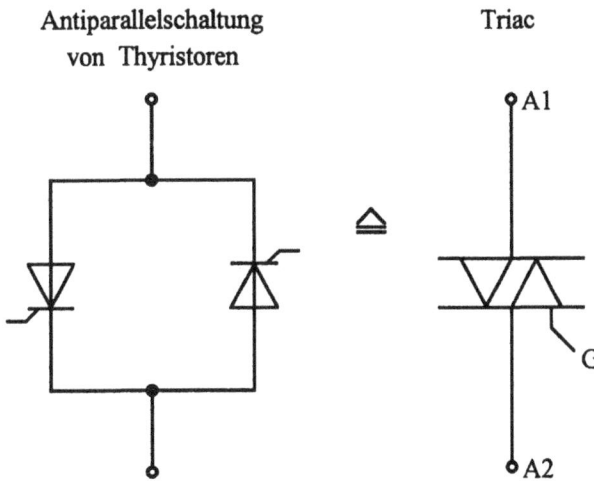

Bild 2.64: Triac

Der Triac kann sowohl durch positive als auch durch negative Gateimpulse bei sowohl positiver als auch negativer Spannung U_{A1} gezündet werden. Da sich hierbei unterschiedliche Zündempfindlichkeiten einstellen, wird herstellerseitig meist eine Methode empfohlen.

2.6   GTO – Abschaltthyristor

Thyristoren besitzen den Vorteil einer hoher Sperrfähigkeit, eines günstigen Durchlassverhaltens sowie einer großen Überlastbarkeit. In der Anwendung gestattet der Thyristor also die Realisierung leistungselektronischer Wandler hoher Schaltleistungen und großer Robustheit. Von Nachteil ist die fehlende Ausschaltbarkeit über den Gateanschluss und die damit verbundene Notwendigkeit von Löschschaltungen in speziellen Anwendungsfällen. Dabei zeigt das Thyristormodell (Bild 2.32), bestehend aus zwei mitgekoppelten Transistoren, durchaus Möglichkeiten zur Anodenstromabschaltung über den Gateanschluss.

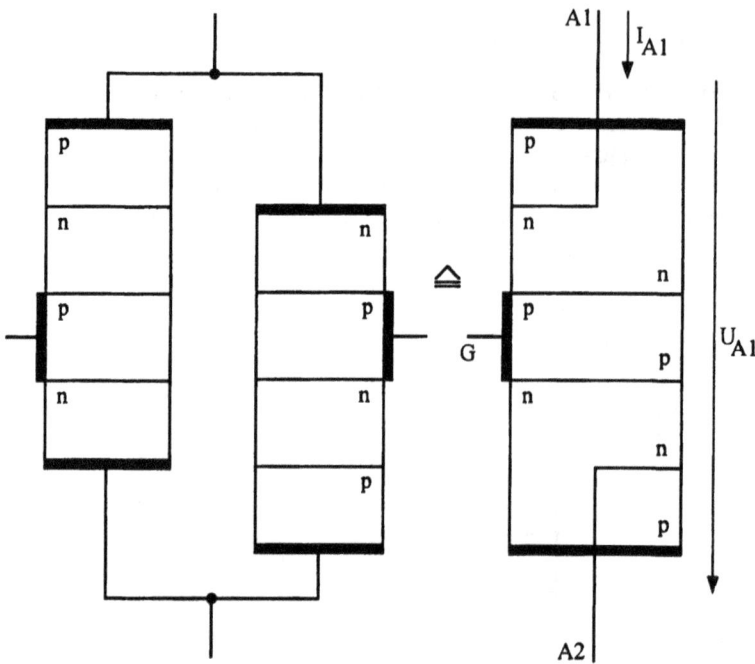

Bild 2.66:
Triac / Halbleiter-
struktur und Kenn-
linie

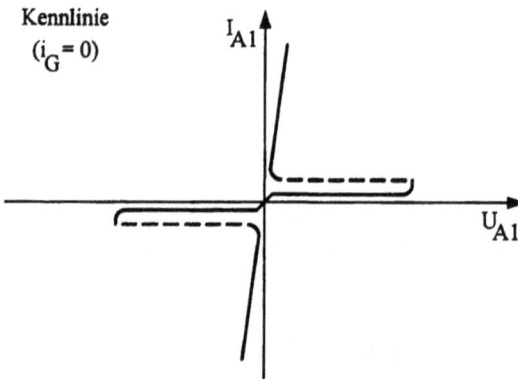

Wird hierzu im Folgenden nur die gesteuerte Zünd- und Sperrbarkeit betrachtet, eine „Ü-
ber-Kopf-Zündung" also ausgeschlossen, so kann wegen $|I_G| \gg I_2$ der Einfluss des Sperr-
stromes I_2 außer Acht gelassen werden. Eine Unterbrechung der Mitkopplung und damit
ein Abschalten des Thyristors muss demzufolge möglich sein für

$$I_{Gab} = -I_C(pnp) = -[I_A - I_C(npn)] \quad \rightarrow |I_{Gab}| < I_A \qquad (2.72)$$

Mit dieser Maßnahme wird der Basisstrom des npn-Transistors zu $I_B(npn) = 0$ – der npn-
Transistor sperrt. Dies führt weiter zu $I_C(npn) = I_B(pnp) = 0$, damit zum Sperren des
pnp-Transistors und somit insgesamt zu einer Unterbrechung der Mitkopplung.

Die Leistungsfähigkeit der Abschaltung wird beschrieben durch die Abschaltverstärkung

$$A_{ab} = \frac{I_A}{|I_{Gab}|} = \frac{I_C(npn) + I_C(pnp)}{I_C(pnp)} = 1 + \frac{I_C(npn)}{I_C(pnp)} \qquad (2.73)$$

Gemäß (2.73) wird, wie für die Anwendung erwünscht, die Abschaltverstärkung A_{ab} dann groß, wenn $I_C(pnp)$ klein bzw. $I_C(npn)$ groß gewählt wird. Dies ist gleich bedeutend mit der Forderung

$$A(npn) \to 1 \text{ und } A(pnp) < (\ll) A(npn)$$

Diese eigentlich bekannte Fähigkeit zur Abschaltung über den Gateanschluss wird technologisch im Abschaltthyristor bzw. GTO (Gate-Turn-Off-Thyristor; Schaltungssymbol gemäß Bild 2.29) realisiert, wobei zusätzlich zur erwähnten Stromverstärkungsdimensionierung (A(pnp) klein durch „shorted-emitter-Technologie") eine möglichst große Gate-Einwirkung auf den Thyristor durch gitterförmige Gatestrukturen mit großem Gaterand angestrebt wird. Dies entspricht der Parallelschaltung vieler kleiner Thyristorstrukturen mit geringer Lateralausdehnung und wurde erst durch die enormen technologischen Fortschritte auf dem Gebiet der Mikroelektronik möglich. Dies erklärt auch, dass das Prinzip des GTO zwar bereits länger bekannt ist, der breite Einsatz dieses Bauelementes aber erst gegen Ende der achtziger Jahre erfolgte.

Im Vergleich zum konventionellen Thyristor besitzt der GTO etwas höhere Durchlass- und Schaltverluste. Da diese auch vom Sperrvermögen in Rückwärtsrichtung abhängen, verzichtet man meistens, zumal in der Anwendung häufig Antiparallelschaltungen von GTOs und Dioden auftreten, auf eine symmetrische Gestaltung des Sperr-/Blockiervermögens zu Gunsten einer Verlustreduzierung.

Der 1995 erreichte Entwicklungsstand ist beschreibbar durch folgende Kennwerte:

Typ:	Toshiba SG4000GXH20G
Prinzip:	asymmetrischer GTO
Blockierspannung / Vorwärtsrichtung:	4500V
Sperrspannung / Rückwärtsrichtung:	16V
maximal ausschaltbarer Durchlassstrom:	4000A
Abschaltverstärkung allgemein:	5 .. 7
Schaltfrequenz allgemein:	$\approx$ 3kHz

Der GTO wird bevorzugt dort eingesetzt, wo statt des Systempreises die Wandlereigenschaften *klein, robust und hoher Wirkungsgrad* die entscheidenden Kriterien für die Bauelementeauswahl sind. Dies trifft ganz besonders zu auf

DC/DC-Umrichter (Gleichstromsteller)
DC/AC-Umrichter (Gleichstrom-Wechselstromrichter)
AC/AC-Umrichter (Wechselstromumrichter)

in der Traktionstechnik. Der ICE der Deutschen Bahn (Baureihe 401), der sowohl in Thyristortechnik mit Löschschaltung als auch in GTO-Technik realisiert wurde, erlaubt hierzu gemäß VDI-Nachrichten vom 20.11.1992 einige quantitative Vergleiche:

Einführung GTO-Technik:

Verlustleistung:	- 50%
Steuerungsaufwand:	- 25%
Gewicht:	- 33%

2.7   Symmetrische Halbbrücke, Universalschalter

In modernen, mehrquadrantenfähigen leistungselektronischen Wandlerschaltungen mit Halbbrücken- oder Brückenstruktur, hierzu gehören

netzrückwirkungsarme Wechselstrom-Gleichstrom-Umrichter (Kap. 4.3.1)
Gleichstrom-Gleichstrom-Umrichter (Kap. 6.2)
Gleichstrom-Wechselstrom-Umrichter (Kap. 7), ...

werden Umschalter mit der Realisierbarkeit beider Strompolaritäten benötigt. Auf Grund der symmetrischen Struktur und der universellen Einsetzbarkeit werden derartige Umschalter als „symmetrische Halbbrücke" oder gar als „Universalschalter" bezeichnet. In der praktischen Ausführung (Bild 2.66) führt die Umschalteranforderung zur Antiparallelschaltung von Schaltern mit Ventilcharakter (MOSFET, IGBT, GTO) mit Dioden und, bei entsprechendem Mengenbedarf, zu Modulen in hybrider oder gar voll integrierter Bauform.

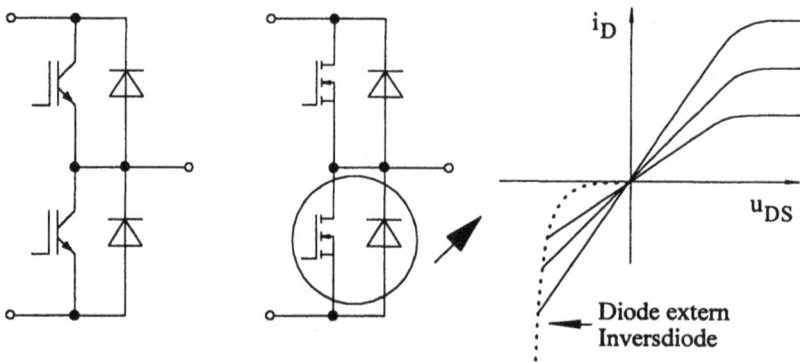

Bild 2.66: Struktur der symmetrischen Halbbrücke (links: Realisierung mit IGBTs, rechts: Realisierung mit PowerMOSFETs – Veranschaulichung der Betriebsart Synchronschalter durch Vergleich des MOSFET-Kennlinienfeldes mit einer Diodenkennlinie)

Im Falle der MOSFET-Realisierung kann in der Betriebsart als *Synchronschalter* durch Ansteuerung des MOSFET sowohl bei $u_{DS} > 0$ als auch bei $u_{DS} < 0$ und Ausnutzung des MOSFET-Verhaltens als steuerbarer, niederohmiger Widerstand um den Kennlinienursprung ein besonders günstiges Durchlassverhalten erzielt werden.

Werden in Bild 2.66 an Stelle abschaltbarer Schalter als aktive Schalter Thyristoren mit Löschschaltungen eingesetzt, so ist, wie in Kap. 6.2 noch dargestellt wird, zusätzlich eine induktive Entkopplung von Thyristor mit Löschschaltung und Diode erforderlich.

3 Leistungselektronische Wandler – Grundlagen

Die Grundlagen leistungselektronischer Wandlerkonzepte zur Realisierung der in Kap. 1 aufgeführten Wandler bzw. Umrichter wurden bereits in der heute aus historischer Sicht als „Stromrichtertheorie" bezeichneten Fachrichtung hergeleitet. In dieser „Stromrichtertheorie" wird in der Regel von einer Idealisierung mit nachstehenden Annahmen ausgegangen:

ideale Ventile (z.B. Thyristoren) mit

Durchlassspannung $u_{AK}(i_A > 0) = 0$

Sperr- /Blockiervermögen $U_{BR} = U_{B0} = \infty$

Übergang Blockierzustand $\rightarrow$ Durchlasszustand $t_{gon} = 0$

Sperrverzögerungsladung $Q_{rr} = 0$

$\rightarrow$ Sperrverzögerungszeit $t_{rr} = 0;\rightarrow$ Rückstromspitze $I_{Rü} = 0$

Freiwerdezeit $t_q = 0$

ideale Kommutierung

Kommutierungsgeschwindigkeit $|di / dt| \rightarrow \infty$

Konsequenzen:

parasitäre Effekte vernachlässigt

ideale Transformatoren mit $\mu_r \rightarrow \infty$

Hauptinduktivität $L_h \rightarrow \infty$, Streuinduktivität $L_\sigma \rightarrow 0$

Im realen Anwendungsfall sind die Aussagen dieser idealisierten Stromrichtertheorie durch die Eigenschaften realer Bauelemente und Kommutierungsdaten, wie sie z.B. in Kap. 2 für Halbleiterschalter beschrieben wurden, zu korrigieren.

Die folgenden Ausführungen und Kapitel werden sich in der Regel der Vorgehensweise der idealisierten Theorie anschließen und Wandlerkonzepte mit idealen Bauelementen vorstellen. Nur in ganz wenigen, besonders hervorgehobenen Fällen soll hiervon abgewichen und die aus den realen Elementen resultierende Systemeinschränkung mit diskutiert werden.

In Kap. 1 wurde eine begriffliche Unterteilung leistungselektronischer Wandler nach Primärfrequenz f_1 und Sekundärfrequenz f_2 vorgenommen. Von großem Interesse für den Entwurf von Wandlerkonzepten ist aber auch die Frage nach dem Steuerungsprinzip bzw. nach der Herkunft des Steuerungstaktes sowie, im Falle der Thyristoranwendung, die Frage nach der Quelle der für die Thyristorlöschung erforderlichen Lösch- oder Kommutierungsspannung. Eine Klassifizierung leistungselektronischer Wandler nach diesen Gesichtspunkten sowie eine grundsätzliche Darstellung des für die Leistungselektronik wesentlichen Wandelns durch Schalten soll nun der eigentlichen Stromrichtertheorie vorangestellt werden.

3.1   Klassifizierung / Taktungs- und Führungsprinzipien

Stromrichter bzw. leistungselektronische Wandler beinhalten eine Vielzahl leistungselektronischer Schalter, die nach Maßgabe einer Steuerung und abhängig von Soll- und Istgrößen ein- und auszuschalten sind. Die Steuerung benötigt hierzu eine Zeitinformation, die gemäß Bild 3.1 vom Primärnetz (Quelle), vom Sekundärnetz (Verbraucher, Last), aber auch von eigenständigen Kriterien abgeleitet sein kann.

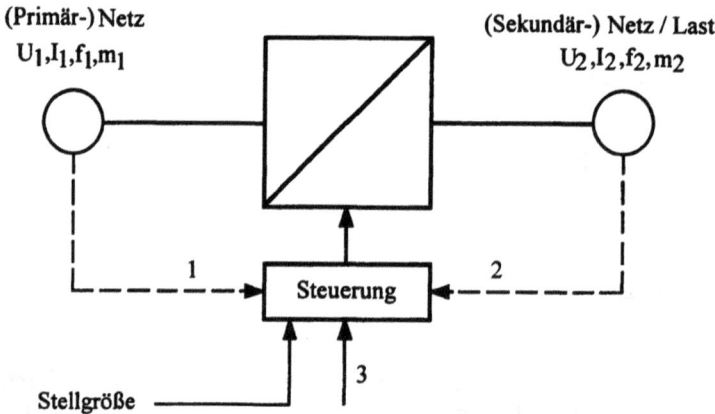

Bild 3.1:
Klassifizierung
leistungselektronischer
Wandler
1 : Netztaktung
2 : Lasttaktung
3 : Selbsttaktung

Man spricht von

(1) Netztaktung

   Steuerung ausgehend vom Primärnetz
   Beispiel: gesteuerte Gleichrichter

(2) Lasttaktung

   Steuerung ausgehend vom Sekundärnetz
   Beispiel: Schwingkreisumrichter (Resonanzwandler)

(3) Selbsttaktung

   Beispiel: Gleichstromsteller

Die Steuerungsprinzipien (1) und (2) werden, da sie ihre Zeitinformation von Stellen außerhalb des leistungselektronischen Wandlers beziehen, auch als Fremdtaktung bezeichnet.

Wird an Stelle des Ursprungs der Zeitinformation die Herkunft der für den Löschvorgang eines Thyristors erforderlichen Löschspannung betrachtet, so spricht man auch bei einem Ersatz des zunächst angenommenen Thyristors durch abschaltbare Ventile (MOSFET, IGBT, GTO, ...) sinngemäß von

Fremdführung

Netzführung
Lastführung

Selbstführung

Eine Löschschaltung mit selbsterzeugter Löschspannung – z.B. gemäß Kap. 2.4.3.2 – wird nur bei Selbstführung erforderlich sein.

Führungs- und Taktungsprinzip müssen nicht immer zwangsläufig übereinstimmen. So sind moderne, netzrückwirkungsarme gesteuerte Gleichrichter mit sinusförmiger Stromaufnahme (Beispiel: ICE der Deutschen Bahn (Baureihe 401) – Steuerungsprinzipien gemäß Kap. 4.3.1) – zwar netzgetaktet, aber dennoch selbstgeführt.

3.2 Wandeln durch Schalten / Schaltmodulation

Leistungselektronische Wandlungsprozesse beruhen gemäß Bild 1.5 auf gezielten Schalt-vorgängen, u.U. kombiniert mit einem Filtereinsatz. Ein Nachrichtentechniker würde folg-lich von Schaltmodulation sprechen. Welche Effekte sind dabei zu beobachten? Zur Klä-rung dieser Frage soll das Beispiel einer Schaltwandlung (Bild 3.2) näher untersucht werden. In diesem Beispiel werden mittels eines Schalters S – realisiert als GTO- oder Transistorschalter – zwei Gleichspannungen U_{11} für die Dauer Δt_1 und $U_{12} < U_{11}$ für die Dauer Δt_2 abwechselnd an eine R/L-Last angelegt.

Die Lastspannung u_2 besitzt entsprechend der angelegten Spannungen einen zeitlichen rechteckförmigen Verlauf (Bild 3.3). Die sich hieraus ergebende Zeitfunktion des Laststro-mes i_2 wird wesentlich von der Reaktion der Last geprägt, da diese auf Grund ihrer Zeitkonstanten

$$\tau = \frac{L}{R} \tag{3.1}$$

für die Stromausbildung als Tiefpassfilter mit der Grenzfrequenz

$$f_T = \frac{1}{2\pi \cdot \tau} = \frac{R}{2\pi \cdot L} \tag{3.2}$$

wirkt.

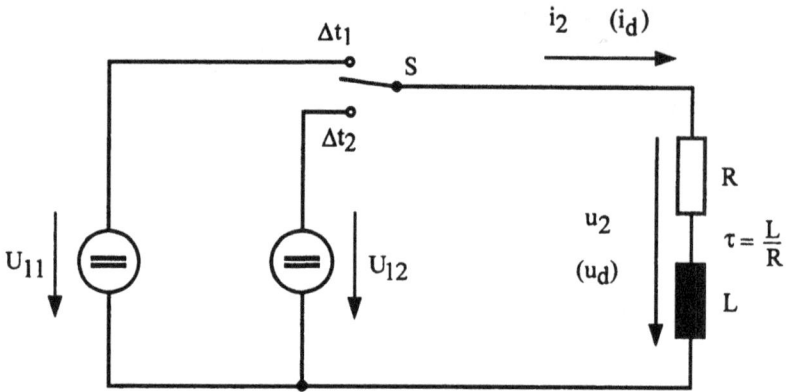

Bild 3.2: Schaltungsbeispiel für „ Wandeln durch Schalten"

In jeder der beiden Schalterpositionen tritt ein erneuter exponentieller Einschwingvorgang auf, der allgemein folgendem Gesetz genügt:

$$i_2(t' \geq 0) = i_2(t' = 0) + \left\{ i_2(t' \to \infty) - i_2(t' = 0) \right\} \cdot \left\{ 1 - e^{-t'/\tau} \right\} \qquad (3.3)$$

t'= 0: Beginn Einschwingvorgang

Soll die in Bild 3.2 zu Grunde gelegte Schaltung für die Last das Verhalten eines Gleichstromstellers zeigen, so ist, wie noch zu sehen sein wird, für die Summe der Anschaltintervalle der Spannungen U_{11} bzw. U_{12} folgende Zeitrelation zu wählen:

$$\Delta t_1 + \Delta t_2 \ll \tau \quad bzw. \quad \frac{1}{\Delta t_1 + \Delta t_2} = \frac{1}{T_s} = f_s \gg f_T = \frac{1}{2\pi \cdot \tau} \qquad (3.4)$$

f_s : Schaltfrequenz

Soll hingegen lastseitig das Verhalten eines einfachen, ungesteuerten Wechselrichters mit so genannter „180° – Pulsung" (Kap. 7.2.1) dargestellt werden, so wird man

$$U_{12} = -U_{11} \text{ und } \Delta t_1 = \Delta t_2 = T_s / 2$$

mit

$$\frac{1}{T_s} = f_s < \approx f_T = \frac{1}{2\pi \cdot \tau} \qquad (3.5)$$

wählen.

Mit prinzipiell vergleichbaren Schalterstrukturen lassen sich also, abhängig von der Steuerung (Anschaltdauer Δt_1, Δt_2) und der Lastzeitkonstanten τ, höchst unterschiedliche Wandlungen realisieren.

Für den Fall des Gleichstromstellers, der im Folgenden ausschließlich diskutiert werden soll, ist der exponentielle Einschwingvorgang nach (3.3) wegen der Zeitrelation (3.4) durch eine Taylor-Reihenentwicklung linearisierbar. Hiermit ergibt sich für die, zumindest im Bereich der gesteuerten Gleichrichter, gerne mit einem Index „d" für „direct current" versehene Sekundärgröße $i_d = i_2$:

$$i_d(0 \le t' \ll \tau) \approx i_d(t'=0) + \left.\frac{di_d}{dt}\right|_{t'=0} \cdot t'$$

$$= i_d(t'=0) + \left\{ i_d(t'\to\infty) - i_d(t'=0) \right\} \cdot \frac{t'}{\tau} \qquad (3.6)$$

t' = 0: Beginn Einschwingvorgang

Wird der Gleichstromsteller zum Zeitpunkt t = 0 erstmalig in Betrieb genommen und werden für t > 0 periodisch wiederkehrende Anschaltvorgänge mit

$$\Delta t_1 = const \text{ und } \Delta t_2 = const \text{ bei } \Delta t_1 + \Delta t_2 = T_s = const \ll \tau$$

unterstellt, so ist mittels (3.6) der in Bild 3.3, dort allerdings aus Gründen der grafischen Darstellbarkeit nur für $T_s < \tau$ dargestellte Einschwingvorgang des Stromes i_d konstruierbar.

Ein träges Messinstrument, beispielsweise ein Drehspul-Zeigerinstrument, würde nunmehr den Einschwingvorgang eines Stromes registrieren, der genau jenem Einschwingvorgang entspricht, der beim Anlegen einer Gleichspannung mit

$$\overline{u_d} = U_d$$

an der Last auftritt. Ein schnelles Messinstrument hingegen, beispielsweise ein Oszilloskop, würde einen schwankenden Strom sowie geschaltete Spannungen zeigen. Begrifflich unterscheidet man deshalb:

- Makroanalyse (Betrachtung im „Großen", meist stationärer Zustand)

    →Analyse der tiefsten Spektralkomponente, hier (stationär): f = 0

    →Messung mit trägem Instrument

    →rechnerische Simulation mit Verhaltensmodellen

    →Kennzeichnung der Wirkung auf träge Lasten wie z.B. Maschinen durch Angabe von Steuerkennlinien bzw. Steuergleichungen

    →wesentlich für den Anwender

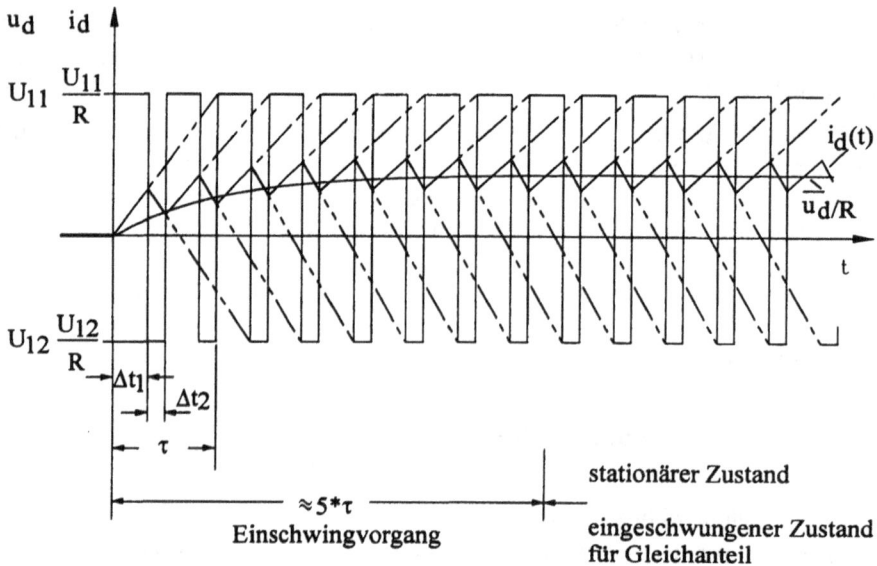

Bild 3.3: Wandeln durch Schalten / Einschwingvorgänge als Resultat der Schaltmodulation (mit dargestellt: Einschwingvorgang nach Anlegen einer Gleichspannung $U_d = \overline{u_d}$)

- Mikroanalyse (Betrachtung im „Kleinen")

  →Analyse des gesamten technisch relevanten Spektrums

  →Messung mit schnellem Instrument / Oszilloskop

  →rechnerische Simulation mittels Netzwerksanalyse (z.B. PSPICE, Simplorer)

  →Analyse der Schaltvorgänge

  →wesentlich für den Schaltungsentwickler

Bild 3.3 zeigt für $t \rightarrow \infty$ – in der Technik ausreichend genau für $t > 5 \cdot \tau$ – ein stationäres Schaltungsverhalten. Die Spannungs- und Stromzeitfunktionen wiederholen sich periodisch. Die interessanten Stromdaten

Maximalwert $i_{d\,max} = I_o$, Minimalwert $i_{d\,min} = I_u$

Strommittelwert bzw. Gleichanteil $I_d = \overline{i_d} = (I_o + I_u)/2$

Stromschwankung $\Delta i_d = I_0 - I_u$

lassen sich hieraus als entweder als Lösung eines Randwertproblems oder, bei Beschränkung auf den Gleichanteil, aus einer Fourier-Analyse bestimmen.

Bild 3.4 zeigt zunächst den Ansatz für die Strombestimmung aus einem Randwertproblem. Dargestellt ist eine Stromperiode T_s. Typisch für ein Randwertproblem ist die Forderung nach identischen Strömen an den Rändern des betrachteten Zeitintervalls.

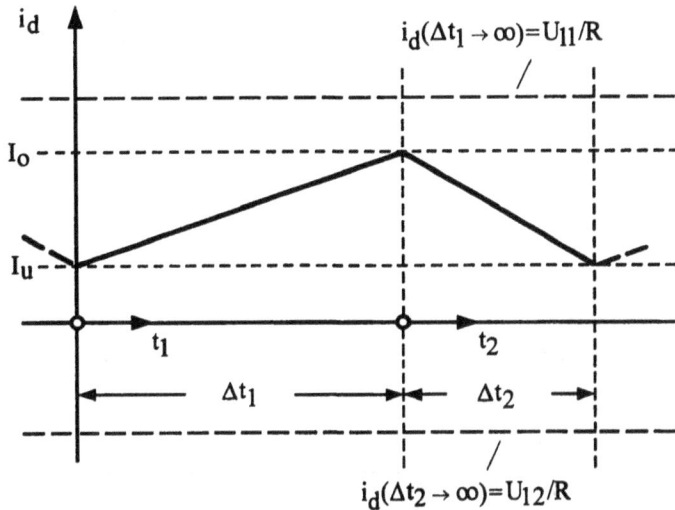

Bild 3.4:
Stromperiode im stationä-
ren Zustand

Mit der Taylor-Reihenentwicklung nach (3.6) lassen sich die Ströme an den Grenzen der beiden Zeitintervalle berechnen:

Zeitintervall Δt_1, Zeitmaßstab t_1: maßgebende Spannung U_{11}

$$i_d(t_1) = I_u + \left\{\frac{U_{11}}{R} - I_u\right\} \cdot \frac{t_1}{\tau}$$

und speziell für den rechten Rand des Zeitintervalls $t_1 = \Delta t_1$:

$$i_d(\Delta t_1) = I_o = I_u + \left\{\frac{U_{11}}{R} - I_u\right\} \cdot \frac{\Delta t_1}{\tau} \tag{3.7}$$

Zeitintervall Δt_2, Zeitmaßstab t_2: maßgebende Spannung U_{12}

$$i_d(t_2) = I_o + \left\{\frac{U_{12}}{R} - I_o\right\} \cdot \frac{t_2}{\tau}$$

und wiederum speziell für den rechten Rand des Zeitintervalls $t_2 = \Delta t_2$:

$$i_d(\Delta t_2) = I_u = I_o + \left\{\frac{U_{12}}{R} - I_o\right\} \cdot \frac{\Delta t_2}{\tau} \tag{3.8}$$

Mit (3.7) und (3.8) existieren zwei Gleichungen für die beiden Unbekannten I_u und I_o. Es kann somit nach diesen aufgelöst werden, und es ergibt sich:

$$I_o = \frac{1}{R} \cdot \frac{U_{11} \cdot \frac{\Delta t_1}{\tau} + U_{12} \cdot \frac{\Delta t_2}{\tau} - U_{12} \cdot \frac{\Delta t_1}{\tau} \cdot \frac{\Delta t_2}{\tau}}{\frac{\Delta t_1}{\tau} + \frac{\Delta t_2}{\tau} - \frac{\Delta t_1}{\tau} \cdot \frac{\Delta t_2}{\tau}} \tag{3.9}$$

$$I_u = \frac{1}{R} \cdot \frac{U_{11} \cdot \frac{\Delta t_1}{\tau} + U_{12} \cdot \frac{\Delta t_2}{\tau} - U_{11} \cdot \frac{\Delta t_1}{\tau} \cdot \frac{\Delta t_2}{\tau}}{\frac{\Delta t_1}{\tau} + \frac{\Delta t_2}{\tau} - \frac{\Delta t_1}{\tau} \cdot \frac{\Delta t_2}{\tau}} \tag{3.10}$$

Aus (3.9) und (3.10) folgt für den in der Makroanalyse gefragten Mittelwert

$$I_d = \frac{I_o + I_u}{2} = \frac{1}{R} \cdot \frac{U_{11} \cdot \frac{\Delta t_1}{\tau} + U_{12} \cdot \frac{\Delta t_2}{\tau} - \frac{U_{11} + U_{12}}{2} \cdot \frac{\Delta t_1}{\tau} \cdot \frac{\Delta t_2}{\tau}}{\frac{\Delta t_1}{\tau} + \frac{\Delta t_2}{\tau} - \frac{\Delta t_1}{\tau} \cdot \frac{\Delta t_2}{\tau}} \tag{3.11}$$

In Bild 3.2 wurde unter der Zielsetzung „Gleichstromsteller" $\Delta t_1 + \Delta t_2 \ll \tau$ unterstellt. Damit folgt für (3.11) mit

$$\frac{\Delta t_1}{\tau} + \frac{\Delta t_2}{\tau} \gg \frac{\Delta t_1}{\tau} \cdot \frac{\Delta t_2}{\tau} \tag{3.12}$$

$$I_d = \frac{1}{R} \cdot \frac{U_{11} \cdot \Delta t_1 + U_{12} \cdot \Delta t_2}{\Delta t_1 + \Delta t_2} = \frac{\overline{u_d}}{R} = \frac{U_d}{R} \tag{3.13}$$

Die für die Mikroanalyse interessante Stromschwankung ergibt sich ebenfalls unter Beachtung von (3.12) zu

$$\Delta i_d = I_o - I_u = \frac{1}{R} \cdot \frac{(U_{11} - U_{12}) \cdot \frac{\Delta t_1 \cdot \Delta t_2}{\tau}}{\Delta t_1 + \Delta t_2} = \frac{1}{L} \cdot \frac{U_{11} - U_{12}}{\frac{1}{\Delta t_1} + \frac{1}{\Delta t_2}} \tag{3.14}$$

Konnte bereits bei der Konstruktion des Bildes 3.3 vermutet werden, dass die Stromschwankung Δi_d mit zunehmender Lastzeitkonstanten τ bzw. reduzierter Schaltperiode T_s abnimmt, so wird dies nun durch (3.14) mit

$$\lim_{\tau \to \infty} \{\Delta i_d\} = \lim_{L \to \infty} \{\Delta i_d\} = 0 \quad \text{bzw.} \quad \lim_{T_s = \Delta t_1 + \Delta t_2 \to 0} \{\Delta i_d\} = 0$$

bestätigt.

Vorstehende Aussagen zum stationären Zustand kann man einfacher, wie bereits bei der Behandlung von Löschschaltungen in Kap. 2.4.3.2 angedeutet, durch eine Fourier-Analyse (harmonische Analyse) erhalten. Diese beschreibt die Lastspannung u_d als

$$u_d = \frac{a_0}{2} + \sum_{n=1}^{\infty} \left\{ a_n \cdot \cos n\omega_s t + b_n \cdot \sin n\omega_s t \right\}$$

$$= U_d + \sum_{n=1}^{\infty} \hat{u}_{dn} \cdot \cos(n\omega_s t + \phi_n) = U_d + u_{d\sim} \tag{3.15}$$

mit der Schalt (Kreis-) frequenz (Grundfrequenz, 1. Harmonische)

$$\omega_s = 2\pi \cdot f_s = \frac{2\pi}{T_s} = \frac{2\pi}{\Delta t_1 + \Delta t_2} \tag{3.16}$$

und dem Gleichanteil

$$U_d = \frac{a_0}{2} = \frac{1}{\Delta t_1 + \Delta t_2} \cdot \int_{t=0}^{t=\Delta t_1 + \Delta t_2} u_d \cdot dt = \frac{U_{11} \cdot \Delta t_1 + U_{12} \cdot \Delta t_2}{\Delta t_1 + \Delta t_2} \tag{3.17}$$

Die nach (3.15) in Gleich- und Wechselanteil zerlegte Spannung u_d wird gemäß Bild 3.5 an eine Last $Z(f)$ mit der Zeitkonstanten τ, also eine Last mit Tiefpassverhalten für den Strom, angelegt, und es bildet sich ein Gleichstrom $I_d(U_d)$ mit überlagertem Wechselstrom $i_{d\sim}(u_{d\sim})$ aus.

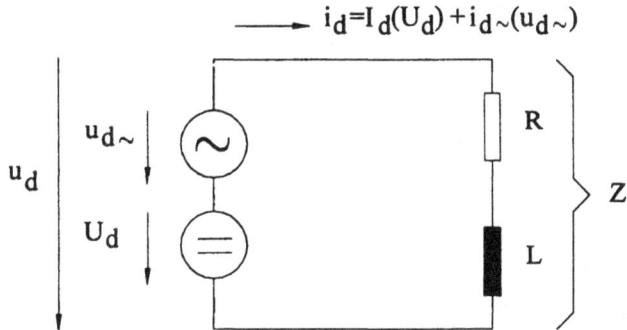

Bild 3.5:
Aufteilung der Lastspannung
u_d in Gleichanteil U_d und
Wechselanteil $u_{d\sim}$

Entscheidend für die Wechselstromamplitude ist die Tiefpassgrenzfrequenz f_T der Last. Bei

$$\tau \to \infty; \quad real: \tau \gg T_s = \Delta t_1 + \Delta t_2 = 1/f_s$$

folgt für diese:

$$\lim_{\tau \to \infty} f_T = \lim_{\tau \to \infty} \frac{1}{2\pi \cdot \tau} = 0; \quad real : f_T \Big|_{\tau >> \Delta t_1 + \Delta t_2} << f_s \qquad (3.18)$$

Damit kann sich aber wegen der frequenzabhängigen Lastimpedanz

$$Z(nf_s >> f_T) = \sqrt{R^2 + (n\omega_s L)^2} = R \cdot \sqrt{1 + (n\omega_s L / R)^2} = R \cdot \sqrt{1 + (nf_s / f_T)^2}$$

$$\approx R \cdot \frac{nf_s}{f_T} >> Z(f = 0) = R$$

trotz angelegter Wechselspannung $u_{d\sim}$ kein bzw. real nur ein geringer Wechselstrom $i_{d\sim}$ ausbilden. Hieraus folgt mit (3.17) und der für die Gleichstromkomponente maßgeblichen Lastimpedanz $Z(f = 0) = R$:

$$i_d(t) = I_d(U_d) + i_{d\sim}(u_{d\sim}) \approx I_d = \frac{U_d}{R} = \frac{1}{R} \cdot \frac{U_{11} \cdot \Delta t_1 + U_{12} \cdot \Delta t_2}{\Delta t_1 + \Delta t_2} \qquad \hat{=} (3.13)$$

Die Anschaltdauer Δt_1 bzw. Δt_2 der Spannungen U_{11} bzw. U_{12} und damit der nach (3.17) bestimmte Gleichanteil U_d kann mit jedem Schaltvorgang neu definiert werden. Der Strom i_d folgt einer derartigen Neudefinition der Anschaltdauer jedoch erst nach der relativ langen Einschwingdauer $\approx > 5 \cdot \tau$. Dies bedeutet:

für die Mikroanalyse

zumindest innerhalb einiger Schaltperioden $T_s = \Delta t_1 + \Delta t_2$ sind beliebige Kombinationen von $u_d(t)$ und $i_d \approx I_d = const$ zulässig. Damit kann das Lastverhalten kann bei $\tau >> T_s$ unabhängig von der tatsächlichen Laststruktur durch eine Stromsenke nachgebildet werden (Bild 3.6)

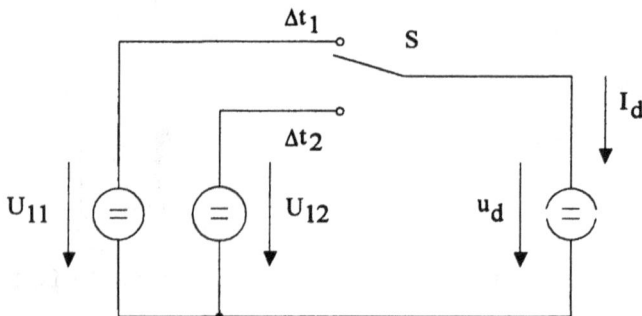

Bild 3.6:
Ersatzschaltbild für die
Mikroanalyse

für die Makroanalyse

zulässige Kombinationen von $\overline{u_d}(\Delta t_1, \Delta t_2) = U_d$ und I_d werden durch das Einschwingverhalten bestimmt – stationär ist $U_d = I_d \cdot R$

Diese für $\Delta t_1 + \Delta t_2 \ll \tau$ ingenieurmäßig sinnvolle Betrachtungsweise der Mikroanlyse ist natürlich mathematisch exakt nur für den theoretischen Grenzfall $\tau \to \infty$. Stets ist aber, auch wenn $i_d \approx I_d = const$ innerhalb der Mikroanalyse ingenieurmäßig erlaubt ist, für die Schaltungsfunktion eine Stromschwankung $\Delta i_d \neq 0$ zur Aufrechterhaltung des Induktionsvorganges an der Induktivität L und damit der stromtreibenden Wirkung von L funktionsnotwendig.

Da in der praktischen Anwendung die beiden Zielsetzungen

möglichst ideale Stromglättung durch $\tau \to \infty$
möglichst gute Regeldynamik, d.h. geringe Einschwingdauer durch τ klein

zueinander im Widerspruch stehen, wird man bei der Dimensionierung von τ einen von der Anwendung abhängigen Kompromiss eingehen müssen. Hieraus folgt, dass bei der Wandlung elektrischer Betriebszustände durch Schaltmodulation stets nur eine endliche Güte dieser Betriebszustände erzielbar ist.

Zur quantitativen Veranschaulichung dieses Sachverhaltes soll das konkrete Ausführungsbeispiel eines Einquadrantengleichstromstellers (Bild 3.7, vgl. Kap. 6) analysiert werden. Als Last wird der Ankerkreis einer Gleichstromnebenschlussmaschine, bestehend aus Ankerwiderstand R, Ankerinduktivität L und induzierter Gegenspannung U_i unterstellt.

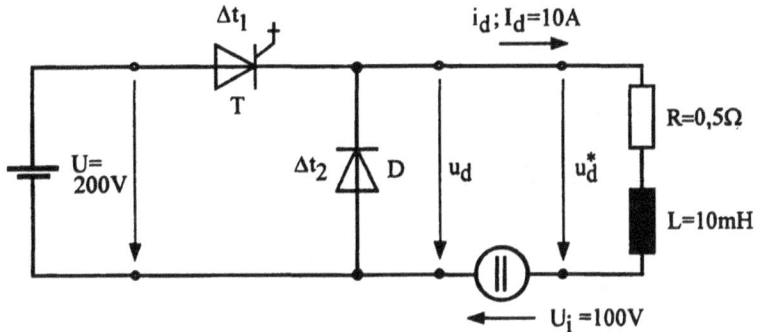

Bild 3.7:
Einquadranten-
gleichstromsteller

Das Betriebsverhalten dieser Maschine (Drehzahl n, Drehmoment M) ist charakterisierbar durch

$$U_i \sim n; \qquad I_d \sim M$$

Die Schalterfunktion S in Bild 3.2 wird hier durch den GTO während der Anschaltdauer Δt_1 und durch die Diode D während der Anschaltdauer Δt_2 realisiert. Gefordert wird ein näherungsweise als Gleichstrom interpretierbarer Laststrom $i_d \approx I_d$, also eine Dimensionierung der Anschaltdauer gemäß $\Delta t_1 + \Delta t_2 = T_s \ll \tau = L/R = 20\text{ms}$.

Dimensionierungsvorschlag:

Schaltperiode $T_s = \Delta t_1 + \Delta t_2 = \tau/100 = 0{,}2\text{ms} = \text{const}$

Schaltfrequenz $f_s = 1/T_s = 5\text{kHz}$

Mit dieser Dimensionierung ist die Last unabhängig von der hier auftretenden Spannung U_i und unabhängig von der Stromschwankung Δi_d im Rahmen der Mikroanalyse als Stromsenke mit $i_d \approx I_d > 0$ zu interpretieren.

Betrachtet man zur Angleichung an Bild 3.2 die am passiven Teil der Last (R, L) auftretende Spannung u_d^*, so lautet diese:

$$u_d^*(\Delta t_1) = U - U_i = 100\text{V} \,\hat{=}\, U_{11} \text{ (Bild 3.2)}$$

$$u_d^*(\Delta t_2) = -U_i = -100\text{V} \,\hat{=}\, U_{12} \text{ (Bild 3.2)}$$

Wird für die weitere Stelleranalyse, dies sei hier die Bestimmung der Anschaltdauer Δt_1 bzw. Δt_2 und der Stromschwankung Δi_d im jeweils stationären Zustand, ein konstantes mechanisches Lastdrehmoment M mit der Folge $I_d(M) = 10\text{A}$ angenommen, so ergibt sich mit (3.17):

$$U_d^* = I_d \cdot R = \frac{U_{11} \cdot \Delta t_1 + U_{12} \cdot \Delta t_2}{T_s} = \frac{U_{11} \cdot \Delta t_1 + U_{12} \cdot (T_s - \Delta t_1)}{T_s}$$

$$\rightarrow \Delta t_1 = \frac{I_d \cdot R - U_{12}}{U_{11} - U_{12}} \cdot T_s = \frac{10\text{A} \cdot 0{,}5\Omega - (-100\text{V})}{100V - (-100\text{V})} \cdot T_s = 0{,}105\text{ms}$$

$$\rightarrow \Delta t_2 = T_s - \Delta t_1 = 0{,}095\text{ms}$$

Die absolute und relative Stromschwankung ist über (3.14) zu bestimmen:

$$\Delta i_d = \frac{1}{L} \cdot \frac{U_{11} - U_{12}}{\dfrac{1}{\Delta t_1} + \dfrac{1}{\Delta t_2}} = 1\text{A}; \quad \frac{\Delta i_d}{I_d} = 10\%$$

Das konkrete Anwendungsbeispiel zeigt also nochmals deutlich, dass für die Praxis und die dort vorkommenden Bauelementetoleranzen der Verbraucherstrom hinreichend genau als Gleichstrom mit $i_d \approx I_d$ interpretierbar ist.

Eine über vorstehende Dimensionierung hinausgehende Verringerung der Stromschwankung Δi_d, beispielsweise zur Reduzierung von Verlusten in der Maschine, ist erreichbar über eine Vergrößerung der wirksamen Induktivität, also durch Vorschaltung einer Glättungsinduktivität bei gleichzeitiger Vergrößerung der Einschwingdauer, oder, nunmehr allerdings ohne Auswirkung auf die Einschwingdauer, durch eine Reduzierung der Schaltperiode T_s. Letzteres erfordert allerdings schnellere Halbleiterschalter wie z.B. den Einsatz des PowerMOSFET.

4 Wechselstrom-Gleichstrom-Umrichter

4.1 Umrichtertypen

Aufgabe dieser Umrichter ist die Speisung eines Gleichspannungsnetzes bzw. eines Gleichstromverbrauchers aus dem Wechselspannungsnetz. Wie in Kap.4.1.1.7 am Beispiel des Steuerteils eines M2-Gleichrichters gezeigt wird, hat die Steuerung die Zeitinformation zur Ventilansteuerung aus dem speisenden Wechselspannungsnetz zu beziehen. Der Wechselstrom-Gleichstrom-Umrichter oder gesteuerte Gleichrichter gehört somit im Sinne der Klassifizierung von Kap. 3.1 zur Gruppe der netzgetakteten Wandler.

Da durch den Schaltvorgang allein, zumindest bei ohmscher Last R, die Schaffung eines Gleichspannungsnetzes nicht möglich ist, bedarf es zur ausreichenden Unterdrückung unerwünschter Wechselanteile einer Tiefpassfilterung. Diese kann gemäß Bild 4.1 als

> Spannungsglättung $u_d \approx U_d = \text{const}$ mit RC-Tiefpass
>
> → Einstellung der Gleichspannung $U_d = \overline{u_d}$ durch Steuerung des Stromes $i_d(t)$
>
> → U-Umrichter

oder als

> Stromglättung $i_d \approx I_d = \text{const}$ mit RL-Tiefpass
>
> → Einstellung des Gleichstromes I_d durch Steuerung der Spannung $u_d(t)$
>
> → I-Umrichter

realisiert werden.

In der konventionellen Energietechnik wird die Variante des I-Umrichters mit RL-Tiefpass bevorzugt. Die Gründe hierfür sind:

1. Viele energietechnische Verbraucher wie z.B. Gleichstrommaschinen oder Magnete beinhalten im Ersatzschaltbild bereits die RL-Struktur. Eine separate Glättungsdrossel kann, geeignete Größe der induktiven Lastkomponente vorausgesetzt, häufig entfallen.

U-Umrichter $\tau = R \cdot C \gg T_1$
Stromsteuerung, Spannungsglättung

I-Umrichter $\tau = L/R \gg T_1$
Spannungssteuerung, Stromglättung

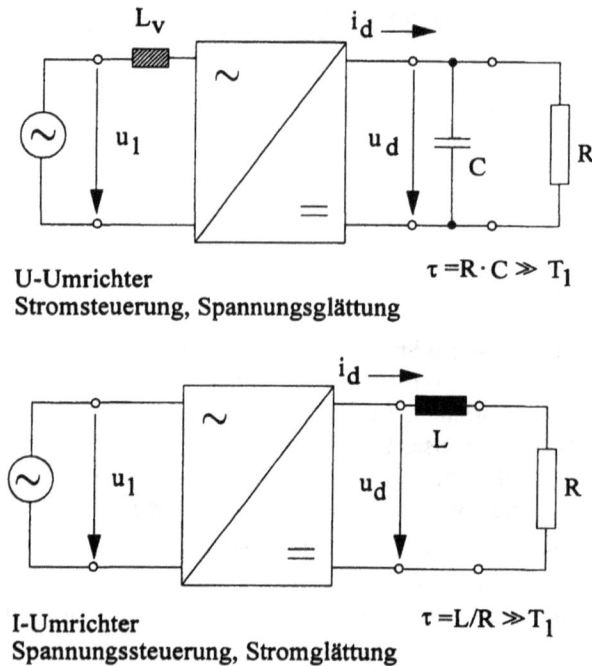

Bild 4.1: Wechselstrom-Gleichstrom-Umrichter / RC- bzw. RL-Tiefpassfilter

2. Die Tiefpassanforderung $\tau = R \cdot C \gg T_1$ bzw. $\tau = L / R \gg T_1$ führt bei den typischerweise niederohmigen Lastwiderständen R der Energietechnik zu unrealistisch großen
   Kapazitäten C. Aus gleichem Grunde ergeben sich für die RL-Tiefpassvariante günstige-
   re Induktivitäten L.

3. Bei Spannungsglättung (RC-Glättung) ohne Vorschaltinduktivität L_v fließt, wie in Bild
   4.2 am Beispiel eines ungesteuerten Diodengleichrichters gezeigt, bei $|u_1| > \approx u_d$ kurz-
   zeitig ein Strom i_d sehr hoher Amplitude zur Nachladung des Kondensators C. Bei
   Stromglättung (RL-Glättung) hingegen tritt bei gleicher sekundärer Last R wegen
   $i_d \approx I_d$ nur ein Strom vergleichsweise geringerer Amplitude auf. Da diese Ströme, bedingt durch die Schaltvorgänge der Gleichrichterschaltung, als Stromimpulse das Primärnetz belasten, führt die Stromglättung mit RL-Tiefpass zu geringeren Netzrückwirkungen.

4. Der I-Umrichter benötigt in seiner Grundausführung keine abschaltbaren Ventilen, ist
   also mit Thyristoren realisierbar, und war somit in jener Zeit, in der keine abschaltbaren
   Ventile hoher Schaltleistung zur Verfügung standen, die einzige mit mäßigem Aufwand
   realisierbare steuerbare Gleichrichterschaltung.

10
↑ $\dfrac{\text{I"ET1"}}{\text{A}}$
0
-10
0   t/ms   40

350
↑ $\dfrac{\text{U"R1"}}{\text{V}}$
0
-350
0   t/ms   40

ET1   R1

0

1
↑ $\dfrac{\text{I"ET1"}}{\text{A}}$
0
-1
0   t/ms   40

350
↑ $\dfrac{\text{U"R1"}}{\text{V}}$
0
-350
0   t/ms   40

R1

ET1

0

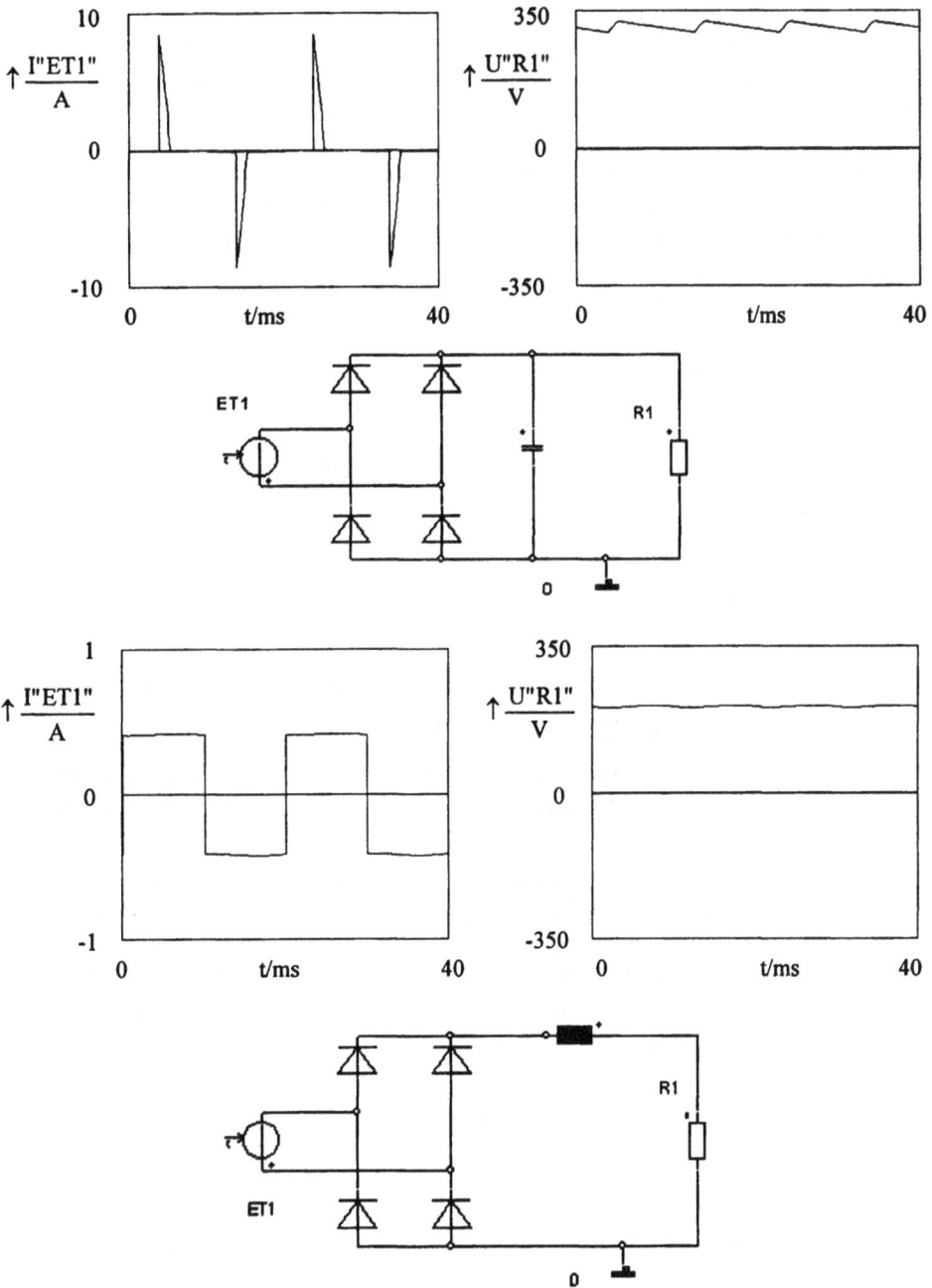

Bild 4.2: Vergleich U-Umrichter (oben) / I-Umrichter (unten); Zeitkonstante $\tau = 5 \cdot T_1$; Primärspannung: U(ET1)=230V, f(ET1)=50Hz; Last: R=50Ω

Der U-Umrichter mit RC-Stabilisierung ist in der Praxis nur dort vorzufinden, wo bei geringeren Leistungen bzw. großen Lastwiderständen *R*, wie z.B. in Elektronik-Netzteilen mit ungesteuerten Gleichrichtern |Klingenstein|, realistische C-Dimensionierungen möglich sind, oder dort, wo auf Grund höherer Anforderungen (EMV-Gesetz, Leistungsfaktoroptimierung) das klassische Grundkonzept des I-Umrichters versagt. Das Resultat sind leistungsfaktoroptimierte, netzrückwirkungsarme U-Umrichterschaltungen hoher Schaltfrequenz f_s (Mehrfachpulsung) mit di/dt-Steuerung über eine Induktivität L_v (Hochsetzstellerprinzip (Bild 4.1, Kap. 4.3.1, Kap. 6.1). Die Mehrfachpulsung mit hoher Schaltfrequenz f_s vereinfacht hierin das Problem der C-Dimensionierung, die Stromsteuerung löst das Problem der Netzrückwirkung. Wirtschaftliche Lösungen dieses Konzeptes und damit eine größere Verbreitung dieses U-Umrichters erfordern allerdings abschaltbare Ventile wie sie jetzt durch IGBT oder GTO zur Verfügung stehen.

4.2 Netzgeführte Wechselstrom-Gleichstrom-Umrichter / I-Umrichter

Der I-Umrichter in seiner Grundausführung bezieht sowohl die Zeitinformation zur Ventilansteuerung als auch die Kommutierungsspannung, die im Falle der Verwendung von Thyristoren deren Löschen bewirkt, aus dem Primärnetz. Damit gehört dieser „konventionelle gesteuerte Gleichrichter" im Sinne der Klassifizierung von Kap. 3.1. zur Gruppe der

netzgetakteten und netzgeführten Stromrichter

Da bei der Netzführung separate Thyristor-Löschschaltungen entfallen, ist gerade dieser Umrichter prädestiniert für den Einsatz von Thyristoren, also für Ventile ohne eigenständige Abschaltfähigkeit

Bis auf speziell gekennzeichnete Ausnahmen wird für die weitere Diskussion netzgeführter gesteuerter Gleichrichter die in Bild 4.3 dargestellte Prinzipkonfiguration unterstellt. Hierin wird als sekundärseitige Last ein ohmsch-induktiver Verbraucher *R/L* zusammen mit einer eventuell vorhandenen Gleichspannungsquelle U_i angenommen, eine Anordnung also, wie sie beispielsweise im Ankerkreis einer Gleichstrommaschine vorzufinden ist.

Für die Lastzeitkonstante wird

$$\tau = \frac{L}{R} >> T_1 = \frac{1}{f_1}; \quad \text{idealisiert}: \tau \to \infty$$

unterstellt. Ist diese Unterstellung durch die Last allein nicht erfüllbar, so wird eine ausreichende Vergrößerung der insgesamt wirksamen Induktivität *L* durch vorgeschaltete Zusatzinduktivitäten bzw. Glättungsinduktivitäten angenommen.

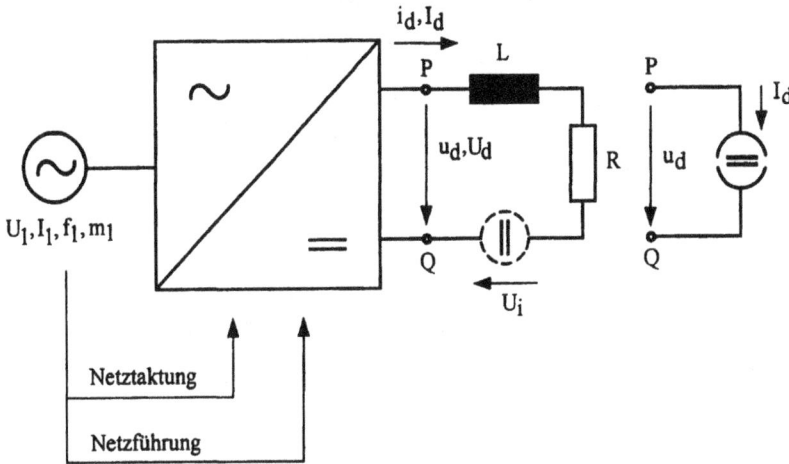

Bild 4.3: konventioneller gesteuerter Gleichrichter (I-Umrichter) / Prinzipkonfiguration; Verbrauchersatzschaltbild für die Mikroanalyse $(\tau >> T_1 = 1/f_1)$

Obwohl für die auf dem Induktionsgesetz beruhende Wirkung der Induktivität L immer eine kleine Stromschwankung Δi_d erforderlich ist, kann gemäß Kap. 3.2 für die Diskussion der Schalt- und Kommutierungsvorgänge, also für die Mikroanalyse, aber auch die Makroanalyse im nichtstationären Zustand, als Laststrom

$$i_d \approx \overline{i_d} = I_d = const$$

unterstellt werden. Stets wird durch ausreichend groß induzierte Spannungen an der Induktivität L (Kap. 2.2.3) das Weiterfließen des Stromes i_d erzwungen. Damit kann unabhängig von der tatsächlichen Laststruktur diese für die Mikroanalyse durch eine Stromquelle ersetzt werden. Zwischen der Lastspannung u_d, ihrem über eine Gleichrichtperiode definierten Mittelwert U_d und dem über das Einschwingverhalten der Last bestimmten Laststrom I_d können beliebige Kombinationen auftreten. Für die Makroanalyse des eingeschwungenen Zustandes trifft dies natürlich nicht zu. Hier existiert stets eine feste Strom- / Spannungszuordnung gemäß

$$i_d = I_d = \frac{\overline{u_d} - U_i}{R} = \frac{U_d - U_i}{R} \tag{4.1}$$

In den folgenden Kapiteln werden gesteuerte Gleichrichter für Zwei- und Dreiphasenanwendungen ($m_1 = 2$ bzw. $m_1 = 3$) untersucht. Ausführungen für $m_1 > 3$ werden trotz durchaus vorhandener Praxisrelevanz nicht mit behandelt. Reine Einphasenschaltungen sind zwar ebenfalls realisierbar | Kurscheidt |, auf Grund ihrer geringen Leistungsfähigkeit aber kaum verbreitet, sodass auf eine über Kap. 2.2.3 hinausgehende Erörterung verzichtet wird.

Schwerpunktmäßig werden Zweiphasenanwendungen analysiert, da diese didaktisch vergleichsweise einfach darstellbar sind und, entsprechende Vorkehrungen vorausgesetzt, auch am Einphasennetz betreibbar sind. Darüber hinaus sind viele der hierbei gewonnenen Gesichtspunkte auf die Dreiphasenanwendung übertragbar. So werden sich trotz im Detail unterschiedlicher Zeitfunktionen die hergeleiteten Steuer- und Leistungsdiagramme in jeweils normierter Darstellung als identisch erweisen.

4.2.1   Zweiphasensysteme

4.2.1.1   Mittelpunktschaltung (M2-Schaltung) / Grundlagen

Bei der M2-Schaltung (Bild 4.4) oder, etwas genauer formuliert, der M2CK-Schaltung

M2CK ≙

M :	Mittelpunkt
2 :	zwei Gleichrichtimpulse pro Netzperiode
C :	gesteuert (controlled)
K :	kathodenseitige Zusammenschaltung der Ventile

werden die beiden um 180° phasenversetzten Netzspannungen u_1 und u_2 des Zweiphasennetzes mittels der Thyristoren T1 und T2 alternierend an die Last durchgeschaltet. Steht, wie bei üblichen Netzkonfigurationen, kein Zweiphasennetz zur Verfügung, so kann dieses aus dem Einphasennetz durch Transformatoren mit Mittenanzapfung gebildet werden. Für dieses Netz gilt dann

$$u_1 = -u_2 = \frac{u_1^*}{\ddot{u}} = \sqrt{2} \cdot U_1 \cdot \sin \omega_1 t \qquad\qquad (4.2)$$

$\ddot{u} = n_1 / n_2$: Übersetzungsverhältnis

n_1 : Windungszahl Primärwicklung

n_2 : Windungszahl eines sekundären Wicklungsstranges

$2 \cdot n_2$: Gesamtwindungszahl Sekundärseite

Werden die Thyristoren zunächst gedanklich durch Dioden ersetzt, so wird auf Grund der kathodenseitigen Zusammenschaltung stets jene Diode leiten, deren Anode an der positiveren der beiden Strangspannungen des Zweiphasennetzes liegt. Die Kommutierung, d.h. die Stromübergabe zwischen den beiden Dioden, erfolgt also bei Gleichheit der Spannungen u_1 und u_2 bzw. hier, im speziellen Fall des Zweiphasennetzes, während des Spannungsnulldurchganges von u_1 und u_2. Soll dieses Diodenverhalten durch Thyristoren nachgebildet werden, so ist der Thyristor T1 während des positiven Spannungsnulldurchganges von u_1 und der Thyristor T2 während des positiven Spannungsnulldurchganges von u_2 zu zünden. Man spricht dann von einer Zündung zum natürlichen Zündzeitpunkt bzw. im natürlichen Zündwinkel $\alpha = 0°$. Erfolgt die Kommutierung später, was ja bei Thyristoren infolge deren

Steuerbarkeit möglich sein muss, so wird dies durch den Zünd- oder Steuerwinkel α bezogen auf den natürlichen Zündwinkel $\alpha = 0°$ angegeben.

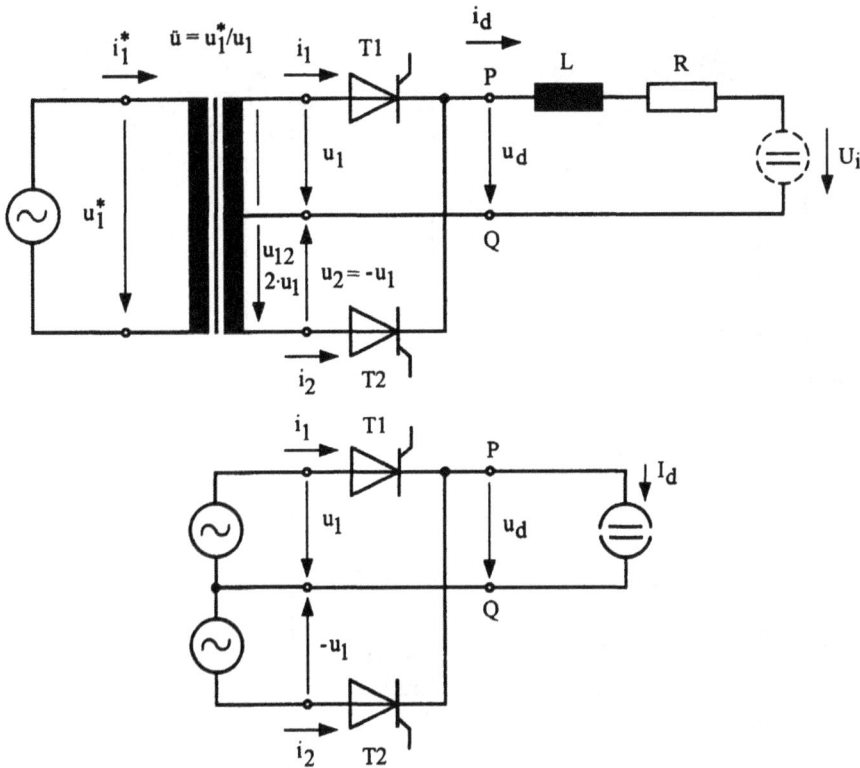

Bild 4.4: Gesteuerter Gleichrichter in M2-Schaltung; Ersatzschaltbild für die Mikroanalyse $(\tau \gg T_1)$

Wird für die weitere Schaltungsdiskussion angenommen, dass der Thyristor T2 bei $I_d > 0$ leitet und der Thyristor T1 sperrt, so ist gemäß Bild 4.4 bzw. Bild 4.5

$$u_d = u_2 = -u_1$$

und

$$u_{AK}(T1) = u_1 - u_d = 2 \cdot u_1 = -2 \cdot u_2$$

Der Thyristor T1 wird zündbar für $u_{AK}(T1) > 0$, also für $u_1 > 0$. Damit ist bei idealisierter Betrachtung der mögliche Variationsbereich des Zündwinkels α bestimmbar zu

$$0° \leq \alpha \leq 180°(\hat{=} \pi)$$

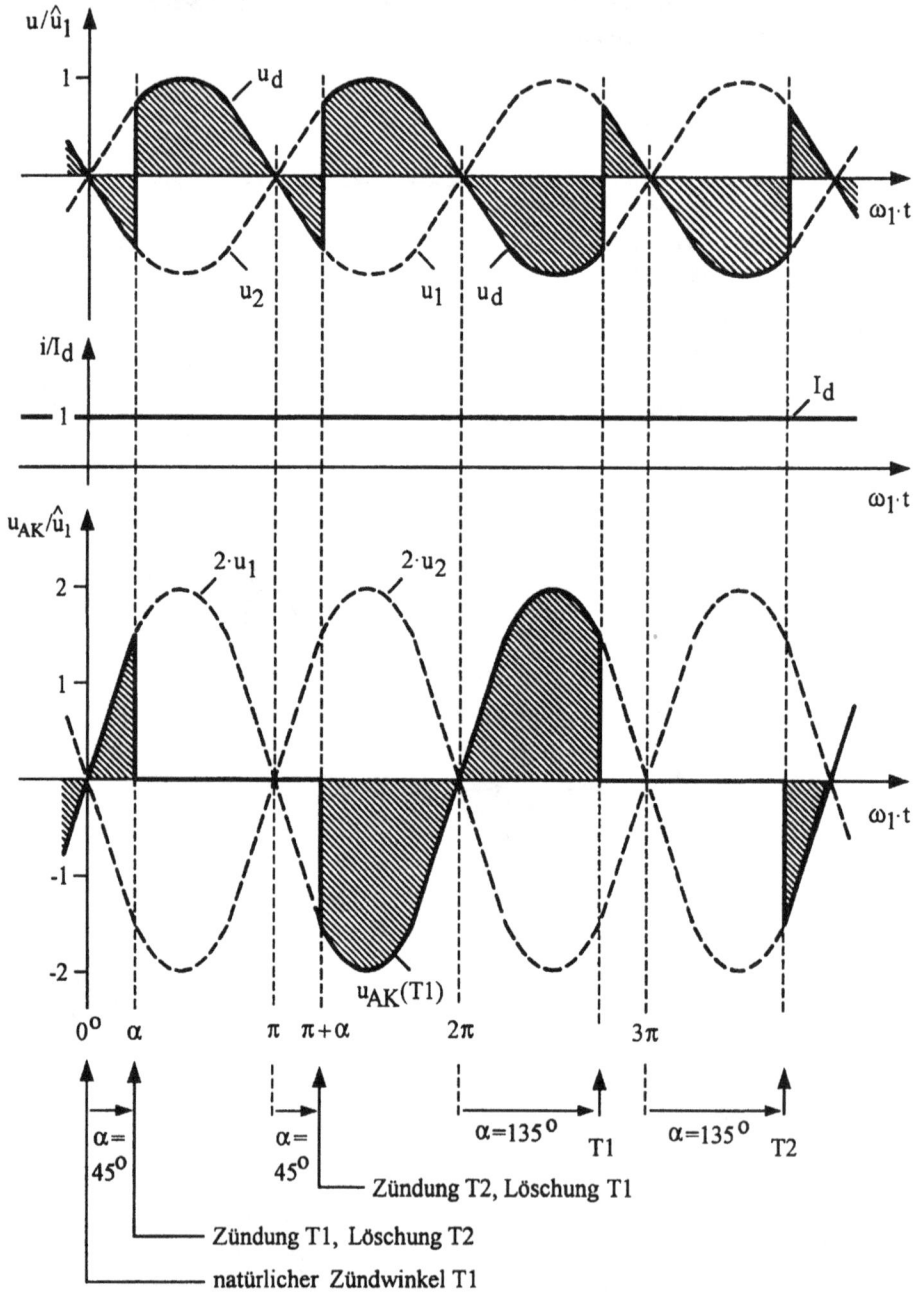

Bild 4.5: Gesteuerter Gleichrichter in M2-Schaltung; Spannungszeitfunktionen $u_d(t)$ und $u_{AK}(t)$ für $\alpha = 45°$ bzw. $\alpha = 135°$

In der Praxis wird auf Grund der endlichen Kommutierungsdauer t_k und der zu beachtenden Thyristor-Schonzeit t_c (vgl. Kap. 4.2.1.4 bzw. Kap. 4.2.2.1) der maximal zulässige Zündwinkel auf

$$\alpha_{max} < 180° (\approx 150° = \text{Wechselrichtertrittgrenze})$$

zu limitieren sein.

Mit Zündung des Thyristors T1 bei $u_{AK}(T1) > 0$ wird

$$u_d = u_1,$$

somit

$$u_{AK}(T2) = u_2 - u_d = -2 \cdot u_1 < 0 \qquad (4.3)$$

und der Thyristor T2 verlöscht. Real wird, abhängig von einer eventuell zu beachtenden parasitären Zuleitungsinduktivität bzw. einer zur Beherrschung des Kommutierungsvorganges bewusst eingebrachten Kommutierungsinduktivität L_k (vgl. Kap. 2.4.2 bzw. Kap. 4.2.1.4) der Strom $i_2 = i_A(T2)$ allmählich gegen Null gehen oder gar kurzfristig negativ werden, bis nach Ablauf der Kommutierungsdauer t_k der Thyristor T2 durch Ladungsträgerrekombination und Rückstrom in den Rückwärts-Sperrzustand gezwungen wird. Während dieser nunmehr endlichen Kommutierungsdauer folgt für den gerade gezündeten Thyristor

$$i_A(T1) = I_d - i_A(T2).$$

Die für die Thyristorlöschung verantwortliche Lösch- oder Kommutierungsspannung stammt gemäß (4.3) aus dem Netz – der konventionelle, gesteuerte Gleichrichter gehört also, wie einleitend zu Kap. 4.2 behauptet, zur Gruppe der netzgeführten Stromrichter.

Bild 4.5 zeigte die auftretenden Spannungszeitfunktionen für zwei verschiedene Zündwinkel. Auf Grund der vereinbarten Idealisierung mit $\tau \to \infty$ wurde für die Mikroanalyse $i_d = I_d > 0$, also so genannter nichtlückender, konstanter Strom angesetzt. Dieser konstant angesetzte Laststrom wird nun mittels der Thyristoren T1 bzw. T2 auf die primäre Netzseite durchgeschaltet. Damit muss der primärseitige Netzstrom i_1^* als geschaltetes Abbild des sekundärseitigen Lastgleichstromes I_d zeitlich rechteckförmigen Verlauf besitzen (Bild 4.6). Wird weiterhin ein stationärer Betrieb mit $\alpha = \text{const}$ angenommen, so folgt, da die zeitliche Stromführung in einer Netzperiode T_1 gleichmäßig auf die beiden Thyristoren aufgeteilt wird, für die im Winkelmaß ausgedrückte Leitdauer eines Thyristors, den so genannten Stromflusswinkel γ:

$$\gamma = 180° (\hat{=} \pi)$$

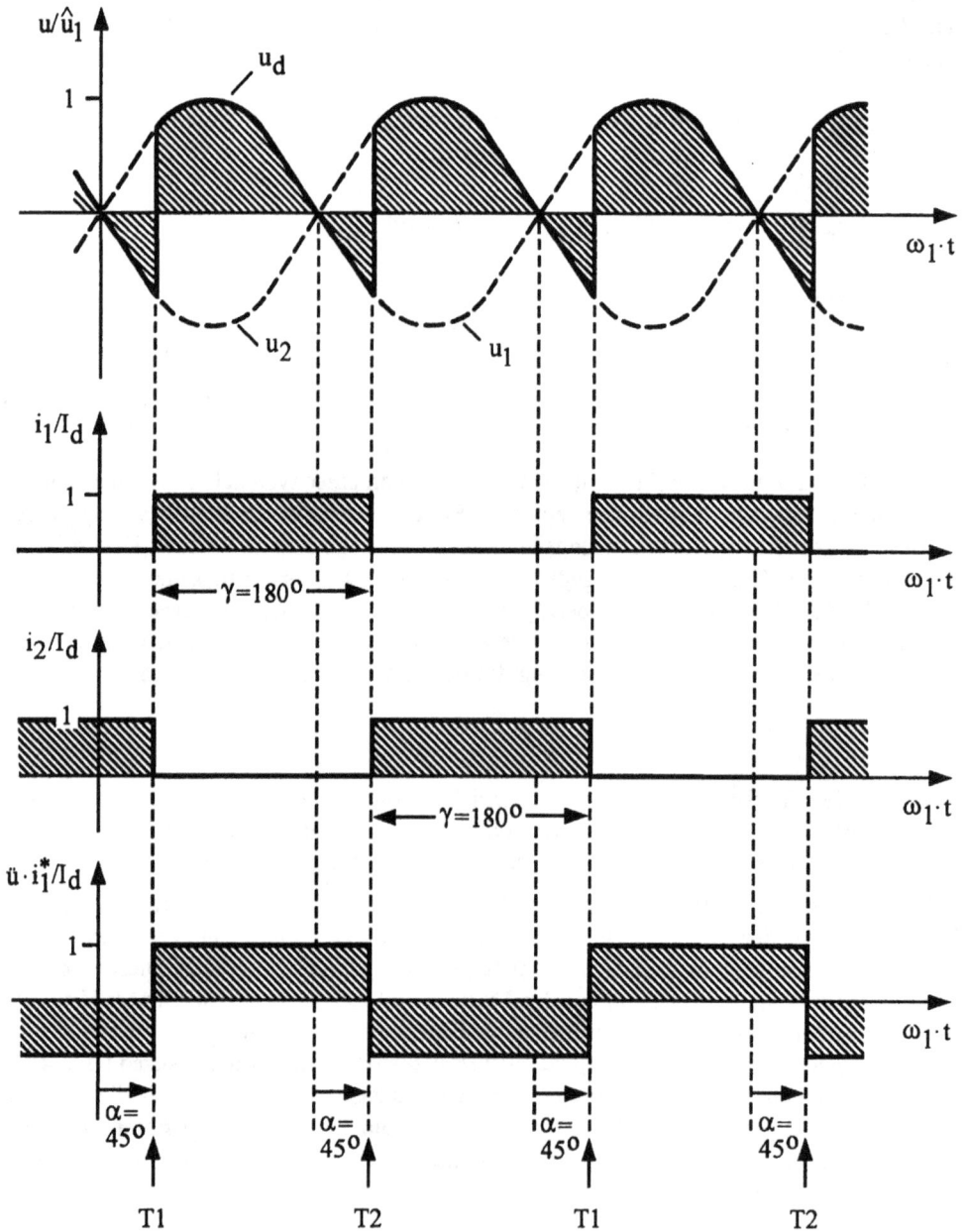

Bild 4.6: Gesteuerter Gleichrichter in M2-Schaltung; Spannungen und Ströme für $\alpha = 45°$ $(\ddot{u} = u_1^* / u_1)$

Die Thyristorströme $i_1(t)$ bzw. $i_2(t)$ lassen sich zur Transformation auf die Primärseite durch Fourier-Zerlegung in Gleich- und Wechselanteile aufspalten gemäß

$$i_1 = i_A(T1) = i_{1-} + i_{1\sim} = \frac{I_d}{2} + i_{1\sim}; \quad \hat{i}_{1\sim} = \frac{I_d}{2} \tag{4.4}$$

$$i_2 = i_A(T2) = i_{2-} + i_{2\sim} = \frac{I_d}{2} + i_{2\sim}; \quad \hat{i}_{2\sim} = \frac{I_d}{2} \tag{4.5}$$

$$\angle(i_{1\sim}, i_{2\sim}) = 180^\circ \rightarrow i_{2\sim} = -i_{1\sim}$$

Da Transformatoren lediglich die Übertragung von Wechselgrößen gestatten, ergibt sich für den primärseitigen Netzstrom:

$$i_1^* = \frac{1}{\ddot{u}} \cdot \{i_{1\sim} - i_{2\sim}\} = \frac{1}{\ddot{u}} \cdot 2 \cdot i_{1\sim}; \quad \hat{i}_1^* = \frac{1}{\ddot{u}} \cdot I_d \tag{4.6}$$

Zweck der M2-Schaltung ist die Steuerung des Gleichspannungsanteils U_d in der Lastspannung u_d bzw., als Folge im jeweils eingeschwungenen Zustand, die Steuerung des Lastgleichstromes I_d. Vergleicht man in Bild 4.5 die Spannungszeitfunktionen $u_d(\alpha = 45°)$ und $u_d(\alpha = 135°)$ miteinander, so ist auf Grund der jeweiligen positiven und negativen Spannungszeitflächen zu vermuten, dass durch entsprechende Wahl des Zündwinkels α sowohl positive als auch negative Gleichspannungsanteile realisierbar sind. Die mathematische Bestätigung hierfür ist durch Bestimmung des arithmetischen Mittelwertes der Lastspannung u_d zu erhalten. Da im stationären Betrieb mit $\alpha = const$ die im Winkelmaß ausgedrückte Dauer einer Periode der Lastspannung u_d dem Stromflusswinkel γ entspricht, folgt für die Mittelwertbildung:

$$\bar{u}_d = U_{di\alpha} = \frac{1}{\gamma} \cdot \int_0^{\gamma} u_d(\omega_1 t) \cdot d\omega_1 t; \quad \gamma = \pi \tag{4.7}$$

Indizes: d → Gleichgröße (direct current)

          i → idealisierte Stromrichtertheorie

          α → abhängig vom Zündwinkel $\underline{\alpha}$

Die mit (4.7) erfasste Unstetigkeit von u_d für $\omega_1 t = \alpha$ lässt sich durch alternative Integration von α bis $\gamma + \alpha = \pi + \alpha$ vermeiden, und man erhält:

$$U_{di\alpha} = \frac{1}{\pi} \cdot \int_{\alpha}^{\pi+\alpha} \sqrt{2} \cdot U_1 \cdot \sin \omega_1 t \cdot d\omega_1 t = \frac{\sqrt{2} \cdot U_1}{\pi} \cdot \{-\cos \omega_1 t\} \Big|_{\alpha}^{\pi+\alpha}$$

$$= \frac{2 \cdot \sqrt{2}}{\pi} \cdot U_1 \cdot \cos\alpha \approx 0{,}9 \cdot U_1 \cdot \cos\alpha \tag{4.8}$$

Durch Bezug von (4.8) auf den ungesteuerten Fall – Ersatz der Thyristoren durch Dioden oder Zündung zum natürlichen Zündzeitpunkt ($\alpha = 0°$) – mit

$$U_{di\alpha}(\alpha = 0°) = U_{dimax} = U_{di0} = \frac{2 \cdot \sqrt{2}}{\pi} \cdot U_1 \approx 0{,}9 \cdot U_1 \tag{4.9}$$

ergibt sich die normierte Steuergleichung

$$\frac{U_{di\alpha}}{U_{di0}} = \cos\alpha \gtrless 0 \tag{4.10}$$

bzw. die in Bild 4.7 wiedergegebene Steuerkennlinie.

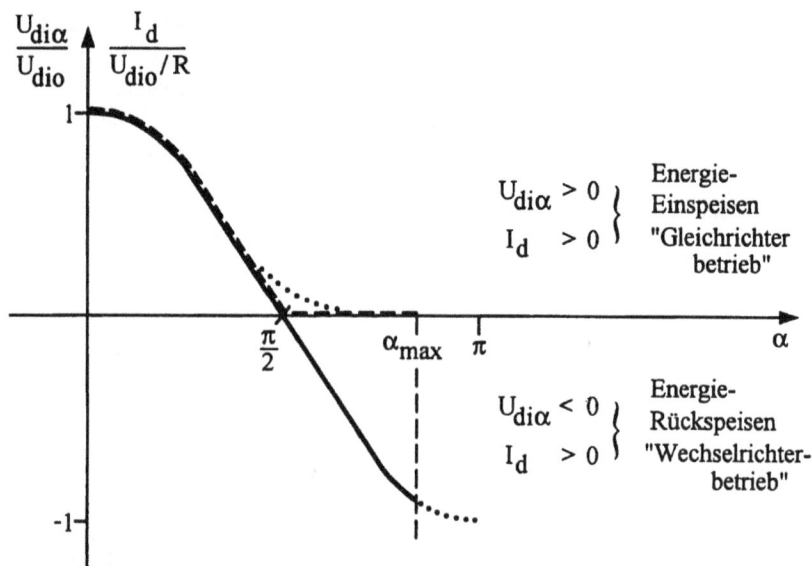

Bild 4.7: Gesteuerter Gleichrichter in M2-Schaltung / Steuerkennlinie

_____ : $U_{di\alpha}(I_d > 0)$

_ _ _ _ _ : $U_{di\alpha}; I_d$ *im stationären Zustand bei* $\tau \to \infty$ ($U_i = 0$)

.... : $U_{di\alpha}; I_d$ *im stationären Zustand bei* $\tau \neq \infty$ *(Lückbetrieb, $U_i = 0$)*

Die Herleitung von (4.8) bzw. (4.10) basierte auf der Voraussetzung $\tau \to \infty$ (real: $\tau \gg T_1$) bzw. $i_d = I_d$ (real: $i_d \approx I_d > 0$). Unterstellt wurde also, dass der Strom i_d ständig fließt, also nicht „lückt", und sich nur über größere, hier in der Mikroanalyse nicht erfasste Zeiträume hinweg verändern kann. Der Zündwinkel α und damit der über den Bereich des Stromflusswinkels γ gemittelte Gleichspannungsanteil $u_d = U_{di\alpha}$ kann hingegen, wie in Bild 4.5 dargestellt, zu jedem natürlichen Zündzeitpunkt neu definiert werden. Die Makroanalyse des nicht stationären Zustandes erlaubt somit jede Kombination $U_{di\alpha} / I_d$ innerhalb des zulässigen Variationsbereiches des Zündwinkels α. Wegen $U_{di\alpha} \gtrless 0$ und $I_d > 0$ muss damit Zweiquadrantenbetrieb mit folgenden Betriebszuständen möglich sein mit:

$U_{di\alpha} > 0, I_d > 0 \qquad \to P_d = U_{di\alpha} \cdot I_d > 0$

$\qquad\qquad\qquad\qquad \to$ Energieeinspeisung (Netz $\to$ Last)

$\qquad\qquad\qquad\qquad \to$ Gleichrichterbetrieb

$U_{di\alpha} < 0, I_d > 0 \qquad \to P_d = U_{di\alpha} \cdot I_d < 0$

$\qquad\qquad\qquad\qquad \to$ Energierückspeisung (Netz $\leftarrow$ Last)

$\qquad\qquad\qquad\qquad \to$ Wechselrichterbetrieb

Allgemein lautet die Bedingung für Energierückspeisung $U_{di\alpha} \cdot I_d < 0$. Eine der beiden Größen, Gleichspannung $U_{di\alpha}$ oder Gleichstrom I_d, hat also negativ zu sein. Im vorliegenden Fall ist dies auf Grund der Ventilwirkung der Thyristoren T1 und T2 nur der Gleichspannung $U_{di\alpha}$ möglich. Hiermit scheidet der gesteuerte Gleichrichter in M2-Schaltung für die Anwendung in der allgemeinen Gleichstrommotor-Traktionstechnik, d.h. für eine Anwendung mit Antreiben und Abbremsen in beiden Drehrichtungen ohne Getriebeumschaltung, aus. Interessant ist jedoch die Fähigkeit zur Energierückspeisung

in Spezialfällen der Antriebstechnik wie z.B. bei Aufzügen

oder

bei der Entregung ohmsch-induktiver Lasten wie z.B. bei Elektromagneten.

Bild 4.8 zeigt für den ersten Anwendungsbereich die Skizze eines Aufzuges, bestehend aus dem Ankerkreis eines fremderregten Gleichstrommotors mit der drehzahlabhängig induzierten Spannung $U_i \sim n$, dem Ankerwiderstand R_A, der Ankerinduktivität L_A sowie dem Gewicht G und der Aufzugswinde mit dem Radius r_0. Folgende stationär angenommene Betriebszustände, ausgedrückt durch Drehzahl und Drehrichtung n sowie Drehmoment M, treten in Bild 4.8 auf:

Stillstand: $\qquad n = 0, U_i(n = 0) = 0$

$\qquad\qquad\qquad M = r_0 \cdot G \sim I_d(n = 0) > 0$

$\qquad\qquad\qquad U_{di\alpha} = I_d(n = 0) \cdot R_A > 0$

$\qquad\qquad\qquad P_d > 0 \to$ Gleichrichterbetrieb

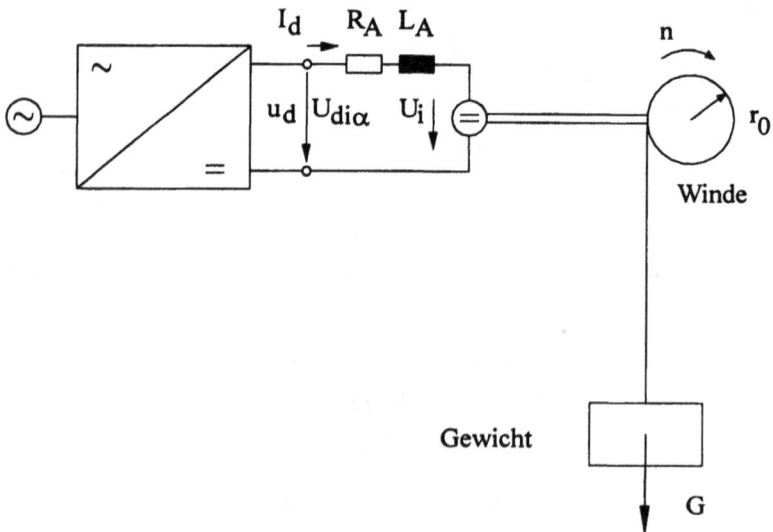

Bild 4.8: Anwendung des gesteuerten Gleichrichters als Stellglied für einen Gleichstrommotor in der Aufzugstechnik

Anheben: $n > 0,\ U_i(n > 0) > 0$

$M(n > 0) \geq r_0 \cdot G > 0 \rightarrow I_d(n > 0) \geq I_d(n = 0) > 0$

$U_{di\alpha} = I_d(n > 0) \cdot R_A + U_i(n > 0) > U_i(n > 0) > 0$

$P_d > 0 \rightarrow$ Gleichrichterbetrieb

gebremstes Absenken:

$n < 0,\ U_i(n < 0) < 0$

$r_0 \cdot G \geq M(n < 0) > 0 \rightarrow I_d(n = 0) \geq I_d(n < 0) > 0$

$U_{di\alpha} = I_d(n < 0) \cdot R_A + U_i(n < 0) > U_i(n < 0)$

Annahme: hoher Wirkungsgrad $\rightarrow R_A$ klein

$\left| I_d(n < 0) \cdot R_A \right| < \left| U_i(n < 0) \right|$

$\rightarrow U_{di\alpha} < 0$

$\rightarrow P_d < 0 \rightarrow$ Wechselrichterbetrieb

Bild 4.9 zeigt als Beispiel für den zweiten Anwendungsbereich den Einsatz eines gesteuerten Gleichrichters als Stellglied im Regelkreis eines elektromagnetischen Schwebesystems. Infolge des begrenzten Energiegehaltes passiver, ohmsch-induktiver Lasten kann der Wechselrichterbetrieb hier kein stationärer sondern nur ein zeitlich begrenzter Zustand sein. In vielen Anwendungsfällen ist dies voll ausreichend.

Wegen des Anziehungskraftgesetzes von Elektromagneten

$$F \sim I_d^2$$

ist auch die Strompolarität irrelevant, darf also wie hier auf Grund der Ventilwirkung stets positiv sein. Die nur temporär realisierbare Spannung $U_d < 0$ soll lediglich bei einer entsprechenden Störgröße eine schnelle Magnetentregung und damit eine dynamisch hochwertige Regelung ermöglichen.

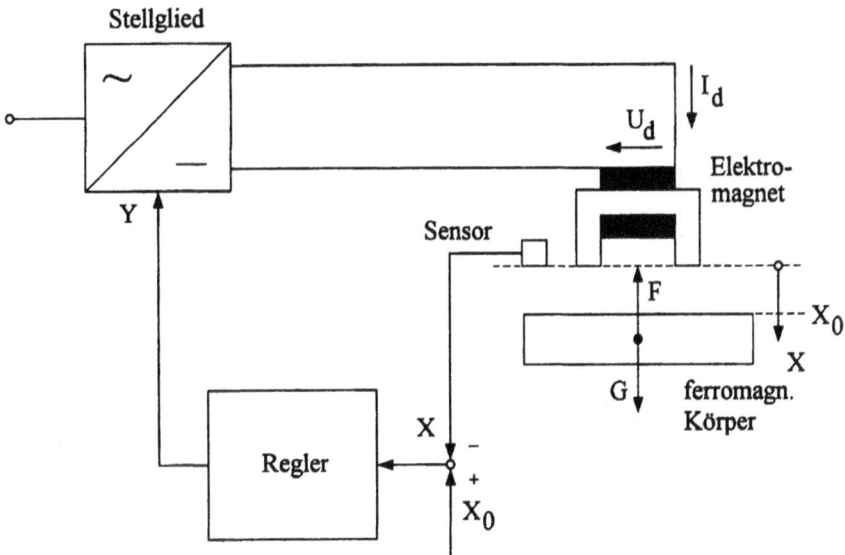

Bild 4.9: Gesteuerter Gleichrichter als Stellglied im Regelkreis eines elektromagnetischen Schwebesystems;(X: Istwert Luftspalt; X_0 : Sollwert Luftspalt; G: Gewicht; F: magnetische Anziehungskraft)

Bild 4.10 zeigt zur Erläuterung den Vergleich einer Magnetentregung über gesteuerte Gleichrichter mit Einquadrantenbetrieb ($U_d \geq 0$) und mit Zweiquadrantenbetrieb ($U_d \gtrless 0$). Im dargestellten Fall steht einer Entregungsdauer von $\approx 5 \cdot \tau$ im Einquadrantenbetrieb mit $U_d = 0$ eine Entregungsdauer von $< \tau$ im Zweiquadrantenbetrieb mit $U_d < 0$ gegenüber.

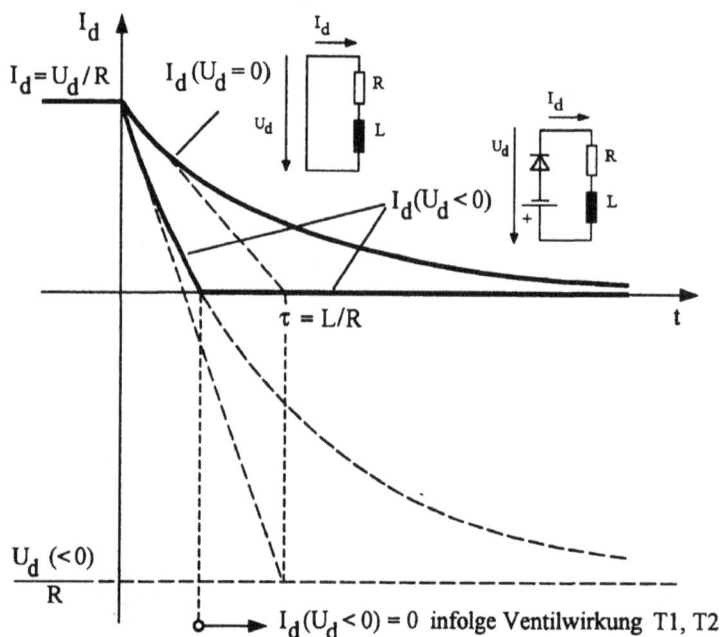

Bild 4.10: Vergleich einer Magnetentregung bei Ein- bzw. Zweiquadrantenbetrieb

Infolge der Ventilwirkung der Thyristoren T1 und T2 ist grundsätzlich nur eine Stromrichtung möglich. Hier bei der M2CK-Schaltung ist dies $I_d \geq 0$. Die für den Strom im eingeschwungenen Zustand zu Bild 4.3 ermittelte Beziehung (4.1)

$$I_d = \frac{U_{di\alpha} - U_i}{R} \geq 0$$

ist also in ihrer Gültigkeit auf diese Stromrichtung zu beschränken. Damit ist im stationären, eingeschwungenen Zustand der Einstellbereich des Zündwinkels α unter den bislang geltenden Voraussetzungen $\tau \rightarrow \infty$ und $i_d = I_d > 0$ auf

$$0° < \alpha < \alpha(U_{di\alpha} - U_i = 0)$$

bzw. speziell für $U_i = 0$ auf

$$0° < \alpha < 90°$$

beschränkt. Größere Zündwinkel sind zwar noch realisierbar, der Strom i_d wird dann aber im stationären Zustand gemäß der Betrachtungsweise in Kap. 4.2.1.2 lücken, d.h. abschnittsweise zu Null werden. Die Steuerkennlinie des stationären Zustandes muss damit von der bei passiver Last nur temporär gültigen Steuerkennlinie nach (4.10) abweichen (vgl. Bilder 4.7 bzw. 4.14).

Der eben diskutierte gesteuerte Gleichrichter in M2CK-Schaltung (Bild 4.4) erlaubte die Kombination $U_{di\alpha} \gtrless 0 / I_d \geq 0$. Der umgekehrte Ventileinbau führt zur M2CA-Schaltung mit Vorzeichenumkehr der Steuergleichung und des Stromes gemäß

$$U_{di\alpha} = -\frac{2 \cdot \sqrt{2}}{\pi} \cdot U_1 \cdot \cos \alpha = -U_{di0} \cdot \cos \alpha \gtrless 0$$

$$I_d \leq 0 \qquad\qquad\qquad\qquad\qquad\qquad\qquad\qquad (4.11)$$

4.2.1.2   M2-Schaltung bei $\tau \neq \gg T_1$

Die in Kap. 4.2.1.1 ermittelte und gemäß (4.8) bzw. (4.10) beschriebene Gleichspannung $U_{di\alpha}$ setzte $\tau \to \infty$ (real: $\tau \gg T_1$) und $i_d = I_d > 0$ (real: $i_d \approx I_d > 0$) voraus. Wie ändert sich nunmehr das Schaltungsverhalten für $\tau \neq \gg T_1$? Sicherlich kann jetzt die Last nicht mehr, wie in Bild 4.4 geschehen, durch eine Gleichstromsenke ersetzt werden. Vielmehr wird mit abnehmender Lastzeitkonstanten τ bzw. abnehmendem Phasenwinkel $\phi(Z)$ der Lastimpedanz

$$\underline{Z} = R + j\omega_1 L = Z \cdot e^{j\phi(Z)} ; \quad \phi(Z) = \arctan \frac{\omega_1 L}{R} = \arctan \omega_1 \tau \qquad (4.12)$$

die Stromschwankung Δi_d zunehmen und der Stromverlauf $i_d(t)$ immer mehr dem Spannungsverlauf $u_d(t)$ folgen. Bild 4.11 zeigt dies qualitativ für $U_i = 0$ und einige unterschiedlich angenommene Phasenwinkel $\phi(Z)$. Erkennbar sind zwei Betriebszustände:

Nichtlückender Betrieb mit $i_d > 0$ (Beispiele in Bild 4.11: $\phi(Z)=90°$ und $\phi(Z)>60°$):

Stromflusswinkel $\gamma = 180°$

Trotz größerer Stromschwankung gelten die in Kap. 4.2.1.1 ermittelten Beziehungen (4.8) bzw. (4.10) für die Lastgleichspannung $U_{di\alpha}$

Lückender Betrieb (Beispiel in Bild 4.11: $\phi(Z) = 20°$):

Der Strom i_d wird für kleine Lastzeitkonstanten τ abschnittsweise zu Null, „lückt" also. Der gerade gezündete Thyristor verlöscht bei $i_A = i_d = 0$ und der Stromflusswinkel wird zu $\gamma < 180°(< \pi)$. Während des Stromlückens wird die Lastspannung zu $u_d = 0$, es entfällt ein Teil der für $i_d = I_d > 0$ in Bild 4.5 festgestellten negativen Spannungszeitfläche mit der Folge

$$U_{di\alpha} \text{(Lückbetrieb)} > U_{di\alpha}(i_d = I_d > 0)$$

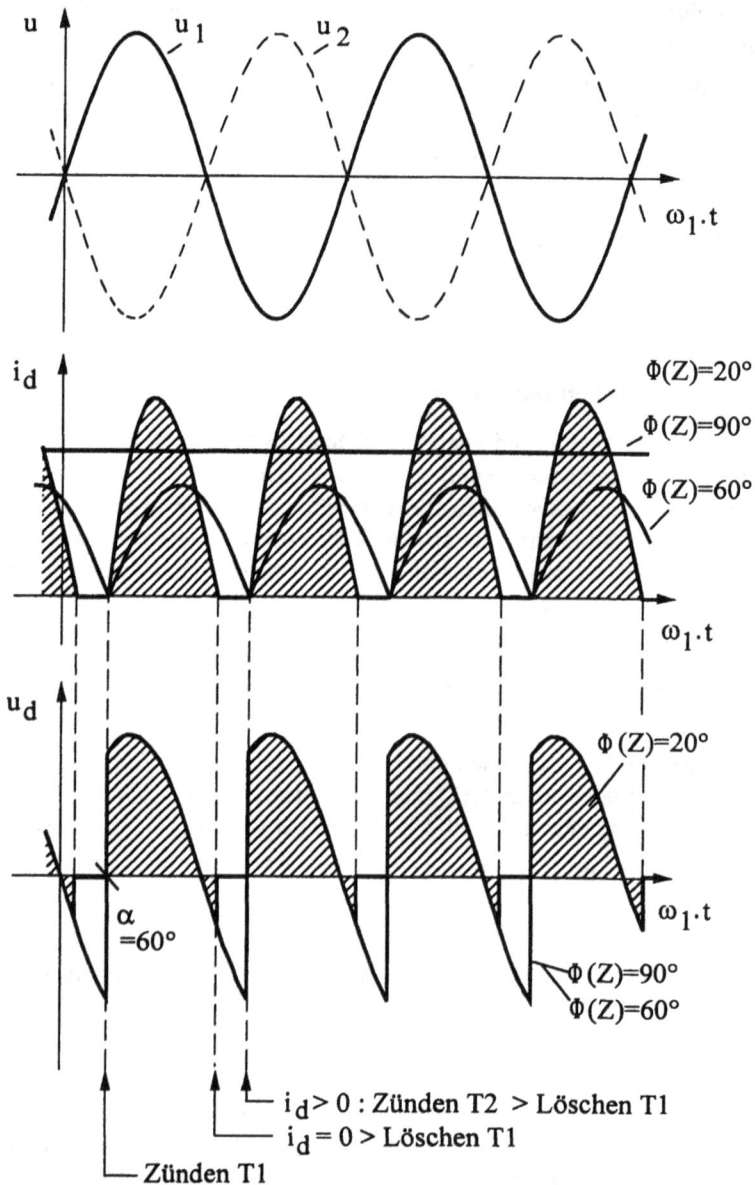

Bild 4.11: gesteuerter Gleichrichter in M2-Schaltung; Spannungs- und Stromzeitfunktionen in Abhängigkeit vom Phasenwinkel $\phi(Z)$ der Lastimpedanz ($R = $ const, $U_i = 0$, stationärer Zustand)

Die Grenze zwischen lückendem und nicht lückendem Betrieb ist durch Aufstellung und Lösung der Differentialgleichung für den Laststrom $i_d(t)$ zu gewinnen. Wird hierzu wie in Bild 4.11 $U_i = 0$ angenommen und die Schaltung bei $u_1 > 0$ durch Zündung des Thyristors T1 zum Zündwinkel α (Zündzeitpunkt $t' = 0$) in Betrieb gesetzt, so folgt für die Differentialgleichung

$$u_1 = \sqrt{2} \cdot U_1 \cdot \sin(\omega_1 t' + \alpha) = i_d \cdot R + L \cdot \frac{di_d}{dt}$$

und für die Anfangsbedingung bei Inbetriebnahme bzw. bei lückendem Strom

$$i_d(t' = 0) = 0$$

Nach Division durch R und Einführung der Zeitkonstanten $\tau = L / R$ folgt weiter

$$\frac{\sqrt{2} \cdot U_1}{R} \cdot \sin(\omega_1 t' + \alpha) = i_d + \tau \cdot \frac{di_d}{dt} \qquad (4.13)$$

(4.13) ist eine lineare Differentialgleichung mit konstanten Koeffizienten. Deren Lösung setzt sich zusammen aus der flüchtigen Lösung, d.h. der Lösung der homogenen Differentialgleichung (Anregung $u_1 = 0$), und der stationären Lösung, also der Lösung der inhomogenen Differentialgleichung für den stationären Zustand ohne Ventileinfluss.

i_d = flüchtige Lösung + stationäre Lösung ohne Ventil

$$i_d = K \cdot e^{-\frac{t'}{\tau}} + \frac{\sqrt{2} \cdot U_1}{\sqrt{R^2 + (\omega_1 L)^2}} \cdot \sin\left\{\omega_1 t' + \alpha - \arctan\frac{\omega_1 L}{R}\right\} \qquad (4.14)$$

Hierbei ist gemäß (4.12)

$$\arctan\frac{\omega_1 L}{R} = \arctan\omega_1 \cdot \tau = \phi(Z)$$

der Phasenwinkel $\phi(Z)$ der Lastimpedanz $\underline{Z} = R + j\omega_1 L$.

Die noch unbekannte Konstante K im Ansatz der flüchtigen Lösung ist aus der Anfangsbedingung bestimmbar.

$$i_d(t' = 0) = 0 = K + \frac{\sqrt{2} \cdot U_1}{\sqrt{R^2 + (\omega_1 L)^2}} \cdot \sin\left\{\alpha - \phi(Z)\right\} \qquad (4.15)$$

Durch Einsetzen von (4.15) in (4.14) folgt die Gesamtlösung

$$i_d = \frac{\sqrt{2} \cdot U_1}{\sqrt{R^2 + (\omega_1 L)^2}} \cdot \left\{\sin(\omega_1 t' + \alpha - \phi(Z)) - \sin(\alpha - \phi(Z)) \cdot e^{-t'/\tau}\right\} \qquad (4.16)$$

Die Lösung der Differentialgleichung (4.16) gilt in der aufgestellten Form für $0 \le t' \le \infty$. Ihre Gültigkeit wird im gesteuerten Gleichrichter zwangsweise beendet bei

- Verlöschen des Strom führenden Thyristors infolge Stromkommutierung durch Zündung des nicht Strom führenden Thyristors

   $\rightarrow$ Stromflusswinkel stationär, d.h. bei $\alpha = \text{const} : \gamma = 180°$

   $\rightarrow$ nichtlückender Betrieb

   $\rightarrow$ Anfangsbedingung $i_d(t' = 0) = 0$ nur bei Schaltungsinbetriebnahme zutreffend

- Verlöschen des Strom führenden Thyristors infolge $i_A = i_d = 0$

   $\rightarrow$ Stromflusswinkel: $\gamma < 180°$

   $\rightarrow$ lückender Betrieb

   $\rightarrow$ Anfangsbedingung $i_d(t' = 0) = 0$ stets zutreffend

Die Grenze zwischen den beiden Betriebszuständen „nichtlückend" und „lückend" wird gerade dann erreicht, wenn, wie in Bild 4.11 für $\phi(Z) = 60°$ dargestellt, der Laststrom für $\omega_1 t' = \pi$ zu

$$i_d(\omega_1 t' = \pi) = 0; \ t' = \pi / \omega_1$$

wird. Dieser Ansatz führt mit (4.16) zur lastabhängigen Lückgrenze $\alpha_{Lück}$, d.h. zu jenem Grenzzündwinkel, bei dessen Überschreitung Stromlücken auftritt.

$$0 = \frac{\sqrt{2} \cdot U_1}{\sqrt{R^2 + (\omega_1 L)^2}} \cdot \left\{ \sin(\pi + \alpha_{Lück} - \phi(Z)) - \sin(\alpha_{Lück} - \phi(Z)) \cdot e^{-\pi/(\omega_1 \tau)} \right\}$$

Mit $\sin(\pi + \alpha_{Lück} - \phi(Z)) = -\sin(\alpha_{Lück} - \phi(Z))$ folgt weiter

$$0 = -\sin(\alpha_{Lück} - \phi(Z)) \cdot \left\{ 1 + e^{-\pi/(\omega_1 \tau)} \right\}$$

bzw., da in vorstehender Gleichung nur der Sinusterm zu Null werden kann:

$$\alpha_{Lück} = \phi(Z) = \arctan \frac{\omega_1 L}{R} = \arctan \omega_1 \cdot \tau \qquad (4.17)$$

Damit ergibt sich zusammenfassend (Bild 4.12):

$\alpha > \phi(Z)$: Lückbetrieb ; $U_{di\alpha} > U_{di\alpha}(i_d > 0)$

$\alpha = \alpha_{Lück} = \phi(Z)$: Lückgrenze

$\alpha < \phi(Z)$: nichtlückender Betrieb ; $U_{di\alpha} = U_{di\alpha}(i_d > 0)$

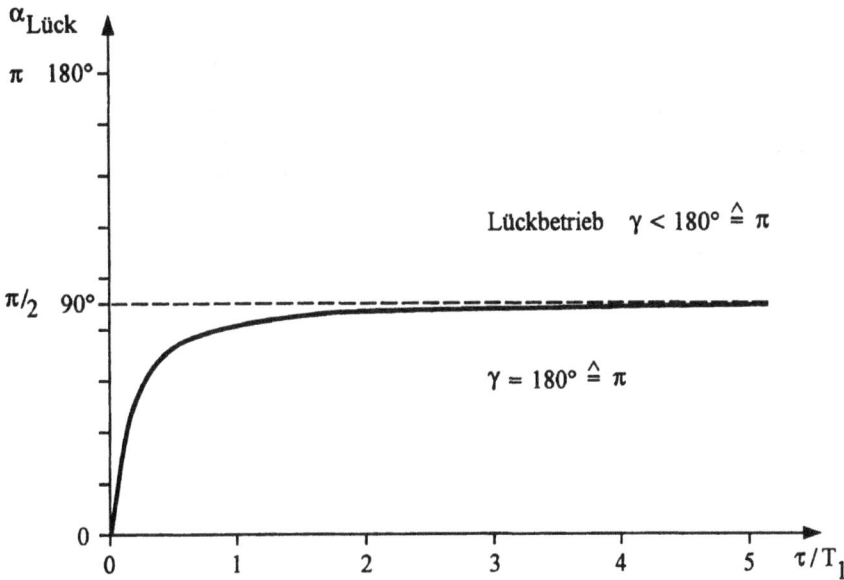

Bild 4.12: Gesteuerter Gleichrichter in M2-Schaltung – Lückgrenze $\alpha_{Lück}$ zwischen lückendem und nicht lückendem Betrieb (stationärer Zustand, R/L-Last)

Bei rein ohmscher Last ist gemäß (4.17) $\alpha_{Lück} = \phi(Z) = 0°$. Damit tritt, wie in Bild 4.13 dargestellt, stets Lückbetrieb mit $u_d \geq 0$ auf. Die Bestimmung des arithmetischen Mittelwertes als Maß für die auftretende Gleichspannung ergibt für diesen Fall:

$$U_{di\alpha}(\tau = 0) = \frac{1}{\pi} \cdot \int_0^\pi u_d(\omega_1 t) \cdot d\omega_1 t = \frac{1}{\pi} \cdot \int_\alpha^\pi \sqrt{2} \cdot U_1 \cdot \sin \omega_1 t \cdot d\omega_1 t$$

$$= \frac{\sqrt{2} \cdot U_1}{\pi} \cdot \left\{ -\cos \omega_1 t \right\} \Big|_\alpha^\pi = \frac{\sqrt{2} \cdot U_1}{\pi} \cdot (1 + \cos \alpha) \geq 0$$

$$(4.18)$$

Der Bezug auf den ungesteuerten Fall $U_{di\alpha}(\alpha = 0) = U_{di0}$ führt zur normierten Steuergleichung

$$\frac{U_{di\alpha}(\tau = 0)}{U_{di0}} = \frac{1 + \cos \alpha}{2}$$

$$(4.19)$$

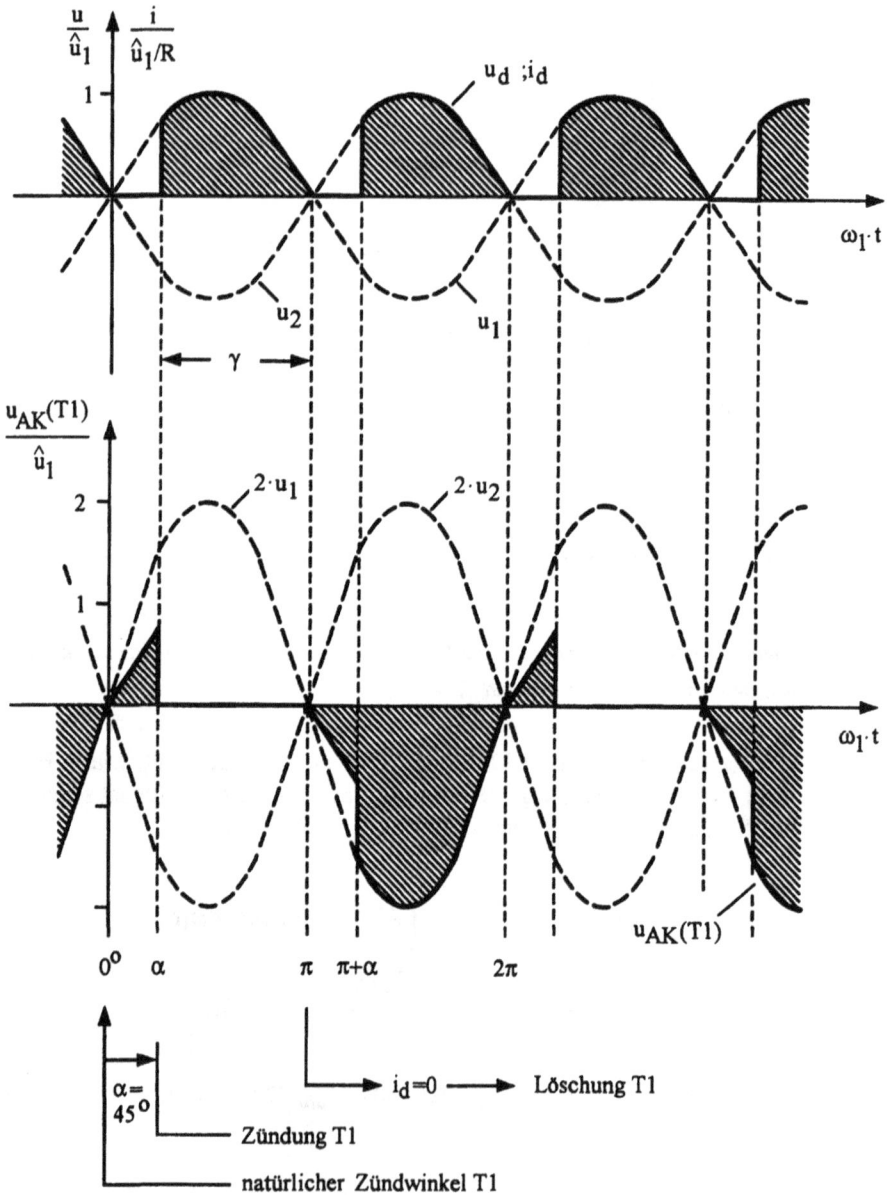

Bild 4.13: Gesteuerter Gleichrichter in M2-Schaltun – Lastzeitkonstante $\tau = 0$ _(ohmsche Last); Zeitfunktionen_ $u_d(t)$, $i_d(t)$ _und_ $u_{AK}(t)$ _für_ $\alpha = 45°$

Bild 4.14 zeigt abschließend einen Vergleich der Steuerkennlinien des gesteuerten Gleichrichters in M2-Schaltung für $\tau = 0$ gemäß (4.19) und $\tau \to \infty$ gemäß (4.10).

Bild 4.14:

Gesteuerter Gleichrichter in M2-Schaltung

————: *Steuerkennlinien* $U_{di\alpha}$ *bzw.* I_d *bei passiver Last und stationärem Zustand*

- - - - : *Steuerkennlinie* $U_{di\alpha}(i_d > 0)$ *(bei passiver Last nur temporär realisierbar!)*

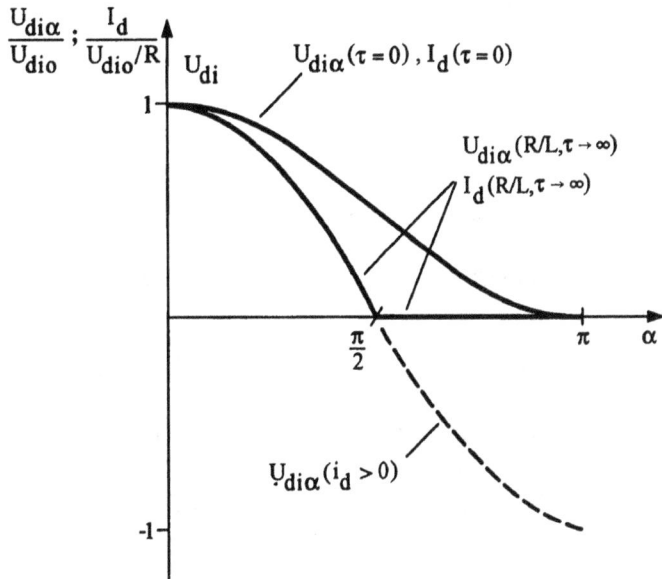

$$\frac{U_{di\alpha}}{U_{dio}} ; \frac{I_d}{U_{dio}/R}$$

U_{di}

$U_{di\alpha}(\tau = 0), I_d(\tau = 0)$

$U_{di\alpha}(R/L, \tau \to \infty)$

$I_d(R/L, \tau \to \infty)$

$U_{di\alpha}(i_d > 0)$

4.2.1.3   M2-Schaltung – Leistungsanalyse

Der gesteuerte Gleichrichter, nunmehr wieder gemäß Bild 4.4 mit $\tau \to \infty$ (real: $\tau \gg T_1$) und $i_d = I_d > 0$ (real: $i_d \approx I_d > 0$) unterstellt, ist im stationären Zustand primär- und sekundärseitig durch die in Bild 4.15 dargestellten Zeitfunktionen gekennzeichnet.

Bild 4.15:
Strom- und Spannungs-zeitfunktionen zur Leistungs-bestimmung

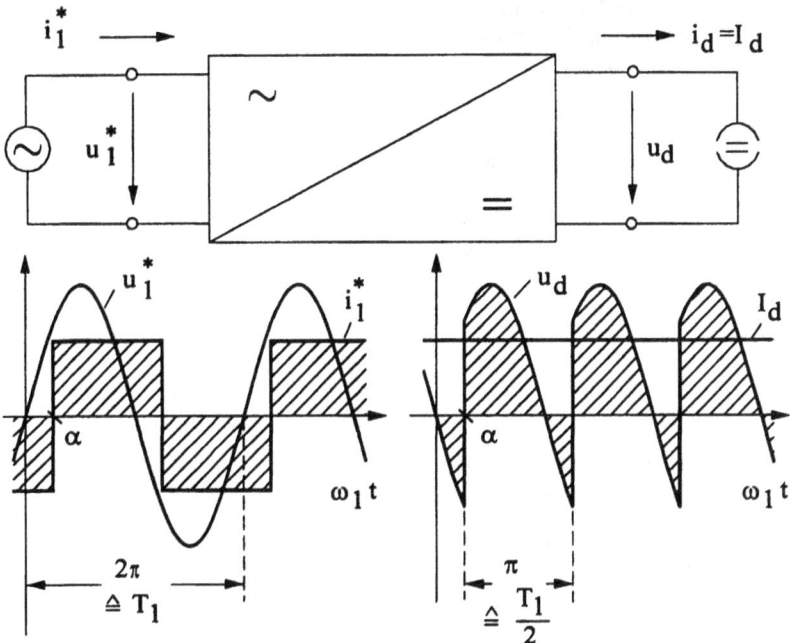

i_1^*

$i_d = I_d$

u_1^*

u_d

u_1^*

i_1^*

u_d

I_d

α

$\omega_1 t$

α

$\omega_1 t$

2π

$\triangleq T_1$

π

$\triangleq \frac{T_1}{2}$

Primärseite / Netz

$$u_1^* = \sqrt{2} \cdot U_1^* \cdot \sin \omega_1 t$$

$$i_1^* = +\frac{1}{\ddot{u}} \cdot I_d \text{ für } \alpha < \omega_1 t < \pi + \alpha$$

$$= -\frac{1}{\ddot{u}} \cdot I_d \text{ für } \pi + \alpha < \omega_1 t < 2\pi + \alpha$$

Sekundärseite / Last

$$i_d = I_d$$

$$u_d = u_1 = u_1^* / \ddot{u} \text{ für } \alpha < \omega_1 t < \pi + \alpha$$

$$= u_2 = -u_1^* / \ddot{u} \text{ für } \pi + \alpha < \omega_1 t < 2\pi + \alpha$$

Zu diesen Zeitfunktionen gehören laut Fourier-Analyse folgende Spektren und Auswirkungen:

Primärseite / Netz

$f(u_1^*) = f_1$: Netzfrequenz

$$f(i_1^*) = n \cdot f_1 = n \cdot \frac{1}{T_1}$$

$n = 0$: -----

$n = 1$: Grundfrequenz
          Netzfrequenz
          1. Harmonische

$n > 1$: Oberschwingungen
          n. Harmonische
          neue, im Netz nicht
          vorhandene Spektral-
          komponenten

          ↓

Netzrückwirkung durch
Verzerrung der Netz-
spannung bei endlicher
Netzimpedanz $Z_N \neq 0$
EMV-Problem

          ↓

Beschreibung:
Klirrfaktor k

Grundschwingungsgehalt g
Oberschwingungsgehalt κ

Sekundärseite / Last

$f(i_d) = 0$: Gleichgröße

$$f(u_d) = m \cdot 2 \cdot f_1 = m \cdot \frac{2}{T_1}$$

$m = 0$: Steuergröße / Gleichgröße

$m \geq 1$: Wechselgrößen
            unerwünschte
            Spektralkomponenten

          ↓

Verluste in Maschinen
ungünstiger Drehmomentenverlauf
in Maschinen
EMV-Problem

          ↓

Beschreibung:
Welligkeit w_u

Bei der Leistungsbestimmung ist zu beachten, dass Wirkleistungen nur von Strömen und Spannungen *gleicher* Frequenz verursacht werden können.

Primärseite / Netz

gemeinsame Frequenz :

$$f = f_1$$

bei idealisierter Wandlertheorie mit $\eta=1$:

Grundschwingungswirkleistung

$$P_1 = P_2 = P_d$$

Die in i_1^* enthaltene Grundschwingung i_{11}^* muss bei $\alpha>0°$ der Spannung u_1^* nacheilen gemäß

$$i_{11}^* = \sqrt{2} \cdot I_{11} \cdot \sin(\omega_1 t + \phi_1)$$

$$\phi_1 = \phi_1(\alpha) \le 0° \qquad (4.21)$$

Neben Grundschwingungswirkleistung P_1 tritt ist induktive Grundschwingungs- blindleistung Q_1 zu erwarten.

Auf Grund der Stromoberschwingungen ist die Scheinleistung

$$S_1 = U_1^* \cdot I_1^* \ne \sqrt{P_1^2 + Q_1^2} \qquad (4.22)$$

Die Differenz erfasst die Verzerrungsblind- leistung

$$D_1 = \sqrt{S_1^2 - P_1^2 - Q_1^2} \qquad (4,23)$$

Sekundärseite / Last

gemeinsame Frequenz bei $i_d = I_d$:

$$f = 0$$

Gleichstromleistung $\qquad\qquad (4.20)$

$$P_2 = P_d = U_{di\alpha} \cdot I_d = U_{di0} \cdot I_d \cdot \cos\alpha$$

$$= \frac{2 \cdot \sqrt{2}}{\pi} \cdot U_1 \cdot I_d \cdot \cos\alpha$$

Bei nichtidealer Glättung mit $\tau \ne \infty$ lautet das Laststromspektrum

$$f = 0, 2f_1, 4f_1, ...$$

Wechselanteile von Lastspannung und Last- strom bilden zusätzlich eine Wechselstrom- leistung $P_{2\sim} \ne 0$ mit der Folge

$$P_2 = P_d + P_{2\sim} > P_d$$

Die quantitative Erfassung aller dieser Effekte verlangt die Fourier-Analyse des primärseiti- gen Netzstromes i_1^*. Der Ansatz hierzu lautet

$$i_1^* = \frac{a_0}{2} + \sum_{n=1}^{\infty}\{a_n \cdot \cos n\omega_1 t + b_n \cdot \sin n\omega_1 t\} = I_{10}^* + \sum_{n=1}^{\infty} \hat{i}_{1n}^* \cdot \sin\{n\omega_1 t + \phi_n\} \qquad (4.24)$$

mit

$$\hat{i}_{1n}^* = \sqrt{a_n^2 + b_n^2}; \quad \phi_n = \arctan\frac{a_n}{b_n} \qquad (4.25)$$

Da Transformatoren nur Wechselgrößen übertragen können, folgt zwingend für den Gleichanteil $I_{10}^* = i_1^* = 0$

Zur Bestimmung des Wechselanteils sind die Fourier-Koeffizienten zu berechnen:

$$a_n = \frac{2}{T_1} \cdot \int_0^{T_1} i_1^* \cdot \cos n\omega_1 t \cdot dt = \frac{1}{\pi} \cdot \int_0^{2\pi} i_1^* \cdot \cos n\omega_1 t \cdot d\omega_1 t \qquad (4.26)$$

$$b_n = \frac{2}{T_1} \cdot \int_0^{T_1} i_1^* \cdot \sin n\omega_1 t \cdot dt = \frac{1}{\pi} \cdot \int_0^{2\pi} i_1^* \cdot \sin n\omega_1 t \cdot d\omega_1 t \qquad (4.27)$$

Bei der Auswertung vorstehender Integrale empfiehlt sich an Stelle der Integration innerhalb der zunächst formulierten Integrationsgrenzen eine Integration von α bis $2\pi + \alpha$, da hiermit eine Sprungstelle vermieden wird. Damit folgt:

$$a_n = \frac{1}{\pi} \cdot \left\{ \int_\alpha^{\pi+\alpha} (+\frac{I_d}{\ddot{u}}) \cdot \cos n\omega_1 t \cdot d\omega_1 t + \int_{\pi+\alpha}^{2\pi+\alpha} (-\frac{I_d}{\ddot{u}}) \cdot \cos n\omega_1 t \cdot d\omega_1 t \right\}$$

$$= \frac{I_d}{\ddot{u} \cdot \pi} \cdot \left\{ \frac{\sin n\omega_1 t}{n} \Big|_\alpha^{\pi+\alpha} - \frac{\sin n\omega_1 t}{n} \Big|_{\pi+\alpha}^{2\pi+\alpha} \right\}$$

$$= \frac{I_d}{\ddot{u} \cdot \pi \cdot n} \cdot \left\{ \sin n(\pi + \alpha) - \sin n\alpha - \underbrace{\sin n(2\pi + \alpha)}_{\sin n\alpha} + \sin n(\pi + \alpha) \right\}$$

$$a_n = \frac{2 \cdot I_d}{\ddot{u} \cdot \pi \cdot n} \cdot \left\{ \sin n(\pi + \alpha) - \sin n\alpha \right\}$$

$$\rightarrow a_n = -I_d \cdot \frac{4}{\ddot{u} \cdot \pi \cdot n} \cdot \sin n\alpha \quad \text{für n = 1, 3, 5, ... ungerade ganzzahlig}$$

$$\rightarrow a_n = 0 \quad \text{für n = 2, 4, 6, ... gerade ganzzahlig} \qquad (4.28)$$

$$b_n = \frac{1}{\pi} \cdot \left\{ \int_\alpha^{\pi+\alpha} (+\frac{I_d}{\ddot{u}}) \cdot \sin n\omega_1 t \cdot d\omega_1 t + \int_{\pi+\alpha}^{2\pi+\alpha} (-\frac{I_d}{\ddot{u}}) \cdot \sin n\omega_1 t \cdot d\omega_1 t \right\}$$

$$= \frac{I_d}{\ddot{u} \cdot \pi} \cdot \left\{ \frac{-\cos n\omega_1 t}{n} \Big|_\alpha^{\pi+\alpha} - \frac{-\cos n\omega_1 t}{n} \Big|_{\pi+\alpha}^{2\pi+\alpha} \right\}$$

$$= \frac{I_d}{\ddot{u} \cdot \pi \cdot n} \cdot \left\{ -\cos n(\pi + \alpha) + \cos n\alpha + \underbrace{\cos n(2\pi + \alpha)}_{\cos n\alpha} - \cos n(\pi + \alpha) \right\}$$

$$b_n = \frac{2 \cdot I_d}{\ddot{u} \cdot \pi \cdot n} \cdot \{-\cos n(\pi + \alpha) + \cos n\alpha\}$$

$$\rightarrow b_n = I_d \cdot \frac{4}{\ddot{u} \cdot \pi \cdot n} \cdot \cos n\alpha \quad \text{für } n = 1, 3, 5, \dots \text{ ungerade ganzzahlig}$$

$$\rightarrow b_n = 0 \quad \text{für } n = 2, 4, 6, \dots \text{ gerade ganzzahlig} \qquad (4.29)$$

Aus den Fourier-Koeffizienten (4.28) und (4.29) folgt gemäß (4.25) für das Amplitudenspektrum (vgl. Bild 4.16)

$$\hat{i}_{1n}^* = I_d \cdot \frac{4}{\ddot{u} \cdot \pi \cdot n} \sim \frac{1}{n}; \quad n = 1,3,5,\dots \qquad (4.30)$$

und für das Phasenspektrum, d.h. die auf die Spannung u_1^* bezogene Nullphase:

$$\phi_n = \arctan \frac{-\sin n\alpha}{\cos n\alpha} = -n\alpha; \quad n = 1,3,5,\dots \qquad (4.31)$$

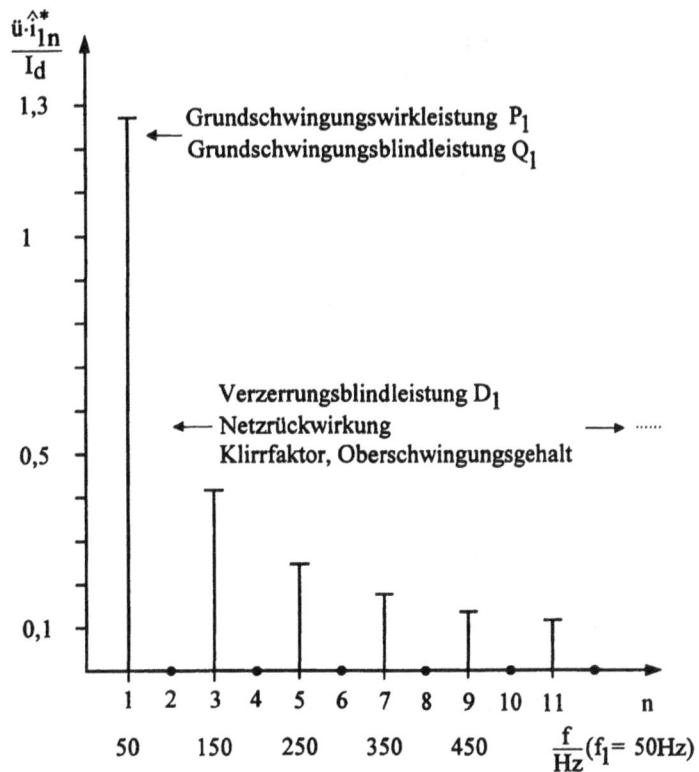

Bild 4.16:
Gesteuerter Gleichrichter
in M2-Schaltung
Amplitudenspektrum des
Eingangsstromes i_1^*

Die durch das Wandlungsprinzip Schaltmodulation verursachte Abweichung der Zeitfunktionen $i_1^*(t)$ bzw. $u_d(t)$ von der jeweiligen Idealform „Sinusgröße" bzw. „Gleichgröße" kann durch Kennwerte charakterisiert werden. Diese lauten:

- Primärseite – Eingangsstrom / Netzstrom i_1^*

Grundschwingungsgehalt

$$g = \frac{\text{EffektivwertGrundschwingung}}{\text{Gesamteffektivwert}} = \frac{I_{11}^*}{I_1^*} \qquad (4.32)$$

mit (4.30) sowie $I_{11}^* = \hat{i}_{11}^* / \sqrt{2}$ und $I_1^* = (1/\ddot{u}) \cdot I_d$ folgt unabhängig vom eingestellten Zündwinkel

$$g = \frac{4}{\sqrt{2} \cdot \pi} = \frac{2 \cdot \sqrt{2}}{\pi} = 0,9 \qquad (4.33)$$

Gesamt-Klirrfaktor

$$k = \frac{\text{EffektivwertOberschwingungen}}{\text{Gesamteffektivwert}} = \frac{\sqrt{\sum_{n=2}^{\infty} I_{1n}^{*2}}}{I_1^*} \qquad (4.34)$$

und wegen $I_1^{*2} = I_{11}^{*2} + \sum_{n=2}^{\infty} I_{1n}^{*2}$

$$k = \frac{\sqrt{I_1^{*2} - I_{11}^{*2}}}{I_1^*} = \sqrt{1 - \frac{I_{11}^{*2}}{I_1^{*2}}} = \sqrt{1 - g^2} = 0,435 \qquad (4.35)$$

Gesamt-Oberschwingungsgehalt

$$\kappa = \frac{\text{EffektivwertOberschwingungen}}{\text{EffektivwertGrundschwingung}} = \frac{\sqrt{\sum_{n=2}^{\infty} I_{1n}^{*2}}}{I_{11}^*} \qquad (4.36)$$

Aus (4.36) folgt durch Erweiterung mit dem Gesamteffektivwert I_1^*

$$\kappa = \frac{k}{g} = 0,483$$

Oberschwingungsgehalt n. Harmonische

$$\kappa_n = \frac{\text{Effektivwert n. Harmonische}(\hateq(n-1).\text{Oberschwingung})}{\text{Effektivwert Grundschwingung}(\hateq 1.\text{Harmonische})} = \frac{I_{1n}^*}{I_{11}^*} \quad (4.37)$$

Anwendung: Grenzwertvorschriften zu Netzrückwirkungsströmen (Kap. 10)

- Sekundärseite – Ausgangsspannung / Lastspannung u_d

Welligkeit

$$w_u = \frac{\text{Effektivwert Wechselanteil}}{\text{Gleichanteil}} = \frac{U_{d\sim\text{eff}}}{U_{di\alpha}} \quad (4.38)$$

wobei allgemein

$$U_{d\sim\text{eff}} = \sqrt{\frac{1}{T_1} \cdot \int_0^{T_1} (u_d - U_{di\alpha})^2 \cdot dt}$$

und speziell bei der M2-Schaltung mit

$$U_{\text{deff}}^2 = U_{di\alpha}^2 + U_{d\sim\text{eff}}^2 = U_1^2 \quad \text{bzw.} \quad U_{d\sim\text{eff}} = \sqrt{U_1^2 - U_{di\alpha}^2}$$

$$\rightarrow \quad w_u = \frac{\sqrt{U_1^2 - U_{di\alpha}^2}}{U_{di\alpha}} = \sqrt{\frac{U_1^2}{U_{di\alpha}^2} - 1} = w_u(\alpha) \quad (4.39)$$

Die maximale Welligkeit der Lastspannung u_d ergibt sich im Minimum der Gleichspannung $U_{di\alpha}$, d.h. für $\alpha \rightarrow 90°$, zu

$$\lim_{\alpha \to 90°} w_u = \infty$$

Im Gegensatz zu den Kenngrößen des Netzstromes ist die Welligkeit eine vom Zündwinkel α abhängige Größe. Sie wird dennoch gerne zum Vergleich von Gleichrichterschaltungen herangezogen und zwar für den Sonderfall des ungesteuerten Gleichrichters mit $\alpha=0°$. Hierfür ergibt sich nach (4.39):

$$w_u(\alpha = 0°) = \sqrt{\frac{U_1^2}{U_{di0}^2} - 1} = \sqrt{\left\{\frac{\pi}{2 \cdot \sqrt{2}}\right\}^2 - 1} = 0,48 \quad (4.40)$$

Zur Bestimmung von Grundschwingungswirkleistung P_1 und Grundschwingungsblindleistung Q_1 sind die Netzspannung u_1^* und die Grundschwingung bzw. 1. Harmonische i_{11}^* des Primärstromes i_1^* gemäß Bild 4.17 zueinander in Beziehung zu setzen.

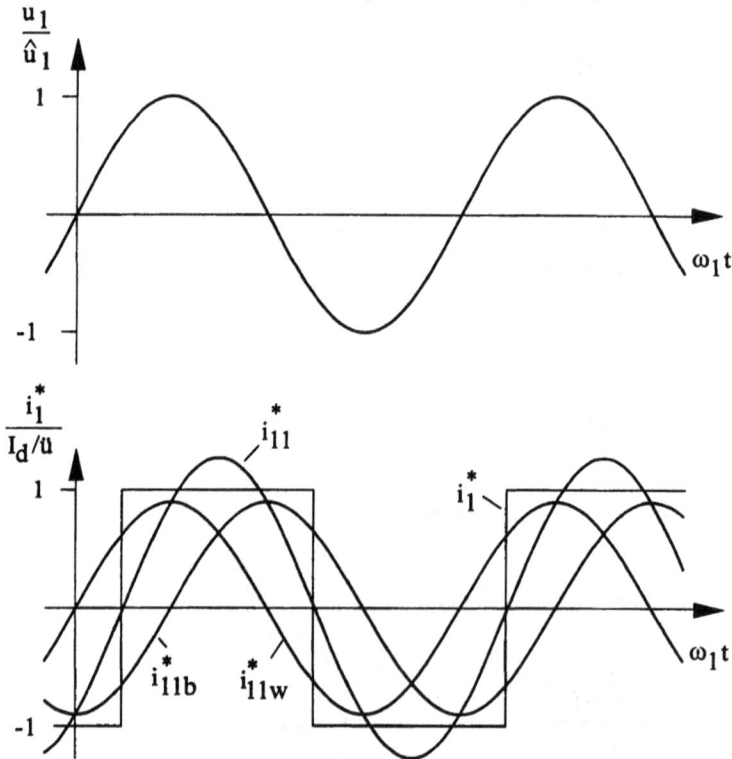

Bild 4.17: *Gesteuerter Gleichrichter in M2-Schaltung – Zerlegung des Netzstromes (Primärstromes) i_1^* in seine Grundschwingungskomponenten ($\alpha = 45°$, $\ddot{u} = u_1^* / u_1$)*

Aus Bild 4.17 folgt mit (4.28) bis (4.31):

$$u_1^* = \sqrt{2} \cdot U_1^* \cdot \sin\omega_1 t$$

$$i_{11}^* = a_1 \cdot \cos\omega_1 t + b_1 \cdot \sin\omega_1 t$$

$$i_{11}^* = -I_d \cdot \frac{4}{\ddot{u} \cdot \pi} \cdot \sin\alpha \cdot \cos\omega_1 t + I_d \cdot \frac{4}{\ddot{u} \cdot \pi} \cdot \cos\alpha \cdot \sin\omega_1 t$$

und mit $-\cos\omega_1 t = \sin(\omega_1 t - 90°)$

$$i_{11}^{*} = \sqrt{2} \cdot I_{11b}^{*} \cdot \sin(\omega_1 t - 90°) + \sqrt{2} \cdot I_{11w}^{*} \cdot \sin\omega_1 t \qquad (4.41)$$

$\downarrow$ $\downarrow$

90° nacheilend zu u_1^{*} phasengleich zu u_1^{*}

induktive Blindleistung Q_1 Wirkleistung P_1

Im Rahmen der Grundschwingungsanalyse ist die M2-Schaltung auf Grund der Stromsumme (4.41) formal als eine Last $\underline{Z}$, bestehend aus der Parallelschaltung eines gesteuerten ohmschen Widerstandes $R(\alpha)$ mit einer ebenfalls gesteuerten Induktivität $L(\alpha)$, zu interpretieren (Bild 4.18).

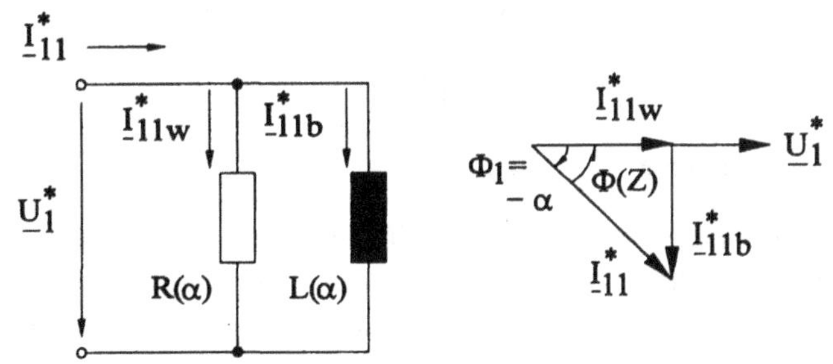

Bild 4.18: Schaltungsinterpretation für die Grundschwingungsanalyse

Da der Lastphasenwinkel $\phi(Z)$ als Drehung des Spannungszeigers $\underline{U}_1^{*}$ aus der Lage des Stromzeigers $\underline{I}_{11}^{*}$ gemäß

$$\underline{U}_1^{*} = \underline{I}_{11}^{*} \cdot Z \cdot e^{j\phi(Z)}$$

definiert ist, lautet dieser von α abhängige Lastphasenwinkel (4.31):

$$\phi(\underline{Z}) = -\phi_1 = \alpha \geq 0$$

Diese Interpretation des Grundschwingungsverhaltens des gesteuerten Gleichrichters als Parallelschaltung eines ohmschen Widerstandes $R(\alpha)$ mit einer Induktivität $L(\alpha)$ ist <u>keine</u> Auswirkung der in der Last enthaltenen Lastinduktivität, sondern eine Auswirkung des um den Zündwinkel α verzögerten Zündens der Thyristoren. Damit muss sogar bei rein ohmscher Last, wie z.B. zu Bild 4.13 unterstellt, gegenüber dem Netzanschluss ein ohmsch/induktives Grundschwingungsverhalten auftreten.

Mit dieser Zerlegung folgt für die Grundschwingungsleistungen:

$$P_1 = U_1^{*} \cdot I_{11w}^{*} = U_1^{*} \cdot \frac{1}{\sqrt{2}} \cdot I_d \cdot \frac{4}{\ddot{u} \cdot \pi} \cdot \cos\alpha = \frac{2 \cdot \sqrt{2}}{\pi} \cdot U_1 \cdot I_d \cdot \cos\alpha \qquad (4.42)$$

$$= U_{di0} \cdot I_d \cdot \cos\alpha = P_{1max} \cdot \cos\alpha = P_2 = P_d$$

$$Q_1 = U_1^* \cdot I_{11b}^* = U_1^* \cdot \frac{1}{\sqrt{2}} \cdot I_d \cdot \frac{4}{\ddot{u} \cdot \pi} \cdot \sin\alpha = \frac{2 \cdot \sqrt{2}}{\pi} \cdot U_1 \cdot I_d \cdot \sin\alpha \qquad (4.43)$$

$$= U_{dio} \cdot I_d \cdot \sin\alpha = P_{1\max} \cdot \sin\alpha$$

Den Zusammenhang zwischen dem Zündwinkel α und den Grundschwingungsleistungen P_1 bzw. Q_1 beschreibt das Blindleistungsdiagramm. Es verknüpft unter der Annahme $I_d = \text{const}$ die normierten Leistungen

$$\frac{P_1}{P_{1\max}} = \frac{U_{di\alpha}}{U_{di0}} = \cos\alpha; \quad \frac{Q_1}{P_{1\max}} = \sin\alpha$$

durch Quadrieren und Addieren wie folgt miteinander:

$$\left\{\frac{P_1}{P_{1\max}}\right\}^2 + \left\{\frac{Q_1}{P_{1\max}}\right\}^2 = \cos^2\alpha + \sin^2\alpha = 1 \qquad (4.44)$$

(4.44) beschreibt einen Kreis mit dem Radius r = 1, dessen Gültigkeit auf Grund des Zünd-winkelvariationsbereiches $0 \le \alpha \le \pi (= 180°)$ und der als positiv definierten induktiven Grundschwingungsblindleistung auf den 1. und 2. Quadranten beschränkt ist (Bild 4.19).

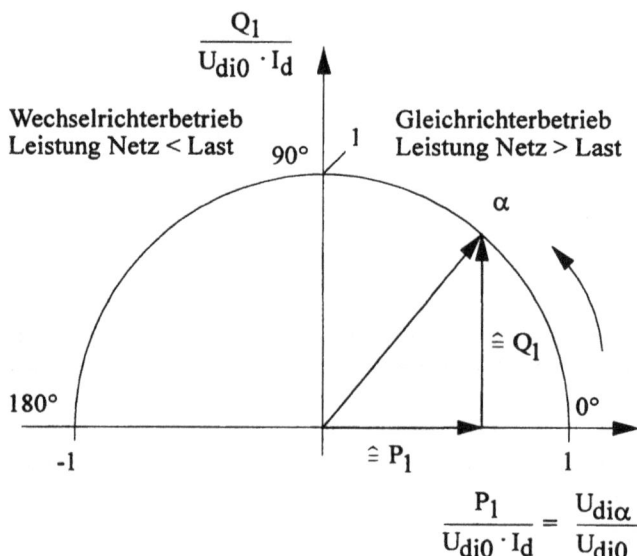

Bild 4.19:
Gesteuerter Gleichrichter in M2-Schaltung; Blindleis-tungsdiagramm bei $I_d = const > 0$

Der Betriebszustand „Wechselrichterbetrieb" ist, wie bereits bei der Diskussion der Steuer-gleichung (4.10) erörtert, bei passiver R/L-Last wegen des endlichen Energiegehaltes von L nur temporär möglich. Bei gegebenem Zündwinkel α und $I_d = const$ sind die Grund-schwingungsleistungen P_1 bzw. Q_1 dem Blindleistungsdiagramm durch grafische Konstruktion entnehmbar. Sofort erkennbar ist der große Nachteil des gesteuerten Gleichrichters in M2-Schaltung, nämlich dessen hohe Grundschwingungsblindleistung

$$Q_{1max} = P_{1max}$$

Die weiteren Leistungen bzw. Leistungskenndaten am Netzanschluss (Transformator-Primärseite) lauten:

• Scheinleistung (4.22)

$$S_1 = U_1^* \cdot I_1^* = U_1^* \cdot \frac{I_d}{\ddot{u}} = U_1 \cdot I_d \qquad (4.45)$$

• Verzerrungsblindleistung (4.23)

$$D_1 = \sqrt{S_1^2 - P_1^2 - Q_1^2} = \sqrt{(U_1 \cdot I_d)^2 - (U_{di0} \cdot I_d)^2} = I_d \cdot \sqrt{U_1^2 - U_{di0}^2}$$

mit $U_{di0} = \dfrac{2 \cdot \sqrt{2}}{\pi} \cdot U_1$

$$D_1 = I_d \cdot U_1 \cdot \sqrt{1 - 8/\pi^2} = S_1 \cdot \sqrt{1 - g^2} = S_1 \cdot k = 0,435 \cdot S_1 \qquad (4.46)$$

Energieversorgungssysteme dienen der Übertragung von Wirkleistung P_1, sind aber nicht hierfür, sondern für den Effektivwert des Stromes (Grund: Leitungsverluste) und den Effektivwert der Spannung (Grund: Isolation), also für die Scheinleistung S_1, zu dimensionieren. Ein interessantes Maß für die Effektivität ist somit das Verhältnis P_1 / S_1, wie es durch den Leistungsfaktor λ beschrieben wird.

$$\lambda = \frac{P_1}{S_1} = \frac{U_{di\alpha} \cdot I_d}{U_1 \cdot I_d} = \frac{U_{di\alpha}}{U_1} = \frac{2 \cdot \sqrt{2}}{\pi} \cdot \cos\alpha = g \cdot \cos\alpha = 0,9 \cdot \cos\alpha \quad (4.47)$$

$\cos\alpha$: Verschiebungsfaktor

Kap. 4.2.1.6 wird zeigen, dass auf Grund des nicht übertragbaren Gleichanteils in den Transformator-Sekundärströmen Unterschiede zwischen primärer und sekundärer Scheinleistung existieren. Demzufolge müssen auch Verzerrungsblindleistung und Leistungsfaktor von Transformator-Primärseite und Sekundärseite Unterschiede aufweisen.

Die hohe Grundschwingungsblindleistung Q_1 der M2-Schaltung beruht sowohl auf der gegenüber dem natürlichen Zündzeitpunkt verzögerten Durchschaltung des Laststromes als auch auf der gegenüber dem nächsten natürlichen Zündzeitpunkt verzögerten Abschaltung. Durch Einbau einer zur Last antiparallelen Freilaufdiode lässt sich zumindest das verzögerte Abschalten vermeiden und damit die Grundschwingungsblindleistung, allerdings zu Lasten der Energierückspeisung, reduzieren (Bild 4.20).

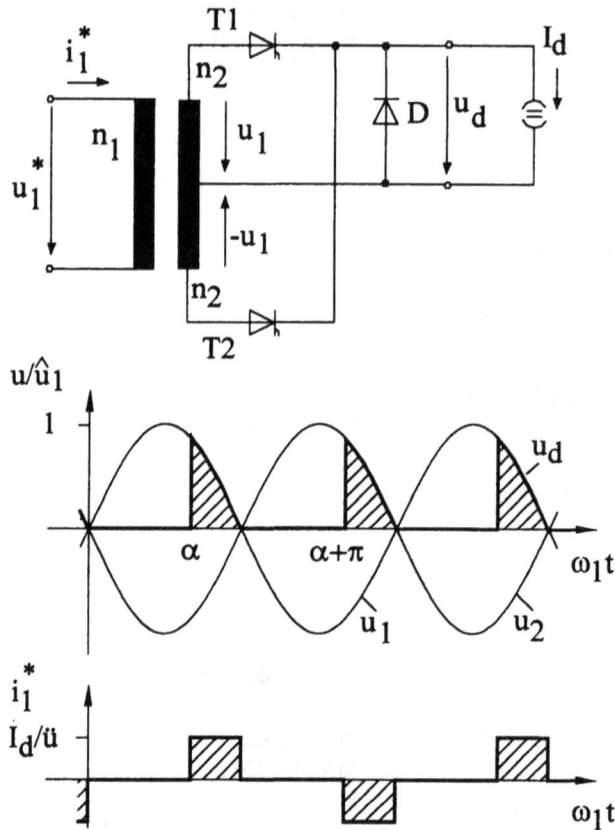

Bild 4.20: Gesteuerter Gleichrichter in M2-Schaltung mit Freilaufdiode

Wiederum sind zur Ermittlung des Primärstromes i_1^* die sekundären Strangströme $i_A(\text{T1})$ und $i_A(\text{T2})$ in Gleich- und Wechselanteile zu zerlegen und die AC-Anteile auf die Primärseite zu transformieren. Das Resultat ist ein lückender, rechteckförmiger Wechselstrom mit der Amplitude

$$\hat{i}_1^* = \frac{I_d}{\ddot{u}}$$

Ausgangsgleichspannung $U_{di\alpha}$ und Wirkleistungsaufnahme P_1 sind durch Mittelwertbildung zu bestimmen:

$$U_{di\alpha} = \frac{1}{\pi} \cdot \int_0^\pi u_d(\omega_1 t) \cdot d\omega_1 t = \frac{1}{\pi} \cdot \int_\alpha^\pi \sqrt{2} \cdot U_1 \cdot \sin \omega_1 t \cdot d\omega_1 t$$

$$U_{dia} = \frac{\sqrt{2} \cdot U_1}{\pi} \cdot \{1 + \cos\alpha\} = U_{di0} \cdot \frac{1 + \cos\alpha}{2} \geq 0 \qquad (4.48)$$

$$P_1\bigg|_{\eta=1,\,\tau\to\infty} = P_2 = P_d = U_{di0} \cdot I_d \cdot \frac{1 + \cos\alpha}{2} = P_{1\max} \cdot \frac{1 + \cos\alpha}{2} \geq 0 \qquad (4.49)$$

Die Grundschwingungsblindleistung Q_1 ergibt sich durch Ermittlung des Fourier-Koeffizienten

$$a_1 = \frac{1}{\pi} \cdot \int_0^{2\pi} i_1^* \cdot \cos\omega_1 t \cdot d\omega_1 t = \frac{1}{\pi} \cdot \left\{ \int_\alpha^\pi \frac{I_d}{\ddot{u}} \cdot \cos\omega_1 t \cdot d\omega_1 t + \int_{\pi+\alpha}^{2\pi} (-\frac{I_d}{\ddot{u}}) \cdot \cos\omega_1 t \cdot d\omega_1 t \right\}$$

$$= \frac{2}{\pi \cdot \ddot{u}} \cdot I_d \cdot \{-\sin\alpha\}$$

zu

$$Q_1 = U_1^* \cdot \left| \frac{a_1}{\sqrt{2}} \right| = U_1^* \cdot \frac{2}{\pi \cdot \ddot{u} \cdot \sqrt{2}} \cdot I_d \cdot \sin\alpha = U_1 \cdot \frac{\sqrt{2}}{\pi} \cdot I_d \cdot \sin\alpha$$

$$= U_{di0} \cdot I_d \cdot \frac{\sin\alpha}{2} = P_{1\max} \cdot \frac{\sin\alpha}{2} \qquad (4.50)$$

mit

$$Q_{1\max} = \frac{1}{2} \cdot P_{1\max}$$

Im Vergleich zur M2-Schaltung ohne Freilaufdiode (Bild 4.4, (4.10), (4.43)) zeigt die Variante mit Freilaufdiode also den gewünschten Vorteil einer reduzierten Grundschwingungsblindleistung Q_1. Jedoch ist wegen $U_{dia} \geq 0$ nur Einquadrantenbetrieb möglich.

Weitere Möglichkeiten zur Reduzierung der Grundschwingungsblindleistung bei besserer Ausnutzung des Transformators und, entsprechende Steuerverfahren vorausgesetzt, bei Beibehaltung der Möglichkeit eines Zweiquadrantenbetriebes bietet die Brückenschaltung (Kap. 4.2.1.8).

4.2.1.4 M2-Schaltung mit endlicher Kommutierungsdauer

Bislang wurden in der Betrachtungsweise der idealisierten Stromrichtertheorie ideale Thyristoren mit

Sperrverzögerungsladung $Q_{rr} = 0$

Rückstromspitze $I_{R\ddot{u}} = 0$

Durchschaltzeit $t_{gon} = 0$

kritische Stromsteilheit $S_{ikrit} = \infty$

unterstellt. Hieraus folgte bei idealer Restschaltung

Kommutierungsgeschwindigkeit $|di/dt| = \infty$

Kommutierungsdauer $t_k = 0$

Real trifft dies weder zu, noch wäre dies zulässig. Eine Kommutierungsgeschwindigkeit $|di/dt| > S_{ikrit}$ würde zur Zerstörung des gerade gezündeten Thyristors führen. Die Nichtbeachtung von Q_{rr} würde zu Rückstromspitzen $I_{Rü} > I_d$ führen und könnte so als Folge eines so genannten Ventilkurzschlusses ebenfalls die Zerstörung der Thyristoren bewirken. Die Kommutierungsgeschwindigkeit ist also auf technologisch vertretbare Werte zu reduzieren. Geschehen kann dies durch den Einbau diskreter Kommutierungsinduktivitäten L_k oder durch die Verwendung von Transformatoren mit ausreichend groß dimensionierter Streuinduktivität L_σ, den so genannten Stromrichtertransformatoren.

Im Falle der Transformatoren wird die für die Kommutierung wirksame Kommutierungsinduktivität L_k in der Regel indirekt über die relative Kurzschlussspannung u_k spezifiziert. Diese erfasst im Transformator-Ersatzschaltbild (Bild 4.21) neben den hier gefragten induktiven Längsspannungsabfällen auch die für die Kommutierung meist vernachlässigbaren ohmschen Spannungsabfälle und ist definiert als das Verhältnis der bei Nennstrom (primär oder sekundär) auftretenden Kurzschlussspannung (primär oder sekundär) und der Nennspannung (primär oder sekundär)

$$u_k = \sqrt{u_R^2 + u_x^2} \approx u_x = \frac{\omega_1 \cdot L_k \cdot I_{nenn}}{U_{nenn}} \qquad (4.51)$$

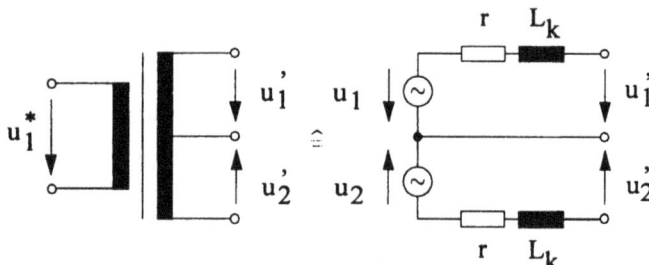

Bild 4.21:
Sekundärseitiges Transformator-Ersatzschaltbild, Definition der relativen Kurzschlussspannung u_k

Der Ansatz (4.51) ist unabhängig von Primär- oder Sekundärseite des Transformators. Erst nach Zuordnung der Nenngrößen zur betrachteten Transformatorseite ist für diese aus (4.51) die wirksame Kommutierungsinduktivität L_k berechenbar.

Im Falle der M2-Schaltung interessiert die sekundärseitige, strangbezogene Kommutierungsinduktivität L_k. Für diese ergibt sich mit $U_{nenn} = U_{1nenn}$ und durch gleiche Aufteilung der Transformatortypenleistung S_{nenn} auf die beiden Sekundärstränge mit

$$U_{1nenn} \cdot I_{1nenn} = S_{nenn} / 2$$

$$L_k = \frac{u_k \cdot U_{1nenn}}{\omega_1 \cdot I_{1nenn}} \cdot \frac{U_{1nenn}}{U_{1nenn}} = \frac{2 \cdot u_k \cdot U_{1nenn}^2}{\omega_1 \cdot S_{nenn}} \tag{4.52}$$

Anmerkung: U_{1nenn} bzw. I_{1nenn} sind als Typenschildangaben auch dann anzusetzen, wenn der Transformator real mit einer hiervon abweichenden Spannung $U_1 \neq U_{1nenn}$ betrieben wird.

Unabhängig von der Herkunft der Kommutierungsinduktivität, Transformator oder diskrete Drossel, ist das aus Bild 4.4 bekannte Ersatzschaltbild der M2-Schaltung, wie in Bild 4.22 dargestellt, durch Kommutierungsinduktivitäten L_k zu ergänzen.

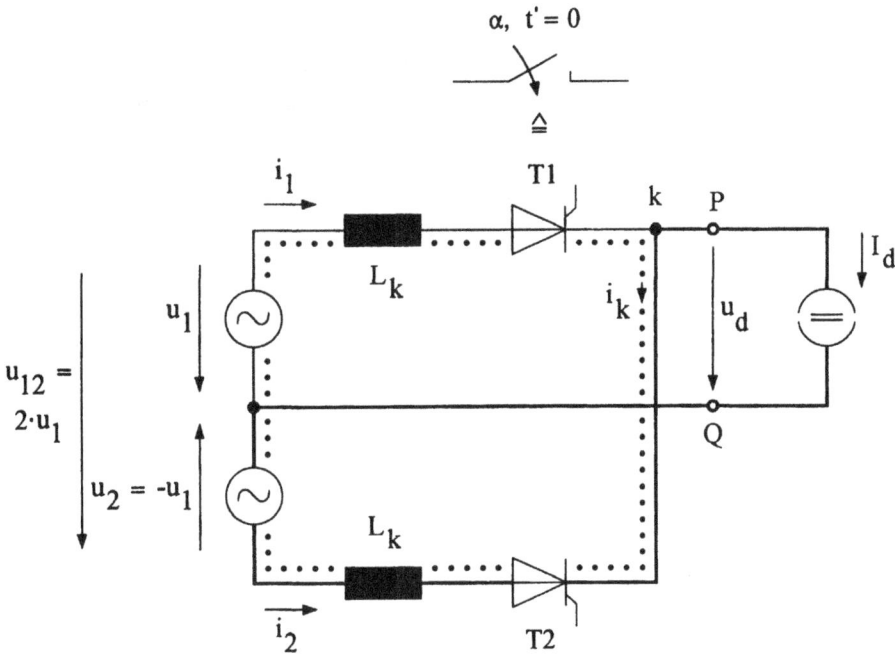

Bild 4.22: Ersatzschaltbild der M2-Schaltung unter Einbeziehung der Kommutierungsinduktivitäten L_k ; (.... ; —: Interpretation der Kommutierung als Überlagerung von Ventilkurzschluss und Stromsituation für t' < 0)

Das Lastverhalten wird in Bild 4.22 durch eine Stromquelle wiedergegeben. Diese in Bild 4.4 für $\tau \gg T_1$, idealisiert für $\tau \rightarrow \infty$, eingeführte Berücksichtigung des Lastverhaltens ist hier bei $i_d > 0$ infolge der zeitlichen Kürze des Kommutierungsvorganges auch für kleine Zeitkonstanten zulässig. Allerdings ist dann die Stromquelle nicht mit dem Gleichstromanteil des Laststromes sondern mit dem Momentanwert des Laststromes zum Kommutierungszeitpunkt zu beziffern.

Wie wirken sich diese betriebsnotwendigen Kommutierungsinduktivitäten L_k auf den zeitlichen Ablauf der Kommutierung, d.h. auf $i_1(t)$ und $i_2(t)$ aus und welche Konsequenzen ergeben sich für die Lastspannung $u_d(t)$ und deren Gleichspannungsanteil U_d? Zur Klärung dieser Frage wird im Folgenden zum Zeitpunkt $t'=0$ (Zündwinkel α) die Zündung des Thyristors T1 und damit der Beginn einer Kommutierung des Laststromes I_d von T2 nach T1 unterstellt. Dabei soll T1 auf Grund des vergleichsweise schnellen Durchschaltvorganges (Durchschalten $\neq$ volles Einschalten gemäß Kap. 2.4.2) als idealer Schalter interpretiert werden.

Im neuen, auf den Zündzeitpunkt bezogenen Koordinatensystem t' lautet dann die Beschreibung der primären Strangspannungen:

$$u_1 = -u_2 = \frac{u_{12}}{2} = \hat{u}_1 \cdot \sin(\omega_1 t' + \alpha) \tag{4.53}$$

Soll der durch Zündung von T1 eingeleitete Kommutierungsvorgang mittels Laplace-Transformation bestimmt werden, so ist, falls die Laplace-Transformierte phasenverschobener Sinusfunktionen nicht bekannt ist, eine trigonometrische Zerlegung des in (4.53) enthaltenen Sinusterms gemäß

$$\sin(\omega_1 t' + \alpha) = \sin\omega_1 t' \cdot \cos\alpha + \cos\omega_1 t' \cdot \sin\alpha$$

durchzuführen.

Mit den Korrespondenzen

$$\sin \omega_1 t' \circ\!\!\!-\!\!\!-\!\!\!-\!\!\bullet \frac{\omega_1}{s^2 + \omega_1^2}; \quad \cos\omega_1 t' \circ\!\!\!-\!\!\!-\!\!\!-\!\!\bullet \frac{s}{s^2 + \omega_1^2}$$

folgt unter Beachtung der Anfangsbedingungen $i_1(0) = 0$; $i_2(0) = I_d$ für die Spannungsmasche $(\ldots)$

$$
\begin{aligned}
\underline{U}_{12}(s) = 2 \cdot \underline{U}_1(s) &= 2 \cdot \hat{u}_1 \cdot \cos\alpha \cdot \frac{\omega_1}{s^2 + \omega_1^2} + 2 \cdot \hat{u}_1 \cdot \sin\alpha \cdot \frac{s}{s^2 + \omega_1^2} \\
&= L_k \cdot \left\{ s \cdot \underline{I}_1(s) - i_1(0) \right\} - L_k \cdot \left\{ s \cdot \underline{I}_2(s) - i_2(0) \right\} \\
&= L_k \cdot s \cdot \underline{I}_1(s) - L_k \cdot s \cdot \underline{I}_2(s) + L_k \cdot I_d
\end{aligned}
\tag{4.54}
$$

und für den Stromknoten (k)

$$\underline{I}_1(s) + \underline{I}_2(s) = \frac{I_d}{s} \tag{4.55}$$

Die Elimination von $\underline{I}_2(s)$ durch Einsetzen von (4.55) in (4.54) ergibt für $\underline{I}_1(s)$

$$\underline{I}_1(s) = \frac{\hat{u}_1}{L_k} \cdot \left\{ \cos\alpha \cdot \frac{\omega_1}{s \cdot (s^2 + \omega_1^2)} + \sin\alpha \cdot \frac{1}{s^2 + \omega_1^2} \right\} \tag{4.56}$$

und nach Rücktransformation in den Zeitbereich unter Verwendung der Korrespondenzen

$$\frac{1}{s \cdot (s^2 + \omega_1^2)} \bullet\!\!-\!\!-\!\!\circ \frac{1 - \cos\omega_1 t'}{\omega_1^2}; \quad \frac{1}{s^2 + \omega_1^2} \bullet\!\!-\!\!-\!\!\circ \frac{1}{\omega_1} \cdot \sin\omega_1 t'$$

$$
\begin{aligned}
i_1(t') &= \frac{\hat{u}_1}{\omega_1 \cdot L_k} \cdot \left\{ \cos\alpha \cdot (1 - \cos\omega_1 t') + \sin\alpha \cdot \sin\omega_1 t' \right\} \\
&= \frac{\hat{u}_1}{\omega_1 \cdot L_k} \cdot \left\{ \cos\alpha - \cos\alpha \cdot \cos\omega_1 t' + \sin\alpha \cdot \sin\omega_1 t' \right\} \\
&= \frac{\hat{u}_1}{\omega_1 \cdot L_k} \cdot \left\{ \cos\alpha - \cos(\omega_1 t' + \alpha) \right\}
\end{aligned}
\tag{4.57}
$$

Weiter folgt aus der Knotenbedingung $i_1(t') + i_2(t') = I_d$

$$i_2(t') = I_d - i_1(t') = I_d - \frac{\hat{u}_1}{\omega_1 \cdot L_k} \cdot \left\{ \cos\alpha - \cos(\omega_1 t' + \alpha) \right\} \tag{4.58}$$

Für $I_d = 0$ beschreiben die Gleichungen (4.57) und (4.58) genau jene Kurzschlussströme, die bei fehlender Last und Ventilkurzschluss zum Zeitpunkt $t' = 0$ sowie unbeachteter Ventilwirkung über die beiden Thyristoren T1 und T2 fließen. Hierbei beschreibt der Quotient

$$\frac{\hat{u}_1}{\omega_1 \cdot L_k} = \hat{i}_k \tag{4.59}$$

den stationären Kurzschlussspitzenstrom. Damit wird das Resultat für $I_d \neq 0$ interpretierbar als Überlagerung der Stromsituation vor Beginn der Kommutierung, also für $t' < 0$, mit der Auswirkung eines Ventilkurzschlusses für $t' > 0$. Diese Interpretation entspricht direkt der Vorgehensweise eines Stromansatzes mittels Kreisströmen. Damit ist also (vgl. auch Bild 4.22):

$$i_1(t') = i_k(t') = \hat{i}_k \cdot \left\{ \cos\alpha - \cos(\omega_1 t' + \alpha) \right\} \tag{4.60}$$

$$i_2(t') = I_d - i_k(t') = I_d - \hat{i}_k \cdot \left\{ \cos\alpha - \cos(\omega_1 t' + \alpha) \right\} \tag{4.61}$$

Die Gleichungen (4.60) und (4.610) gelten auf Grund der Ventilwirkung nur innerhalb des Kommutierungsintervalles $0 < t' < t_k \ll T_1$. Die Angabe $\hat{i}_k$ charakterisiert hierin den Spitzenwert eines sich ausbildenden Kurzschlussstromes und tritt, da wegen $t' < t_k \ll T_1$ nur das Anfangsverhalten gültig ist, selbst als Stromamplitude nicht in Erscheinung.

Bei ausreichend groß dimensionierter Kommutierungsinduktivität L_k und dementsprechend geringer Kommutierungsgeschwindigkeit $|di/dt|$ wird die Sperrverzögerungsladung Q_{rr} samt ihren Auswirkungen, wie z.B. dem Rückstrom, vernachlässigbar. Der Kommutierungsvorgang ist somit dann eindeutig beendet, wenn $i_2(t')$ zu Null geworden ist und als Folge hiervon der abkommutierende Thyristor T2 verlöscht. Damit lassen sich die Kommutierungsdauer t_k bzw. der Überlappungswinkel $u_\alpha = \omega_1 \cdot t_k$ als Maß für die gemeinsame Leitdauer der beiden Thyristoren T1 und T2 aus (4.61) bestimmen:

$$i_2(u_\alpha) = 0 \rightarrow u_\alpha = \omega_1 t_k = \arccos\left\{\cos\alpha - \frac{I_d}{\hat{i}_k}\right\} - \alpha \qquad (4.62)$$

Speziell für $\alpha = 0°$ bzw. für den Fall des ungesteuerten Gleichrichters mit Dioden ergibt sich der Anfangsüberlappungswinkel

$$u_0 = u_\alpha(\alpha = 0°) = \arccos\left\{1 - \frac{I_d}{\hat{i}_k}\right\} \qquad (4.63)$$

Bei einer technisch sinnvollen Dimensionierung wird man zur Vermeidung ungünstiger Auswirkungen die Kommutierungsinduktivität L_k gerade so groß dimensionieren, dass einerseits die Effekte „Sperrverzögerungsladung Q_{rr}" und „kritische Stromsteilheit S_{ikrit}" beherrschbar sind und andererseits der Überlappungswinkel u_α als Ursache für die in Kap. 4.2.1.5 noch zu beschreibenden induktiven Spannungsverluste nicht zu groß wird. Dies führt zu praktischen Dimensionierungen mit:

$$\hat{i}_k \gg I_d \quad \text{bzw.} \quad \frac{I_d}{\hat{i}_k} \ll 1$$

Der Einfluss des Momentanwertes der Kommutierungsspannung, das ist die Netzspannung u_1 bzw. u_{12}, auf die Größe des Überlappungswinkels kann aus der Ersatzschaltung für den Ventilkurzschluss (Bild 4.23) abgeleitet werden. Der Ansatz des Kurzschlussstromes i_k über

$$u_{12} = 2 \cdot u_1 = 2 \cdot L_k \cdot \frac{di_k}{dt}$$

ergibt für die zeitliche Änderung des Kurzschlussstromes und damit für die Kommutierungsgeschwindigkeit:

$$\frac{di_k}{dt} = \frac{u_1}{L_k} \qquad (4.64)$$

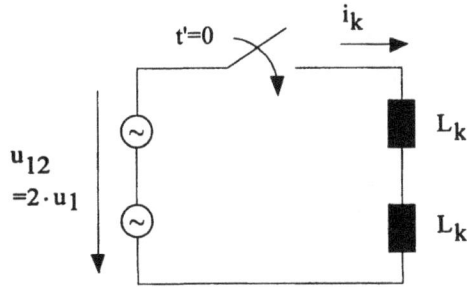

Bild 4.23:
Einfluss der Netzspannung u_1 auf die Kommu-
tierungsdauer – Bestimmung des Ventilkurz-
schlussstromes i_k

Also:

$\alpha \approx 0°$	: u_1 klein	$\rightarrow di_k / dt$ klein	$\rightarrow u_\alpha \approx u_0$ groß
$\alpha = 90°$	: $u_1 = \hat{u}_1$	$\rightarrow di_k / dt$ groß	$\rightarrow u_\alpha$ klein
	$\rightarrow$ Dimensionierungskriterium für L_k		
$\alpha \rightarrow 180°$	: u_1 klein	$\rightarrow di_k / dt$ klein	$\rightarrow u_\alpha$ groß

Eine über diese qualitative Diskussion hinausgehende Auswertung der Gleichung (4.62) zeigt Bild 4.24.

Ein beherrschbarer Betrieb des gesteuerten Gleichrichters ist nur dann gewährleistet, wenn die Kommutierung gesichert beendet ist, bevor am abkommutierenden Thyristor erneut $u_{AK} > 0$ auftritt. „Gesichert beendet" bedeutet

Beachtung der Kommutierungsdauer t_k bzw. des Überlappungswinkels u_α
Beachtung der Thyristor-Schonzeit t_c
Beachtung der Toleranzen
Beachtung von Netzspannungsschwankungen

Damit der abkommutierende Thyristor im natürlichen Zündzeitpunkt nicht selbstständig erneut in den Vorwärts-Durchlasszustand übergeht (vgl. Bild 4.26), ist also für den gesicherten Abschluss der Abkommutierung zu fordern:

$$\alpha_{max} + u_{\alpha max} + \omega_1 \cdot t_c < 180°$$

Der maximal zulässige Zündwinkel bzw. die so genannte Wechselrichtertrittgrenze ist demzufolge auf

$$\alpha_{max} < 180° - u_{\alpha max} - \omega_1 t_c \tag{4.65}$$

zu limitieren. Da der Laststrom I_d von Anwendungsfall zu Anwendungsfall variiert, die Wechselrichtertrittgrenze aber nicht stets neu eingestellt werden kann, wird in der Praxis im Steuerteil eine feste Begrenzung des maximalen zulässigen Zündwinkels bei $\alpha_{max} \approx 150°$ eingestellt.

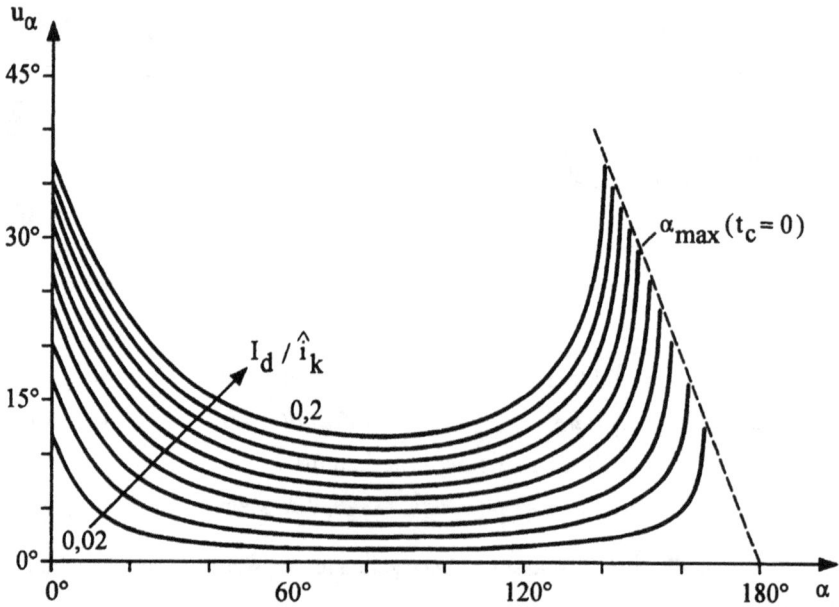

Bild 4.24: Gesteuerter Gleichrichter – Überlappungswinkel $u_\alpha = u_\alpha(\alpha, I_d / \hat{i}_k)$

Mit dem Kommutierungsansatz nach (4.60) und (4.61) ist auf einfache Weise die Auswirkung des Kommutierungsvorganges auf die Lastspannung u_d bestimmbar. So ergibt sich durch Addition der beiden Bestimmungsgleichungen für $u_d(t')$ während der Kommutierungsdauer $0 < t' < t_k$

$$u_d(t') = u_1 - L_k \cdot \frac{di_1}{dt} = u_1 - L_k \cdot \frac{di_k}{dt}$$

$$u_d(t') = u_2 - L_k \cdot \frac{di_2}{dt} = u_2 + L_k \cdot \frac{di_k}{dt}$$

$$u_d(0 < t' < t_k) = \frac{u_1 + u_2}{2} = 0 \qquad\qquad (4.66)$$

Bild 4.25 zeigt die sich nach (4.57), (4.58) und (4.66) ergebenden Zeitfunktionen $i_1(t)$, $i_2(t)$ und $u_d(t)$ für verschiedene Zündwinkel α. Erkennbar ist, dass bei endlicher Kommutierungsdauer infolge des Kommutierungseinbruches ein Teil der positiven Spannungszeitfläche in der Lastspannung $u_d(t)$ verloren geht – die Ausgangsgleichspannung $U_d = u_d$ wird somit gegenüber der idealisierten Betrachtung abnehmen.

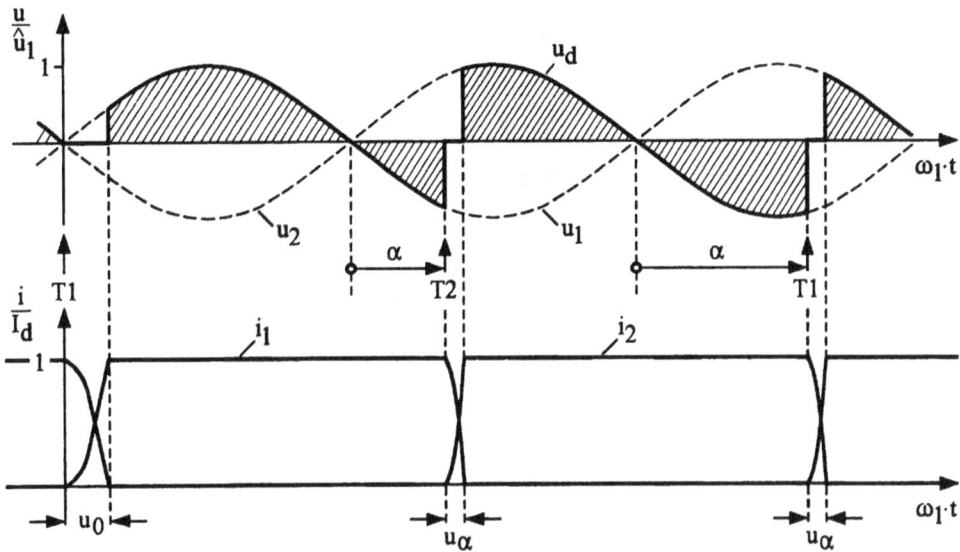

Bild 4.25: M2-Schaltung – zeitlicher Verlauf des Kommutierungsvorganges

Welche Auswirkungen bei einer weiteren Vergrößerung des Zündwinkels α über die Wechselrichtertrittgrenze hinaus mit $\alpha > \alpha_{max}$ auftreten, demonstriert Bild 4.26. Dargestellt sind die beiden Fälle

passive Last → R/L-Last (Beispiel: Bild 4.9)

und

aktive Last → generatorische Last (Beispiel: Bild 4.8 – Aufzug bei gebremstem Absenken mit $U_i(n < 0) < 0$)

Die Zeitfunktion $u_d(t)$ zeigt, dass im dargestellten Fall die erstmalige Überschreitung der Wechselrichtertrittgrenze mit $\alpha(T2) > \alpha_{max}$ zwar zu einer Kommutierungseinleitung führt, diese aber nicht beendet wird, da zum nachfolgenden Spannungsnulldurchgang der Thyristor T1 wegen $i_A(T1) > 0$ selbstständig wieder in den Vorwärts-Durchlasszustand übergeht und seinerseits T2 löscht. Als Folge tritt, abgesehen von dem kurzzeitigen Spannungseinbruch mit $u_d = 0$ während des Kommutierungsversuches, eine dauerhafte Durchschaltung der Strangspannung u_1 an die Last auf. Bei passiver Last mit $\tau \gg T_1$ endet dieser Zustand nach Entregung der Induktivität – es schließt sich, wie in Kap. 4.2.1.2 beschrieben, Lückbetrieb mit $i_d(t \gg \tau) \to \approx 0$ und damit $u_\alpha \to 0°$ sowie $\alpha_{max} \to 180°$ an. Anders bei aktiver Last und $U_i < 0$. Thyristor T1 (oder T2) bleibt dauernd leitend und der weitere Laststromverlauf wird geprägt von der Überlagerung eines kleinen Wechselstromes $i_{d\sim}$ mit einem Gleichstromkurzschluss der Last über den Wechselstrom-Strang u_1 (oder u_2) gemäß:

$$i_d = i_{d\sim} - U_i / R \approx -U_i / R > 0 \qquad (4.67)$$

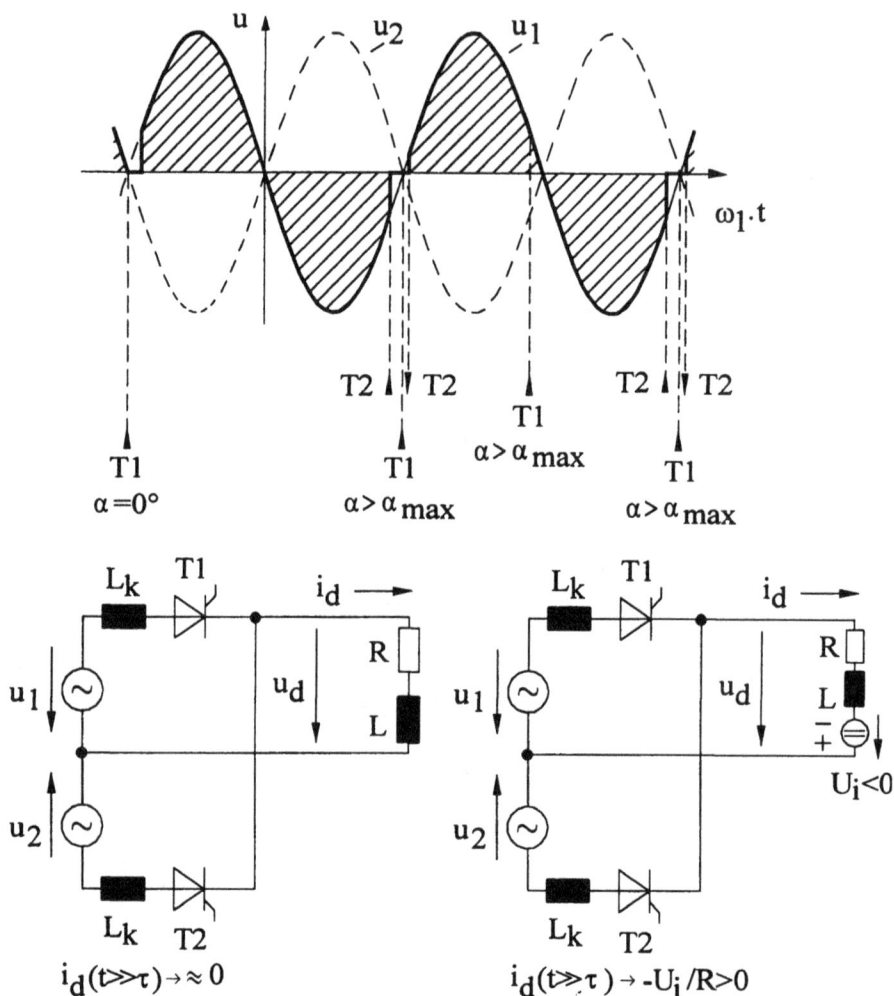

Bild 4.26: Änderung Zündwinkel $\alpha=0°$ nach $\alpha > \alpha_{max}$ (Wechselrichtertrittgrenze) bei passiver Last (links) bzw. aktiver Last mit $U_i < 0$ (rechts); schraffiert: Lastspannung $u_d(t)$ bei $i_d(t) > 0$; $\uparrow \hat{=}$ Zündung bzw. Übergang Leitzustand ; $\downarrow \hat{=}$ Löschen

Da der auftretende Kurzschlussstrom $-U_i/R$ bei idealer Betrachtung lediglich durch den in der Energietechnik meist sehr kleinen Lastwiderstand R, bei realer Betrachtung zusätzlich durch den Durchlasswiderstand des gezündeten Thyristors sowie den Wicklungswiderstand eines Transformatorstranges begrenzt wird, ist im Allgemeinen mit einer Zerstörung der Schaltung zu rechnen.

4.2.1.5   M2-Schaltung : Spannungsverluste

Gemäß Kap. 4.2.1.4 tritt während des Kommutierungsvorganges ein Spannungszeitflächen-verlust und somit eine Reduzierung der verfügbaren Ausgangsgleichspannung auf. Weitere, bislang nicht diskutierte Spannungszeitflächenverluste, künftig vereinfacht nur als Verluste deklariert, sind im Transformator und in den Ventilen zu registrieren. Damit ergibt sich als reale Lastgleichspannung

$$U_{d\alpha} = f \begin{cases} \text{Zündwinkel } \alpha \\ \text{Überlappungswinkel } u_\alpha \rightarrow \text{induktiver Verlust } D_x \\ \text{Transformator--,Ventilverlust} \rightarrow D_{Tr}, D_v \end{cases}$$

Im praktischen Anwendungsfall wird, zumindest bei $U_1 \gg U_{T0}$, der induktive Spannungs-verlust D_x dominieren, d.h. ohmsche Verluste im Transformator und in den Ventilen sind für die erzielbare Gleichspannung (nicht hingegen für die Verlustwärmebilanz) vernachläs-sigbar. Dennoch sollen im Folgenden alle genannten Verlustgrößen jeweils einzeln im stati-onären Zustand betrachtet und anschließend zur Belastungskennlinie zusammengefasst wer-den. Natürlich existieren auch zwischen den Verlustgrößen Wechselwirkungen – ihre Auswirkungen auf die Belastungskennlinie sind aber „klein von höherer Ordnung" und hier vernachlässigt.

- induktiver Verlust:

Wird nach Bild 4.27 zum Zeitpunkt $t = 0$ (Zündwinkel α) eine Kommutierung durch Zün-dung des Thyristors T1 eingeleitet, so folgt nach (4.66) für den Momentanwert der Last-spannung

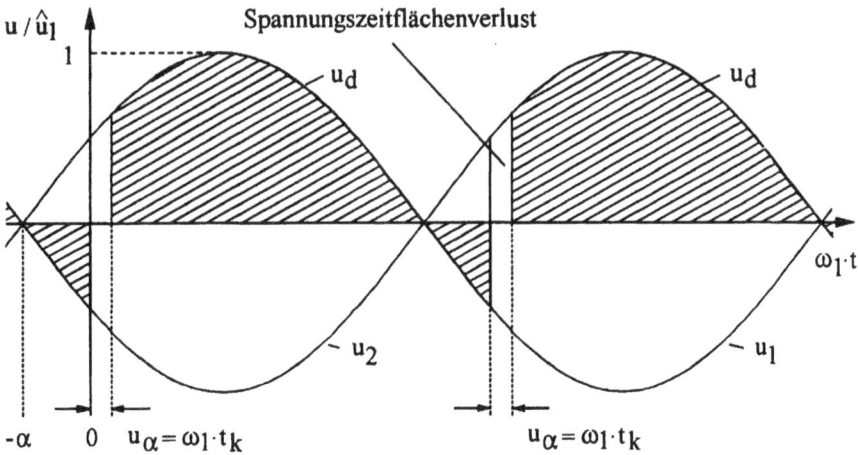

Bild 4.27: Zur Bestimmung des induktiven Spannungszeitflächenverlustes D_x

$$u_d(0 \leq t \leq t_k) = u_1 - L_k \cdot \frac{di_1}{dt} = \frac{u_1 + u_2}{2} = 0$$

und für die sekundäre Gleichspannung durch Integration über einen Gleichrichtimpuls

$$U_{d\alpha} = \frac{2}{T_1} \int_0^{T_1/2} u_d \cdot dt = U_{di\alpha} - \frac{2}{T_1} \int_0^{t_k} u_1 \cdot dt = U_{di\alpha} - D_x \qquad (4.68)$$

Der Wert des zunächst unbekannten Integrals in (4.68) kann durch Umformung und Integration von (4.64) ermittelt werden. Aus dieser Umformung folgt mit $i_1 = i_k$

$$di_1 = \frac{1}{L_k} \cdot u_1 \cdot dt$$

und durch Integration über die Dauer t_k des Kommutierungsintervalles

$$\int_0^{I_d} di_1 = \frac{1}{L_k} \cdot \int_0^{t_k} u_1 \cdot dt = I_d \rightarrow \int_0^{t_k} u_1 \cdot dt = L_k \cdot I_d \qquad (4.69)$$

Die während der Dauer t_k des Kommutierungsvorganges entfallende Spannungszeitfläche ist somit unabhängig vom Zündwinkel α. Dies bestätigt die bereits früher festgestellte Aussage

Kommutierung bei kleinem Spannungswert u_1

$\rightarrow$ lange Kommutierungsdauer t_k bzw. großer Überlappungswinkel u_α

Kommutierung bei großem Spannungswert u_1

$\rightarrow$ kurze Kommutierungsdauer t_k bzw. kleiner Überlappungswinkel u_α

Durch Einsetzen von (4.69) in (4.68) folgt für den induktiven Spannungsverlust D_x

$$D_x = \frac{2}{T_1} \cdot L_k \cdot I_d = 2 \cdot f_1 \cdot L_k \cdot I_d \qquad (4.70)$$

Gleichung (4.70) eignet sich zur Bestimmung des induktiven Verlustes D_x bei bekannter Kommutierungsinduktivität L_k und bekanntem Lastgleichstrom I_d. Bei unbekannter Kommutierungsinduktivität L_k ist die reale Gleichspannung und damit der induktive Verlust über die Zeitfunktion (messtechnisch: Oszillogramm) zu bestimmen. Rechnerisch ergibt dies mit dem Berechnungsansatz (4.68):

$$U_{d\alpha} = U_{di\alpha} - \frac{2}{T_1} \int_0^{t_k} \sqrt{2} \cdot U_1 \cdot \sin(\omega_1 t + \alpha) \cdot dt$$

$$U_{d\alpha} = \frac{2 \cdot \sqrt{2}}{\pi} \cdot U_1 \cdot \cos\alpha - \frac{2}{T_1} \cdot \frac{\sqrt{2} \cdot U_1}{2\pi / T_1} \cdot \left\{ -\cos(\omega_1 t + \alpha) \right\} \Big|_0^{t_k}$$

$$= U_{di0} \cdot \cos\alpha - \frac{U_{di0}}{2} \cdot \left\{ \cos\alpha - \cos(\alpha + u_\alpha) \right\} \qquad (4.71)$$

$$= \frac{U_{di0}}{2} \cdot \left\{ \cos\alpha + \cos(\alpha + u_\alpha) \right\}$$

Aus (4.71) ist der induktive Spannungsverlust, nunmehr als Funktion von Zünd- und Überlappungswinkel, entnehmbar mit

$$D_x = \frac{U_{di0}}{2} \cdot \left\{ \cos\alpha - \cos(\alpha + u_\alpha) \right\} \qquad (4.72)$$

- ohmscher Trafoverlust:

Die ohmschen Spannungsverluste im realen Transformator sind, da stets nur ein Strang den Strom I_d führt, über den resultierenden sekundären Strangwiderstand r erfassbar zu

$$D_{Tr} = r \cdot I_d$$

mit

$$r = \frac{1}{\ddot{u}^2} \cdot r_p + r_s$$

r_p : primärer Wicklungswiderstand

r_s : sekundärer Wicklungswiderstand eines Stranges

$\ddot{u} = u_1^* / u_1$: Übersetzungsverhältnis

bzw. bei bekannter relativer ohmscher Kurzschlussspannung

$$u_r = \frac{r \cdot I_{nenn}}{U_{nenn}} = \frac{r \cdot S_{nenn}(Strang)}{U_{1nenn}^2}$$

$$D_{Tr} = u_r \cdot \frac{U_{1nenn}^2}{S_{nenn}(Strang)} \cdot I_d \qquad (4.73)$$

M2 – Transformator : $S_{nenn}(Strang) = 0,5 \cdot S_{nenn}$

- Ventilverluste:

Da bei der M2-Schaltung stets nur ein Thyristor im Strompfad liegt, lauten die Ventilverluste

$$D_v = U_{T0} + r_T \cdot I_d \qquad (4.74)$$

Dem Ansatz (4.74) liegt das Ersatzschaltbild des Durchlassverhaltens nach Bild 2.7 zu Grunde. Für $I_d \to 0$ verliert diese Darstellung ihre Gültigkeit und die Ventilverluste zeigen abweichend von (4.74) eine nichtlineare Stromabhängigkeit.

Die Zusammenfassung von (4.70), (4.73) und (4.74) führt zur realen Gleichspannung:

$$U_{d\alpha} = U_{di\alpha} - \sum D$$

$$= \frac{2\sqrt{2}}{\pi} \cdot U_1 \cdot \cos\alpha \qquad\qquad (4.75)$$

$$- 2 \cdot f_1 \cdot L_k \cdot I_d - u_r \cdot \frac{U_{1nenn}^2}{S_{nenn}(Strang)} \cdot I_d - U_{T0} - r_T \cdot I_d$$

bzw. zur Belastungskennlinie des gesteuerten Gleichrichters (Bild 4.28).

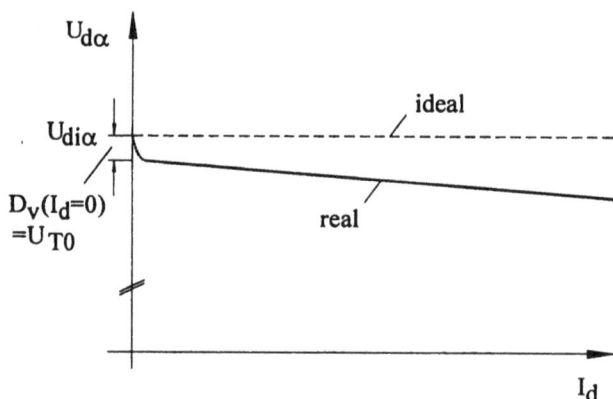

Bild 4.28:
Belastungskennlinie

4.2.1.6   M2-Schaltung: Transformator

Der gesteuerte Gleichrichter in M2-Schaltung benötigt zum Betrieb am üblichen Einphasen-Wechselspannungsnetz die Zwischenschaltung eines Transformators mit sekundärseitiger Mittenanzapfung. Abhängig vom momentanen Betriebszustand der Thyristoren T1 und T2 wird jeweils nur Strang 1 (u_1) oder Strang 2 (u_2) und damit nur eine Hälfte der gesamten Sekundärwicklung mit der Primärwicklung magnetisch verknüpft. Dies führt nach (4.4) und (4.5) zu einer Gleichstrombelastung der Sekundärwicklung, damit zu unterschiedlichen Scheinleistungen S_1 auf Primär- (p) und Sekundärseite (s) des Transformators mit $S_{1p} < S_{1s}$ und somit zu einer insgesamt schlechten Ausnutzung des Transformators.

Zur Beurteilung der Transformatorausnutzung wird bei gegebenem Laststrom I_d die maximal übertragbare Wirkleistung mit der erforderlichen Transformator-Typenleistung verglichen. Der Begriff der Typenleistung berücksichtigt, dass für die Auslegung von Energieversorgungsanlagen und somit auch für Transformatoren die Scheinleistung als wesentliche Projektierungsgrundlage zu betrachten ist. Im besonderen Fall der Transformator-

Typenleistung S_{typ} entspricht diese dem Mittelwert von primärer (S_{1p}) und sekundärer (S_{1s}) Scheinleistung

$$S_{typ} = \frac{S_{1p} + S_{1s}}{2} \tag{4.76}$$

wobei gemäß Bild 4.4 und Bild 4.6 bei idealisierten Stromrichtertheorie

$$S_{1p} = U_1^* \cdot I_1^* = U_1^* \cdot \frac{I_d}{\ddot{u}} = U_1 \cdot I_d ; \quad \ddot{u} = u_1^* / u_1 \tag{4.77}$$

$$S_{1s} = U_1 \cdot I_1 + U_2 \cdot I_2 = 2 \cdot U_1 \cdot I_1 \tag{4.78}$$

Der Effektivwert I_1 des Stromes i_1 im sekundären Strang 1 lautet unter Beachtung des Stromflusswinkels $\gamma = \pi$

$$I_1 = \sqrt{\frac{1}{2\pi} \cdot \int_0^\pi I_d^2 \cdot d\omega_1 t} = \frac{I_d}{\sqrt{2}} \tag{4.79}$$

Hieraus folgt unter Zusammenfassung von (4.76) bis (4.79) für die erforderliche Transformator-Typenleistung in der M2-Schaltung

$$S_{typ} = \frac{1}{2} \cdot \left\{ U_1 \cdot I_d + 2 \cdot U_1 \cdot \frac{I_d}{\sqrt{2}} \right\} = \frac{U_1 \cdot I_d}{2} \cdot \left\{ 1 + \sqrt{2} \right\} \tag{4.80}$$

Zusammen mit der maximal übertragbaren Wirkleistung bzw. Gleichstromleistung (4.42)

$$P_{1\max} = U_{di0} \cdot I_d = \frac{2 \cdot \sqrt{2}}{\pi} \cdot U_1 \cdot I_d$$

folgt für die Transformatorausnutzung

$$\frac{P_{1\max}}{S_{typ}} = \frac{4 \cdot \sqrt{2}}{\pi} \cdot \frac{1}{1 + \sqrt{2}} = 0{,}746 \tag{4.81}$$

Die bei vorgegebener maximaler Wirkleistung erforderliche Transformator-Typenleistung $S_{typ} = 1{,}341 \cdot P_{1\max}$ überschreitet also um 34,1% die maximal übertragbare Wirkleistung $P_{1\max}$. Dementsprechend ist für die Nennleistung des auszuwählenden Transformators zu verlangen:

$$S_{nenn} \geq S_{typ} = 1{,}341 \cdot P_{1\max}$$

4.2.1.7   M2-Schaltung : Steuerteil

Der gesteuerte Gleichrichter in M2-Schaltung gehört zur Gruppe der netzgetakteten Wandlerschaltungen. Zur zeitrichtigen, d.h. netzbezogenen Zündung der Thyristoren benötigt die
Steuerung bzw. deren technische Realisierung als Steuerteil oder Steuersatz neben einer
Vorgabe der gewünschten Ausgangsgleichspannung $U_{di\alpha}$ durch die Stellgröße u_y eine
genaue Erfassung der natürlichen Zündzeitpunkte bzw., hier im Falle der Zweiphasensysteme, eine Erfassung der Netzspannungs-Nulldurchgänge. In der Regel wird diese Grundaufgabe eines Steuerteils erweitert durch Überwachungsaufgaben und Grenzwertvorgaben.
Hierzu gehören Vorgaben zur Wechselrichtertrittgrenze α_{max}, zum maximalen Laststrom
$I_{d\,max}$ (erfordert Stromsensor im Leistungsteil), usw. ...

Moderne Lösungskonzepte für Steuerteile sind weitgehend in integrierter Schaltungstechnik
ausgeführt und dementsprechend in ihrer Schaltungsstruktur und Funktion nicht immer einfach zu verstehen. An dieser Stelle soll deshalb zunächst das Beispiel eines Steuerteils besprochen werden, dessen Integrationstiefe nicht über die Verwendung des Operationsver-
stärkers hinausgeht und das sich ausschließlich auf die Grundaufgabe eines Steuerteils,
nämlich die zeitrichtige Bereitstellung der Zündimpulse, beschränkt. Anschließen wird sich
die Darstellung eines Steuerteils in integrierter Schaltungstechnik. Da auch im Einphasen-
Wechselstromsteller mit Phasenanschnittsteuerung (Kap. 5) netzgetaktet Thyristorzündun-
gen zum Zündwinkel α nach dem Spannungsnulldurchgang erfolgen, eignen sich die nachfolgenden Steuerteile nicht nur für den gesteuerten Gleichrichter in M2-Schaltung sondern
auch für diesen Wechselstromsteller.

Bild 4.29 zeigt das Blockschaltbild des Steuerteiles zusammen mit den wesentlichen, die
Funktion verdeutlichenden Zeitfunktionen. Zur besseren Veranschaulichung ist darin, trotz
des damit verbundenen höheren Aufwandes, die Zündsignalaufbereitung für die positive
und für die negative Netzhalbschwingung weitgehend getrennt dargestellt. Folgende Komponenten sind erkennbar:

- Synchronisation, Taktbildung (Schaltungsbeispiel: Bild 4.30)

    Aufgaben:

    Erkennung Nulldurchgang der Netzspannung

    Ableitung logischer Signale für die positive (u_{s1}) und negative (u_{s2}) Netzhalb-
    schwingung

- Rampengenerator, Integrator (Schaltungsbeispiel: Bild 4.31)

    Aufgaben:

    proportionale Umsetzung der Zeitinformation innerhalb einer Netzhalbschwingung
    in eine (lineare Rampen-) Spannung

    $$|u_{R1}| \sim t \quad \text{für} \ 0 \le t \le T_1/2; \quad |u_{R2}| \sim (t - T_1/2) \quad \text{für} \ T_1/2 \le t \le T_1$$

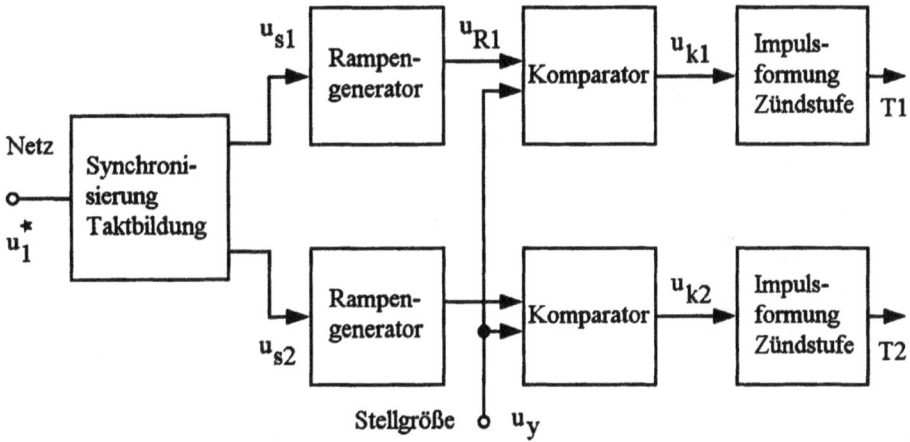

Bild 4.29:
M2-Schaltung;
Blockschaltbild Steuerteil

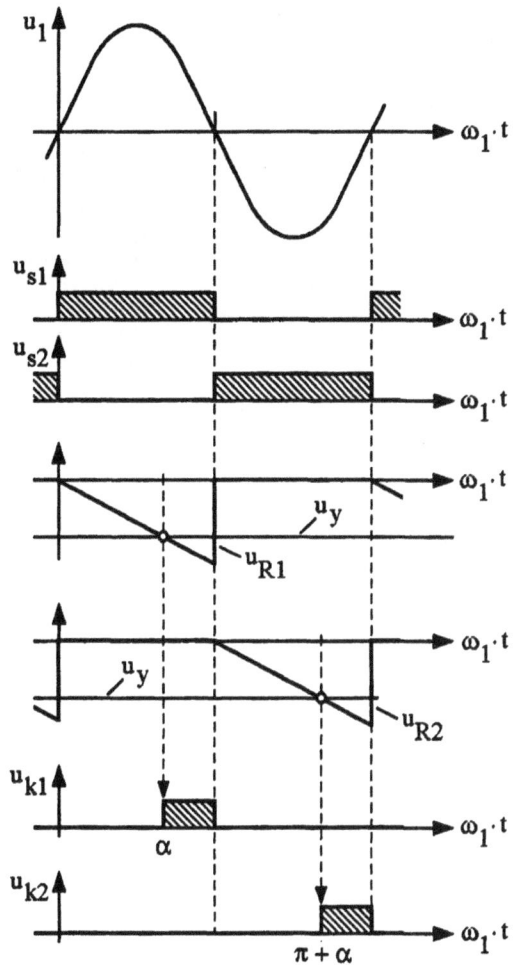

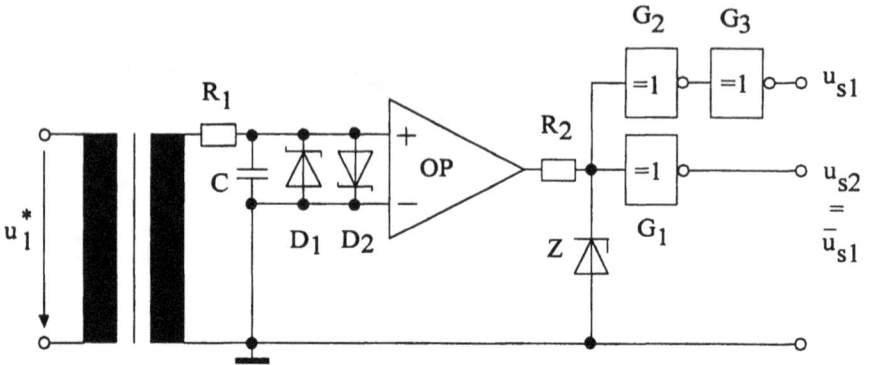

Bild 4.30: Steuerteil M2-Schaltung – Synchronisation (OP: Operationsverstärker / Komparator;
D_1, D_2 : Schottky-Dioden / Übersteuerungsschutz; R_1 : Strombegrenzung Übersteuerungsschutz;
R_1, C: Tiefpassfilter gegen Netzstörungen; R_2, Z, G_1..G_3 : Impulsformung)

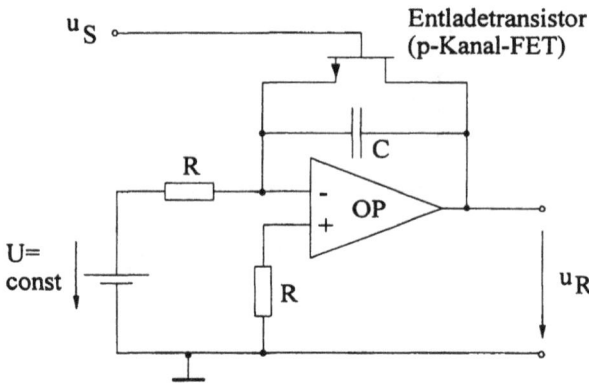

Bild 4.31:
Steuerteil M2-Schaltung –
Rampengenerator

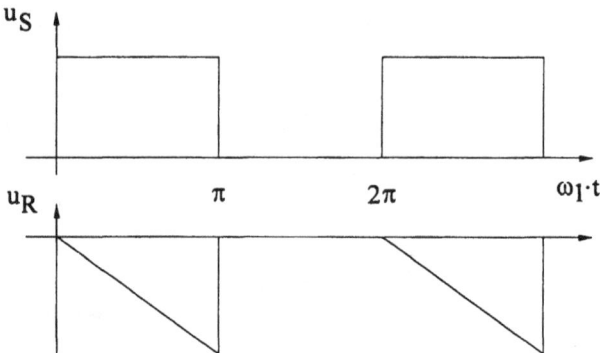

- Komparator (Schaltungsbeispiel Bild 4.32)

  Aufgaben:

  Vergleich der Rampenspannungen $|u_{R1}|$ bzw. $|u_{R2}|$ mit der Stellgröße u_y

  Ableitung des Zündzeitpunktes als Vergleichsresultat

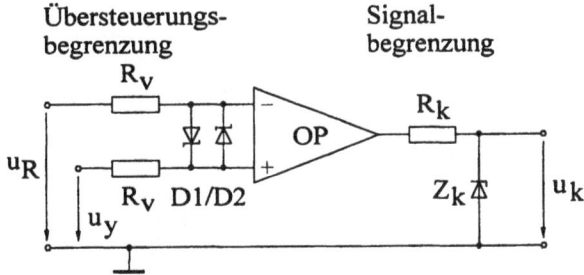

Bild 4.32:
Steuerteil M2-Schaltung
Komparator

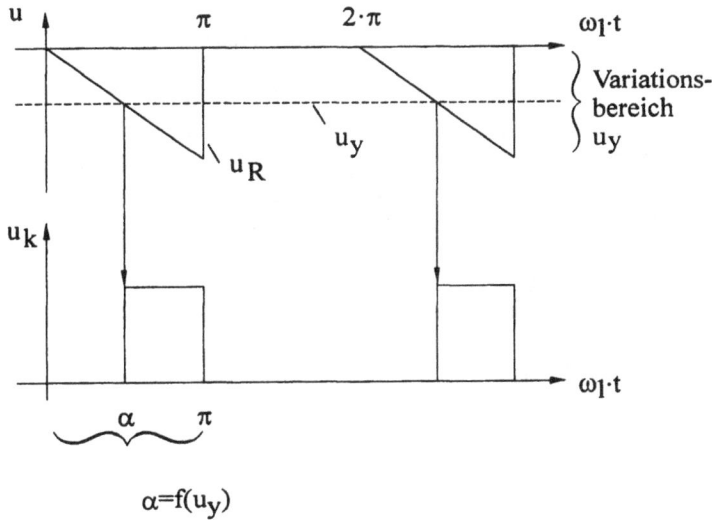

$\alpha = f(u_y)$

- Impulsformung (optional)

  Aufgaben:

  Bildung eines Zündimpulses definierter Länge $\rightarrow$ vermeidet Übersteuerung des Zündimpulsübertragers

  Schaltungsbeispiel:

  monostabile Kippstufe (Triggerung durch positive Flanke der Komparatorspannung)

- Zündstufe

  Aufgabe und Schaltungsbeispiel gemäß Kap. 2.4.3.1 (Bild 2.50)

Das Beispiel eines Steuerteils in integrierter Schaltungstechnik, nunmehr mit weitgehend gemeinsamer Aufbereitung der Zündsignale für den Zeitbereich der positiven und negativen Netzhalbschwingung zeigt Bild 4.33. Grundsätzlich sind auch hier die Komponenten „Synchronisation, Rampengenerator, Komparator, und Impulsformung" enthalten. Das Datenblatt |Siemens, TCA 785| beschreibt den integrierten Schaltkreis auszugsweise wie folgt: „Das Synchronisiersignal U_{sync} wird über einen hochohmigen Widerstand von der Netzspannung abgeleitet. Ein Nulldetektor wertet die Nulldurchgänge aus und führt sie dem Synchronisierspeicher zu. Dieser steuert einen Rampengenerator, dessen Kondensator C_{10} durch einen Konstantstrom (bestimmt durch R_9) aufgeladen wird. Überschreitet die Rampenspannung U_{10} die Stellgröße u_y (Schaltpunkt α), so wird ein Signal an die Logik weitergeleitet. Abhängig von der Stellgröße u_y kann der Schaltpunkt α zwischen 0° und 180° Phasenwinkel verschoben werden. An den Ausgängen Q1 und Q2 erscheint für jede Halbschwingung je ein positiver Impuls von etwa 30µs Dauer. Die Impulsdauer kann über den Kondensator C_{12} bis 180° verlängert werden. Wird Anschluss 12 nach Masse geschaltet, so ergeben sich Impulse mit einer Länge von α bis 180°. An den Ausgängen Q1 und Q2 stehen die zu Q1 bzw. Q2 inversen Signale an. ..."

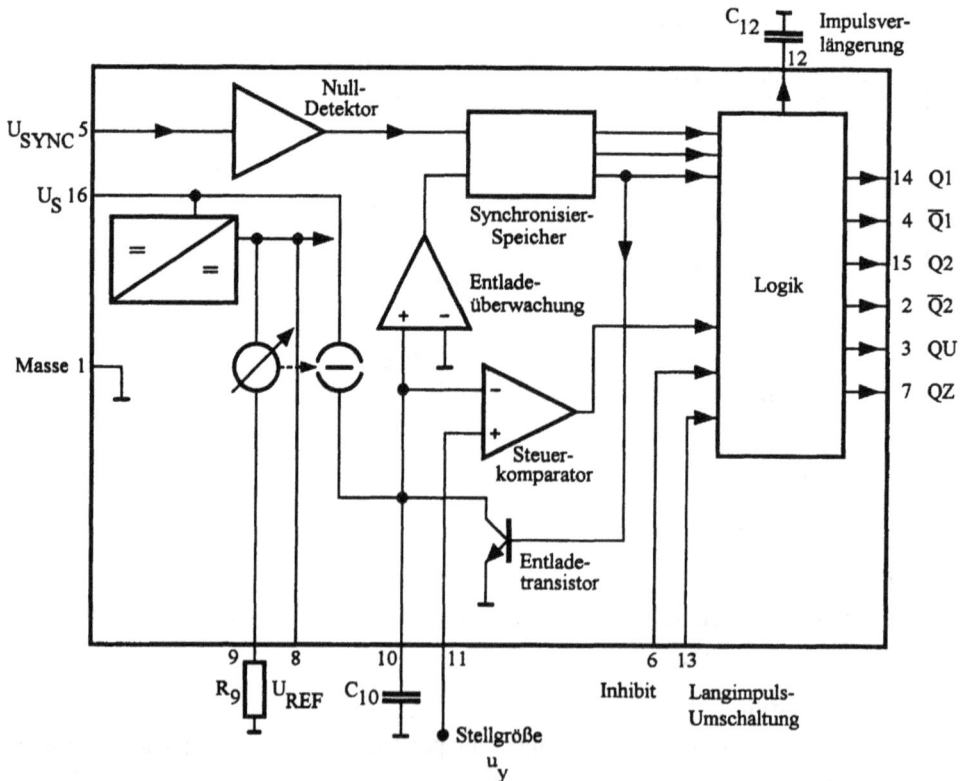

Bild 4.33: Steuerteil in integrierter Schaltungstechnik (Siemens TCA 785)

4.2.1.8   Brückenschaltung (B2-Schaltung)

Die Diskussion der gesteuerten Gleichrichter in M2-Schaltung zeigte einige gravierende Nachteile, nämlich:

- Notwendigkeit eines Transformators mit Mittenanzapfung zur Bildung eines Zweiphasennetzes aus dem Einphasennetz

- Schlechte Transformatorausnutzung bzw. hohe Transformatortypenleistung

- Belastung des speisenden Netzes mit hoher induktiver Grundschwingungsblindleistung; schlechter Leistungsfaktor λ

Brückenschaltungen vermeiden diese Probleme oder gestatten zumindest, abhängig vom gewählten Steuerverfahren, eine Problemreduzierung. Erkauft wird dies durch

- größeren Ventilaufwand

- größeren Ansteueraufwand

- größere Ventilverluste D_v (stets zwei Ventile im Hauptstromkreis)

Die Vorteile der Brückenschaltungen überwiegen jedoch deren Nachteile bei weitem, sodass Brückenschaltungen die am häufigsten in der Praxis anzutreffenden gesteuerten Gleichrichter sind.

Didaktisch sind Brückenschaltungen aus der sekundärseitigen (lastseitigen) Serienschaltung und der primärseitigen Parallelschaltung zweier Mittelpunktschaltungen M2CK und M2CA (inverser Ventileinbau) ableitbar. Da hierbei eine neue, eigenständige Stromrichterstruktur entsteht, werden die beiden ursprünglichen Mittelpunktschaltungen nun als Teilstromrichter bezeichnet. Bild 4.34 zeigt das Zusammenschaltungsprinzip, Bild 4.35 die Zusammenschaltung von M2-Schaltungen auf der Basis des Ersatzschaltbildes nach Bild 4.4.

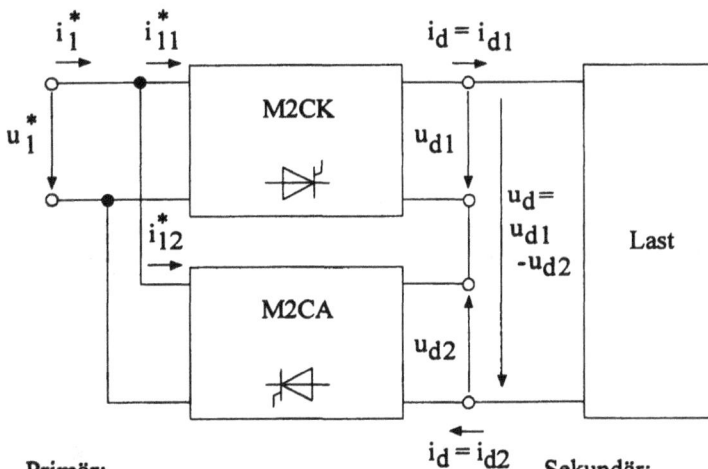

Bild 4.34:
Zusammenschaltung
von Mittelpunkt-
schaltungen zur
Brückenschaltung

Primär:
Parallelschaltung
> Addition von
  Strömen und
  Leistungen

Sekundär:
Serienschaltung
> Addition von
  Spannungen

Wird bei der Zusammenschaltung $I_{d1} = I_{d2} = I_d$, so heben sich die Ströme in der Gesamtheit der Verbindungen „Mittelpunkte-Last" gegenseitig auf – die Gesamtheit dieser Verbindungen wird stromfrei und kann demzufolge entfallen. Ist dies geschehen, so wird für die
weitere Diskussion die Strombedingung $I_{d1} = I_{d2} = I_d$ durch die Schaltung selbst erzwungen. Die so entstandene Schaltung erhält durch Wegfall der Mittelpunkt-Verbindungen die
erwähnte eigenständige Existenzberechtigung als B2-Brückenschaltung und kann durch Zusammenfassung und Umzeichnung in die übliche Darstellung nach Bild 4.36 überführt werden. Hierbei zeigt sich, dass die eine, ganz wesentliche Transformatoraufgabe, nämlich die
Bildung eines Zweiphasennetzes aus dem Einphasennetz, entfällt. Die B2-Schaltung ist also
auch direkt am Einphasennetz betreibbar.

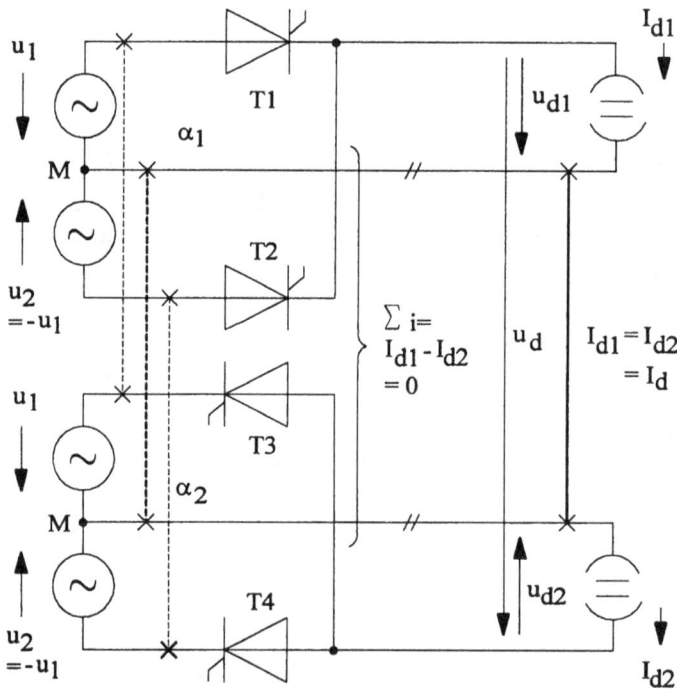

Bild 4.35: Entstehung der Brückenschaltung (B2-Schaltung) aus der sekundärseitigen Serienschal-
tung (x ——— x) und primärseitigen (x-----x) Parallelschaltung zweier M2-Schaltungen

Zwischengeschaltete Transformatoren sind nur dann erforderlich, wenn diese Zusatzaufga-
ben wie

- Potentialtrennung zwischen speisendem Netz und Last
- Spannungstransformation zur Erzielung höherer Lastgleichspannungen
- Wirkung als Kommutierungsinduktivität

zu übernehmen haben. Da im Gegensatz zur Transformatoranwendung in der M2-Schaltung
der Strom i_1 (vgl. Bild 4.37) keinen Gleichanteil beinhaltet, wird der Transformator in der

B2-Schaltung eine im Vergleich zur M2-Schaltung geringere Typenleistung benötigen ($\rightarrow$ Kap. 4.2.3).

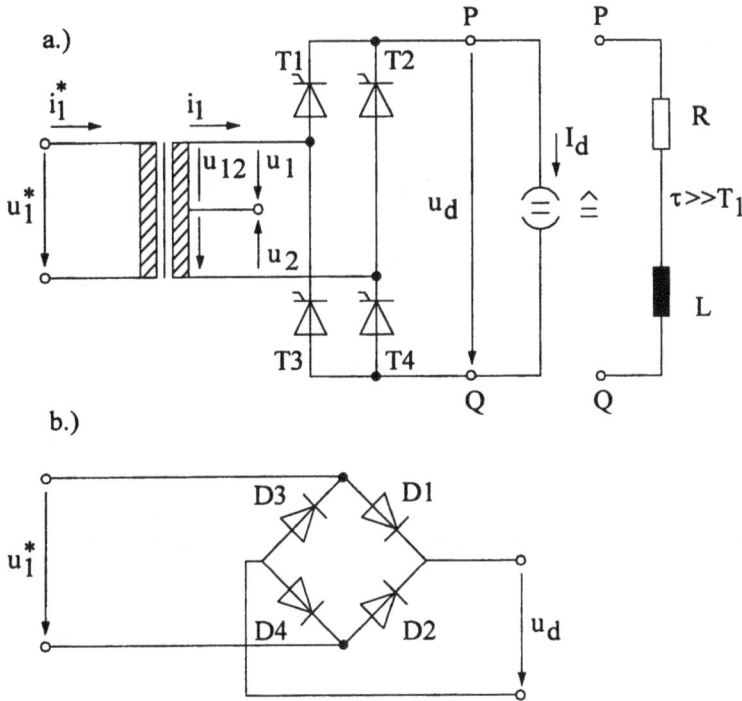

Bild 4.36: a.) gesteuerter Gleichrichter in B2-Brückenschaltung; b.) ungesteuerter Gleichrichter in B2-Brückenschaltung (Graetz-Gleichrichter)

In den Kap. 3.2 und 4.2.1.1 wurde festgestellt, dass die Mikroanalyse, aber auch die Makroanalyse des nichtstationären Zustandes, im Rahmen des zulässigen Variationsbereiches beliebige Kombinationen von Sekundärspannung $u_d(t)$ bzw. U_d (Mittelung über eine Gleichrichtperiode) und Sekundärstrom I_d gestattet. Demzufolge können dem Sekundärstrom I_d beliebige Sekundärspannungen $u_{d1}(t)$ und $u_{d2}(t)$ der beiden Teilstromrichter zugeordnet sein. Dies bedeutet aber auch, dass in beiden Teilstromrichtern unterschiedliche Zündwinkelkombinationen α_1 mit α_2 zulässig sein müssen. Als Konsequenz sind mit Brückenschaltungen verschiedene Steuerverfahren mit jeweils ganz speziellen Vor- und Nachteilen realisierbar.

Drei besonders häufig anzutreffende Steuerverfahren werden im Folgenden diskutiert. Vorangestellt wird unter Bezugnahme auf Bild 4.34 bzw. Bild 4.35 die allgemeine Darstellung der Steuergleichungen für beliebige Zündwinkelkombinationen α_1 mit α_2.

So folgt unter Beachtung der sekundärseitigen Serienschaltung und des gewählten Zählpfeilsystems für die Sekundärspannung:

Momentanwert

$$u_d(t) = u_{d1}(t) - u_{d2}(t)$$

Gleichspannungsanteil

$$U_{di\alpha1\alpha2} = \overline{u_d} = \overline{u_{d1}} - \overline{u_{d2}} = U_{di\alpha1} - U_{di\alpha2} \tag{4.82}$$

Wobei gemäß (4.8) unter Beachtung des jeweiligen Ventileinbaus:

$$U_{di\alpha1} = U_{di\alpha}(\text{M2CK}) = +\frac{2 \cdot \sqrt{2}}{\pi} \cdot U_1 \cdot \cos\alpha_1$$
$$= +U_{di0}(\text{M2}) \cdot \cos\alpha_1 \tag{4.83}$$

$$U_{di\alpha2} = U_{di\alpha}(\text{M2CA}) = -\frac{2 \cdot \sqrt{2}}{\pi} \cdot U_1 \cdot \cos\alpha_2$$
$$= -U_{di0}(\text{M2}) \cdot \cos\alpha_2 \tag{4.84}$$

Die Zusammenfassung von (4.82) bis (4.84) ergibt für die resultierende Ausgangsgleichspannung

$$U_{di\alpha1\alpha2} = \frac{2 \cdot \sqrt{2}}{\pi} \cdot U_1 \cdot \{\cos\alpha_1 + \cos\alpha_2\}$$
$$= U_{di0}(\text{M2}) \cdot \{\cos\alpha_1 + \cos\alpha_2\} = \frac{1}{2} \cdot U_{di0}(\text{B2}) \cdot \{\cos\alpha_1 + \cos\alpha_2\} \tag{4.85}$$

mit

$$U_{di0}(\text{B2}) = 2 \cdot U_{di0}(\text{M2})$$

Bei Wegfall des Transformatormittelpunktes oder gar des Transformators selbst (vgl. Bild 4.36) ist nicht mehr die Spannung U_1 sondern nur noch die verkettete Spannung $U_{12} = 2 \cdot U_1$ messtechnisch erfassbar. Setzt man diese in (4.85) ein, so folgt weiter:

$$U_{di\alpha1\alpha2} = \frac{\sqrt{2}}{\pi} \cdot U_{12} \cdot \{\cos\alpha_1 + \cos\alpha_2\} \tag{4.86}$$

Unter Beachtung der primärseitigen Parallelschaltung lauten die Grundschwingungs-Leistungen:

Grundschwingungswirkleistung

$$P_1 = P_1(\text{M2CK}) + P_1(\text{M2CA}) \tag{4.87}$$

Grundschwingungsblindleistung

$$Q_1 = Q_1(\text{M2CK}) + Q_1(\text{M2CA}) \tag{4.88}$$

Mit den Teilstromrichter-Leistungen der M2CK-Schaltung nach (4.42) und (4.43)

$$P_1(\text{M2CK}) = U_{di\alpha1} \cdot I_d = \frac{2 \cdot \sqrt{2}}{\pi} \cdot U_1 \cdot I_d \cdot \cos\alpha_1$$
$$= U_{di0}(\text{M2}) \cdot I_d \cdot \cos\alpha_1 \tag{4.42}$$

$$Q_1(\text{M2CK}) = \frac{2 \cdot \sqrt{2}}{\pi} \cdot U_1 \cdot I_d \cdot \sin\alpha_1 = U_{di0}(\text{M2}) \cdot I_d \cdot \sin\alpha_1 \tag{4.43}$$

und der M2CA-Schaltung (negatives Vorzeichen bei der Leistungsbildung auf Grund des Generatorzählpfeilsystems an den Lastklemmen)

$$P_1(\text{M2CA}) = -U_{di\alpha2} \cdot I_d = -\left\{ -\frac{2 \cdot \sqrt{2}}{\pi} \cdot U_1 \cdot \cos\alpha_2 \right\} \cdot I_d$$
$$= U_{di0}(\text{M2}) \cdot I_d \cdot \cos\alpha_2 \tag{4.89}$$

$$Q_1(\text{M2CA}) = U_{di0}(\text{M2}) \cdot I_d \cdot \sin\alpha_2 \tag{4.90}$$

folgt für die Gesamtleistungen

$$P_1 = U_{di0}(\text{M2}) \cdot I_d \cdot \left\{ \cos\alpha_1 + \cos\alpha_2 \right\}$$
$$= \frac{1}{2} \cdot U_{di0}(\text{B2}) \cdot I_d \cdot \left\{ \cos\alpha_1 + \cos\alpha_2 \right\} \tag{4.91}$$
$$= \frac{1}{2} \cdot P_{1\max}(\text{B2}) \cdot \left\{ \cos\alpha_1 + \cos\alpha_2 \right\}$$

$$Q_1 = U_{di0}(\text{M2}) \cdot I_d \cdot \left\{ \sin\alpha_1 + \sin\alpha_2 \right\}$$
$$= \frac{1}{2} \cdot U_{di0}(\text{B2}) \cdot I_d \cdot \left\{ \sin\alpha_1 + \sin\alpha_2 \right\} \tag{4.92}$$
$$= \frac{1}{2} \cdot P_{1\max}(\text{B2}) \cdot \left\{ \sin\alpha_1 + \sin\alpha_2 \right\}$$

mit

$$P_{1\max}(\text{B2}) = 2 \cdot P_{1\max}(\text{M2})$$

Wie bereits früher angedeutet, lassen sich auf Grund der voneinander unabhängigen Einstellbarkeit der Zündwinkel α_1 und α_2 die verschiedensten Steuerverfahren mit jeweils ganz speziellen Vor- und Nachteilen realisieren. Die wichtigsten Steuerverfahren sind:

1.   Vollsteuerung – vollgesteuerte Brückenschaltung

Bei Vollsteuerung werden beide Teilstromrichter M2CK bzw. M2CA mit gleicher Zündwinkeleinstellung betrieben. Es ist also

$$0 \leq \alpha_1 = \alpha_2 = \alpha \leq 180°(\text{real} :< \alpha_{max} = \text{Wechselrichtertrittgrenze})$$

Die Thyristorpaare T1&T4 sowie T2&T3 werden jeweils gemeinsam gezündet. Dementsprechend wird der Strom auf der Transformator-Sekundärseite zu

$$i_1(\text{T1 \& T4}) = +I_d \text{ und } i_1(\text{T2 \& T3}) = -I_d$$

und somit bei $\alpha = \text{const}$ zu

$$\overline{i_1} = 0$$

Im Gegensatz zur M2-Schaltung tritt also keine Gleichstrombelastung des Transformators auf.

Bei Annahme gleicher Transformatoren für M2- und B2-Schaltung unterscheidet sich die Lastspannung $u_d(t)$ der B2-Schaltung von jener der M2-Schaltung (Bild 4.5) durch die um den Faktor 2 höhere Amplitude. Ihr Gleichspannungsanteil ist nach (4.85) bzw. (4.86):

$$
\begin{aligned}
U_{di\alpha} &= \frac{4 \cdot \sqrt{2}}{\pi} \cdot U_1 \cdot \cos\alpha = 2 \cdot U_{di0}(\text{M2}) \cdot \cos\alpha \\
&= \frac{2 \cdot \sqrt{2}}{\pi} \cdot U_{12} \cdot \cos\alpha = U_{di0}(\text{B2}) \cdot \cos\alpha \gtrless 0
\end{aligned}
\tag{4.93}
$$

(4.93) beschreibt eine Steuerkennlinie, die in normierter Form, also bei Bezug auf $U_{di0}(\text{B2}) = 2 \cdot U_{di0}(\text{M2})$, identisch ist mit jener der M2-Schaltung gemäß (4.10) bzw. Bild 4.7.

Die Grundschwingungsleistungsaufnahme am Netzanschluss ist den Gleichungen (4.91) und (4.92) entnehmbar und lautet:

$$P_1 = U_{di0}(\text{B2}) \cdot I_d \cdot \cos\alpha = P_{1max}(\text{B2}) \cdot \cos\alpha \tag{4.94}$$

$$Q_1 = U_{di0}(\text{B2}) \cdot I_d \cdot \sin\alpha = P_{1max}(\text{B2}) \cdot \sin\alpha \tag{4.95}$$

Damit ist das Blindleistungsdiagramm in normierter, auf $P_{1max} = U_{di0}(\text{B2}) \cdot I_d$ bezogener Form ebenfalls identisch mit dem in Bild 4.19 dargestellten Blindleistungsdiagramm der M2-Schaltung. Die als Nachteil der M2-Schaltung genannte hohe Grundschwingungsblindleistung $Q_{1\max} = P_{1\max}$ tritt somit auch bei der vollgesteuerten Brückenschaltung auf. Gegenüber der M2-Schaltung ist als Vorteil lediglich die bessere Transformatorausnutzung, d.h. die bei gleichen Wicklungsdaten höhere Lastgleichspannung, die fehlende sekundäre Gleichstrombelastung und die damit geringere Transformatortypenleistung zu verzeichnen.

2.   Halbsteuerung – halbgesteuerte Brückenschaltung

Bei der Halbsteuerung wird nur einer der beiden Teilstromrichter gesteuert – der zweite Teilstromrichter wird im natürlichen Zündwinkel betrieben. Die im ungesteuerten Teilstromrichter installierten Thyristoren sind also bei ausschließlicher Halbsteuerung auch durch Dioden ersetzbar. Damit lauten die Zündwinkel:

1. Teilstromrichter (T1, T2)

   $0 \le \alpha_1 \le 180°$ (real $:< \alpha_{\max}$ = Wechselrichtertrittgrenze)

2. Teilstromrichter (T3 bzw. D3, T4 bzw. D4)

   $\alpha_2 = 0° = $ const

Die im Falle der Halbsteuerung auftretenden Spannungs- und Stromzeitfunktionen weichen grundsätzlich von jenen der M2-Schaltung bzw. der vollgesteuerten B2-Schaltung ab und sind deshalb genauer zu betrachten. Hierzu ist es wiederum sinnvoll, von der in Bild 4.34 dargestellten Herleitung der B2-Schaltung als sekundärseitige Serienschaltung und primärseitige Parallelschaltung zweier M2-Schaltungen auszugehen. Die hierauf aufbauende Konstruktion der Zeitfunktionen (Bild 4.37) zeigt, dass trotz $i_d = I_d > 0$ die Ströme i_1 bzw. i_1^* abschnittsweise zu Null werden. Während dieser Zeitabschnitte muss der als eingeprägt angesetzte Laststrom I_d über die Brückenschaltung fließen – man spricht von einem „Freilauf". Die halbgesteuerte Brückenschaltung wird somit durch vier verschiedene, in Bild 4.38 besonders markierte Strompfade gekennzeichnet.

Die Gleichspannung $U_{di\alpha}$ ist aus (4.85) bzw. (4.86) bestimmbar zu

$$
\begin{aligned}
U_{di\alpha} &= \frac{2 \cdot \sqrt{2}}{\pi} \cdot U_1 \cdot \{\cos \alpha_1 + 1\} = U_{di0}(\text{M2}) \cdot \{\cos \alpha_1 + 1\} \\
&= \frac{\sqrt{2}}{\pi} \cdot U_{12} \cdot \{\cos \alpha_1 + 1\} = \frac{U_{di0}(\text{B2})}{2} \cdot \{\cos \alpha_1 + 1\} \ge 0
\end{aligned}
\tag{4.96}
$$

Die Grundschwingungsleistungen lauten gemäß (4.91) und (4.92)

$$
\begin{aligned}
P_1 &= \frac{1}{2} \cdot U_{di0}(\text{B2}) \cdot I_d \cdot \{\cos \alpha_1 + 1\} = \frac{P_{1\max}(\text{B2})}{2} \cdot \{\cos \alpha_1 + 1\} \\
Q_1 &= \frac{1}{2} \cdot U_{di0}(\text{B2}) \cdot I_d \cdot \sin \alpha_1 = \frac{P_{1\max}(\text{B2})}{2} \cdot \sin \alpha_1
\end{aligned}
\tag{4.97}
$$

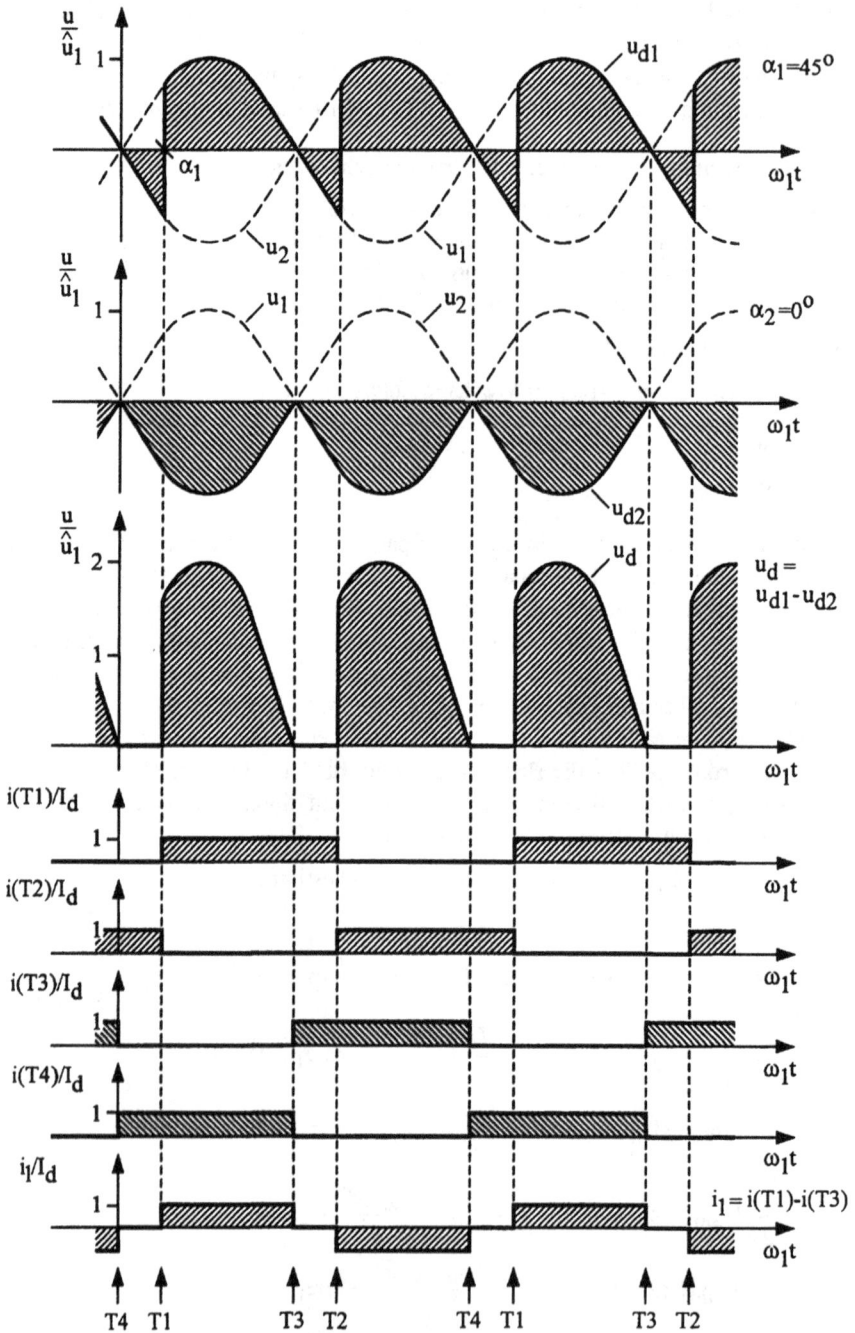

Bild 4.37: Halbgesteuerte B2-Schaltung / Spannungs- und Stromzeitfunktionen
$(\alpha_1 = 45° = \text{const}, \ \alpha_2 = 0°, \ i_d = I_d = \text{const})$

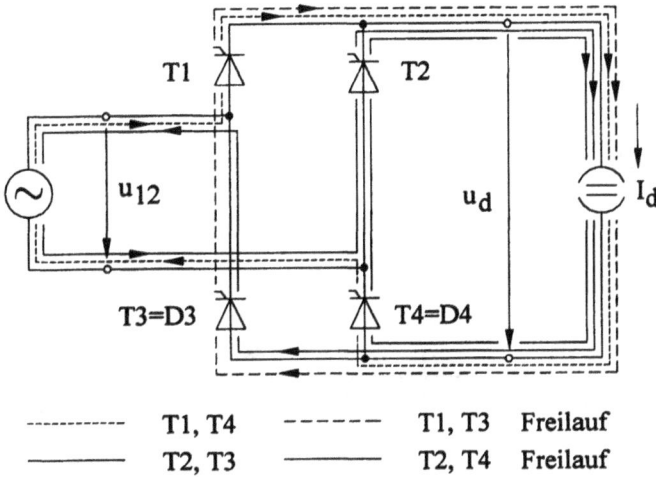

Bild 4.38: Strompfade in der halbgesteuerten B2-Schaltung

Auch im Gleichungspaar (4.97) sind Grundschwingungswirkleistung P_1 und Grundschwingungsblindleistung Q_1 miteinander über den Zündwinkel α_1 verknüpft. Separiert man wiederum die Cosinus- und Sinusterme und addiert diese quadratisch, so lässt sich auch für diesen Fall unter der Voraussetzung I_d = const ein Blindleistungsdiagramm gewinnen.

$$\cos^2 \alpha_1 + \sin^2 \alpha_1 = \left\{ \frac{2 \cdot P_1}{P_{1max}} - 1 \right\}^2 + \left\{ \frac{2 \cdot Q_1}{P_{1max}} \right\}^2 = 1$$

Bei beidseitiger Division durch 4 folgt weiter:

$$\left\{ \frac{P_1}{P_{1max}} - \frac{1}{2} \right\}^2 + \left\{ \frac{Q_1}{P_{1max}} \right\}^2 = \frac{1}{4} \tag{4.98}$$

(4.98) beschreibt unter der einschränkenden Bedingung $0 \leq \alpha_1 \leq 180°(\leq \alpha_{max})$ einen Halbkreis, nunmehr aber im Vergleich zu Bild 4.19 (gültig für M2- und vollgesteuerte B2-Schaltung) mit verändertem Mittelpunkt und Radius. Eine entsprechende Gegenüberstellung der Blindleistungsdiagramme vollgesteuerter und halbgesteuerter B2-Brücken-schaltungen zeigt Bild 4.39.

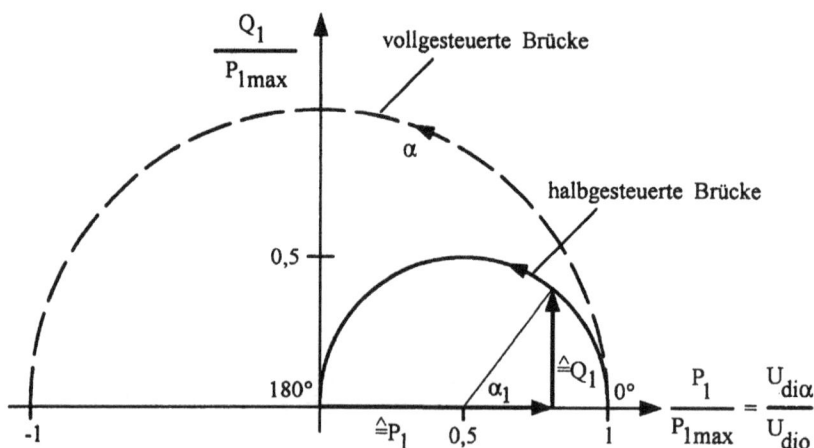

Bild 4.39: Blindleistungsdiagramm vollgesteuerter und halbgesteuerter Brückenschaltungen bei
$I_d = \mathrm{const}(>0)$

Der Vergleich von Voll- und Halbsteuerung zeigt folgende Vor- (+) und Nachteile (-):

	Vollsteuerung	Halbsteuerung
Lastgleichspannung	$\gtrless 0$	≥ 0
Anwendungen	→ Zweiquadrantenbetrieb (+)	→ Einquadrantenbetrieb (-)
Grundschwingungs-blindleistung	$Q_{1\max} = P_{1\max}$ (-)	$Q_{1\max} = 0,5 \cdot P_{1\max}$ (+)
Leistungsfaktor λ	(-)	(+)
Welligkeit $w_{ud}, w_{id} (\tau \neq \infty)$	(-)	(+)

Bei der bislang diskutierten halbgesteuerten Brückenschaltung wurden die Ventile T3 und T4 mit $\alpha_2 = 0°$ betrieben bzw. gemäß Bild 4.40 (oben) durch die Dioden D3 und D4 ersetzt. Eine ebenfalls halbgesteuerte Brückenschaltung ergibt sich aber auch durch Steuerung der Ventile T1 und T3 sowie Ersatz der Ventile T2 bzw. T4 durch die Dioden D2 bzw. D4. (Bild 4.40 (unten)). Die Steuergleichungen (4.96) bis (4.98) bleiben hiervon unbeeinflusst.

3.   Folgesteuerung – folgegesteuerte Brückenschaltung

Die jeweiligen Vorteile vollgesteuerter und halbgesteuerter Brückenschaltungen vereint die folgegesteuerte Brückenschaltung bei allerdings erhöhtem Steuerungsaufwand. Der Bereich positiver und negativer Gleichspannungen wird durch zwei unterschiedliche Betriebszustände realisiert, die jeweils für sich halbgesteuert sind.

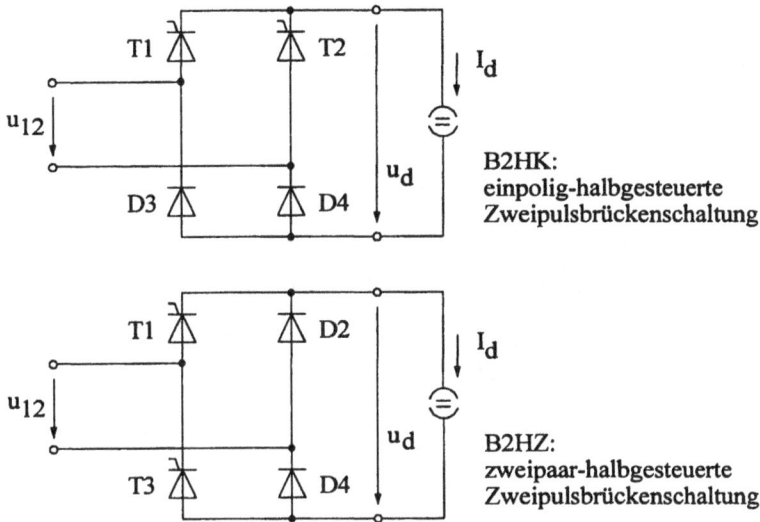

B2HK:
einpolig-halbgesteuerte
Zweipulsbrückenschaltung

B2HZ:
zweipaar-halbgesteuerte
Zweipulsbrückenschaltung

Bild 4.40: Varianten halbgesteuerter B2-Brückenschaltungen

Zündwinkeleinstellung für positive Gleichspannungen (4.85):

$$0 \leq \alpha_1 \leq 180° \, (\text{real}: <\alpha_{max})$$
$$\alpha_2 = 0°$$

$$U_{di\alpha 10} = \frac{U_{di0}(B2)}{2} \cdot \{\cos\alpha_1 + 1\} \geq 0 \qquad \qquad \hat{=} (4.96)$$

Zündwinkeleinstellung für negative Gleichspannungen (4.85):

$$\alpha_1 = 180° \, (real: <\alpha_{max})$$
$$0 \leq \alpha_2 \leq 180° \, (real: <\alpha_{max})$$

$$U_{di180\alpha 2} = \frac{U_{di0}(B2)}{2} \cdot \{\cos\alpha_2 - 1\} \leq 0 \qquad \qquad (4.99)$$

Auf Grund der nunmehr sowohl positiv als auch negativ realisierbaren Gleichspannung $U_{di\alpha} \gtrless 0$ ist zusammen mit $I_d \geq 0$ wie bei der M2-Schaltung und der vollgesteuerten B2-Brückenschaltung Zweiquadrantenbetrieb mit Energieeinspeisung (Gleichrichterbetrieb) und Energierückspeisung (Wechselrichterbetrieb) möglich. Das Blindleistungsdiagramm (Bild 4.41) setzt sich entsprechend der Steuerungsart aus den Blindleistungsdiagrammen zweier halbgesteuerter Brückenschaltungen zusammen. Der Vorteil der halbgesteuerten Brückenschaltung, nämlich die reduzierte Grundschwingungsblindleistung, bleibt dabei voll erhalten.

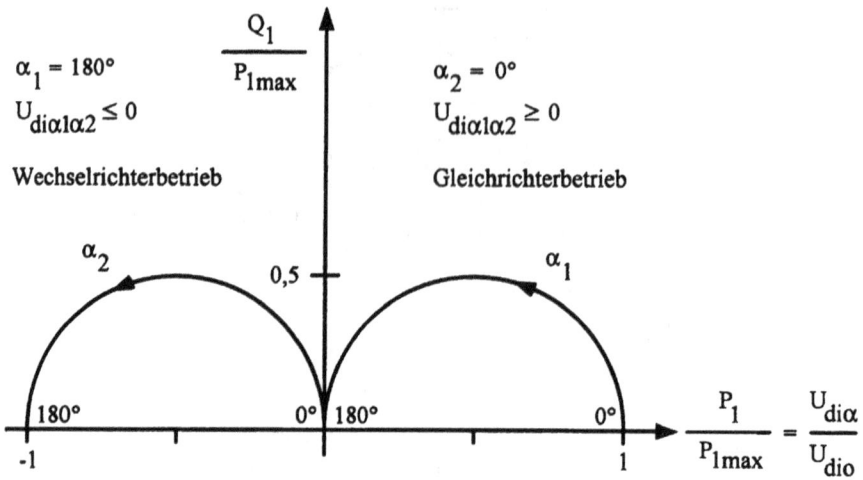

Bild 4.41: Blindleistungsdiagramm der folgegesteuerten Brückenschaltung bei $I_d = \mathrm{const}(>0)$

Die bislang abgeleiteten Beziehungen für die Ausgangsgleichspannung $U_{di\alpha 1\alpha 2}$ gelten bei idealisierter Stromrichtertheorie. Real sind zur Vermeidung von Ventilkurzschlüssen ($Q_{rr}, I_{Rü}$) sowie zur Beherrschung der kritischen Stromsteilheit (S_{ikrit}) auch bei Brückenschaltungen Kommutierungsinduktivitäten vorzusehen. Auf Grund des induktiven Spannungsabfalls während der Kommutierung werden auch hier induktive Spannungsverluste D_x auftreten. Zu unterscheiden sind dabei zwei Fälle, die gekoppelte Kommutierung beider Teilstromrichter (M2-Schaltungen) über gemeinsame Kommutierungsinduktivitäten - dies ist der Regelfall- , sowie die nur am starren Energieversorgungsnetz vorstellbare entkoppelte Kommutierung mit separaten Kommutierungsinduktivitäten.

Bild 4.42 zeigt die Situation für die gekoppelte Kommutierung. Da hier, auch bei nicht gleichzeitiger Kommutierung der beiden Teilstromrichter, der kommutierende Teilstromrichter auf Grund des Spannungsabfalls an der gemeinsamen Kommutierungsinduktivität auf den nicht kommutierenden Teilstromrichter zurückwirkt, versagt die einfache Nachbildung der Brückenschaltung durch zwei sekundärseitig in Serie geschaltete Mittelpunktschaltungen. Zur Bestimmung des nunmehr auftretenden induktiven Spannungsverlustes wird im Folgenden Vollsteuerung zugrunde gelegt. Als Kommutierungsinduktivität wird die strangbezogene (Streu-) Induktivität L_k verstanden, obwohl diese bei nicht genutztem sekundären Transformatormittelpunkt auf Grund der fehlenden magnetischen Kopplung der Streuung auch wie folgt zusammenfassbar wäre (4.52):

$$L_k(B2) = \frac{u_k \cdot U_{12}^2}{\omega_1 \cdot S_{nenn}} = \frac{u_k \cdot 4 \cdot U_1^2}{\omega_1 \cdot S_{nenn}} = \frac{u_k \cdot 2 \cdot U_1^2}{\omega_1 \cdot S_{nenn}/2} = 2 \cdot L_k$$

S_{nenn} : (Gesamt-) Nennleistung ; $u_k \approx u_x$

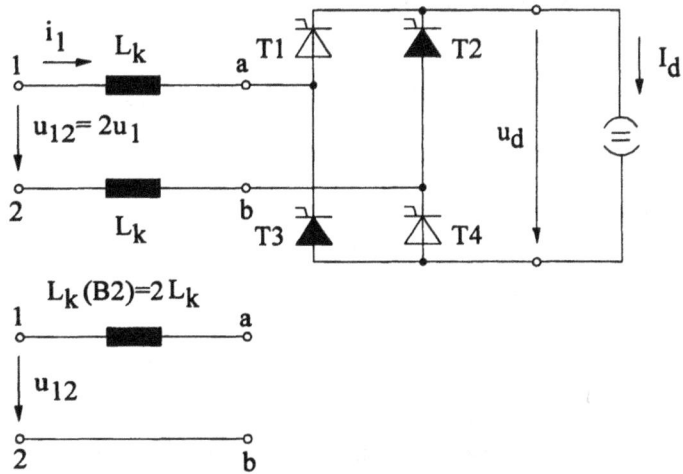

Bild 4.42:
gekoppelte
Kommutierung in B2-
Schaltungen mit
gemeinsamer Kommutie-
rungsinduktivität

Der Kommutierungsvergleich von M2- und vollgesteuerter B2-Schaltung zeigt bei einem Kommutierungsansatz zum Zeitpunkt $t' = 0$ folgende Unterschiede:

Schaltung	M2	B2$_{voll}$
Zündwinkel	α	$\alpha_1 = \alpha_2 = \alpha$
Kommutierung	$T2 \rightarrow T1$	$T2+T3 \rightarrow T1+T4$
Ströme	$i_1(t'=0) = 0$	$i_1(t'=0) = -I_d$
	$i_1(t'=t_k) = +I_d$	$i_1(t'=t_k) = +I_d$
	$\rightarrow \Delta i_1 = I_d$	$\rightarrow \Delta i_1 = 2 \cdot I_d$

Auf Grund des Ventilkurzschlusses innerhalb des Kommutierungsintervalles t_k bzw. des Überlappungswinkels u_α über die parallele Antireihenschaltung T1 - T2 und T3 - T4 gilt

$$u_{12} = 2 \cdot L_k \cdot \frac{di_1}{dt}$$

bzw. bei Auflösung nach der während der Kommutierung bekannten Stromänderung Δi_1

$$\int_{-I_d}^{+I_d} di_1 = \frac{1}{2 \cdot L_k} \cdot \int_{t'=0}^{t'=t_k} u_{12} \cdot dt = \frac{1}{2 \cdot L_k} \cdot \int_{t'=0}^{t'=t_k} \sqrt{2} \cdot U_{12} \cdot \sin(\omega_1 t' + \alpha) \cdot dt$$

$$2 \cdot I_d = \frac{\sqrt{2} \cdot U_{12}}{2 \cdot \omega_1 \cdot L_k} \cdot \left\{ \cos\alpha - \cos(\omega_1 t_k + \alpha) \right\}$$

$$= \hat{i}_k \cdot \left\{ \cos\alpha - \cos(u_\alpha + \alpha) \right\}$$

(4.100)

Hieraus folgt für den Überlappungswinkel:

$$u_\alpha = \arccos\left\{\cos\alpha - \frac{2\cdot I_d}{\hat{\imath}_k}\right\} - \alpha; \quad u_0 = \arccos\left\{1 - \frac{2\cdot I_d}{\hat{\imath}_k}\right\} \qquad (4.101)$$

mit

$$\hat{\imath}_k = \frac{\sqrt{2}\cdot U_{12}}{2\cdot\omega_1\cdot L_k} = \frac{\sqrt{2}\cdot U_{12}}{\omega_1\cdot L_k\,(\mathrm{B2})} \qquad (4.102)$$

und für den induktiven Spannungszeitflächenverlust

$$D_x = \frac{2}{T_1}\cdot\int\limits_{t'=0}^{t'=t_k} u_{12}\cdot dt = \frac{2}{T_1}\cdot 2\cdot I_d\cdot 2\cdot L_k = 8\cdot f_1\cdot L_k\cdot I_d$$
$$= 4\cdot f_1\cdot L_k\,(\mathrm{B2})\cdot I_d \qquad (4.103)$$

Für den technisch etwas unrealistischen Fall getrennter Kommutierungsinduktivitäten (Bild 4.43) ist das Resultat für den induktiven Spannungsverlust direkt der sekundärseitigen Serienschaltung zweier M2-Schaltungen mit

$$D_x(\mathrm{B2,entk.}) = 2\cdot D_x(\mathrm{M2}) = 4\cdot f_1\cdot L_k\cdot I_d \qquad (4.104)$$

zu entnehmen

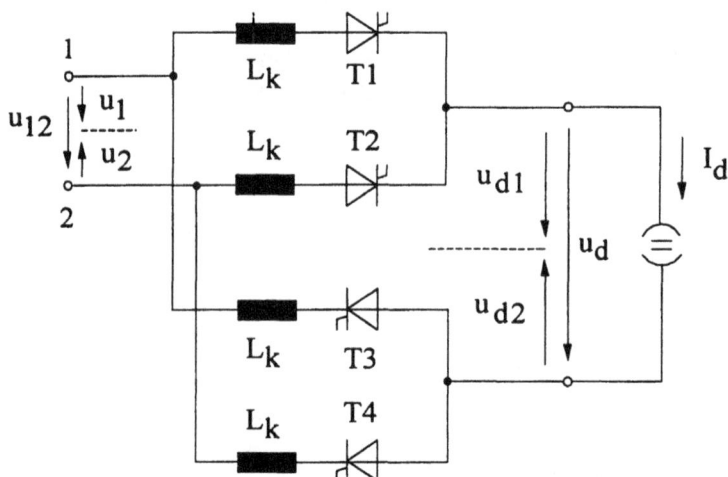

Bild 4.43:
Entkoppelte
Kommutierung
durch separate
Kommutierungs-
induktivitäten der
M2-Teilstromrichter

4.2.2 Dreiphasensysteme

Die Methodik der Analyse gesteuerter Gleichrichterschaltungen in Dreiphasensystemen unterscheidet sich nicht von jener, die in Zweiphasensystemen anzuwenden ist. Die Resultate der Mikroanalyse, also die Zeitfunktionen, sehen zwar auf Grund der dreiphasigen Einspeisung teilweise erheblich komplexer aus, die für den Betreiber gesteuerter Gleichrichter interessantere Makroanalyse liefert aber dennoch vergleichbare, in der normierten Form sogar identische Resultate wie in Zweiphasensystemen. Trotz der größeren industriellen Bedeutung von Dreiphasensystemen kann deshalb die nachfolgende Behandlung der Mittelpunkt- und Brückenschaltungen in Dreiphasensystemen auf Grund der bekannten Vorgehensweise und vertrauten Resultate knapper gefasst werden.

4.2.2.1 Mittelpunktschaltung (M3-Schaltung)

Bild 4.44 zeigt die Anordnung, bestehend aus einem Transformator, der eigentlichen steuerbaren Gleichrichteranordnung mit den Thyristoren T1 bis T3 sowie der Last. Für die Last wird wiederum $\tau \gg T_1 = 1/f_1$ (idealisiert: $\tau \to \infty$) unterstellt, sodass diese für die Mikroanalyse als Konstantstromquelle mit $i_d = I_d$ interpretierbar ist. Der Transformator ist hier im Gegensatz zur M2-Schaltung, wo er aus einem Einphasennetz ein Zweiphasennetz zu bilden hat, nicht zwingend notwendig, da Industrie-Energieversorgungsnetze in der Regel dreiphasig ausgeführt sind. Er dient damit lediglich der Potentialtrennung und eventuell der Transformation der Netzspannung in einen für die Anwendung erforderlichen Spannungsbereich. Bei geeigneter Auslegung kann er auch die Aufgabe der Kommutierungsinduktivität mit übernehmen. Wichtig für Mittelpunktschaltungen ist ein belastbarer Mittelpunkt auf der Transformator-Sekundärseite.

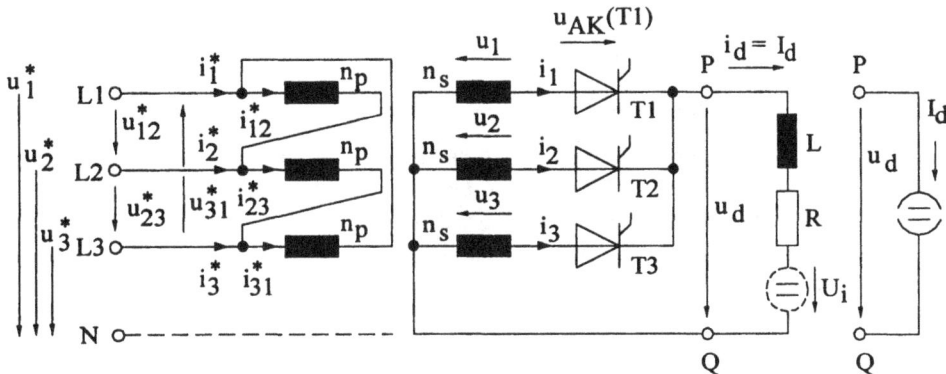

Bild 4.44: Gesteuerter Gleichrichter in dreipulsiger Mittelpunktschaltung (M3CK)

Für Bild 4.44 wurde ein Transformator der Baugruppe Dyn11 angenommen. Durch Umpolung der Primär- oder Sekundärwicklungen ist die Baugruppe Dy11 in die für die Gleichrichteraufgabe äquivalente Baugruppe Dyn5 überführbar. Diese Baugruppen sind gemäß DIN VDE 0532 durch folgende Eigenschaften gekennzeichnet (Bild 4.45):

D: primär Dreieckschaltung
y: sekundär Sternschaltung
n: belastbarer Mittelpunkt
11 (5) :   Phasendrehung des Zeigers der Unterspannung gegenüber jenem der
                Oberspannung gleicher Klemmenbezeichnung um $11 \cdot 30°$ $(5 \cdot 30°)$

Grundsätzlich sind auch andere Transformatorbaugruppen -z.B.: Yyn, Yzn oder Dzn- einsetzbar. In der Anwendung unterscheiden sie sich in der erforderlichen Typenleistung, in der Gleichstrommagnetisierung sowie in der Belastbarkeit des Mittelpunktes.

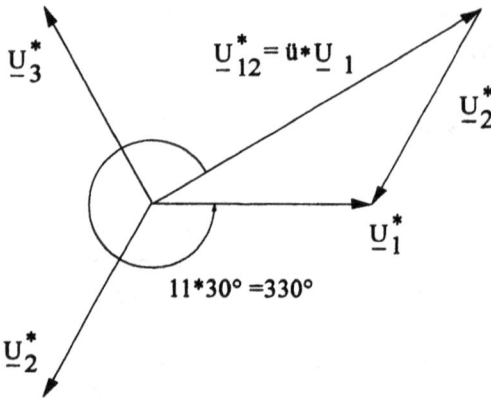

Bild 4.45:
Transformator – Baugruppe Dyn11
Phasendrehung zwischen Oberspannung
$\underline{U}^*_{12}$ *und Unterspannung* $\underline{U}_1$
$\ddot{u} = n_p / n_s$

Die Spannungen auf der Sekundärseite des Transformators sind anzusetzen als

$$u_1 = \sqrt{2} \cdot U_1 \cdot \sin \omega_1 t$$

$$u_2 = \sqrt{2} \cdot U_1 \cdot \sin(\omega_1 t - \frac{2\pi}{3})$$

$$u_3 = \sqrt{2} \cdot U_1 \cdot \sin(\omega_1 t - \frac{4\pi}{3})$$

Die Zündwinkel / Zündzeitpunkte für die Thyristoren T1 bis T3 werden wiederum auf die natürlichen Zündwinkel mit $\alpha = 0°$ bezogen. Diese beschreiben im Winkelmaß jene Kommutierungszeitpunkte, die bei gedanklichem Ersatz der Thyristoren durch Dioden auftreten. Wird zur Bestimmung dieser natürlichen Zündwinkel der Thyristor T3 als eben leitend angenommen, so lautet die Anoden-Kathoden-Spannung des im Zündschema folgenden Thyristors T1 (Bild 4.46):

$$u_{AK}(T1,t) = u_1 - u_d = u_1 - u_3$$

Der Thyristor T1 ist zündbar für $u_{AK}(T1,t) > 0$, also innerhalb des Zeit- bzw. Winkelbereiches mit $u_1 > u_3$.

Hieraus ergibt sich für den natürlichen Zündwinkel des Thyristors T1

$$\omega_1 \cdot t(\alpha = 0°) = \pi / 6 + n \cdot 2\pi \triangleq 30° + n \cdot 360° \quad (n: \text{ganzzahlig})$$

und für den Variationsbereich des Zündwinkels

$$0° \leq \alpha \leq 180° \,(\text{real: } < \alpha_{max} \approx 150°)$$

Mit Zündung des Thyristors T1 bei $u_1 > u_3$ wird $u_d = u_1$ und damit

$$u_{AK}(T3) = u_3 - u_d = u_3 - u_1 < 0$$

Die Zündung des Thyristors T1 bewirkt somit das Verlöschen des Thyristors T3 – die M3-Schaltung gehört also wiederum zur Gruppe der netzgeführten Stromrichter.

Der Stromflusswinkel γ kann im stationären Zustand mit $\alpha = const$ auf Grund der gleichmäßigen Stromführungsaufteilung auf drei Phasen nur

$$\gamma = 2\pi / 3 \,\hat{=}\, 120°$$

betragen. Aus gleichem Grund wird die Ausgangsspannung $u_d(t)$ drei Gleichrichtimpulse pro Netzperiode T1 besitzen (Bild 4.46) - deshalb auch die Bezeichnung dreipulsige Mittelpunktschaltung bzw. M3-Schaltung.

Die ideelle Ausgangsgleichspannung $U_{di\alpha}$ ergibt sich als arithmetischer Mittelwert über eine Gleichrichtperiode $\gamma = 2\pi / 3$ der Ausgangsspannung $u_d(\omega_1 t)$ zu

$$U_{di\alpha} = \frac{1}{\gamma} \cdot \int_{\gamma} u_d(\omega_1 t) \cdot d\omega_1 t = \frac{3}{2\pi} \cdot \int_0^{2\pi/3} u_d(\omega_1 t) \cdot d\omega_1 t$$

oder bei Transformation des Koordinatenursprungs in den Zündzeitpunkt des Thyristors T1 und Einführung der neuen Zeitkoordinate t' bzw. Winkelkoordinate $\omega_1 t'$ (vorteilhaft, da hiermit die Integration über eine Sprungstelle der Funktion u_d vermieden wird):

$$U_{di\alpha} = \frac{3}{2\pi} \cdot \int_0^{2\pi/3} \sqrt{2} \cdot U_1 \cdot \sin(\omega_1 t' + \frac{\pi}{6} + \alpha) \cdot d\omega_1 t = \frac{3 \cdot \sqrt{2}}{2\pi} \cdot U_1 \cdot \left\{ -\cos(\omega_1 t' + \frac{\pi}{6} + \alpha) \right\} \Big|_0^{2\pi/3}$$

$$U_{di\alpha} = \frac{3 \cdot \sqrt{2}}{2\pi} \cdot U_1 \cdot \left\{ -\cos(\frac{5\pi}{6} + \alpha) + \cos(\frac{\pi}{6} + \alpha) \right\}$$

$$= \frac{3 \cdot \sqrt{2}}{2\pi} \cdot U_1 \cdot \left\{ -\cos\frac{5\pi}{6} \cdot \cos\alpha + \sin\frac{5\pi}{6} \cdot \sin\alpha + \cos\frac{\pi}{6} \cdot \cos\alpha - \sin\frac{\pi}{6} \cdot \sin\alpha \right\}$$

Mit

$$\cos\frac{\pi}{6} = -\cos\frac{5\pi}{6} = \frac{\sqrt{3}}{2} \,; \quad \sin\frac{\pi}{6} = \sin\frac{5\pi}{6}$$

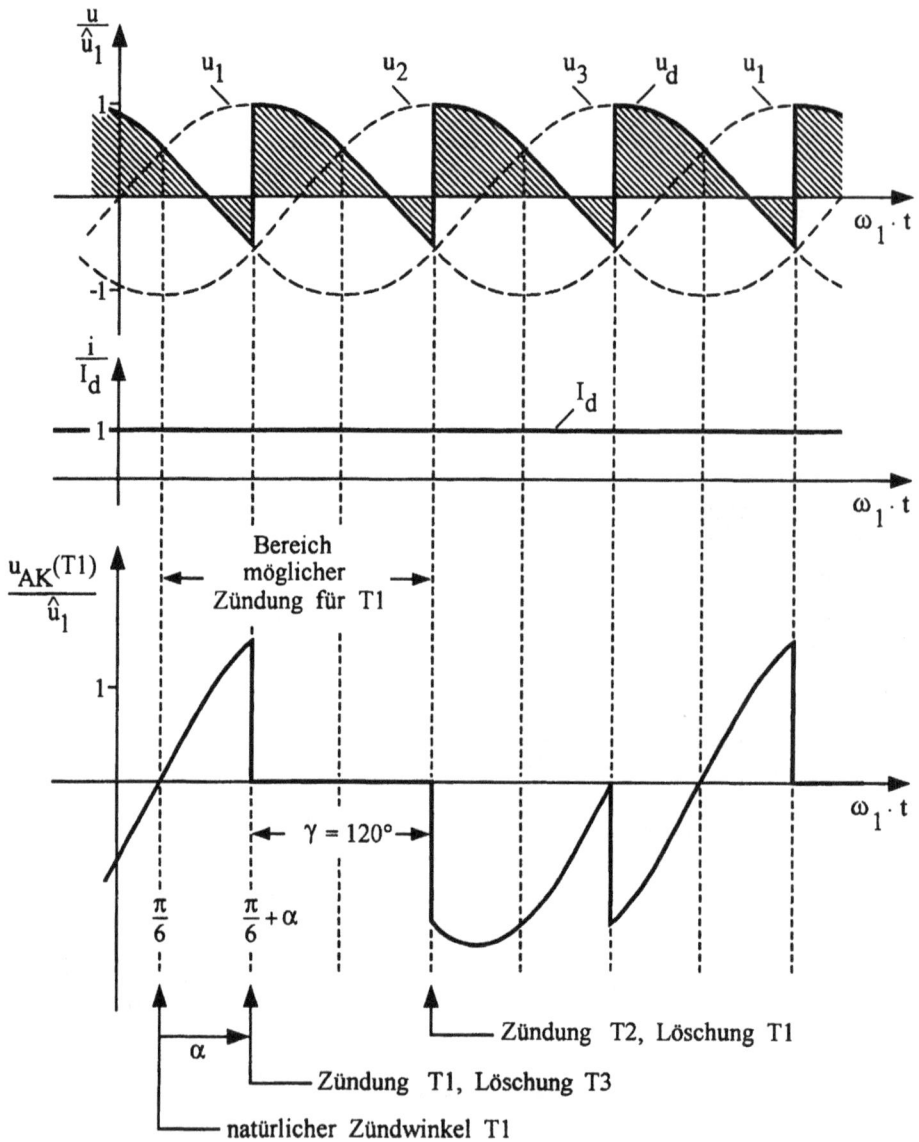

Bild 4.46: Gesteuerter Gleichrichter in M3-Schaltung / Spannungszeitfunktionen $u_{AK}(t)$ und $u_d(t)$ für $\alpha = 60°$

folgt als ideelle Ausgangsgleichspannung

$$U_{di\alpha} = \frac{3 \cdot \sqrt{3}}{\pi \cdot \sqrt{2}} \cdot U_1 \cdot \cos\alpha = 1{,}17 \cdot U_1 \cdot \cos\alpha \qquad (4.105)$$

Die Normierung von (4.105) auf den ungesteuerten Fall $U_{di0} = U_{di\alpha}(\alpha = 0°)$ führt zur Steuerkennlinie

$$\frac{U_{di\alpha}}{U_{di0}} = \cos\alpha \tag{4.106}$$

Die Steuerkennlinie der M3-Schaltung unterscheidet sich also in ihrer normierten Form nicht von jener der M2-Schaltung. Die grafische Darstellung in Bild 4.7 sowie die Feststellungen zur Möglichkeit des Gleich- und Wechselrichterbetriebes können also direkt von dort übernommen werden.

Die Analyse der Ströme $i_1(t)$, $i_{12}^*(t)$ und $i_1^*(t)$ bzw. der entsprechenden Ströme in den anderen Phasen wird auf Grund des konstant angenommenen Laststromes $i_d = I_d = const$ rechteckförmige Zeitfunktionen ergeben (Bild 4.47). Bei der Transformation des sekundärseitigen Transformatorstromes $i_1(t)$ in den primärseitigen Transformatorstrom $i_{12}^*(t)$ ist zu beachten, dass nur der in $i_1(t)$ enthaltene Wechselstromanteil

$$i_{1\sim} = i_1 - \overline{i_1} = i_1 - \frac{1}{3} \cdot I_d$$

transformierbar ist. Damit wird mit $i_{12}^* \cdot n_p = i_{1\sim} \cdot n_s$ und $\ddot{u} = n_p / n_s$

$$i_{12}^* = \frac{1}{\ddot{u}} \cdot i_{1\sim} = \frac{1}{\ddot{u}} \cdot \left\{ i_1 - \frac{1}{3} \cdot I_d \right\} \tag{4.107}$$

Der Außenleiterstrom i_1^* folgt hieraus aus der Verkettung der primärseitigen Transformatorströme zu

$$i_1^* = i_{12}^* - i_{31}^* = \frac{1}{\ddot{u}} \cdot \left\{ i_{1\sim} - i_{3\sim} \right\} = \frac{1}{\ddot{u}} \cdot \left\{ i_1 - i_3 \right\} \tag{4.108}$$

Auf Grund des nicht übertragbaren Gleichanteils unterscheiden sich auch bei ü=1 die Stromeffektivwerte von Primär- und Sekundärwicklungen gemäß

$$I_1 = \sqrt{I_{1-}^2 + I_{1\sim}^2} = \sqrt{\frac{1}{2\pi} \cdot \int_{2\pi} i_1^2 \cdot d\omega_1 t} = \sqrt{\frac{1}{2\pi} \cdot \left\{ \frac{2\pi}{3} \cdot I_d^2 \right\}} = \frac{I_d}{\sqrt{3}} = 0{,}577 \cdot I_d \tag{4.109}$$

$$\begin{aligned} I_{12}^* &= \frac{1}{\ddot{u}} \cdot I_{1\sim} = \frac{1}{\ddot{u}} \cdot \sqrt{\frac{1}{2\pi} \cdot \int_{2\pi} i_{12}^{*2} \cdot d\omega_1 t} \\ &= \frac{1}{\ddot{u}} \cdot \sqrt{\frac{1}{2\pi} \cdot \left\{ \frac{2\pi}{3} \cdot \frac{4}{9} \cdot I_d^2 + \frac{4\pi}{3} \cdot \frac{1}{9} \cdot I_d^2 \right\}} = \frac{1}{\ddot{u}} \cdot \frac{\sqrt{2}}{3} \cdot I_d = \frac{1}{\ddot{u}} \cdot 0{,}471 \cdot I_d \end{aligned} \tag{4.110}$$

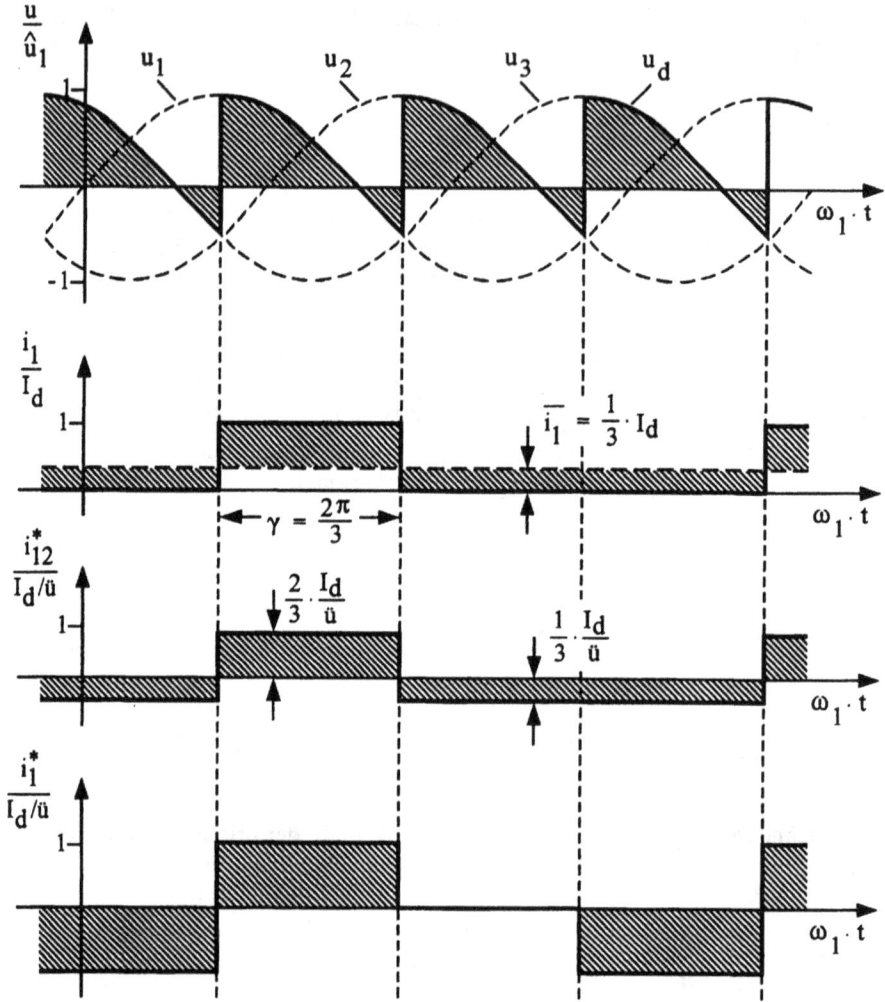

Bild 4.47: *Gesteuerter Gleichrichter in M3-Schaltung – Stromzeitfunktionen für* $\alpha = 60°$

Ebenfalls auf Grund des nicht übertragbaren Gleichanteils unterscheiden sich die Scheinleistungen von Primär- (S_{1p}) und Sekundärseite (S_{1s}). Als Folge ist, wie auch bei der M2-Schaltung, eine schlechte Transformatorausnutzung S_{typ}/P_{1max} zu erwarten. So ergibt sich bei der hier vorliegenden idealisierten Betrachtungsweise für die Transformatortypenleistung

$$S_{typ} = \frac{S_{1p} + S_{1s}}{2}$$

$$S_{1p} = 3 \cdot U_{12}^* \cdot I_{12}^* = 3 \cdot U_{12}^* \cdot \frac{1}{\ddot{u}} \cdot \frac{\sqrt{2}}{3} \cdot I_d = \sqrt{2} \cdot U_1 \cdot I_d$$

$$S_{1s} = 3 \cdot U_1 \cdot I_1 = 3 \cdot U_1 \cdot \frac{I_d}{\sqrt{3}} = \sqrt{3} \cdot U_1 \cdot I$$

(4.111)

für die Wirkleistung

$$P_1 = P_2 = P_d = U_{di\alpha} \cdot I_d = \frac{3 \cdot \sqrt{3}}{\pi \cdot \sqrt{2}} \cdot U_1 \cdot I_d \cdot \cos\alpha = U_{di0} \cdot I_d \cdot \cos\alpha$$

$$P_{1max} = P_1(\alpha = 0°) = U_{dio} \cdot I_d = 1{,}17 \cdot U_1 \cdot I_d$$

(4.112)

und somit für die Transformatorausnutzung:

$$S_{typ} = 1{,}345 \cdot P_{1max}$$

(4.113)

Die Ströme i_1 bzw. i_1^* besitzen trotz der von der Netzeinspeisung vorgegebenen Sinus-spannung zeitlich rechteckförmige Zeitfunktionen. Damit ist wie bei dem gesteuerten Gleichrichter in M2-Schaltung zu vermuten, dass auch die M3-Schaltung dem einspeisen-den Netz

(Grundschwingungs-) Wirkleistung P_1

induktive Grundschwingungsblindleistung Q_1

und

Verzerrungsblindleistung D_1

(Netzrückwirkung durch Oberschwingungsströme mit $f \neq f_1$)

abverlangt. Ebenfalls zu erwarten ist ein geringer Leistungsfaktor λ.

Die Wirkleistung P_1 des gesteuerten Gleichrichters in M3-Schaltung war nach (4.113) ein-fach anhand der Gleichstromleistung P_d ermittelbar. Anders verhält es sich mit der Grund-schwingungsblindleistung Q_1. Zu deren Bestimmung ist eine Fourier-Analyse der Ströme durchzuführen. Hierzu kann wie in Kap. 4.2.1.3 (M2-Schaltung) die Grundschwingungs-komponente des jeweils betrachteten Stromes in eine zur Spannung phasengleiche und eine um 90° phasenversetzte Komponente zerlegt werden. Hier soll nun aber zur Aufwandsredu-zierung bei der Fourier-Analyse ein etwas anderer Weg beschritten werden. Dazu ist der Ansatz der Fourier-Analyse nochmals zu betrachten:

$$i_1(t) = \frac{a_0}{2} + \sum_{n=1}^{\infty} \{a_n \cdot \cos n\omega_1 t + b_n \cdot \sin n\omega_1 t\}$$

(4.114)

bzw.

$$i_1(t) = \frac{1}{3} \cdot I_d + \hat{i}_{11} \cdot \sin(\omega_1 t + \phi_1) + \sum_{n=2}^{\infty} \hat{i}_{1n} \cdot \sin(n\omega_1 t + \phi_n) \qquad (4.115)$$

$\hat{i}_{1n}$: Spitzenwert n. Harmonische des Stromes i_1 ; ϕ_n : Nullphase *n*. Harmonische

Cosinus- und Sinusterme in (4.115) erfüllen jeweils ganz spezielle Symmetriebedingungen. Hat auch die zu analysierende Funktion $i_1(t)$ spezielle Symmetrieeigenschaften, so können nur jene Terme der Fourier-Analyse existieren, die diesen Symmetrieeigenschaften nicht widersprechen. Besitzt also $i_1(t)$ Symmetrie zur Ordinate, so entfallen alle Sinusterme, besitzt $i_1(t)$ hingegen Symmetrie zum Koordinatenursprung, so entfallen alle Cosinusanteile inklusive des Gleichanteils. Existieren in $i_1(t)$ derartige Symmetrieeigenschaften oder lassen sich diese durch geeignete Koordinatentransformation erzwingen, so ist der für die Fourier-Analyse erforderliche Aufwand halbierbar. Bild 4.48 zeigt, wie sowohl für den sekundärseitigen Transformatorstrom $i_1(t)$ als auch für den verketteten Primärstrom $i_1^*(t)$ derartige Symmetrien mittels Koordinatentransformation in die neuen Zeitkoordinatensysteme *t'* bzw. *t''* erzwingbar sind.

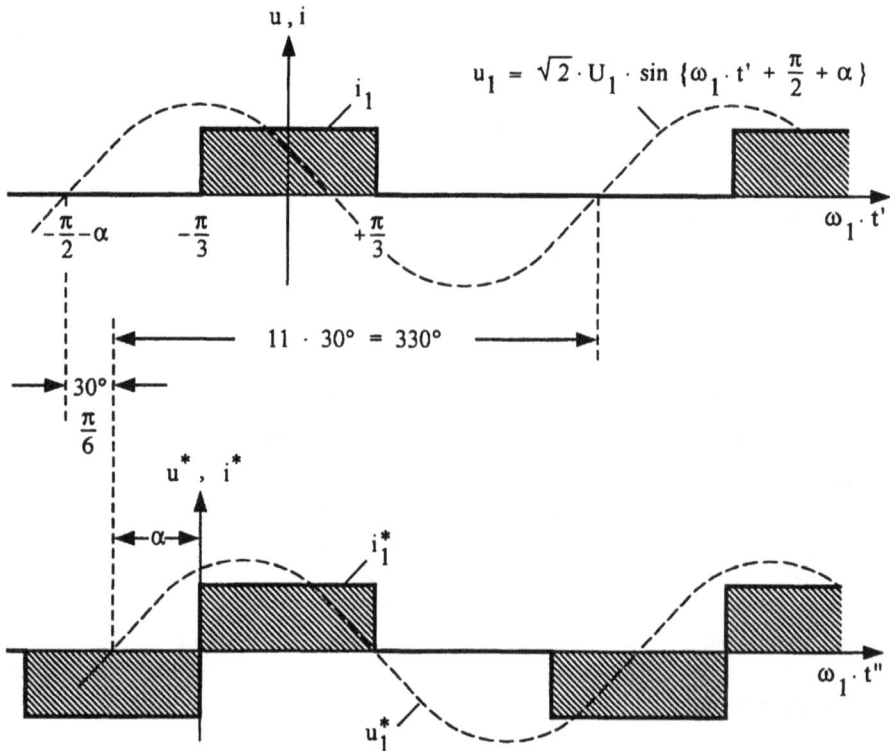

Bild 4.48: Symmetrieansätze zur vereinfachten Fourier-Analyse ($\alpha = 60°$); oben: Transformatorsekundärseite mit Symmetrie zur Ordinate $\rightarrow b_n = 0$; unten: Transformatorprimärseite mit Symmetrie zum Koordinatenursprung $\rightarrow a_n = 0$

Beispielsweise lautet der Ansatz für die Fourier-Reihendarstellung des sekundärseitigen Transformatorstromes i_1 :

Zeitkoordinate t'

$$i_1 = \frac{a_0}{2} + \sum_{n=1}^{\infty} a_n \cdot \cos n\omega_1 t'; \quad b_n = 0 \text{ aus Symmetriegründen}$$

mit

$$a_n = \frac{1}{\pi} \cdot \int_{-\pi/3}^{+\pi/3} I_d \cdot \cos n\omega_1 t' \cdot d\omega_1 t = \frac{2}{\pi} \cdot I_d \cdot \int_{0}^{\pi/3} \cos n\omega_1 t' \cdot d\omega_1 t$$

$$= \frac{2}{\pi} \cdot I_d \cdot \frac{\sin n\omega_1 t'}{n} \Big|_{0}^{\pi/3} = \frac{2}{\pi \cdot n} \cdot I_d \cdot \sin n\frac{\pi}{3}$$

und

$$\sin\frac{\pi}{3} = \sin 2 \cdot \frac{\pi}{3} = \frac{\sqrt{3}}{2}; \quad \sin 3 \cdot \frac{\pi}{3} = 0$$

$$\sin 4 \cdot \frac{\pi}{3} = \sin 5 \cdot \frac{\pi}{3} = -\frac{\sqrt{3}}{2}; \quad \sin 6 \cdot \frac{\pi}{3} = 0 \text{ usw.}$$

Hiermit folgt für die Fourier-Koeffizienten bzw. für das Amplitudenspektrum des Transformator-Sekundärstromes (Bild 4.49):

$$a_n = 0 \text{ für } n = k \cdot 3; \quad k = 1, 2, 3, \dots\infty$$

$$|a_n| = \hat{i}_{1n} = \sqrt{2} \cdot I_{1n} = \frac{\sqrt{3}}{n \cdot \pi} \cdot I_d \text{ für } n \neq k \cdot 3 \tag{4.116}$$

und aus der Herleitung von (4.107):

$$\frac{a_0}{2} = \overline{i_1} = \frac{I_d}{3}$$

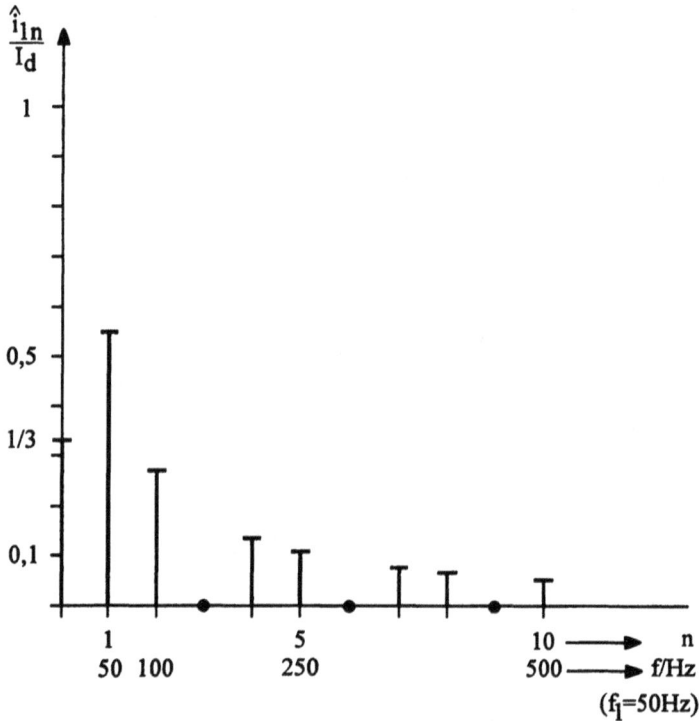

Bild 4.49:
Gesteuerter Gleichrich-
ter in M3-Schaltung
Spektrum des Trans-
formator-
Sekundärstromes $i_1(t)$

Sinngemäß könnte man für die verketteten Außenleiterströme der Primärseite ansetzen:
Zeitkoordinate t''

$$i_1^* = \sum_{n=1}^{\infty} b_n \cdot \sin n\omega_1 t''; \quad a_0 = 0, \quad a_n = 0 \text{ aus Symmetriegründen}$$

mit

$$b_n = \frac{1}{\ddot{u} \cdot \pi} \cdot \left\{ \int_{-2\pi/3}^{0} (-I_d) \cdot \sin n\omega_1 t'' \cdot d\omega_1 t + \int_{0}^{2\pi/3} (+I_d) \cdot \sin n\omega_1 t'' \cdot d\omega_1 t \right\}$$

$$b_n = \frac{2}{\ddot{u} \cdot \pi} \cdot I_d \cdot \int_{0}^{2\pi/3} \sin n\omega_1 t'' \cdot d\omega_1 t = \frac{2}{\ddot{u} \cdot \pi \cdot n} \cdot I_d \cdot \left\{ -\cos n\omega_1 t'' \right\} \Big|_{0}^{2\pi/3}$$

$$= \frac{2}{\ddot{u} \cdot \pi \cdot n} \cdot I_d \cdot \left\{ -\cos n \cdot \frac{2\pi}{3} + 1 \right\}$$

wobei

$b_n = 0$ für $n = k \cdot 3$; $k = 1, 2, 3, \dots \infty$

$$|b_n| = \hat{i}_{1n} = \frac{3}{\ddot{u} \cdot \pi \cdot n} \cdot I_d \text{ für } n \neq k \cdot 3 \qquad (4.117)$$

Der Vergleich von (4.116) mit (4.117) ergibt den Zusammenhang:

$$\hat{i}_{1n}^* = \frac{1}{\ddot{u}} \cdot \sqrt{3} \cdot \hat{i}_{1n} \qquad (4.118)$$

Ausgangspunkt vorstehender Betrachtungen war die Frage nach den Grundschwingungsleistungen. Diese Frage muss bei idealisierter Stromrichteranalyse auf Primär- und Sekundärseite des Transformators identische Aussagen liefern, sodass die ausschließliche Betrachtung einer Transformatorseite, z.B. der Sekundärseite, ausreicht. Hierzu ist auch die Spannung u_1 in dem neuen, für die Fourier-Analyse des Stromes i_1 benützten Koordinatensystem auszudrücken und die Phasenlage zu dem mit (4.116) als Cosinusfunktion formulierten Grundschwingungsstrom

$$i_{11} = a_1 \cdot \cos\omega_1 t' = \sqrt{2} \cdot I_{11} \cdot \cos\omega_1 t' = \frac{\sqrt{3}}{\pi} \cdot I_d \cdot \cos\omega_1 t' \qquad (4.119)$$

zu ermitteln. Der entsprechende Spannungsansatz lautet

$$
\begin{aligned}
u_1 &= \sqrt{2} \cdot U_1 \cdot \sin\left(\omega_1 t' + \frac{\pi}{6} + \alpha + \frac{1}{2} \cdot \frac{2\pi}{3}\right) \\
&= \sqrt{2} \cdot U_1 \cdot \sin\left(\omega_1 t' + \alpha + \frac{\pi}{2}\right) = \sqrt{2} \cdot U_1 \cdot \cos(\omega_1 t' + \alpha)
\end{aligned}
\qquad (4.120)
$$

und bestätigt mit der um α voraus eilenden Spannung u_1 das induktive Grundschwingungsverhalten der M3-Schaltung mit (4.115) $\phi(Z) = -\alpha$.

Damit folgt für die gesuchten Grundschwingungsleistungen:

(Grundschwingungs-) Wirkleistung:

$$P_1 = 3 \cdot U_1 \cdot I_{11w} \qquad (4.121)$$

(Grundschwingungs-) Blindleistung:

$$Q_1 = 3 \cdot U_1 \cdot I_{11b} \qquad (4.122)$$

Bei diesem Ansatz ist gemäß Zeigerdiagramm Bild 4.50 unter I_{11w} der Effektivwert der zur Spannung u_1 phasengleichen Komponente des Grundschwingungsstromes i_{11} und unter I_{11b} der Effektivwert der zur Spannung u_1 um 90° phasenversetzten Komponente des Grundschwingungsstromes i_{11} zu verstehen.

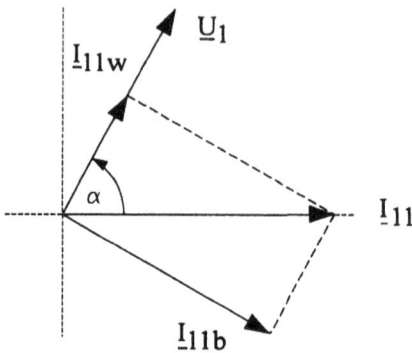

Bild 4.50:
Zerlegung des Grundschwingungsstromes $\underline{I}_{11}$ in
Wirkkomponente $\underline{I}_{11w}$ und Blindkomponente $\underline{I}_{11b}$

Mit der Stromzerlegung nach Bild 4.50 folgt für den Effektivwert der Wirkkomponente

$$I_{11w} = I_{11} \cdot \cos\alpha = \frac{\sqrt{3}}{\sqrt{2}\cdot\pi} \cdot I_d \cdot \cos\alpha$$

und für den Effektivwert der Blindkomponente

$$I_{11b} = I_{11} \cdot \sin\alpha = \frac{\sqrt{3}}{\sqrt{2}\cdot\pi} \cdot I_d \cdot \sin\alpha$$

bzw. durch Einsetzen in die Leistungsgleichungen (4.121) und (4.122)

$$P_1 = 3 \cdot U_1 \cdot I_{11} \cdot \cos\alpha = 3 \cdot \frac{\sqrt{3}}{\pi\cdot\sqrt{2}} \cdot U_1 \cdot I_d \cdot \cos\alpha = U_{di0} \cdot I_d \cdot \cos\alpha$$

$$= P_{1\max}(M3) \cdot \cos\alpha$$
(4.123)

$$Q_1 = 3 \cdot U_1 \cdot I_{11} \cdot \sin\alpha = 3 \cdot \frac{\sqrt{3}}{\pi\cdot\sqrt{2}} \cdot U_1 \cdot I_d \cdot \sin\alpha = U_{di0} \cdot I_d \cdot \sin\alpha$$

$$= P_{1\max}(M3) \cdot \sin\alpha$$
(4.124)

Erwartungsgemäß ist auf Grund der Annahmen der idealisierten Stromrichtertheorie (4.113)=(4.123). Nach Normierung auf

$$P_{1\max}(M3) \neq P_{1\max}(M2)$$

zeigt sich darüber hinaus Lösungsidentität mit den entsprechenden Leistungsermittlungen bei der M2-Schaltung (Gleichungen (4.42) bzw. (4.43)). Das in Bild 4.19 dargestellte Blindleistungsdiagramm der M2-Schaltung muss somit samt allen damit verbundenen Folgerungen auch für die M3-Schaltung gelten.

Zusammen mit der Scheinleistung S_{1p} nach (4.111) lautet der Leistungsfaktor λ auf der Transformatorprimärseite

$$\lambda_p = \frac{P_1}{S_{1p}} = \frac{\dfrac{3 \cdot \sqrt{3}}{\pi \cdot \sqrt{2}} \cdot U_1 \cdot I_d \cdot \cos\alpha}{\sqrt{2} \cdot U_1 \cdot I_d} = 0{,}827 \cdot \cos\alpha \qquad (4.125)$$

Geringere und damit schlechtere Werte für den Leistungsfaktor ergeben sich auf der Transformatorsekundärseite, da dort zusätzlich der nicht übertragbare Gleichstromanteil zu beachten ist.

Vorstehende Erörterungen gelten für $I_d \approx const > 0$, also bei passiver Last für eine Lastzeitkonstante $\tau \gg T_1$ (theoretisch $\tau \to \infty$). Real wird stets $\tau \neq \infty$ sein, sodass, wie in Kap. 4.2.1 für die M2-Schaltung erörtert, im stationären Zustand für Zündwinkel $\alpha > \alpha_{Lück}$ Lückbetrieb auftritt. Die Lückgrenze $\alpha_{Lück}$ wird wiederum von der Lastzeitkonstanten τ bzw. dem Phasenwinkel $\phi(Z)$ der Last abhängen. Zu gewinnen ist die Lückgrenze $\alpha_{Lück}$ durch Aufstellung und Lösung einer Differentialgleichung für den Laststrom $i_d(\omega_1 t)$. Wird hierzu im Zündzeitpunkt, z.B. für den Thyristor T1, das neue Koordinatensystem $\omega_1 t'$ eingeführt und wird zu diesem Zeitpunkt die Inbetriebnahme der Schaltung unterstellt, so lautet die Differentialgleichung

$$u_1(\omega_1 t') = \sqrt{2} \cdot U_1 \cdot \sin\left\{\omega_1 t' + \frac{\pi}{6} + \alpha\right\} = i_d \cdot R + L \cdot \frac{di_d}{dt}$$

Anfangsbedingung: $i_d(\omega_1 t' = 0) = 0$ \qquad (4.126)

und deren Lösung mit

$$\tau = L/R; \quad \phi(Z) = \phi = \arctan(\omega_1 L/R) = \arctan\omega_1\tau \qquad (4.127)$$

$$i_d = \frac{\sqrt{2} \cdot U_1}{\sqrt{R^2 + (\omega_1 L)^2}} \cdot \left\{\sin(\omega_1 t' + \frac{\pi}{6} + \alpha - \phi) - \sin(\frac{\pi}{6} + \alpha - \phi) \cdot e^{-t'/\tau}\right\}$$

Die Lückgrenze $\alpha_{Lück}$ stellt sich genau dann ein, wenn nach Ablauf von $\gamma = 2\pi/3$ wieder die unter (4.126) genannte Anfangsbedingung

$$i_d(\omega_1 t' = \gamma = 2\pi/3) = 0$$

erreicht wird. Also für

$$\sin(\frac{2\pi}{3} + \frac{\pi}{6} + \alpha_{Lück} - \phi) - \sin(\frac{\pi}{6} + \alpha_{Lück} - \phi) \cdot e^{-2\pi/(3\omega_1\tau)} = 0$$

bzw. nach den trigonometrischen Zerlegungen und Umformungen

$$\sin\frac{2\pi}{3}\cdot\cos(\frac{\pi}{6}+\alpha_{L\ddot{u}ck}-\phi)+\sin(\frac{\pi}{6}+\alpha_{L\ddot{u}ck}-\phi)\cdot\left\{\cos\frac{2\pi}{3}-e^{-T_1/3\tau}\right\}=0$$

$$\sin\frac{2\pi}{3}=\frac{\sqrt{3}}{2};\quad \cos\frac{2\pi}{3}=-\frac{1}{2}$$

und nach Division durch den ersten Cosinusterm mit dem Zwischenresultat

$$\tan(\frac{\pi}{6}+\alpha_{L\ddot{u}ck}-\phi)=\frac{\sqrt{3}}{1+2\cdot e^{-T_1/3\tau}}$$

für

$$\alpha_{L\ddot{u}ck}=\phi-\frac{\pi}{6}+\arctan\frac{\sqrt{3}}{1+2\cdot e^{-T_1/3\tau}} \qquad (4.128)$$

Bei rein ohmscher Last, also bei $\tau=0$ bzw. $\phi=0°$, folgt aus (4.128) mit

$$\arctan\sqrt{3}=\pi/3$$

$$\alpha_{L\ddot{u}ck}(R-Last)=\pi/6 \,\hat{=}\, 30°$$

Im Gegensatz zur M2-Schaltung tritt also bei der M3-Schaltung mit ohmscher Last auch ohne die glättende Wirkung einer Lastinduktivität L für

$$0°\leq\alpha\leq\alpha_{L\ddot{u}ck}=30°$$

nichtlückender Strom auf.

Die Ausgangsgleichspannung $U_{di\alpha}(\tau=0)$ als arithmetischer Mittelwert der Spannung $u_d(t)$ ist getrennt für den nicht lückenden und lückenden Bereich zu ermitteln und lautet für den nicht lückenden Bereich $0\leq\alpha\leq\pi/6\,\hat{=}\,30°$ gemäß (4.105)

$$U_{di\alpha}(\tau=0)=U_{di\alpha}(\tau\to\infty)=\frac{3\cdot\sqrt{3}}{\pi\cdot\sqrt{2}}\cdot U_1\cdot\cos\alpha$$

und für den lückenden Bereich $\pi/6\leq\alpha\leq 5\pi/6\,\hat{=}\,150°$

$$U_{di\alpha}(\tau=0)=\frac{3}{2\pi}\cdot\int_{(\pi/6)+\alpha}^{\pi}\sqrt{2}\cdot U_1\cdot\sin\omega_1 t\cdot d\omega_1 t=\frac{3}{\sqrt{2}\cdot\pi}\cdot U_1\cdot\left\{1+\cos(\frac{\pi}{6}+\alpha)\right\}$$

$$\frac{U_{di\alpha}(\tau = 0)}{U_{di0}} = \frac{1}{\sqrt{3}} \cdot \left\{1 + \cos(\alpha + \frac{\pi}{6})\right\} \tag{4.129}$$

Zündwinkel $\alpha > \alpha_{max}(\tau = 0) = 5\pi/6$ sind wegen $u_1(\omega_1 t > \pi/6 + \alpha_{max} = \pi) < 0$ nicht realisierbar.

In realen M3-Schaltungen wird, wie bei der M2-Schaltung (vgl. Kap. 4.2.1.4), zur Vermeidung von Ventilkurzschlüssen sowie zur Beachtung der kritischen Stromsteilheit die Kommutierungsgeschwindigkeit di/dt durch Kommutierungsinduktivitäten L_k zu limitieren sein. Da auch hier die Kommutierung stets zwischen zwei Ventilen erfolgt (Bild 4.51), ist der Vorgang aus der Sicht der rechnerischen Behandlung mit jenem der M2-Schaltung vergleichbar. Allerdings ist die im Dreiphasensystem veränderte Phasenlage zu beachten.

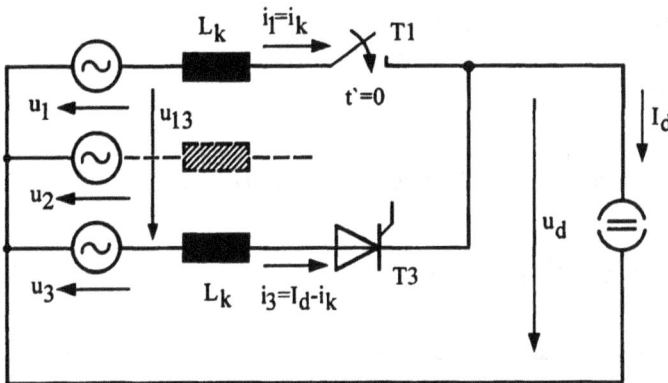

Bild 4.51: Zum Kommutierungsvorgang in der M3-Schaltung

Wird unter der Annahme i_d (Kommutierung)=const $\approx I_d > 0$ als Beispiel die Kommutierung von Ventil T3 zu Ventil T1 betrachtet und erfolgt die Zündung des übernehmenden Ventils T1 zum Zeitpunkt $t'(\alpha) = 0$, so ist die Strangspannung u_1 durch

$$u_1 = \hat{u}_1 \cdot \sin\left\{\omega_1 t' + \frac{\pi}{6} + \alpha\right\}$$

und die um 30° nacheilende Kommutierungsspannung u_{13} (vgl. Bild 4.45) durch

$$u_{13} = u_1 - u_3 = \sqrt{3} \cdot \hat{u}_1 \cdot \sin\left\{\omega_1 t' + \alpha\right\} \tag{4.130}$$

beschreibbar.

Da die Kommutierung über den Ansatz

$$i_1 = i_k \;;\quad i_3 = I_d - i_k$$

gemäß Maschenstromansatz (Kreisstromansatz) als Überlagerung eines laststromunabhängigen Kurzschlussstromes i_k mit dem Laststrom I_d verstanden werden kann, genügt zunächst die alleinige Bestimmung von i_k anhand des Ersatzschaltbildes Bild 4.52

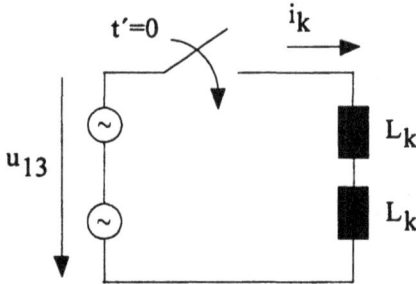

Bild 4.52:
Ersatzschaltbild zur Bestimmung von i_k

bzw. des Differentialgleichungsansatzes

$$u_{13} = \sqrt{3} \cdot \hat{u}_1 \cdot \sin\{\omega_1 t' + \alpha\} = 2 \cdot L_k \cdot \frac{di_k}{dt} \qquad (4.131)$$

Hiermit folgt weiter für die zeitliche Änderung des Kurzschlussstromes

$$di_k = \frac{\sqrt{3} \cdot \hat{u}_1}{2 \cdot L_k} \cdot \sin\{\omega_1 t' + \alpha\} \cdot dt \qquad (4.132)$$

Während der Kommutierung, ausgedrückt durch Kommutierungsdauer t_k bzw. Überlappungswinkel u_α, steigt i_k von 0 nach I_d. Damit wird der Überlappungswinkel aus (4.132) durch Integration über die Kommutierungsdauer t_k bestimmbar.

$$\int_{i_k=0}^{I_d} di_k = \frac{\sqrt{3} \cdot \hat{u}_1}{2 \cdot L_k} \cdot \int_{t'=0}^{t_k=u_\alpha/\omega_1} \sin\{\omega_1 t' + \alpha\} \cdot dt$$

$$I_d = \frac{\sqrt{3} \cdot \hat{u}_1}{2 \cdot L_k} \cdot \frac{-\cos\{\omega_1 t' + \alpha\}}{\omega_1} \Bigg|_0^{t_k=u_\alpha/\omega_1}$$

$$= \frac{\sqrt{3} \cdot \hat{u}_1}{2 \cdot \omega_1 \cdot L_k} \cdot \{-\cos(u_\alpha + \alpha) + \cos\alpha\} \qquad (4.133)$$

Durch Einbeziehung des Kurzschlussspitzenstromes $\hat{i}_k$

$$\hat{i}_k = \frac{\sqrt{3} \cdot \hat{u}_1}{2 \cdot \omega_1 \cdot L_k} \qquad (4.134)$$

lässt sich (4.133) wie folgt vereinfachen:

$$I_d = \hat{i}_k \cdot \{\cos\alpha - \cos(u_\alpha + \alpha)\} \tag{4.135}$$

Nach Umformung folgt hieraus für den Überlappungswinkel u_α

$$u_\alpha = \arccos\left\{\cos\alpha - \frac{I_d}{\hat{i}_k}\right\} - \alpha \tag{4.136}$$

und speziell für den Anfangsüberlappungswinkel bei $\alpha = 0°$:

$$u_0 = \arccos\left\{1 - \frac{I_d}{\hat{i}_k}\right\} \tag{4.137}$$

Die Berechnungsresultate für den Überlappungswinkel (4.136) bzw. (4.137) entsprechen in der auf $\hat{i}_k$ bezogenen Form den Resultaten der M2-Schaltung nach (4.62) bzw. (4.63). Unterschiedlich ist der jeweilige Kurzschlussspitzenstrom

$$\hat{i}_k(M3) \neq \hat{i}_k(M2)$$

Während der Kommutierung sind stets zwei Ventile, z.B. T1 und T3 leitend. Dies bedeutet für die Ausgangsspannung u_d :

$$u_d = u_1 - L_k \cdot \frac{di_1}{dt} = u_1 - L_k \cdot \frac{di_k}{dt}$$

bzw.

$$u_d = u_3 - L_k \cdot \frac{di_3}{dt} = u_3 + L_k \cdot \frac{di_k}{dt}$$

Durch Addition beider Teilaussagen für u_d folgt (Bild 4.53)

$$u_d = \frac{u_1 + u_3}{2} \tag{4.138}$$

Die Spannung u_d ist also der arithmetischer Mittelwert der an der Kommutierung beteiligten Spannungen. Auch die Aussage (4.138) entspricht wiederum formal jener der M2-Schaltung. Allerdings müssen die Resultate der Mittelwertbildung auf Grund der unterschiedlichen Phasenverschiebungen zwischen den an der Kommutierung beteiligten Spannungen

$$\angle(M2) = 180° \text{ bzw. } \angle(M3) = 120°$$

voneinander abweichen.

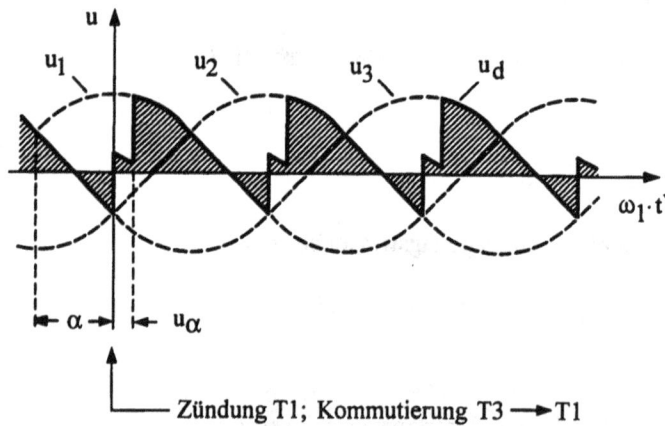

Zündung T1; Kommutierung T3 ──▶ T1

Bild 4.53: M3-Schaltung – zeitlicher Verlauf der Kommutierung für $\alpha = 60°$ und $u_\alpha \neq 0°$

Die reelle Ausgangsgleichspannung $U_{d\alpha}$ unterscheidet sich von der ideellen Spannung $U_{di\alpha}$ durch den während der Kommutierung auftretenden induktiven Spannungszeitflächenverlust D_x. Werden ebenfalls auftretende Ventilverluste sowie ohmsche Verluste im Transformator im Folgenden außer Acht gelassen, so gilt:

$$U_{d\alpha} = U_{di\alpha} - D_x \qquad\qquad (4.139)$$

Der induktive Spannungsverlust D_x lautet bei Mittelung über den Stromflusswinkel $\gamma = 2\pi/3$ und einer zum Zeitpunkt $t'=0$ angesetzten Kommutierung von T3 nach T1:

$$D_x = \frac{3}{2\pi} \cdot \int\limits_{\omega_1 t'=0}^{u_\alpha} (u_1 - u_d) \cdot d\omega_1 t = \frac{3}{2\pi} \cdot \int\limits_{\omega_1 t'=0}^{u_\alpha} (u_1 - \frac{u_1 + u_3}{2}) \cdot d\omega_1 t$$

$$D_x = \frac{3}{2\pi} \cdot \int\limits_{\omega_1 t'=0}^{u_\alpha} \frac{u_{13}}{2} \cdot d\omega_1 t = \frac{3}{2\pi} \cdot \omega_1 \cdot \int\limits_{t'=0}^{t_k} \frac{u_{13}}{2} \cdot dt \qquad\qquad (4.140)$$

Gemäß (4.131) war während der Kommutierung

$$u_{13} = 2 \cdot L_k \cdot \frac{di_k}{dt}$$

Hiermit wird durch Umformung und Integration während der Kommutierungsdauer $t_k = u_\alpha / \omega_1$ über

$$\int_0^{I_d} di_k = \frac{1}{L_k} \cdot \int_0^{t_k} \frac{u_{13}}{2} \cdot dt = I_d$$

der induktive Spannungsverlust D_x nach (4.140) bestimmbar zu

$$D_x = \frac{3}{2\pi} \cdot \omega_1 \cdot \int_{t'=0}^{t_k} \frac{u_{13}}{2} \cdot dt = 3 \cdot f_1 \cdot L_k \cdot I_d \qquad (4.141)$$

Der Vergleich von (4.141) mit (4.70) zeigt die Lösungsverwandtschaft:

$$D_x(\text{M2}) = 2 \cdot f_1 \cdot L_k \cdot I_d ; \qquad D_x(\text{M3}) = 3 \cdot f_1 \cdot L_k \cdot I_d$$

Die alleinige Beachtung des induktiven Spannungsverlustes D_x bei der Bestimmung der reellen Ausgangsgleichspannung $U_{di\alpha}$ ergibt somit durch Einsetzen von (4.141) in (4.139):

$$U_{d\alpha} = \frac{3 \cdot \sqrt{3}}{\pi \cdot \sqrt{2}} \cdot U_1 \cdot \cos\alpha - 3 \cdot f_1 \cdot L_k \cdot I_d \qquad (4.142)$$

4.2.2.2   Brückenschaltung (B6-Schaltung)

Wie bereits bei der B2-Schaltung (Kap. 4.2.1.8) diskutiert, zeigt die Brückenschaltung mit ihrer Möglichkeit zur Realisierung unterschiedlicher Steuerverfahren einige gewichtige Vorzüge, die trotz des größeren Ventil- und Ansteueraufwandes zur vergleichsweise größeren Verbreitung von Brückenschaltungen führen.

Didaktisch ist auch hier die Brückenschaltung entsprechend der Bilder 4.34 und 4.54 aus der sekundärseitigen Serienschaltung und der primärseitigen Parallelschaltung zweier Mittelpunktschaltungen M3CK und M3CA ableitbar. Ebenfalls wie bei der B2-Schaltung kann durch Entfernung des bei $I_{d1} = I_{d2} = I_d$ stromfreien Mittelpunktanschlusses und geeignetes Umzeichnen die übliche Brückenschaltungsdarstellung des Bildes 4.55 gewonnen werden.

Beide Mittelpunktschaltungen bzw. Teilstromrichter sind wiederum mit voneinander unabhängigen Zündwinkeln α_1 bzw. α_2 betreibbar. Wegen

$$u_d(t) = u_{d1}(t) - u_{d2}(t) \qquad (4.143)$$

und

$$U_{di\alpha1\alpha2} = \overline{u_d} = \overline{u_{d1} - u_{d2}} = U_{di\alpha}(\text{M3CK}) - U_{di\alpha}(\text{M3CA}) = U_{di\alpha1} - U_{di\alpha2}$$

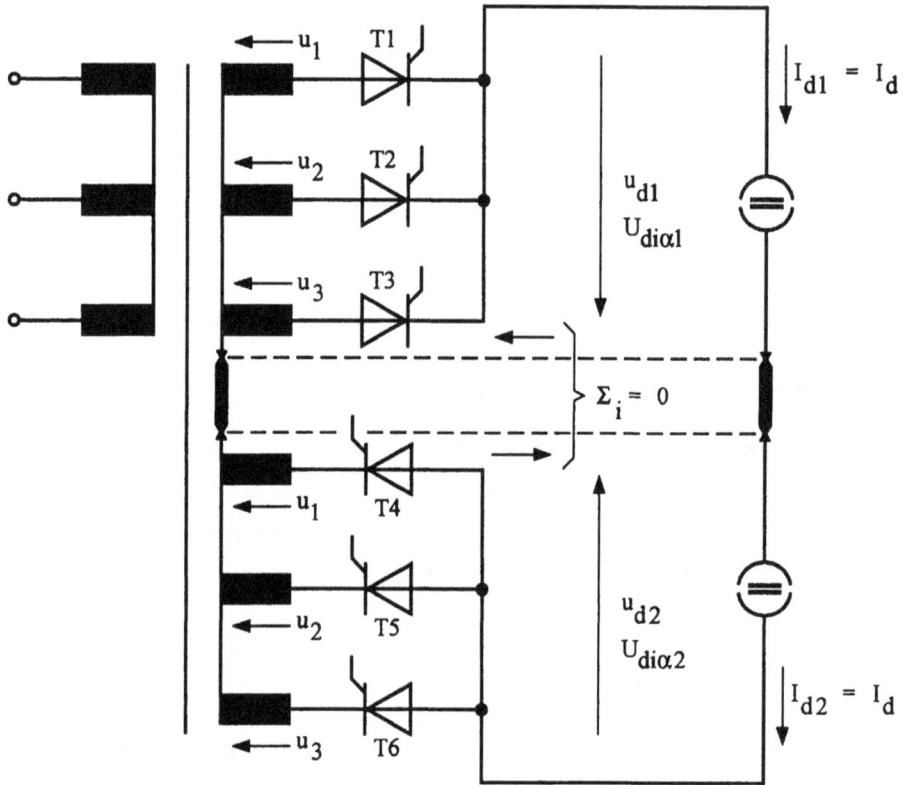

Bild 4.54: Entstehung der Brückenschaltung (B6-Schaltung) aus der sekundären Serien- und primären Parallelschaltung zweier M3-Schaltungen

folgt mit (4.105) unter Beachtung der Vorzeichenumkehr in der Ausgangsspannung einer M3CA-Schaltung für die ideelle Ausgangsgleichspannung

$$U_{di\alpha1\alpha2} = \frac{3 \cdot \sqrt{3}}{\pi \cdot \sqrt{2}} \cdot U_1 \cdot \{\cos\alpha_1 - (-\cos\alpha_2)\} = U_{di0}(\text{M3}) \cdot \{\cos\alpha_1 + \cos\alpha_2\}$$

$$U_{di\alpha1\alpha2} = \frac{1}{2} \cdot U_{di0}(\text{B6}) \cdot \{\cos\alpha_1 + \cos\alpha_2\} \qquad\qquad (4.144)$$

Die Leistungen ergeben sich bei Beachtung des Zählpfeilsystems (vgl. Kap. 4.2.1.8) und der primärseitigen Parallelschaltung zu

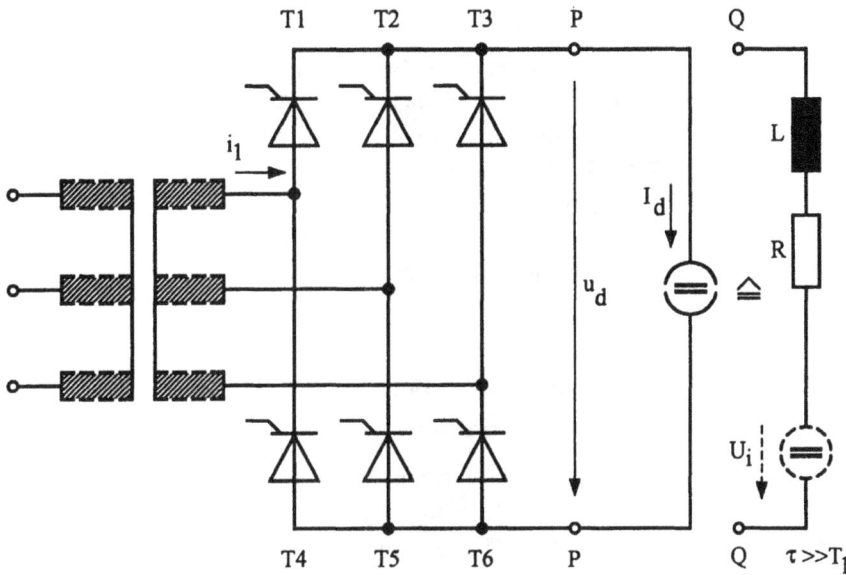

Bild 4.55: Gesteuerter Gleichrichter in B6-Brückenschaltung

$$P_1 = P_1(\text{M3CK}) + P_1(\text{M3CA}) = \frac{1}{2} \cdot U_{di0}(\text{B6}) \cdot I_d \cdot \{\cos\alpha_1 + \cos\alpha_2\}$$
$$= \frac{1}{2} \cdot P_{1\max}(\text{B6}) \cdot \{\cos\alpha_1 + \cos\alpha_2\}$$
(4.145)

$$Q_1 = Q_1(\text{M3CK}) + Q_1(\text{M3CA}) = \frac{1}{2} \cdot U_{di0}(\text{B6}) \cdot I_d \cdot \{\sin\alpha_1 + \sin\alpha_2\}$$
$$= \frac{1}{2} \cdot P_{1\max}(\text{B6}) \cdot \{\sin\alpha_1 + \sin\alpha_2\}$$
(4.146)

Auf Grund der voneinander unabhängigen Einstellbarkeit der beiden Zündwinkel α_1 und α_2 lassen sich wie bei der B2-Schaltung verschiedene Steuerverfahren realisieren. Für die jeweiligen Steuergleichungen der Ausgangsspannung werden sich dabei in normierter Darstellung Resultate ergeben, die mit jenen der B2-Schaltung identisch sind. Auf Grund der dreiphasigen Einspeisung unterscheiden sich jedoch die zu Grunde liegenden Zeitfunktionen $u_d(\omega_1 t)$, wie noch dargelegt wird, deutlich von jenen der B2-Schaltung. So ist jeweils im stationären, vollgesteuerten Zustand die Ausgangsgleichspannung $u_d(\omega_1 t)$ der B2-Schaltung auf Grund der Gleichphasigkeit der natürlichen Zündzeitpunkte / Winkel beider Teilstromrichter

$$\angle(\text{M2CA}) - \angle(\text{M2CK}) = 0°$$

durch 2 Gleichrichtimpulse pro Netzperiode, jene der B6-Schaltung hingegen wegen

$$\angle(M3CA) - \angle(M3CK) = 60°$$

durch 6 Gleichrichtimpulse pro Netzperiode (Bild 4.56) gekennzeichnet. Damit zeigt die B6-Schaltung eine feinere Nachbildung der angestrebten Ausgangsgleichspannung und somit eine geringere Spannungswelligkeit (vgl. Kap. 4.2.3). Also wird zur Realisierung einer geforderten Stromwelligkeit der Glättungsaufwand bei der B6-Schaltung sowohl im Vergleich zur B2-Schaltung als auch zur M3-Schaltung geringer ausfallen.

Der Netzstrom (vgl. $i_1(t)$ in Bild 4.56), besitzt keinen Gleichanteil. Eventuell vorgesehener Transformatoren werden somit besser ausgenutzt.

Die wichtigsten Steuerverfahren sind:

1.   Vollsteuerung – vollgesteuerte B6-Brückenschaltung

Zündwinkel $0 \le \alpha_1 = \alpha_2 = \alpha \le 180°$ (real: $< \alpha_{max} \approx 150°$)

Die Bilder 4.56 und 4.57 zeigen für $\alpha = $ const bzw. für variable Zündwinkel mit der Zündwinkeländerung $\Delta\alpha = 30°$, wie über die Konstruktionsbedingung (4.143) aus der dreiphasigen Einspeisung eine sechspulsige Ausgangsgleichspannung $u_d(\omega_1 t)$ entsteht.

Für deren Gleichspannungsanteil folgt im stationären Zustand aus (4.144):

$$U_{di\alpha} = \frac{3 \cdot \sqrt{6}}{\pi} \cdot U_1 \cdot \cos\alpha = 2,34 \cdot U_1 \cdot \cos\alpha = U_{di0} \cdot \cos\alpha \gtrless 0$$

$$\frac{U_{di\alpha}}{U_{di0}} = \cos\alpha$$

(4.147)

In normierter Form entspricht die Steuergleichung der Gleichspannung jener der M3-Schaltung nach (4.106) bzw. jener der M2-Schaltung nach (4.10). Unterschiedlich ist jeweils die Bezugs-/Normierungsgröße. So ist z.B.

$$U_{di0}(B6) = 2 \cdot U_{di0}(M3)$$

Aus (4.145) bzw. (4.146) folgt für die Grundschwingungsleistungen

$$P_1 = P_{1max} \cdot \cos\alpha; \quad Q_1 = P_{1max} \cdot \sin\alpha$$

bzw. normiert

$$\frac{P_1}{P_{1max}} = \cos\alpha \gtrless 0; \quad \frac{Q_1}{P_{1max}} = \sin\alpha \ge 0$$

(4.148)

Auch diese Aussagen entsprechen, bei allerdings unterschiedlichen Normierungsgrößen $P_{1max}(B6) = 2 \cdot P_{1max}(M3)$, jenen der M3-Schaltung nach (4.123) bzw. (4.124). Dem Vorteil der Möglichkeit des Zweiquadrantenbetriebes steht somit als verbleibender Nachteil die Belastung des Primärnetzes mit hoher Grundschwingungsblindleistung gegenüber.

Bild 4.56:
Gesteuerter
Gleichrichter in
B6-Schaltung
Vollsteuerung

$\alpha_1 = \alpha_2$
$= \alpha = 45°$

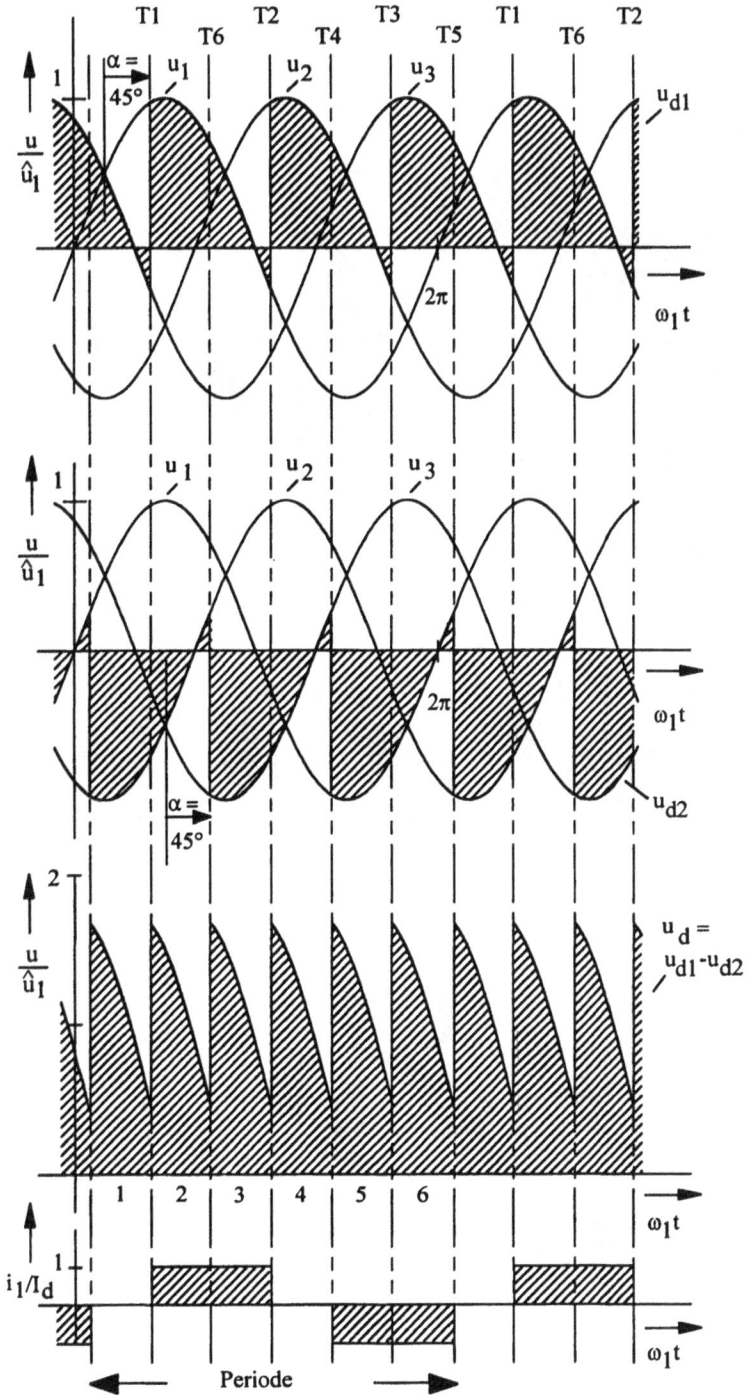

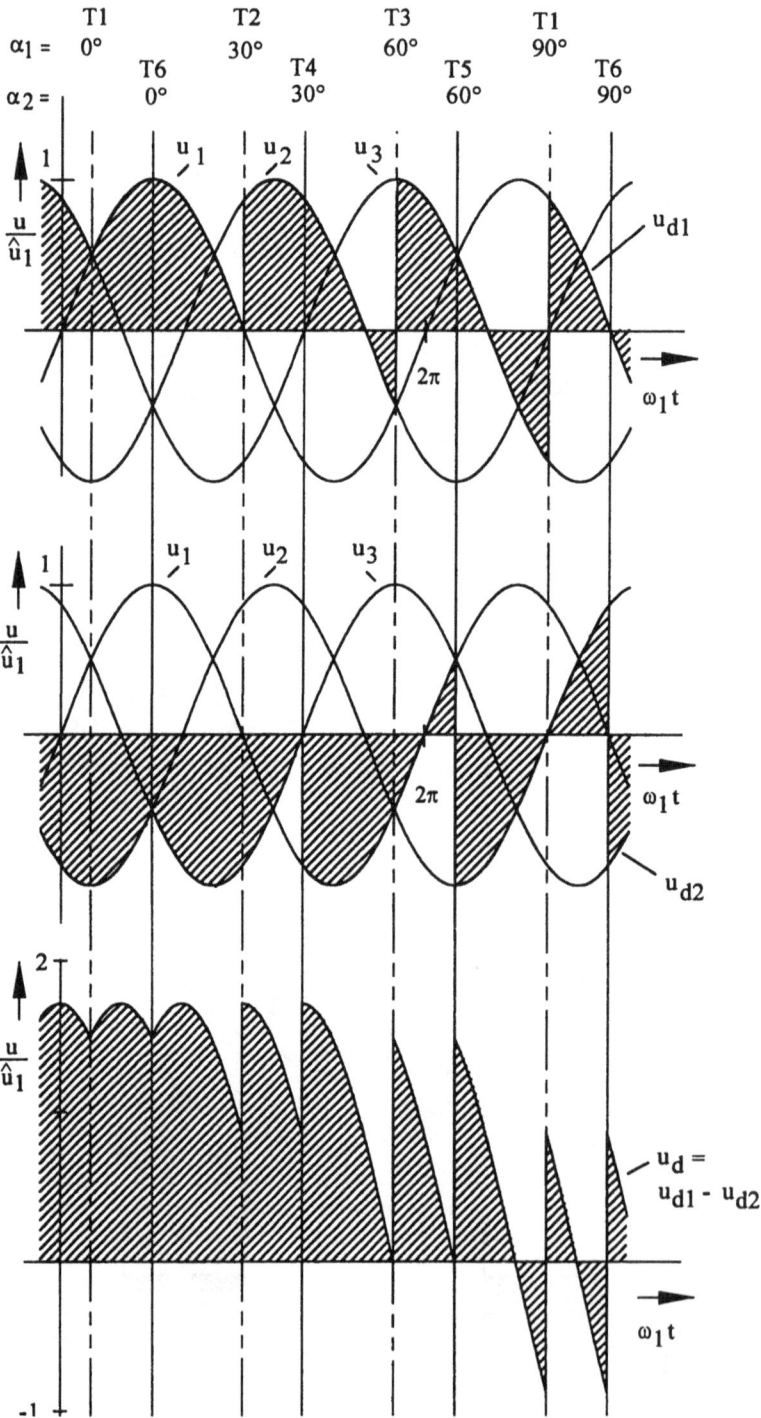

Bild 4.57:
Gesteuerter
Gleichrichter in
B6-Schaltung
Vollsteuerung
bei variablem
Zündwinkel mit
$\Delta\alpha = 30°$

Die Fourier-Analyse des Strangstromes i_1 der B6-Schaltung führt nach Einführung des neuen Koordinatensystems $\omega_1 t'$ zum Zündzeitpunkt des Thyristors T6 ($\rightarrow$ Ordinatensymmetrie) zu

$$i_1 = \frac{a_0}{2} + \sum_{n=1}^{\infty} \{ a_n \cdot \cos n\omega_1 t' + b_n \cdot \sin n\omega_1 t' \} = \sum_{n=1}^{\infty} a_n \cdot \cos n\omega_1 t'$$

mit

$$a_0 / 2 = \overline{i_1} = 0$$

$$a_n = \frac{1}{\pi} \cdot \int_{-\pi}^{+\pi} i_1(\omega_1 t') \cdot \cos n\omega_1 t' \cdot d\omega_1 t = \frac{2}{\pi} \cdot \int_{0}^{\pi} i_1(\omega_1 t') \cdot \cos n\omega_1 t' \cdot d\omega_1 t$$

$$a_n = \frac{2}{\pi} \cdot \left\{ \int_{0}^{\pi/3} I_d \cdot \cos n\omega_1 t' \cdot d\omega_1 t + \int_{2\pi/3}^{\pi} (-I_d) \cdot \cos n\omega_1 t' \cdot d\omega_1 t \right\}$$

$$= \frac{2 \cdot I_d}{\pi \cdot n} \cdot \left\{ \sin n \frac{\pi}{3} + \sin n \frac{2\pi}{3} \right\}$$

Hieraus folgt:

$$\hat{i}_n = |a_n| = \frac{2 \cdot \sqrt{3}}{\pi \cdot n} \cdot I_d \quad \text{für} \quad n = 1, 5, 7, 11, 13, 17, 19, \ldots$$

$$\hat{i}_n = 0 \quad \text{für} \quad n \neq 1, 5, 7, 11, 13, 17, 19, \ldots \tag{4.149}$$

2.   **Halbsteuerung – halbgesteuerte B6-Brückenschaltung**

Zündwinkel: $0 \leq \alpha_1 = \alpha \leq 180°$; $\alpha_2 = 0° = const$

Bild 4.58 zeigt die Konstruktion der Lastspannung u_d bei schrittweiser Zündwinkeländerung ab $\alpha = 0°$ mit $\Delta\alpha_1 = 30°$. Für $\alpha_1 > 60°$ tritt abschnittsweise $u_d = 0$ auf. Der Laststrom i_d fließt nun nicht mehr über den Netzanschluss sondern zirkuliert in einem Freilaufkreis, bestehend aus der Last und zwei leitenden, in Serie angeordneten Thyristoren.

Aus (4.144) folgt für die Ausgangsgleichspannung:

$$U_{di\alpha} = \frac{3 \cdot \sqrt{3}}{\pi \cdot \sqrt{2}} \cdot U_1 \cdot \{ \cos\alpha_1 + 1 \} = \frac{1}{2} \cdot U_{di0} \cdot \{ \cos\alpha_1 + 1 \} \geq 0 \tag{4.150}$$

Die Grundschwingungsleistungen ergeben sich mit (4.145) und (4.146) zu

$$P_1 = \frac{1}{2} \cdot P_{1\max} \cdot \{ \cos\alpha_1 + 1 \} \geq 0; \quad Q_1 = \frac{1}{2} \cdot P_{1\max} \cdot \sin\alpha_1 \geq 0 \tag{4.151}$$

Das Blindleistungsdiagramm entspricht in normierter, d.h. auf P_{1max} (B6) bezogener Form der Darstellung in Bild 4.39. Die halbgesteuerte B6-Schaltung gestattet also im Gegensatz zur Vollsteuerung nur Einquadrantenbetrieb bei allerdings geringerer Grundschwingungsblindleistung.

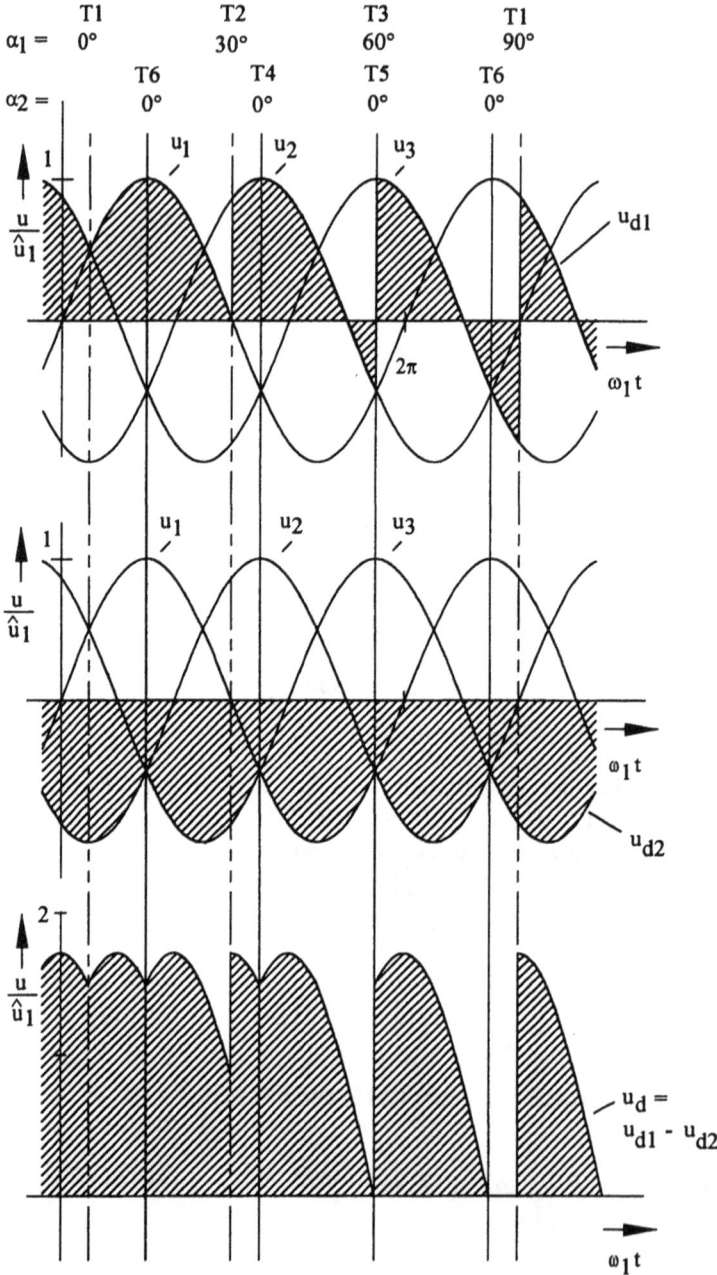

Bild 4.58:
B6-Schaltung halbgesteuert
α_1 : variabel mit
$\Delta\alpha = 30°$
B6-Schaltung folgegesteuert
α_1 : variabel mit
$\Delta\alpha = 30°$
$\alpha_2 = 0°$
$\rightarrow U_{di\alpha1\alpha2} \geq 0$

3. Folgesteuerung – folgegesteuerte B6-Brückenschaltung

Prinzip: je ein halbgesteuerter Betriebszustand für positive (vgl. Bild 4.58) und negative (Bild 4.59) Ausgangsgleichspannungen

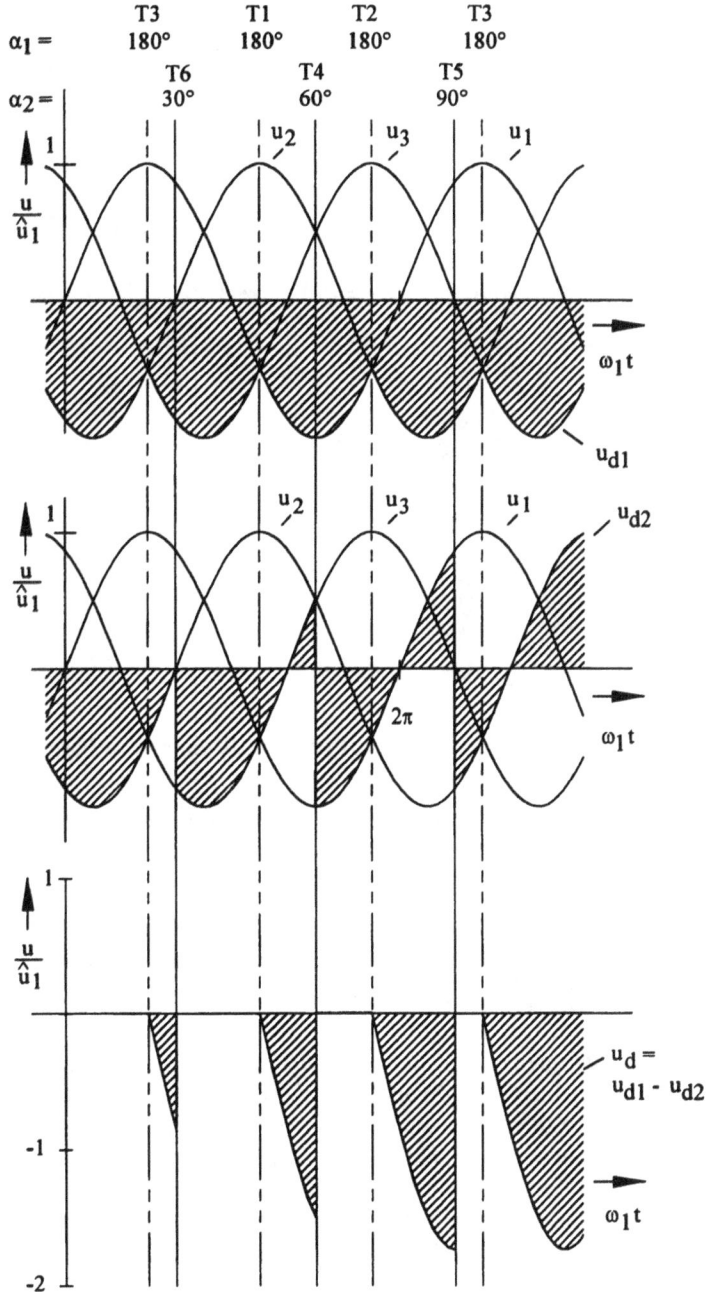

Bild 4.59:
B6-Schaltung
folgegesteuert
$\alpha_1 = 180°$
α_2 : variabel mit
$\Delta\alpha = 30°$
$\rightarrow U_{di\alpha1\alpha2} \leq 0$

Zündwinkel:

- für $U_{di\alpha} \geq 0$ (Bild 4.58): $0 \leq \alpha_1 \leq 180°$ (real : $< \alpha_{max}$); $\alpha_2 = 0°$

  aus (4.144):

$$U_{di\alpha10} = \frac{3 \cdot \sqrt{3}}{\pi \cdot \sqrt{2}} \cdot U_1 \{\cos\alpha_1 + 1\} = \frac{1}{2} \cdot U_{di0} \cdot \{\cos\alpha_1 + 1\} \geq 0 \qquad \hat{=} (4.150)$$

  aus (4.145) und (4.146):

$$P_1 = \frac{1}{2} \cdot P_{1max} \cdot \{\cos\alpha_1 + 1\} \geq 0; \quad Q_1 = \frac{1}{2} \cdot P_{1max} \cdot \sin\alpha \geq 0 \qquad \hat{=} (4.151)$$

- für $U_{di\alpha} \leq 0$ (Bild 4.59): $\alpha_1 = 180°$ (real : $< \alpha_{max}$); $0 \leq \alpha_2 \leq 180°$ (real : $< \alpha_{max}$)

  aus (4.144):

$$U_{di180°\alpha2} = \frac{3 \cdot \sqrt{3}}{\pi \cdot \sqrt{2}} \cdot U_1 \cdot \{\cos\alpha_2 - 1\} = \frac{1}{2} \cdot U_{di0} \cdot \{\cos\alpha_2 - 1\} \leq 0 \quad (4.152)$$

  aus (4.145) und (4.146):

$$P_1 = \frac{1}{2} \cdot P_{1max} \cdot \{\cos\alpha_2 - 1\} \leq 0$$

$$Q_1 = \frac{1}{2} \cdot P_{1max} \cdot \sin\alpha_2 \geq 0$$

$$(4.153)$$

(4.153) ergibt zusammen mit (4.151) in jeweils normierter Form das in Bild 4.41 dargestellte Blindleistungsdiagramm.

Auf Grund der Identität der normierten Steuergleichungen der B6-Schaltung mit jenen der B2-Schaltung gelten alle für die B2-Schaltung gefundenen Vor- und Nachteile gleichermaßen für den gesteuerten Gleichrichter in B6-Schaltung.

4.2.3 Netzgeführte, gesteuerte Gleichrichter – Zusammenfassung der Kenndaten

In den vorangegangenen Kapiteln wurden einzelne Schaltungen aus der Gruppe der gesteuerten Gleichrichter anhand von Schaltungsmerkmalen gekennzeichnet und hinsichtlich ihres Schaltungsverhaltens untersucht. Hierbei wurden trotz im Detail unterschiedlicher Schaltungsstrukturen und Zeitfunktionen enge Verwandtschaften zwischen den für den Anwender interessanten Steuergleichungen gefunden. Im normierten Zustand wurde sogar Identität der Steuergleichungen ermittelt. Im Folgenden sollen nun die gewonnenen Erkenntnisse nochmals zusammengefasst und erweitert werden.

1. Kennzeichnung　　　　　Kennbuchstabe　E :　　Einzweigschaltung

　　　　　　　　　　　　　　　　　　　　　M :　　Mittelpunktschaltung

　　　　　　　　　　　　　　　　　　　　　B :　　Brückenschaltung

　　　　　　　　　　　Kennzahl / Pulszahl :　　Gesamtzahl nicht gleichzeitiger
　　　　　　　　　　　　　　　　　　　　　　　　Kommutierungen pro Netzperiode T_1

2. Schaltungsmerkmale / Abkürzungen:

　　　　q : Kommutierungszahl (Anzahl der in einem Teilstromrichter bzw. einer
　　　　　　Kommutierungsgruppe miteinander kommutierenden Ventile)

　　　　s : schaltungsspezifischer Faktor: s (M) = 1; s (B) = 2

　　　　v : Vollsteuerung; h: Halbsteuerung; f: Folgesteuerung

Schaltungstyp	M2	B2 v	B2 h	B2 f	M3	B6 v	B6 h	B6 f
$s \cdot q =$	2	4	4	4	3	6	6	6
Steuergleichung								
$U_{di\alpha} = U_{di0} \cdot \cos\alpha \ \gtrless 0$	*	*			*	*		
$U_{di\alpha} = U_{di0} \cdot \dfrac{\cos\alpha+1}{2} \geq 0$			*				*	
$U_{di\alpha} = U_{di0} \cdot \dfrac{\cos\alpha_1+1}{2} \geq 0$				*				*
$U_{di\alpha} = U_{di0} \cdot \dfrac{\cos\alpha_2-1}{2} \leq 0$				*				*
$\leftarrow U_{di0} = s \cdot q \cdot \dfrac{\sqrt{2}}{\pi} \cdot U_1 \cdot \sin\dfrac{\pi}{q} \rightarrow$								
Blindleistungsdiagramm	←　induktiv　→							
(Halbkreis-Diagramm $\frac{Q_1}{P_{1max}}$ vs $\frac{P_1}{P_{1max}}$)	*	*			*	*		
(Viertelkreis-Diagramm $\frac{Q_1}{P_{1max}}$ vs $\frac{P_1}{P_{1max}}$)			*				*	

Schaltungstyp	M2	B2 v	B2 h	B2 f	M3	B6 v	B6 h	B6 f
$s \cdot q =$	2	4	4	4	3	6	6	6
Blindleistungsdiagramm (Forts.)			←	induktiv	→			
$\dfrac{Q_1}{P_{1max}}$ (Diagramm)					*			*
Leistungsfaktor $\lambda(\alpha=0^\circ)$	0,9	0,9	0,9	0,9	0,83	0,96	0,96	0,96
Welligkeit bei $\alpha = \alpha_1 = \alpha_2 = 0^\circ$								
$w(u_d) = 0{,}482$	*	*	*	*				
$w(u_d) = 0{,}183$					*			
$w(u_d) = 0{,}042$						*	*	*
Kommutierung entkoppelt			←	$D_x = f \cdot s \cdot q \cdot L_k \cdot I_d$	→			

3. Leistungen |Zach|

Schaltung	Transformator	Scheinleistung $S_1 / U_{di0} \cdot I_d$	Transformator-Typenleistung $S_T / U_{di0} \cdot I_d$
M2		1,11	1,34 (**)
B2		1,11	
M3	Dy, Yy (*)	1,21	1,35 (**)
	Dz, Yz	1,21	1,46 (**)
B6	Yy, Yd, Dy, Dd	1,05	1,05

Anmerkungen: * Schaltgruppe Yy nicht sinnvoll, da Sternpunkt ohne Ausgleichswicklung nur mit $0{,}1....0{,}3 \cdot I_{nenn}$ belastbar

** DC-Belastung der sekundären Transformatorseite

4.2.4   Vierquadranten-Gleichrichter / Umkehrstromrichter

Für viele antriebstechnische Aufgabenstellungen mit Gleichstrommaschinen (Bild 4.60) ist es wünschenswert, einen steuerbaren Gleichrichter zu besitzen, der nicht nur positive und negative Ausgangsgleichspannungen

$$U_{di\alpha} \gtrless 0$$

sondern auch positive und negative Ausgangsgleichströme

$$I_d \gtrless 0$$

ermöglicht.

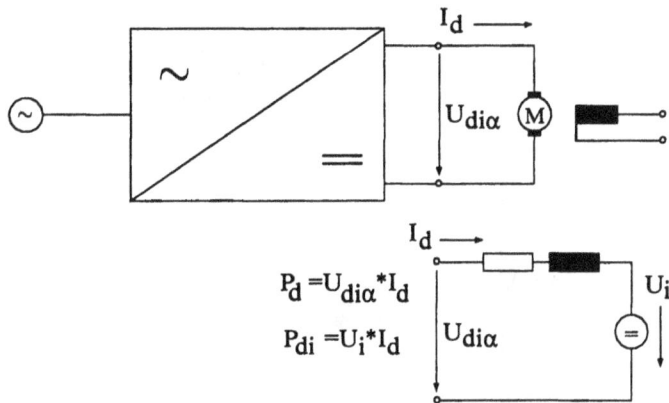

Bild 4.60:
Betriebsbereiche des
Vierquadrantengleich-
richters bzw. Umkehr-
stromrichters

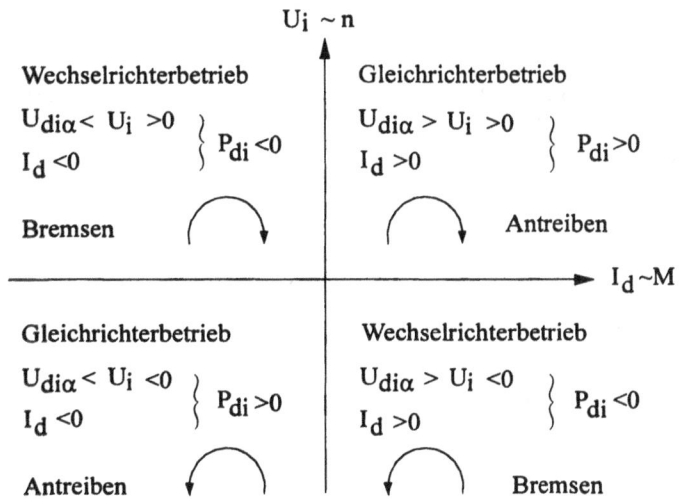

$P_d = U_{di\alpha} * I_d$

$P_{di} = U_i * I_d$

$U_i \sim n$

Wechselrichterbetrieb

$U_{di\alpha} < U_i > 0$
$I_d < 0$ } $P_{di} < 0$

Bremsen

Gleichrichterbetrieb

$U_{di\alpha} > U_i > 0$
$I_d > 0$ } $P_{di} > 0$

Antreiben

$I_d \sim M$

Gleichrichterbetrieb

$U_{di\alpha} < U_i < 0$
$I_d < 0$ } $P_{di} > 0$

Antreiben

Wechselrichterbetrieb

$U_{di\alpha} > U_i < 0$
$I_d > 0$ } $P_{di} < 0$

Bremsen

Wird, wie in Bild 4.60 unterstellt, der Ankerkreis einer fremderregten Gleichstrommaschine aus einem derartigen Vierquadranten-Gleichrichter gespeist, so ist sowohl Antreiben als auch Bremsen in beiden Drehrichtungen realisierbar. Ebenfalls ermöglicht wird hiermit die Rückspeisung der Bremsleistung in das speisende Primärnetz.

Die bislang diskutierten steuerbaren Gleichrichter in M-Schaltung bzw. in voll- oder folgegesteuerter B-Schaltung gestatten zwar die Realisierung beider Spannungspolaritäten, eine Realisierung beider Strompolaritäten ist jedoch auf Grund der Ventilwirkung der Halbleiterschalter nicht möglich. Sollen dennoch beide Strompolaritäten verwirklicht werden, so bedarf es der Antiparallelschaltung zweier steuerbarer Gleichrichter, d.h. der Parallelschaltung zweier gesteuerter Gleichrichter mit umgekehrtem Ventileinbau, beispielsweise also der Parallelschaltung einer M2CK(T1, T2, α_1)- mit einer M2CA(Ta, Tb, α_2)-Schaltung (Bild 4.61).

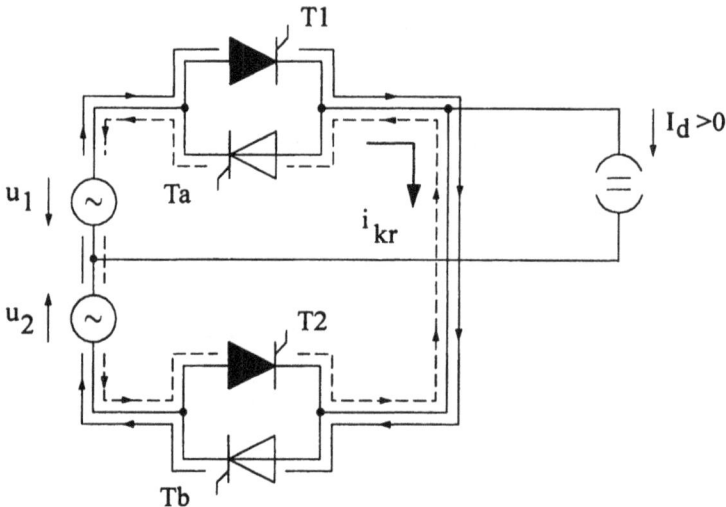

Bild 4.61: 4Q-Gleichrichter: Parallelschaltung M2CK mit M2CA – Ausbildung von Kreisströmen i_{kr} *bei gleichzeitigem Betrieb beider Teilstromrichter mit Zündwinkeleinstellungen gemäß Bild 4.63:* T1 → Tb – – –; T2 → Ta _____

Bei abstrakter Darstellung führt dies zu einer Anordnung (Bild 4.62), in der jeder der beiden Teilstromrichter als gesteuerte Gleichspannungsquelle mit in Serie geschalteter Diode zur Kennzeichnung der möglichen Stromrichtung erfasst wird. Abhängig von der Laststrompolarität wird hierin stets einer der beiden Teilstromrichter die Führung des Laststromes übernehmen. In Bild 4.61 ist dies auf Grund der Laststromannahme $I_d > 0$ die M2CK-Schaltung.

Bild 4.62:
Antiparallel-
schaltung zweier
gesteuerter
Gleichrichter

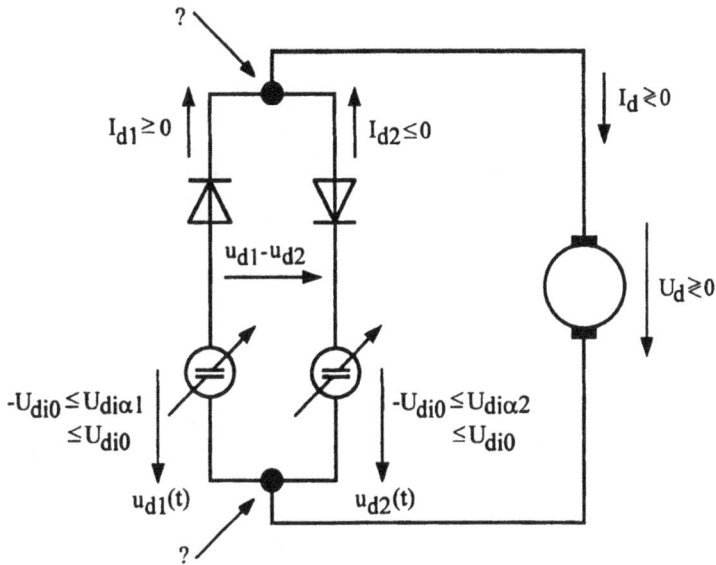

Bei gleichzeitigem Betrieb beider Teilstromrichter sind zur Vermeidung eines Gleichstrom-kurzschlusses als Folge dieser Antiparallelschaltung beide Teilstromrichter bzw. Gleich-spannungsquellen so zu betreiben, dass sich für die Gleichspannungen

$$U_{di\alpha1} = U_{di\alpha2}$$

ergibt. Werden die beiden Teilstromrichter als M-Schaltungen (Bild 4.61) oder als vollge-steuerte B-Schaltungen realisiert, so entspringt hieraus die Zündwinkelverknüpfung

$$U_{dio} \cdot \cos\alpha_1 = -U_{dio} \cdot \cos\alpha_2$$

bzw.

$$\alpha_1 = 180° - \alpha_2 \tag{4.154}$$

Mit dieser Zündwinkelzuordnung wird sichergestellt, dass gleichstrommäßig keine Kurz-schlussströme zwischen den beiden Teilstromrichtern auftreten. Die beiden Ausgangs-gleichspannungen $U_{di\alpha1}$ und $U_{di\alpha2}$ entstehen nun aber aus der Mittelung der beiden Zeit-funktionen $u_{d1}(t)$ und $u_{d2}(t)$. Die Analyse dieser Zeitfunktionen vor der Antiparallelschaltung (Bild 4.63) zeigt jedoch, dass trotz Beachtung von (4.154) keinesfalls zu jedem Zeitpunkt $u_{d1}(t) = u_{d2}(t)$ unterstellt werden kann. Beim Zusammenschalten der beiden Teilstromrichter ist also, obwohl laststromabhängig nur ein Teilstromrichter Gleich-strom führen kann, bei gleichzeitigem Betrieb beider Teilstromrichter für $u_{d1} \neq u_{d2}$ mit Ausgleichs-Wechselströmen, den so genannten „Kreisströmen", zu rechnen.

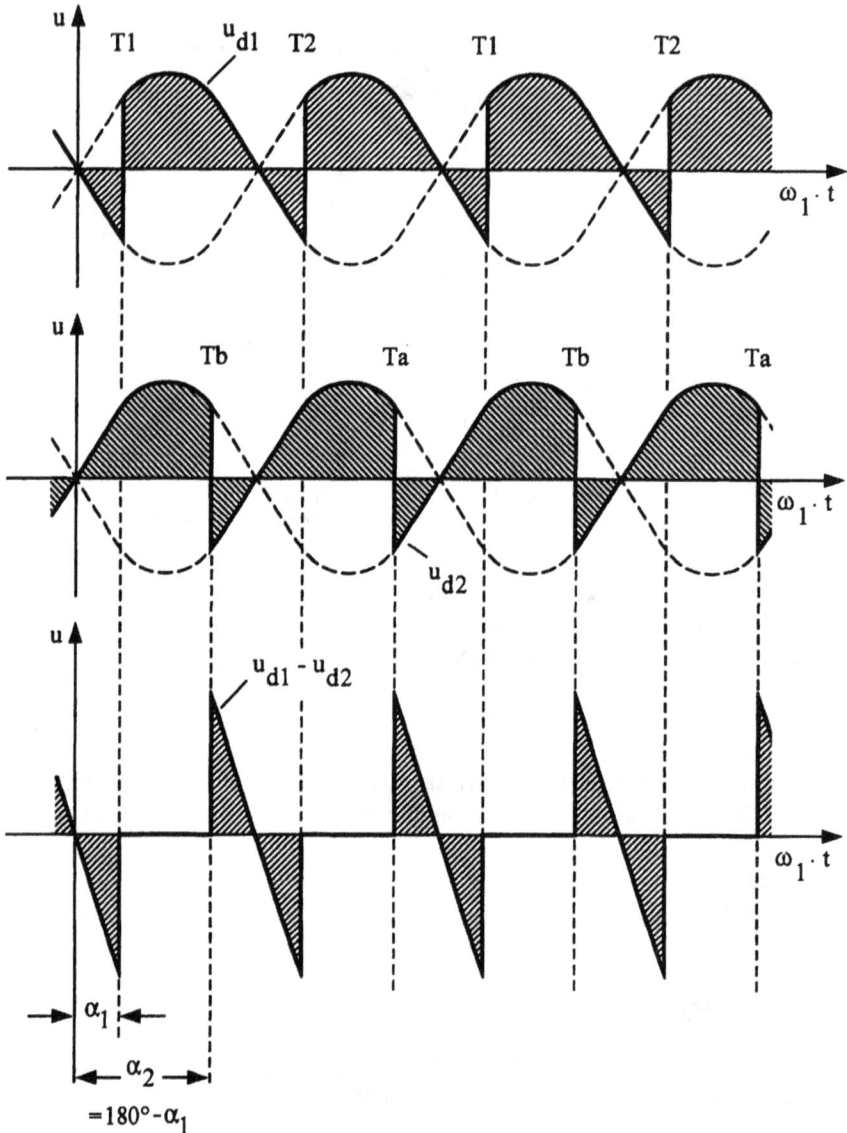

Bild 4.63: Spannungsdifferenz $u_{d1}(\alpha_1) - u_{d2}(\alpha_2)$ vor der Antiparallelschaltung
Beispiel: M2-Schaltungen nach Bild 4.61 im jeweils nicht lückenden Betrieb

$\quad\quad\quad u_{d1}(\alpha_1 = 45°)$: Thyristoren T1 (Strang u_1) und T2 (Strang u_2) bei $I_d > 0$
$\quad\quad\quad u_{d2}(\alpha_2 = 135°)$: Thyristoren Ta (Strang u_1) und Tb (Strang u_2) bei $I_d < 0$

Bei idealisierter Schaltungsbetrachtung sind die in Bild 4.61 eingetragenen Kreisströme

$\quad\quad - - - - - \quad i_{kr}(T1 \rightarrow Tb) > 0 \quad$ bei $\quad u_{d1} - u_{d2} = u_1 - u_2 > 0$

$$i_{kr}(\text{T2} \to \text{Ta}) < 0 \quad \text{bei} \quad u_{d1} - u_{d2} = u_2 - u_1 > 0$$

in ihrer Amplitude unbegrenzt. In realen Schaltungen würde lediglich eine für die Anwendung unzureichende Begrenzung durch die Innenwiderstände der Teilstromrichter erfolgen, sodass mit einer Zerstörung der Ventile zu rechnen ist.

Zur Beherrschung der Kreisstromproblematik, bedingt durch $u_{d1}(t) \neq u_{d2}(t)$, bieten sich folgende, in ihrer Art völlig unterschiedliche Lösungsansätze an:

- kreisstrombehafteter Umkehrstromrichter

mit Begrenzung der auftretenden Kreisströme durch stromanstiegslimitierende Induktivitäten bzw. Kreisstromdrosseln (Bild 4.64). Im Gegensatz zur Kommutierungsinduktivität L_k, die für die kurze Dauer der Stromkommutierung zwischen den Ventilen eines Teilstromrichters zu dimensionieren ist, hat die Dimensionierung der Kreisstromdrossel für die vom Zündwinkel abhängige größere Dauer von $u_{d1}(t) \neq u_{d2}(t)$ zu erfolgen. Kommutierungsinduktivität (Aufgabe: Beherrschung des Ventilkurzschlusses innerhalb eines Teilstromrichters) und Kreisstromdrossel (Aufgabe: Kurzschlussbeherrschung zwischen den Teilstromrichtern) unterscheiden sich somit sowohl durch Einbauort und als auch durch Induktivitätsgröße.

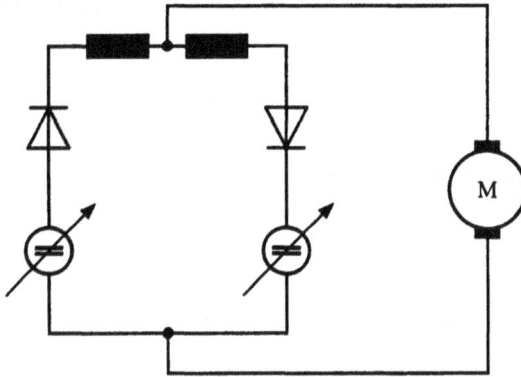

Bild 4.64: Prinzip der Antiparallelschaltung mit Kreisstromdrosseln

Je nach Zusammenschaltungsart der Teilstromrichter und Einbauart der Kreisstromdrosseln haben sich Begriffe wie „Anti- oder Gegenparallelschaltung" (Ausführungsbeispiel Bild 4.65), „Kreuzschaltung oder H-Schaltung" eingebürgert. Schaltungsvorteil des Lösungsansatzes ist die automatische Orientierung des Stromrichterbetriebes am Antriebszustand und damit verbunden die hohe Störsicherheit und die günstige Regeldynamik. Von Nachteil sind die kreisstrombedingten Verluste im Kreisstromkreis (Ventile, Kreisstromdrosseln, Primärnetz).

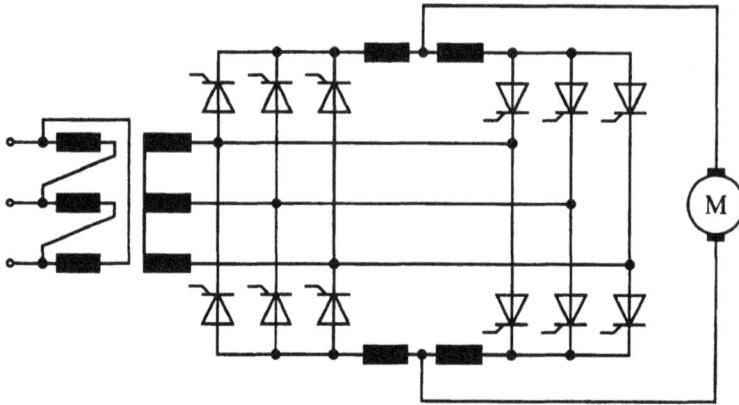

Bild 4.65:
Umkehrstrom-
richter in B6-
Antiparallel-
schaltung

- kreisstromfreier Umkehrstromrichter

mit Sperrung des im momentanen Antriebszustand nicht benötigten Teilstromrichters durch Unterdrückung der Zündimpulse. Dem Vorteil der geringeren Verluste stehen als Nachteil der erhöhte Steuerungsaufwand sowie die Notwendigkeit der störsicheren Stromrichtungserfassung durch Sensoren gegenüber. Da zur störungssicheren Erfassung des Stromnulldurchganges nicht dieser selbst, sondern ein von der erwarteten Störgröße abhängiger Nulldurchgangs-Toleranzbereich ermittelt wird, folgt als weiterer Nachteil eine unvermeidbare Totzeit im ms-Bereich zwischen Sperrung eines Teilstromrichters und Freigabe des anderen Teilstromrichters.

Aus der Diskussion der jeweiligen Vor- und Nachteile ist, bestimmt durch die Akzeptanz des Realisierungsaufwandes, der Anwendungsbereich der beiden Lösungsansätze wie folgt ableitbar:

kreisstrombehafteter Umkehrstromrichter

→ unterer Leistungsbereich bis etwa 500kW

kreisstromfreier Umkehrstromrichter

→ oberer Leistungsbereich

Der Umkehrstromrichter oder Vierquadranten-Umrichter gestattet die Realisierung aller Strom- und Spannungspolaritäten. Dies bedeutet aber auch, dass sich hiermit an Lasten mit geringen Lastzeitkonstanten zeitlich langsam veränderliche „Gleichspannungen" $U_d(t)$ und „Gleichströme" $I_d(t)$, also Wechselgrößen, einstellen lassen. Da, abhängig von der Pulszahl des gesteuerten Gleichrichters, Totzeiten bei der Neueinstellung des Zündwinkels und damit bei der Veränderung von $U_d(t)$ existieren, kann die Frequenz der langsam veränderlichen Lastspannung $U_d(t)$ sinnvoll nur Werte $f_2 < \approx 0{,}5 \cdot f_1$ annehmen. Der ursprüngliche Vierquadranten-Gleichrichter wird damit zum netzgeführten Wechselstrom-Wechselstrom-Umrichter. Umrichter dieser Art werden als Direktumrichter und, abhängig vom Steuerungsprinzip, als Trapezumrichter oder Steuerumrichter bezeichnet. Angewandt werden sie beispielsweise zur Steuerung langsam laufender Asynchronmaschinen.

4.3 Selbstgeführte Wechselstrom-Gleichstrom-Umrichter

4.3.1 Netzrückwirkungsarme Wechselstrom-Gleichstrom-Umrichter

Die in Kap. 4.2 behandelten netzgeführten gesteuerten Gleichrichter (I-Umrichter mit Steuerung der Spannung $u_d(t)$ und Stromeinprägung über $\tau \gg T_1$) sind durch folgende Vorteile (+) und Nachteile (-) gekennzeichnet:

+   einfacher Schaltungsaufbau
  erprobt, robust, kostengünstig
  Verwendbarkeit von Halbleiterschalter ohne geforderte Ausschaltbarkeit über
  den Steueranschluss → idealer Schalter: Thyristor

-     induktive Grundschwingungsblindleistung
  hoher Oberschwingungsgehalt des Netzstromes
  hohe Verzerrungsblindleistung
  große Netzrückwirkung
  geringer Leistungsfaktor

Mit zunehmender Anzahl leistungselektronischer Wandler am Energieversorgungsnetz gewinnen die genannten Nachteile immer mehr an Bedeutung, was konsequenter Weise seitens des Anwenders zur Forderung nach leistungsfaktoroptimierten Schaltungen sowie seitens des Gesetzgebers zur Limitierung zulässiger Netzrückwirkungen führt. Gefordert wird die Limitierung von Netzrückwirkungen (Oberschwingungsströme bis zur 40. Harmonischen ($\hat{=} 2000\,\text{Hz}$ bei $f_1 = 50\,\text{Hz}$)) allgemein durch das EMV-Gesetz (vgl. Kap. 10) und speziell für leistungselektronische Wandler durch die europäischen Normen EN 61000-3-2/-4 (international: IEC 1000-3-2/-4; national / Bezeichnung gemäß VDE-Klassifikation bei identischem Inhalt: DIN VDE 0838).

Der Leistungsfaktordefinition (4.47)

$$\lambda = \frac{P_1}{S_1} = \frac{P_1}{\sqrt{P_1^2 + Q_1^2 + D_1^2}}$$

ist entnehmbar, dass die Leistungsfaktoroptimierung durch Reduzierung von Grundschwingungsblindleistung Q_1 und Verzerrungsblindleistung D_1, die Forderung nach reduzierter Netzrückwirkung durch Reduzierung der Verzerrungsblindleistung D_1 passiv über Filter (Kap. 10) und aktiv über geeignete Steuerverfahren (Kap. 4.3.1, Kap. 10) erfüllbar ist. Da der Gesetzgeber im EMV-Gesetz auf Normen verweist, die in der aktuellen Fassung bei $f_1 = 50\,\text{Hz}$ nur Netzrückwirkungen im Frequenzbereich $<2\,\text{kHz}$ limitieren, kann die Anforderung des EMV-Gesetzes auch ohne Beachtung der eigentlich wünschenswerten Leistungsfaktoroptimierung durch aktive Verlagerung unerwünschter Spektren in den Frequenzbereich >2kHz erfüllt werden. Leistungsfaktoroptimierte Wandlerschaltungen sind also zwangsläufig auch netzrückwirkungsarm – netzrückwirkungsarme Wandler hingegen sind nicht zwingend leistungsfaktoroptimiert. Da, wie noch gezeigt wird, die Forderung nach geringer Netzrückwirkung stets zur Mehrfachpulsung mit hohen Schaltfrequenzen führt, lässt sich auch bei nicht leistungsfaktoroptimierten Wandlungsverfahren durch passive Filtermaßnahmen geringer Baugröße der Leistungsfaktor auf relativ einfache Weise verbessern.

Der Zwang zur Entwicklung von leistungsfaktoroptimierten und / oder netzrückwirkungsarmen Wandlerschaltungen führt zu folgenden Lösungen:

- Sektorsteuerungen: Steuerungsverfahren mit symmetrisch zum Spannungsmaximum gelegenem Phasenan- und Abschnitt (Bild 4.66)

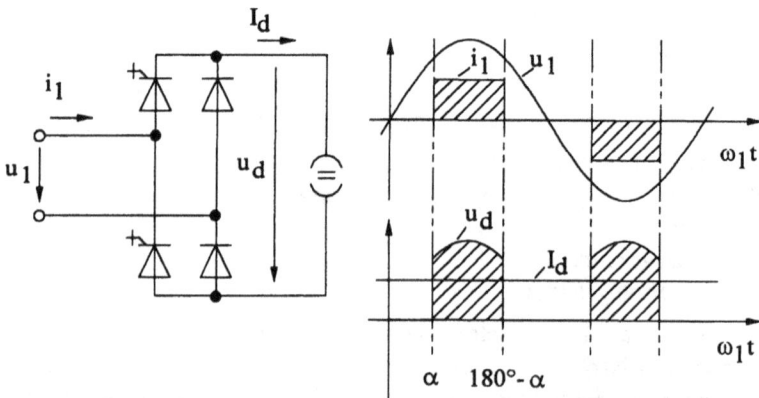

Bild 4.66: Halbgesteuerter B2-Gleichrichter mit Sektorsteuerung und eingeprägtem Laststrom (I-Umrichter)

* Steuerungen mit Mehrfachpulsung pro Netzperiode (Pulsgleichrichter, Beispiel: Bild 4.67 rechts).

Sektorsteuerung und Mehrfachpulsung erfordern Halbleiterschalter mit Ein- und Ausschaltbarkeit über den Steueranschluss – die entstehenden Gleichrichterschaltungen gehören somit trotz ihrer Orientierung am Netztakt zur Gruppe selbstgeführter leistungselektronischer Wandler. Beide Verfahren gestatten die Unterdrückung der Grundschwingungsblindleistung Q_1. Die Variante mit Mehrfachpulsung erlaubt darüber hinaus bei geeigneter Steuerung eine Reduzierung der Netzrückwirkung und stellt somit, zumal inzwischen schnelle ein- und ausschaltbare Halbleiterschalter hoher Schaltleistung wie IGBT oder GTO verfügbar sind, die interessantere Lösung dar.

Bild 4.67 zeigt zur Einführung in die Mehrfachpulsung am Beispiel eines 2-Quadranten-I-Umrichters mit I_d = const und $U_d \gtrless 0$ einen Vergleich der beiden Lösungen

- netzgeführter gesteuerter Gleichrichter mit Einfachpulsung pro Halbperiode des Netzes

$$\rightarrow f(i_1) = f_1 + n \cdot 2f_1; \quad n = 0, 1, 2, \dots \text{ (vgl. Bild 4.16)}$$

- selbstgeführter gesteuerter Gleichrichter mit Mehrfachpulsung pro Halbperiode des Netzes (Pulsgleichrichter)

→ $f(i_1)$ vgl. z.B. Bild 4.70

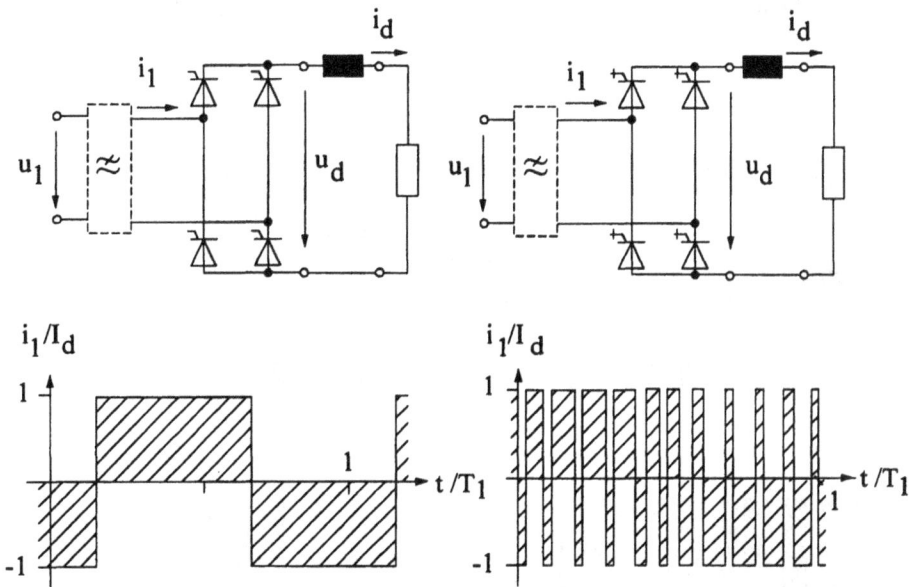

Bild 4.67: *I-Umrichter – Gleichrichterverfahren (vollgesteuert), Netzstrom i_1 ohne Tiefpassrückwirkung; links: konventioneller, netzgeführter gesteuerter Gleichrichter; rechts: selbstgeführter gesteuerter Gleichrichter mit Mehrfachpulsung*

Die Leistungsteile der beiden gesteuerten Gleichrichter zeigen prinzipiell Strukturverwandtschaft. Allerdings ist der netzgeführte gesteuerte Gleichrichter mit Thyristoren (ohne Löschschaltung), der selbstgeführte gesteuerte Gleichrichter hingegen mit symmetrischen GTOs, also mit abschaltbaren Schaltern, ausgestattet. Letzteres erlaubt Pulsungsverfahren, die ein Ausschalten des Halbleiterschalters bei $i_A > 0$ verlangen. In beiden Fällen ist ein vorgeschalteter Tiefpass zur Reduzierung der Verzerrungsblindleistung D_1 bzw. zur Verbesserung des Leistungsfaktors λ am Netzanschluss angedeutet. Die Filterbaugröße orientiert sich an der tiefsten zu unterdrückenden Frequenz; dies ist bei der netzgeführten Gleichrichterschaltung $3 \cdot f_1 = 150\,\text{Hz}$ und bei der selbstgeführten, mehrfach pulsenden Gleichrichterschaltung die durch die Steuerung bestimmbare Schaltfrequenz f_s. Letztere sollte gemäß Bild 4.70 zur filterfreien Erfüllung der Netzrückwirkungsanforderung aus dem EMV-Gesetz zu $f_s > 2\,\text{kHz}$ gewählt werden. Dem Vergleich der einzustellenden Tiefpassgrenzfrequenzen ist entnehmbar, dass, sollte bei der selbstgeführten Variante überhaupt ein Tiefpass erforderlich sein, dieser von erheblich geringer Baugröße ist.

Wesentlich für die auftretenden Spektren ist die Art der Impulsgewinnung. Bild 4.68 zeigt als Beispiel ein für den I-Umrichter geeignetes, aus der Nachrichtentechnik als Pulsbreitenmodulation bekanntes Steuerverfahren. Die Schaltzeitpunkte werden hier aus dem Vergleich einer Sinussollkurve der Netzfrequenz f_1 mit einer die Schaltfrequenz bestimmenden Dreieckschwingung der Frequenz f_s abgeleitet. Mit der Amplitude der Sinussollkurve wird der Modulationsgrad und damit die Amplitude der Ausgangsgleichspannung U_d gesteuert.

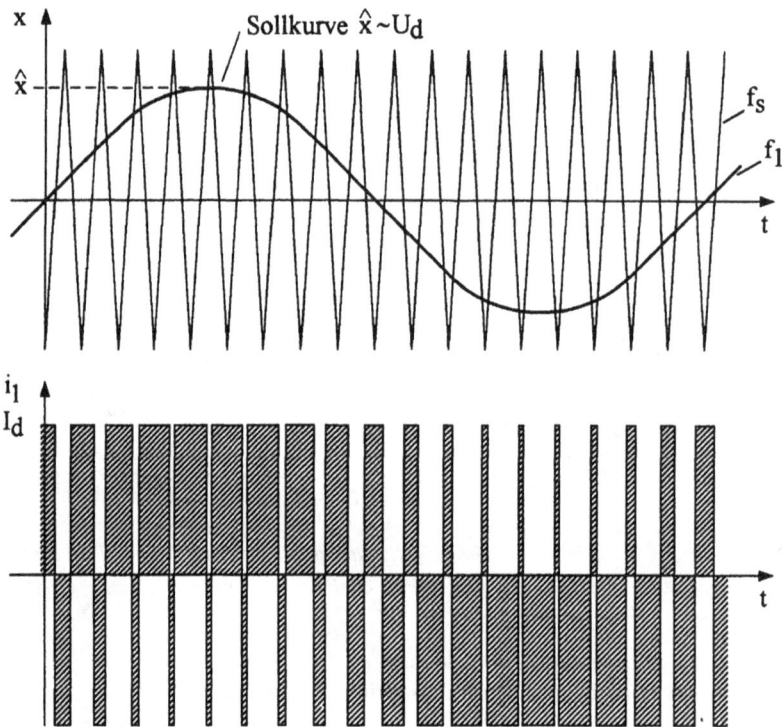

Bild 4.68: Pulsbildung durch Pulsbreitenmodulation

Die in den Bilder 4.69 und 4.70 dargestellte Simulation einer Pulsbreitenmodulation mittels des Programmes SIMPLORER basiert auf der Kopplung zweier Simulatoren, eines Netzwerk-Simulators und eines Blockdiagramm-Simulators. Dementsprechend zeigt die grafische Eingabe „Simplorer-Schematis" (Bild 4.69) neben der eigentlichen Schaltung – Gleichrichterbrücke mit GTOs, Sinus-Netzspannung $u_1 = -U"ET1"$, Last mit Stromsenkendarstellung $I_d = I"I1"$ – ein Blockdiagramm mit den Vorgaben zur Bildung der Ansteuersignale für die GTOs. Zusätzlich in Schematics platzierte Blöcke zu Zeitfunktionen und Kennlinien sind im Gegensatz zu Bild 2.17 nicht über Verbindungen sondern über Namenszuweisungen mit der Schaltung bzw. dem Blockdiagramm verknüpft.

Zuendsignal := NEG2   Zuendsignal := COMP1

KL := EXP1   KL := EXP1

GTO1   GTO2

extern: SINUS1

ET1   I1:=10A

GTO3   GTO4

KL := EXP1   KL := EXP1

Zuendsignal := COMP1   Zuendsignal := NEG2

SINUS1   DREIECK1   EXP1
Amplitude:=325V   Amplitude:=325V   Is:=1E-12A
Offset:=0V   Offset:=0V   Ut:=35mV
Frequenz:=50Hz   Frequenz:=1000Hz   Rr:=100kΩ
Periode:=20ms   Periode:=1ms
Phase:=0°   Phase:=0°
periodisch:= j   periodisch:=j

Quelle := U"ET1"   SUM2_1   COMP1   NEG2

EXT1   EXT   (+)   ⌐_   NEG

NEG1
                                   Schaltpunkt := 0
EXT2   EXT   NEG   ymax_l := -1

                                   ymax_r := 1
Quelle := DREIECK1

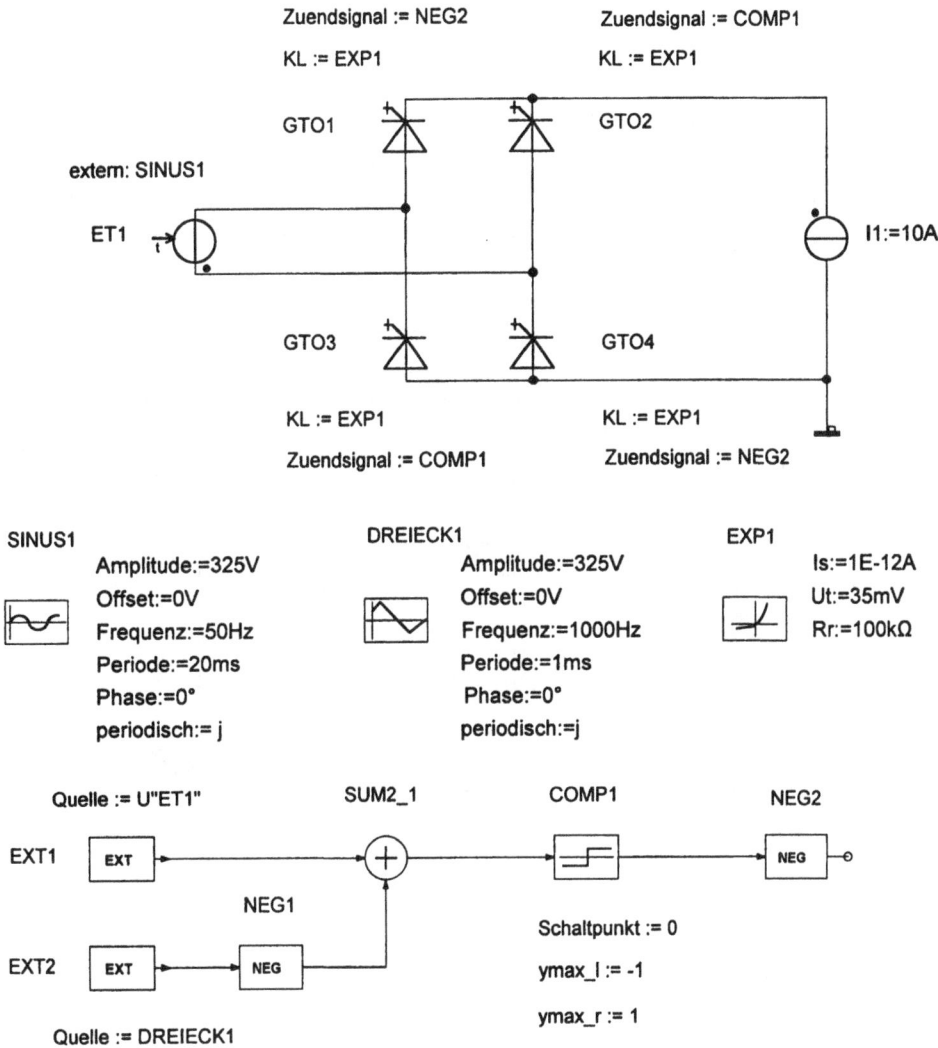

Bild 4.69: AC/DC-Wandler (I-Umrichter) – Mehrfachpulsung mittels Pulsbreitenmodulation; Einga-
be Simplorer-Schematics

Simulationsresultate zu den Zeitfunktionen der Lastspannung $u_d(t) = U"I1"$, dem für Netzrückwirkungen interessanten Netzstrom $i_1(t) = I"ET1"$ sowie zum Spektrum des Netzstromes $i_1(f)$ zeigt Bild 4.70. Auf Grund der Gleichheit der Spitzenwerte der Eingangsgrößen
„Sinus" bzw. „Dreieck" des Blockdiagramm-Simulators gilt die Simulation für den Fall maximaler Ausgangsgleichspannung $U_{d\,max}$ (Simulation: $U_{d\,max} \approx 163V$). Übersteigt der
Spitzenwert der Sinusgröße jenen der Dreieckgröße, so lässt sich die Ausgangsgröße
$U_{d\,max}$ bei allerdings unvollkommener Ausbildung des Pulsmusters weiter erhöhen.

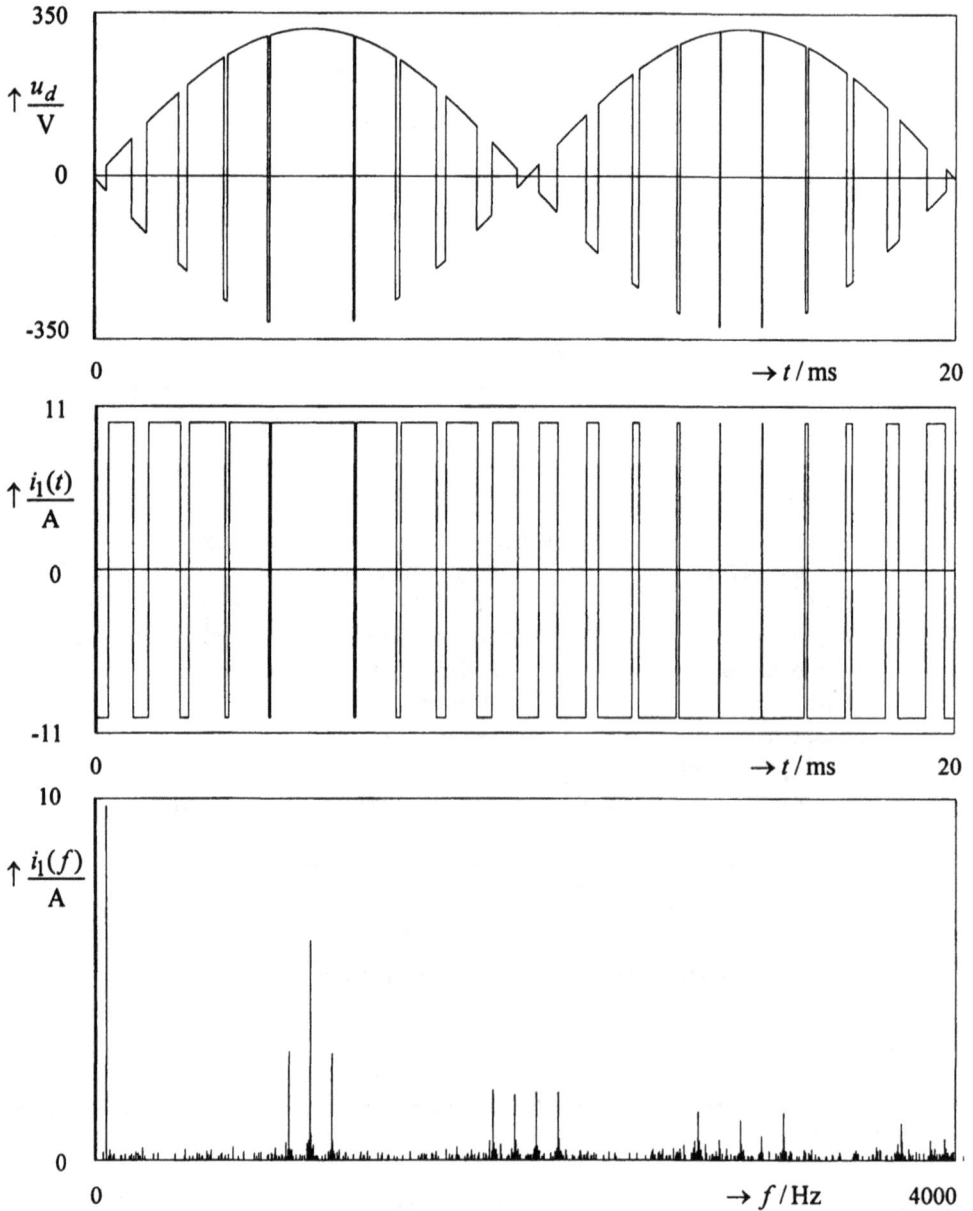

Bild 4.70: AC/C-Wandler (I-Umrichter) mit Mehrfachpulsung; $f_1 = 50\text{Hz}$, $f_s = 1\text{kHz}$

Wie für den gesteuerten Gleichrichter in M2-Schaltung in Kap. 4.2.1.3 zu (4.47) hergeleitet, lautet auch hier der Leistungsfaktor

$$\lambda(U_{d\,max}) = \frac{P_1}{S_1} = \frac{U_{d\,max} \cdot I_d}{U_1 \cdot I_d} = \frac{U_{d\,max}}{U_1} \quad \rightarrow \quad \lambda = \frac{163\text{V}}{230\text{V}} = 0,71$$

Das angewandte Verfahren bietet also gegenüber einem netzgeführten Gleichrichter in M2-Schaltung die Möglichkeit zur Reduzierung der Grundschwingungsblindleistung Q_1 (idealisiert: $Q_1 \rightarrow 0$), besitzt aber auf Grund der unvermindert hohen Verzerrungsblindleistung D_1 zunächst keinen weiteren Vorteil. Erst die spektrale Auswertung des Netzstromes (Bild 4.70, unten) lässt Vorteile erkennen. Diese Auswertung zeigt die für die Wirkleistungsübertragung erforderliche Spektrallinie f_1 sowie weitere spektrale Anhäufungen jeweils bei Mehrfachen der Schaltfrequenz f_s. Da bei Verwendung schneller, abschaltbarer Schalter die Schaltfrequenz f_s in den Bereich $f_s > 2\text{kHz}$ verschiebbar ist, wird ein derartiger gesteuerter Gleichrichter gemäß Anforderung des EMV-Gesetzes auch ohne Filter netzrückwirkungsarm. Ist auch der Leistungsfaktor zu verbessern, so können hierzu bei weiterer Erhöhung der Schaltfrequenzen auf $f_s > 10\text{kHz}$ bereits kleine, handelsübliche Funkentstörfilter eingesetzt werden (vgl. Kap.10).

Bei dem eben genannten Verfahren zur Pulsbildung wird das Pulsschema direkt im leistungselektronischen Wandler durch den Vergleich von Sinus- und Dreieckfunktionen gebildet. Pulsschemata können aber auch für verschiedene Belastungsfälle vorab ermittelt, in einem ROM abgelegt und in einer digitalen Steuerung für die Schalteransteuerung ausgelesen werden. Auf Grund der wiederkehrenden Pulsschemata ist dies gerade in mehrphasigen Schaltungen |Mecke, u.a.| von Vorteil.

Direktumrichtende gesteuerte Gleichrichter mit Mehrfachpulsung lassen sich nicht nur als I-Umrichter mit Spannungssteuerung und sekundärseitiger Stromglättung (Bilder 4.68 bis 4.70) sondern auch als U-Umrichter mit Stromsteuerung und sekundärseitiger Spannungsglättung realisieren. Das in Kap. 4.1 genannte Problem des U-Umrichters „Netzrückwirkung durch pulsartige Nachladeströme der Glättungskapazität" wird dabei durch hohe Schaltfrequenzen verbunden mit der Stromsteuerung über eine Induktivität vermieden. Basis des Verfahrens ist der eigentlich für DC/DC-Steller konzipierte Hochsetzsteller mit Energiezwischenspeicherung in einer Induktivität (Kap. 6.1). Besonders interessant ist das Konzept des U-Umrichters für moderne Schaltnetzteile mit „sinusförmiger" Netzstromaufnahme (vgl. Kap. 9 und 10) und für Vierquadranten-AC/AC-Wandlerschaltungen (Frequenzumrichter) mit Gleichspannungszwischenkreis. (Beispiel: Zwischenkreisumrichter im ICE gemäß Bild 1.4). Der U-Umrichter übernimmt hierbei im Frequenzumrichter die Aufgabe des steuerbaren Vierquadranten-Gleichrichters zur Speisung des Gleichspannungszwischenkreises aus einem Wechselspannungsnetzen mit der Festfrequenz f_1. Bild 4.71 zeigt das Beispiel eines derartigen Vierquadranten-Gleichrichters mit IGBTs. Da der U-Umrichter in dieser Anwendung sowohl Energieeinspeisung (Gleichrichterbetrieb) als auch Energierückspeisung (Wechselrichterbetrieb) bei konstanter Sekundärspannung ermöglichen muss, ist in der Schaltung neben der Struktur des Hochsetzstellers grundsätzlich auch die Struktur eines Wechselrichters erkennbar (vgl. Kap. 7).

Die Schaltung arbeitet im Falle der Energieeinspeisung in die Sekundärseite als Hochsetzsteller (vgl. Kap.6.1) mit abwechselnder Energiespeicherung in L_v und Energieabgabe an die Sekundärseite

Beispiel einer Schalterkombination für $u_1 > 0$:

T2+D4 ein $\rightarrow u_1^* \approx 0$; $i_1 \geq 0 \rightarrow$ Energiespeicherung in L_v

T2 aus; D1+D4 ein $\rightarrow u_1^* \approx U_2 > \hat{u}_1$; $i_1 \geq 0$

                                       $\rightarrow$ Energieabgabe von L_v an die Sekundärseite

und im Falle der Energierückspeisung von der Sekundärseite in das Netz als Tiefsetzsteller (Kap. 6.1) mit abwechselnder Energieabgabe an das Primärnetz und Freilauf

Beispiel einer Schalterkombination für $u_1 > 0$:

T1+T4 ein $\rightarrow u_1^* \approx U_2 > \hat{u}_1$; $i_1 \leq 0$

                                       $\rightarrow$ Energieabgabe von der Sekundärseite an das Netz

T1 aus; T4+D2 ein $\rightarrow u_1^* \approx 0$; $i_1 \leq 0 \rightarrow$ Freilauf

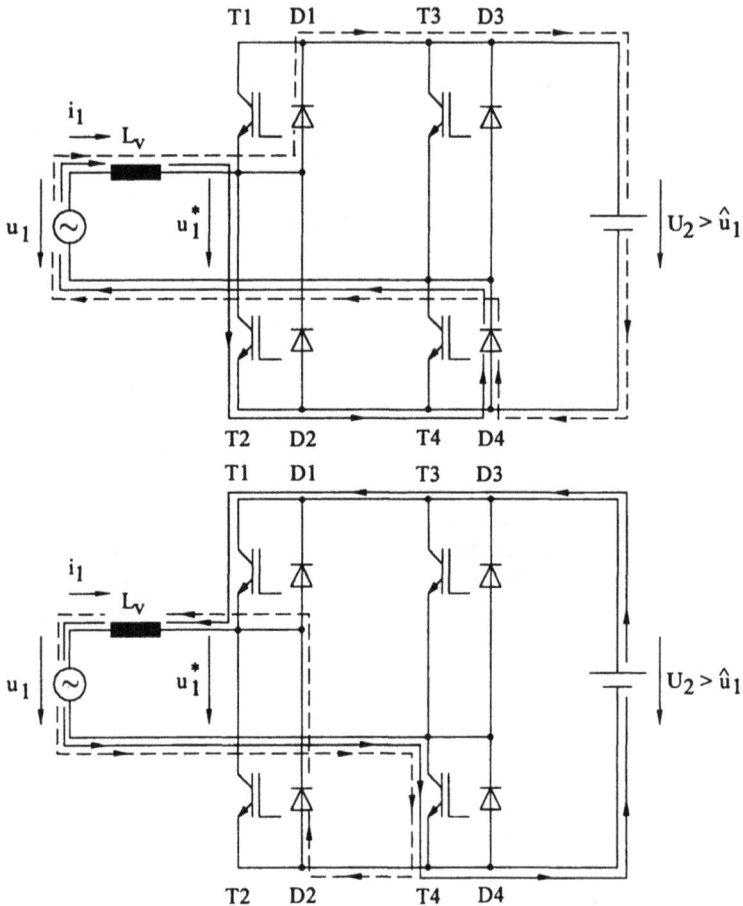

Bild 4.71: 4Q-Gleichrichter mit Spannungsstabilisierung (U-Umrichter)
oben: Energieeinspeisung bei $u_1 > 0$ (____ : Energiespeicherung; _ _ _: Energieabgabe)
unten: Energierückspeisung bei $u_1 > 0$ (____: Energieabgabe; _ _ _ : Freilauf)

Sinngemäß wird bei $u_1 < 0$ die Energieeinspeisung über Energiespeicherung (T4+D2) mit Energieabgabe (D2+D3) und die Energierückspeisung über Energieabgabe (T2+T3) mit Freilauf (T3+D1) gesteuert. Die Funktionen, also Energieeinspeisung über Energiespeicherung und Abgabe sowie Energierückspeisung über Energieabgabe und Freilauf sind auch durch andere Schalterkombinationen realisierbar!

Eine entsprechende Erweiterung auf dreiphasige Netze, diesmal dargestellt mit sekundärseitiger Last und Spannungsstabilisierung über Kondensator, zeigt Bild 4.72.

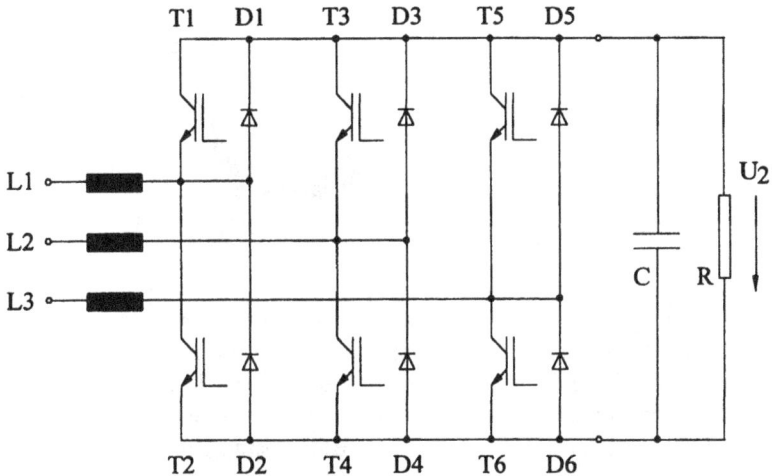

Bild 4.72: dreiphasiger 4Q-Gleichrichter mit C-Spannungs-stabilisierung

Die Pulsbildung im U-Umrichter kann über ein Stromleitverfahren (vgl. Kap. 6.3) erfolgen. Hierbei wird die Stromsollkurve zusammen mit einem Toleranzband vorgegeben und der Strom durch Zweipunktregelung, also durch Ableitung der Umschaltzeitpunkte an den Toleranzgrenzen, innerhalb des Toleranzbandes geführt (Bild 4.73).

Mehrfachpulsende Wandlerschaltungen arbeiten mit hohen Schaltfrequenzen f_s. Zur Vermeidung hoher dynamischer Schaltverluste sind schnell schaltende Schalter erforderlich. Dies führt zwangsläufig zu einer Ausdehnung der durch Schaltvorgänge verursachten Störspektren in den Bereich höherer Frequenzen und damit zu höherem Aufwand zur Gewährleistung der „Elektromagnetischen Verträglichkeit" bzw. der „Funkentstörung" im Bereich der Funkempfangsfrequenzen. Die hierbei zu beachtenden Emissionsgrenzwerte sowie die dazu erforderlichen Konstruktionsmaßnahmen werden in Kap. 10 besprochen.

4.3.2   Blindleistungskompensation

Die in Kap. 4.2 behandelten konventionellen, netzgeführten Wechselstrom-Gleichstrom-Umrichter (I-Umrichter) sind durch hohe induktive Grundschwingungsblindleistungen Q_1 und folglich durch schlechte Leistungsfaktoren λ gekennzeichnet. Verlangt die Anwendung eine Reduzierung der Grundschwingungsblindleistung, so bieten sich als Lösungen blindleistungsarme Steuerverfahren wie z.B. halbgesteuerte Gleichrichterbrücken (Kap. 4.2.1.8, Kap. 4.2.2.2) oder Sektorsteuerungen (Kap. 4.3.1) sowie Gleichrichter mit

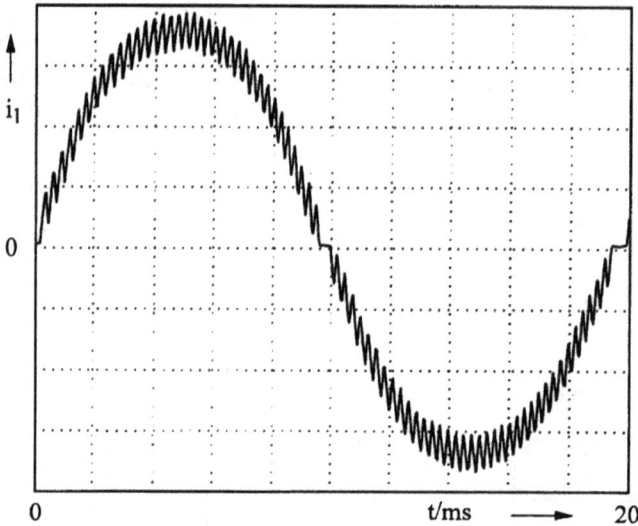

Bild 4.73: Sinusförmige Strombildung durch Stromleitverfahren (Zweipunktregelung)

Mehrfachpulsung (Pulsgleichrichter Kap. 4.3.1) an. Ermöglicht wird hiermit ein bezüglich der Grundschwingung blindleistungsarmer (Halbsteuerung) bzw. blindleistungsfreier (Sektorsteuerung, Pulsgleichrichter) Betrieb von Einzelanlagen. In größeren Anlagen mit einer Vielzahl konventioneller gesteuerter Gleichrichter, aber auch anderer induktiver Lasten wie z.B Motoren, kann auch eine zentrale Blindleistungskompensation mit Kondensatoren in Betracht kommen. Günstiger, da an die Blindleistungssituation anpassbar, sind jedoch leistungselektronisch steuerbare, statische oder dynamische Blindleistungskompensatoren.

- statische Kompensation

Parallel zu einer für die maximale induktive Grundschwingungsblindleistung konzipierten Kompensation mit Kondensatoren wird ein phasenanschnittgesteuerter leistungselektronischer Wandler (gesteuerter Gleichrichter ($\alpha{\rightarrow}90°$) oder Wechselstromsteller (Kap. 5)) mit möglichst idealer, d.h. verlustarmer induktiver Last geschaltet. Die tatsächliche Kompensation wird also über die zündwinkelabhängige induktive Zusatz-Grundschwingungsblindleistung des leistungselektronischen Wandlers gesteuert.

- dynamische Kompensation

Die Kompensation der in einer Anlage auftretenden Grundschwingungsblindleistung erfolgt allein durch einen steuerbaren leistungselektronischen Wandler. Eine hierfür geeignete Anordnung ist direkt aus den gesteuerten Gleichrichtern des Kap. 4.2 ableitbar. Ersetzt man nämlich in diesen, z.B. in einer vollgesteuerten Gleichrichterbrücke mit möglichst idealer, verlustarmer induktiver Last L, die Thyristoren durch abschaltbare Ventile, so kann man den Zündwinkel im Bereich $-180° < \alpha < +180°$ variieren und bezüglich der Grundschwingung sowohl induktives ($\alpha \rightarrow +90°$) als auch kapazitives ($\alpha \rightarrow -90°$) Verhalten darstellen.

5 Wechselstromschalter, Wechselstromsteller

Über Wechselstromschalter oder Wechselstromsteller (Bild 5.1) können Verbraucher ungesteuert (Schalter) oder gesteuert (Steller) an das Wechselspannungsnetz angeschaltet werden. Da in beiden Fällen Wechselströme auftreten, sind als Schalter bidirektionale Schalter,
also z.B. antiparallele Thyristoren oder Triacs, erforderlich. Meist wird der Schalter aus
Sicherheitsgründen in die Phasenleiter eingebaut – damit handelt es sich um „high-side-
Schalter", die auf Grund des undefinierten Bezugspotentials über Zündstufen mit Übertrager
oder Optokoppler („elektronisches Relais") anzusteuern sind.

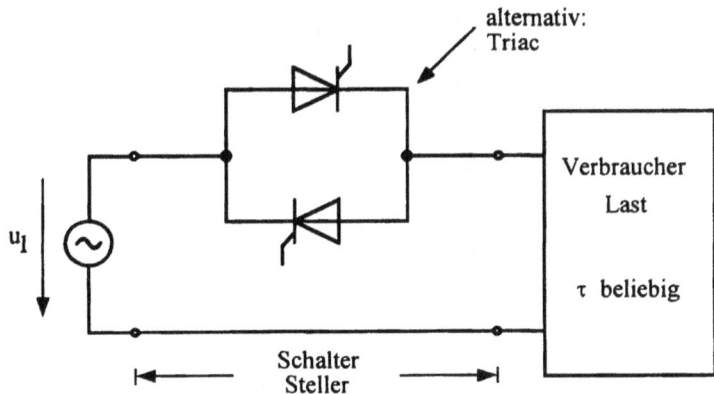

Bild 5.1:
Wechselstromschalter /
Wechselstromsteller
(Phasenanschnittsteue-
rung)

Unter „Schalter" ist ein Gebilde zu verstehen, das einen Verbraucher über längere Zeit an
ein Wechselspannungsnetz anschließt bzw. von diesem trennt. Die leistungselektronische
Schalterrealisierung bietet hierbei die Möglichkeit eines gezielten, d.h. zeitlich exakt plat-
zierten Einschaltvorganges. Abhängig von der Laststruktur lassen sich damit Netzrückwirkungen oder Überbelastungen der Last vermeiden. Erfolgt dieser Einschaltvorgang z.B. bei
einer R/L-Serienschaltung um $\phi = \arctan(\omega_1 \tau)$ nach dem Nulldurchgang der Spannung, so
tritt sofort der stationäre Zustand des Laststromes ein, der transiente Teil des Einschaltvorganges mit Spannungsüberhöhung an R entfällt. Ebenfalls von Vorteil ist der geringere
Verschleiß des leistungselektronisch realisierten Schalters durch selbstständiges Ausschalten im Stromnulldurchgang bei Wegfall der Zündimpulse. Im Gegensatz zum konventionellen mechanischen Schalter sind, und das ist ein kleiner Aufwandsnachteil, die Thyristoren
während des Schalter-Ein-Zustandes alle Halbschwingungen erneut zu zünden. Bei

ohmsch/induktiven Lasten mit $\tau \neq 0$ wird sogar wegen des Nacheilens des Stromes gegenüber der Spannung mit Langimpulsen oder Impulsgattern zu zünden sein (vgl. Kap. 5.2). Ein Anwendungsbeispiel aus der Bahntechnik (DB-Baureihen 103, 111) zeigt Bild 5.2. In diesem Beispiel einer konventionellen Wechselstromlokomotive werden die Fahrstufen, genauer die Transformatorabgänge eines Spartransformators, über zwei mechanische Wechsel-Vorwahlschalter (Vorwahl bzw. Schalten im jeweils stromfreien Zustand) und zwei leistungselektronische Leistungsschalter an die Last (Fahrmotoren) durchgeschaltet.

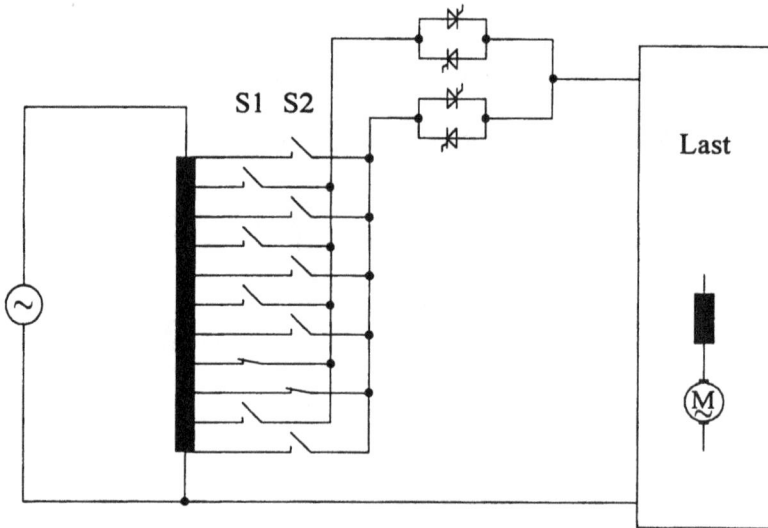

Bild 5.2: Prinzipkonfiguration eines leistungselektronischen Schalters in konventionellen Wechselstromlokomotive

Unter „Steller" hingegen ist ein im Leistungsteil gleiches Gebilde (Ausnahme: Sonderausführungen mit Phasenabschnitt- und Sektorsteuerung) zu verstehen, das die Steuerung der Leistungsaufnahme einer Wechselstromlast durch Schaltvorgänge innerhalb der positiven bzw. negativen Spannungshalbschwingung oder durch Zu- und Abschaltung kompletter Sinushalbschwingungen gestattet.

Wechselstromschalter und Wechselstromsteller unterscheiden sich somit nur durch die Art der Ansteuerung des Leistungsteils. Beide sind, da die Zündzeitpunkte vom zeitlichen Verlauf der primären Netzspannung u_1 abgeleitet werden, netzgetaktete leistungselektronische Wandler. Mit Ausnahme der genannten Sonderausführungen verlöschen die jeweils gezündeten Thyristoren beim Stromnulldurchgang – die Thyristoren benötigen somit keine Kommutierungsspannung.

Da der Wechselstromschalter als Sonderfall des Wechselstromstellers auffassbar ist, beschränken sich die folgenden Ausführungen auf den etwas komplizierteren Fall des Wechselstromstellers, wobei mit Ausnahme von Kap. 5.2 zunächst rein ohmsche Wechselstromlasten ($\tau = 0$) unterstellt werden.

5.1 Einphasen-Wechselstromsteller mit R-Last

Unter dem Begriff „Einphasen-Wechselstromsteller" werden am Einphasennetz betreibbare Steller mit den alternativen Steuerungsprinzipien

- Phasenanschnittsteuerung
- Phasenabschnittsteuerung
- Sektorsteuerung
- Periodengruppensteuerung, Schwingungspaket- / Halbwellensteuerung
- Mehrfachpulsung

verstanden.

Bild 5.3 zeigt das Leistungsteil der besonders häufig eingesetzten Varianten

Phasenanschnittsteuerung, Periodengruppensteuerung (Schalter)

mit zwei antiparallelen Thyristoren bzw., bei kleineren Leistungen, mit einem Triac.

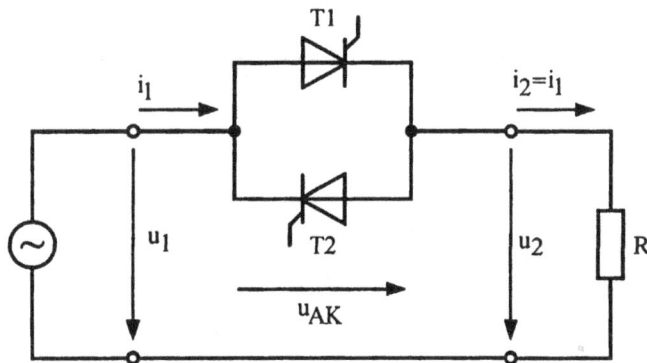

Bild 5.3:
Einphasen-
Wechselstromsteller, Last-
zeitkonstante $\tau = 0$

$u_1 = \sqrt{2} \cdot U_1 \cdot \sin \omega_1 t$

Wechselstromsteller mit Phasenabschnitt- oder Sektorsteuerung (Kap. 5.1.2) erfordern die Fähigkeit zur gezielten Stromabschaltung und somit Thyristoren mit zusätzlicher Lösch-schaltung bzw. abschaltbare Schalter wie z.B. GTOs. Auf Grund des hierdurch bedingten Schaltungsmehraufwandes ist die Anwendung dieser Steuerungsarten auf wenige Sonderfäl-le beschränkt. Dies gilt umso mehr, als diese Schaltungen trotz des Mehraufwandes die Netzrückwirkungsarmut moderner, mehrfach pulsender Schaltungen nicht erreichen. (Grundsätzliches zur Mehrfachpulsung vgl. Kap. 4.3.1 und Kap. 10.2)

5.1.1 Phasenanschnittsteuerung

Bei dieser Steuerungsart wird die Leistungsaufnahme der Last durch zeitlich verzögertes Durchschalten der Sinushalbschwingungen des Primärnetzes an die Last gesteuert (Bild 5.4). Die Durchschaltverzögerung wird auf den Spannungsnulldurchgang der Sinushalb-schwingung bezogen und im Winkelmaß als Zünd- oder Steuerwinkel α ausgedrückt mit

$$0° \le \alpha \le 180°(\le \pi)$$

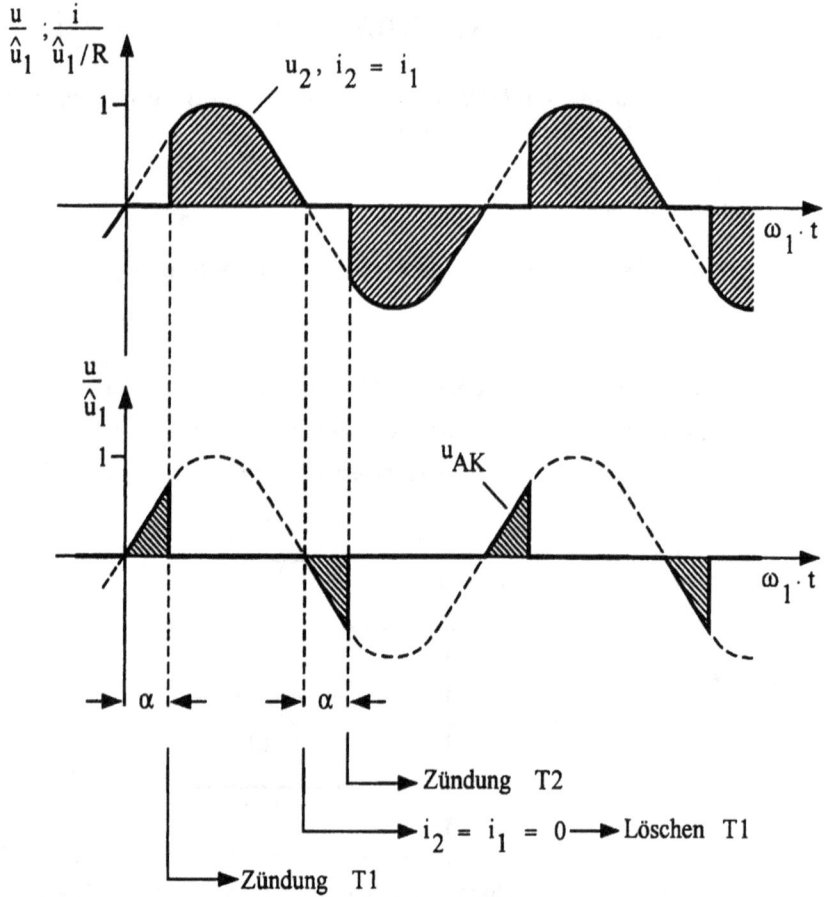

Bild 5.4: Wechselstromsteller mit Phasenanschnittsteuerung ($\tau = 0$, $\alpha = 45°$)

Bei idealer Stromrichterbetrachtung mit der Wirkungsgradannahme $\eta = 1$ kann wegen $P_1 = P_2$ die Wirkleistung alternativ auf der Primär- oder der Sekundärseite bestimmt werden. Der sekundärseitige Ansatz führt unter Berücksichtigung des jeweils gleichen Beitrages innerhalb der positiven und negativen Halbschwingung zu

$$P_2 = \frac{1}{2\pi} \cdot \int_0^{2\pi} u_2 \cdot i_2 \cdot d\omega_1 t = \frac{1}{\pi} \cdot \int_\alpha^\pi \frac{(\sqrt{2} \cdot U_1 \cdot \sin \omega_1 t)^2}{R} \cdot d\omega_1 t$$

$$= \frac{2 \cdot U_1^2}{\pi \cdot R} \cdot \left\{ \frac{\omega_1 t}{2} - \frac{\sin 2\omega_1 t}{4} \right\} \bigg|_\alpha^\pi = \frac{U_1^2}{\pi \cdot R} \cdot \left\{ \pi - \alpha + \frac{\sin 2\alpha}{2} \right\}$$

(5.1)

Aus dem definitionsgemäßen Zusammenhang zwischen Wirkleistung und Effektivwert

$$P_2 = I_2^2 \cdot R = \frac{U_2^2}{R}$$

ergibt hieraus sich die Steuergleichung des Effektivwertes U_2 der Lastspannung u_2

$$U_2 = U_1 \cdot \sqrt{\frac{1}{\pi} \cdot \left\{ \pi - \alpha + \frac{\sin 2\alpha}{2} \right\}} \qquad (5.2)$$

bzw. durch Normierung auf U_1 die in Bild 5.5 dargestellte Steuerkennlinie.

Bild 5.5:
Steuerkennlinien des
Einphasenwechsel-
stromstellers ($\tau = 0$)

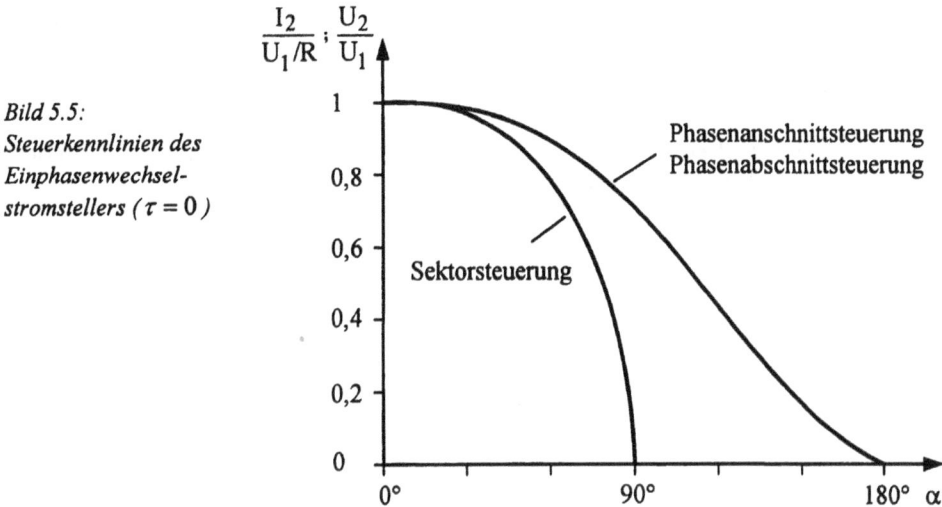

Die Leistungsbestimmung auf der Primärseite erfordert die Fourier-Analyse des Primärstromes i_1 zur Ermittlung der Stromgrundschwingung i_{11}. Da der Primärstrom i_1 um den Zündwinkel α verzögert nach dem Spannungsnulldurchgang der Netzspannung u_1 einsetzt, ist eine Phasenverschiebung der Stromgrundschwingung i_{11} gegenüber der Netzspannung u_1 zu vermuten. Trotz rein ohmscher Last ist damit formal neben einer Grundschwingungswirkleistung P_1 auch eine induktive Grundschwingungsblindleistung Q_1 zu erwarten.

Die Schaltvorgänge in der positiven und negativen Netzhalbschwingung sind als Schaltmodulation (Amplitudenmodulation) mit der Schaltfrequenz $f_s = 2 \cdot f_1$ zu interpretieren (vgl. Kap. 10). Mit dieser Interpretation folgt für das Spektrum des Netzstromes

$$f(i_1) = f_1 + k \cdot 2 \cdot f_1 \qquad ; k = 0, 1, 2, 3, .. \qquad (5.3)$$

Damit muss auch Verzerrungsblindleistung D_1 auftreten. Diese ist bei bekannten Grundschwingungsleistungen P_1 und Q_1 über die Scheinleistung

$$S_1 = U_1 \cdot I_1 = U_1 \cdot I_2 = U_1 \cdot \frac{U_2}{R} \tag{5.4}$$

bestimmbar zu

$$D_1 = \sqrt{S_1^2 - P_1^2 - Q_1^2} \tag{5.5}$$

Laut Fourier-Analyse ist die für die Grundschwingungsleistungen P_1 und Q_1 maßgebende Stromgrundschwingung anzusetzen als

$$
\begin{aligned}
i_{11} &= \sqrt{2} \cdot I_{11} \cdot \sin(\omega_1 t + \phi_1) \\
&= \sqrt{2} \cdot I_{11} \cdot \{ \sin \omega_1 t \cdot \cos \phi_1 + \cos \omega_1 t \cdot \sin \phi_1 \} \\
&= a_1 \cdot \cos \omega_1 t + b_1 \cdot \sin \omega_1 t
\end{aligned}
\tag{5.6}
$$

Die Bestimmung von Effektivwert I_{11} und Phase ϕ_1 verlangt die Berechnung der Fourier-Koeffizienten a_1 und b_1. Die Berechnungsresultate lauten

$$a_1 = \frac{1}{\pi} \cdot \int_0^{2\pi} i_1 \cdot \cos \omega_1 t \cdot d\omega_1 t = \frac{2}{\pi} \cdot \int_\alpha^\pi \frac{\sqrt{2} \cdot U_1}{R} \cdot \sin \omega_1 t \cdot \cos \omega_1 t \cdot d\omega_1 t$$

und mit $\sin \omega_1 t \cdot \cos \omega_1 t = \frac{1}{2} \cdot \sin 2\omega_1 t$

$$
\begin{aligned}
a_1 &= \frac{\sqrt{2} \cdot U_1}{\pi \cdot R} \cdot \int_\alpha^\pi \sin 2\omega_1 t \cdot d\omega_1 t = \frac{\sqrt{2} \cdot U_1}{\pi \cdot R} \cdot \left\{ -\frac{\cos 2\omega_1 t}{2} \right\} \Big|_\alpha^\pi \\
&= \frac{\sqrt{2} \cdot U_1}{R} \cdot \frac{\cos 2\alpha - 1}{2\pi} \le 0
\end{aligned}
\tag{5.7}
$$

sowie

$$b_1 = \frac{1}{\pi} \cdot \int_0^{2\pi} i_1 \cdot \sin \omega_1 t \cdot d\omega_1 t = \frac{2}{\pi} \cdot \int_\alpha^\pi \frac{\sqrt{2} \cdot U_1}{R} \cdot \sin^2 \omega_1 t \cdot d\omega_1 t$$

$$
\begin{aligned}
b_1 &= \frac{2 \cdot \sqrt{2} \cdot U_1}{\pi \cdot R} \cdot \left\{ \frac{\omega_1 t}{2} - \frac{\sin 2\omega_1 t}{4} \right\} \Big|_\alpha^\pi \\
&= \frac{\sqrt{2} \cdot U_1}{\pi \cdot R} \cdot \left\{ \pi - \alpha + \frac{\sin 2\alpha}{2} \right\} \ge 0
\end{aligned}
\tag{5.8}
$$

Aus (5.7) und (5.8) sowie einem Koeffizientenvergleich im Gleichungssystem (5.6) ergibt sich für die Fourier-Koeffizienten die Zuordnung

$$a_1 = \sqrt{2} \cdot I_{11} \cdot \sin\phi_1 \leq 0; \quad b_1 = \sqrt{2} \cdot I_{11} \cdot \cos\phi_1 \geq 0$$

und hiermit für den Effektivwert I_{11} und die Phasenlage ϕ_1 der Stromgrundschwingung (1. Harmonische)

$$I_{11} = \frac{1}{\sqrt{2}} \cdot \sqrt{a_1^2 + b_1^2} \qquad (5.9)$$

$$\phi_1 = \arctan\frac{a_1}{b_1} = \arctan\frac{\cos 2\alpha - 1}{2\pi - 2\alpha + \sin 2\alpha} \leq 0 \qquad (5.10)$$

Der Winkel ϕ_1 ist nach (5.10) bzw. Bild 5.6 im gesamten Stellbereich des Zündwinkels α negativ. Die erste Harmonische i_{11} des Netzstromes i_1 eilt der Spannung u_1 nach – die ursprüngliche Vermutung einer induktiven Grundschwingungsblindleistung Q_1 trotz nicht vorhandener Induktivität im Lastkreis war also zutreffend.

Bild 5.6:
Wechselstromsteller mit
Phasenanschnittsteuerung,
Winkel ϕ_1 zwischen Netz-
spannung u_1 und Netz-
Grundschwingungsstrom i_{11}

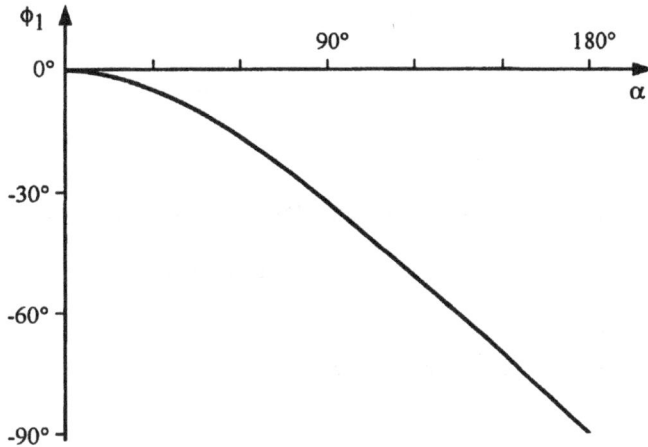

Der Grundschwingungsstrom i_{11} kann unter Beachtung des Vorzeichens in (5.7) weiter umgeformt werden:

$$\begin{aligned} i_{11} &= a_1 \cdot \cos\omega_1 t + b_1 \cdot \sin\omega_1 t = |a_1| \cdot \sin(\omega_1 t - 90°) + b_1 \cdot \sin\omega_1 t \\ &= \sqrt{2} \cdot I_{11b} \cdot \sin(\omega_1 t - 90°) + \sqrt{2} \cdot I_{11w} \cdot \sin\omega_1 t \end{aligned} \qquad (5.11)$$

Bei

$$u_1 = \sqrt{2} \cdot U_1 \cdot \sin\omega_1 t$$

liefert der erste Summand in (5.11) den Stromansatz für die induktive Grundschwingungs-blindleistung Q_1, der zweite Summand den Stromansatz für die Grundschwingungswirkleistung P_1. Somit lauten die Grundschwingungsleistungen

$$P_1 = U_1 \cdot I_{11w} = U_1 \cdot \frac{b_1}{\sqrt{2}} = \frac{U_1^2}{\pi \cdot R} \cdot \left\{ \pi - \alpha + \frac{\sin 2\alpha}{2} \right\} \qquad \hat{=}(5.1)$$

$$Q_1 = U_1 \cdot I_{11b} = U_1 \cdot \frac{|a_1|}{\sqrt{2}} = \frac{U_1^2}{\pi \cdot R} \cdot \frac{1 - \cos 2\alpha}{2} \qquad (5.12)$$

Gleichung (5.1) und Bild 5.5 zeigen, dass die an den Wechselstromsteller gestellte Forderung „Stellung der Wirkleistungsaufnahme P_2 einer Last" im gewünschten Sinne erfüllt wird. Von Nachteil ist die auch bei rein ohmscher Last auftretende induktive Grundschwingungsblindleistung Q_1, die zusammen mit der ebenfalls auftretenden Verzerrungsblindleistung D_1 zu einem schlechten Leistungsfaktor λ führt. Mit (5.1) und (5.4) lautet dieser

$$\lambda = \frac{P_1}{S_1} = \frac{U_2^2}{R \cdot U_1 \cdot I_1} = \frac{U_2}{U_1} \qquad (5.13)$$

und entspricht somit der auf U_1 normierten Steuerkennlinie der Spannung gemäß (5.2) bzw. Bild 5.5.

5.1.2 Phasenabschnittsteuerung, Sektorsteuerung

Werden an einem Spannungsversorgungsnetz eine Vielzahl phasenanschnittgesteuerter leistungselektronischer Wandler (Wechselstromsteller gemäß Kap. 5.1.1, gesteuerte Gleichrichter gemäß Kap. 4.2) betrieben, so erfordert dies, gemessen an der tatsächlichen Leistungsaufnahme, eine auf Grund der schlechten Leistungsfaktoren erhebliche Überdimensionierung des Netzes. Trotz des damit verbundenen höheren Aufwandes kann es deshalb sinnvoll sein, Stromsteller zu konzipieren, die dem Netz kapazitive und somit für andere Lasten kompensierende Grundschwingungsblindleistung oder gar keine Grundschwingungsblindleistung entnehmen. Ebenfalls sinnvoll kann es sein, mit aufwändigeren Steuerverfahren, eventuell verbunden mit einem Netzfilter, die Verzerrungsblindleistung (Steuerverfahren mit aktivem Oberschwingungsfilter) zu reduzieren. An dieser Stelle sollen jedoch nur Stromsteller mit Maßnahmen für den Grundschwingungsbereich angesprochen werden.

Die Phasenabschnittsteuerung (Bild 5.7a) ist als Umkehr des Steuerungsprinzips „Phasenanschnittsteuerung" zu verstehen. Die Steuerung der Leistungsaufnahme der Last geschieht nunmehr durch vorzeitiges Abschalten der Spannungshalbschwingung des einspeisenden Netzes von der Last. Da zum Abschaltzeitpunkt, z.B. zum Zeitpunkt $t = (\pi - \alpha)/\omega_1$, der im Spannungsnulldurchgang gezündete Thyristor den Strom $i_A = i_2 \neq 0$ führt, benötigt die Phasenabschnittsteuerung Thyristoren mit Löschschaltungen oder, und das ist die modernere Lösung, GTOs. Die für die Phasenanschnittsteuerung abgeleiteten Gleichungen (5.1),

(5.2) und (5.10) – letztere allerdings mit Vorzeichenumkehr – können direkt übernommen werden:

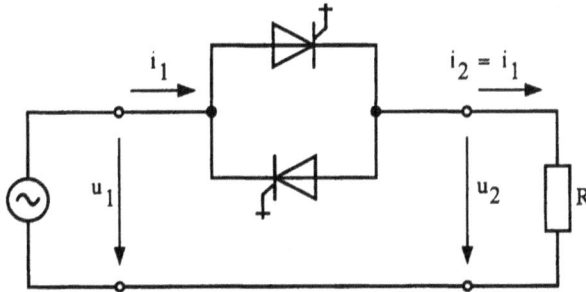

a.)

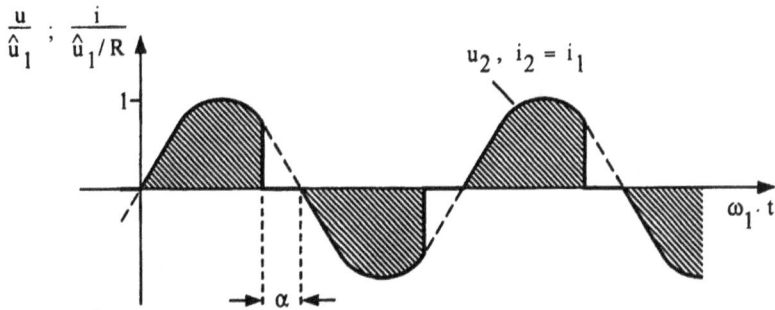

b.)

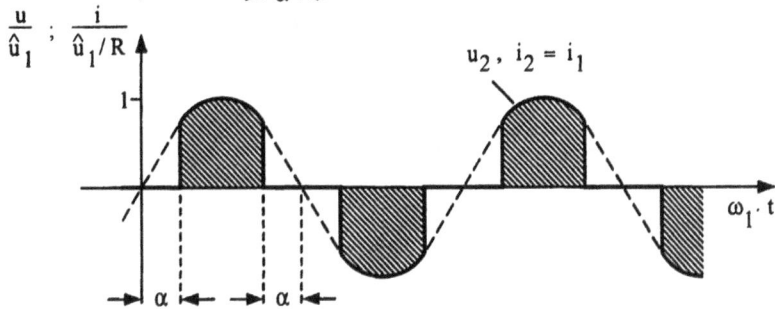

Bild 5.7: Wechselstromsteller mit Zwangsabschaltung
a.) Phasenabschnittsteuerung, b.) Sektorsteuerung

Steuerkennlinie der Spannung (Bild 5.5)

$$U_2 = U_1 \cdot \sqrt{\frac{1}{\pi} \cdot \left\{ \pi - \alpha + \frac{\sin 2\alpha}{2} \right\}}$$

(5.14)

Grundschwingungswirkleistung

$$P_1 = P_2 = \frac{U_1^2}{\pi \cdot R} \cdot \left\{ \pi - \alpha + \frac{\sin 2\alpha}{2} \right\}$$
(5.15)

Phasenwinkel

$$\phi_1 = -\arctan \frac{\cos 2\alpha - 1}{2\pi - 2\alpha + \sin 2\alpha} \geq 0°$$
(5.16)

(5.16) beschreibt einen im gesamten Stellbereich $0° \leq \alpha \leq 180°$ positiven Phasenwinkel ϕ_1. Die Stromgrundschwingung i_{11} eilt somit der Spannung u_1 voraus – es ergibt sich eine kapazitive, zu (5.12) betragsgleiche Grundschwingungsblindleistung Q_1.

Die Sektorsteuerung (Bild 5.7b) kombiniert Phasenan- und Phasenabschnittsteuerung. Induktive und kapazitive Grundschwingungsblindleistungen heben sich gegenseitig auf. Der Grundschwingungsstrom i_{11} besitzt gegenüber der Netzspannung u_1 den Phasenwinkel $\phi_1 = 0°$. Das primärseitige Netz wird nicht mehr durch Grundschwingungsblindleistung, jedoch nach wie vor durch Verzerrungsblindleistung

$$D_1 = \sqrt{S_1^2 - P_1^2}$$

belastet. Im Gegensatz zu Phasenanschnitt- und Phasenabschnittsteuerung ist die Sektorsteuerung bei gleichem Variationsbereich von sekundärer Wirkleistung P_2 und sekundärem Effektivwert U_2 nur im Bereich $0 \leq \alpha \leq \pi / 2$ betreibbar. In diesem Aussteuerungsbereich folgt für die Leistungssteuerkennlinie

$$\begin{aligned}
P_1 = P_2 = \overline{p_2} &= \frac{1}{\pi} \cdot \int_{\alpha}^{\pi-\alpha} \frac{u_2^2}{R} \cdot d\omega_1 t \\
&= \frac{1}{\pi} \cdot \int_{\alpha}^{\pi-\alpha} \frac{(\sqrt{2} \cdot U_1 \cdot \sin \omega_1 t)^2}{R} \cdot d\omega_1 t \\
&= \frac{2 \cdot U_1^2}{\pi \cdot R} \cdot \left\{ \frac{\omega_1 t}{2} - \frac{\sin 2\omega_1 t}{4} \right\} \Big|_{\alpha}^{\pi-\alpha} = \frac{U_1^2}{\pi \cdot R} \cdot \left\{ \pi - 2\alpha + \sin 2\alpha \right\}
\end{aligned}$$
(5.17)

und mit $P_2 = U_2^2 / R$ für die normierte Spannungssteuerkennlinie (Bild 5.5)

$$U_2 = U_1 \cdot \sqrt{\frac{1}{\pi} \cdot \left\{ \pi - 2\alpha + \sin 2\alpha \right\}}$$
(5.18)

5.1.3 Periodengruppensteuerung / Schwingungspaketsteuerung

Im Gegensatz zur Phasenanschnitt-, Phasenabschnitt- und Sektorsteuerung erfolgt nun die Steuerung der Leistungsaufnahme der Last nicht mehr durch Teildurchschaltung der Sinushalbschwingungen des speisenden Primärnetzes sondern durch gezieltes An- und Abschalten kompletter Sinushalbschwingungen. Die Steuerung ist interpretierbar als Multiplikation (Schaltmodulation) der Primärspannung u_1 mit einer Schaltfunktion y_s (Bild 5.8). Im Falle des Anschaltens hat die Thyristorzündung jeweils zum Zündwinkel $\alpha = 0°$ zu erfolgen – der Leistungsteil eines Wechselstromstellers mit Periodengruppensteuerung ist somit identisch mit dem eines Wechselstromschalters (Phasenanschnittsteuerung mit $\alpha = 0°$).

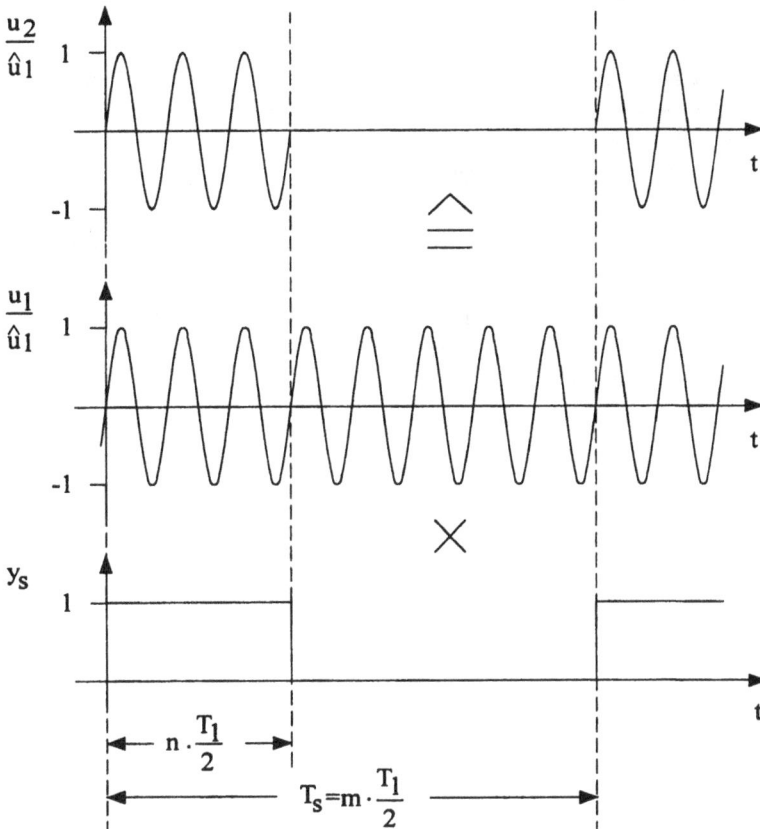

Bild 5.8: Periodengruppensteuerung (Schwingungspaketsteuerung) / Interpretation als Schaltmodulation

Werden n Sinushalbschwingungen an die Last angeschaltet und wird die Periode T_s des Steuerungsvorganges durch m Sinushalbschwingungen beschrieben, so folgt für die Leistungsaufnahme der Last und somit für die Steuergleichung der Lastspannung U_2 (idealer Wandler mit dem Wirkungsgrad $\eta=1$):

$$P_2 = P_1 = \frac{1}{T_s} \cdot \int_0^{T_s} p \cdot dt = \frac{n \cdot \frac{T_1}{2} \cdot \frac{U_1^2}{R}}{m \cdot \frac{T_1}{2}}$$

(5.19)

$$= \frac{n}{m} \cdot \frac{U_1^2}{R} = \frac{U_2^2}{R}; \quad n = 0,1,....m; \quad m \geq 2$$

bzw.

$$\frac{U_2}{U_2(n=m)} = \frac{U_2}{U_1} = \sqrt{\frac{n}{m}}$$

(5.20)

Die Leistungssteuerung geschieht nunmehr im Gegensatz zu den An- und Abschnittsteuerungen nicht mehr amplitudenkontinuierlich sondern in m diskreten Schritten. Dies und die große Totzeit – die Leistungsdefinition ist nur in zeitlichen Intervallen $T_s = m \cdot T_1 / 2$, die ein Vielfaches der Netzperiode T_1 darstellen, möglich – führt bei Verwendung als Stellglied in Regelkreisen zu geringer Regeldynamik. Anwendbar ist diese Steuerungsart deshalb nur für sehr träge Verbraucher wie z.B. für elektrische Heizungen mit sehr großen thermischen Zeitkonstanten.

Wegen $i_1 = i_2 \sim u_2$ lassen sich die für Netzrückwirkungen relevanten Spektrallinien des Netzstromes i_1 auch ohne Fourier-Analyse einfach aus der Schaltmodulationsbetrachtung nach Bild 5.8 bestimmen. Dort ist der Netzstrom i_1 wie folgt darstellbar:

$$i_1 = \frac{\sqrt{2} \cdot U_1 \cdot \sin \omega_1 t}{R} \cdot y_s$$

(5.21)

Hierbei ist die Schaltfunktion y_s innerhalb der Schaltperiode T_s definiert als

$y_s = 1$ für $0 \leq t \leq n \cdot (T_1 / 2)$

$y_s = 0$ für $n \cdot (T_1 / 2) < t < m \cdot (T_1 / 2)$

Schaltperiode $T_s = m \cdot (T_1 / 2) \geq T_1$

Schaltfrequenz $f_s = 1 / T_s = (2 / m) \cdot f_1 \leq f_1$

Mit der Fourier-Reihendarstellung

$$y_s = Y_o + \sum_{k=1}^{\infty} \hat{y}_k \cdot \sin(k\omega_s t + \phi_k)$$

geht die Schaltfunktion y_s über in eine Gleichgröße plus eine Reihe harmonischer Schwingungen. Die bei dieser Interpretation der Schaltfunktion auftretenden Sinusprodukte in (5.21) können nun wie folgt weiter zerlegt werden:

$$\sin\omega_1 t \cdot \sin(k\omega_s t + \phi_k) = \frac{1}{2} \cdot \left\{ \cos(\omega_1 t - k\omega_s t - \phi_k) - \cos(\omega_1 t + k\omega_s t + \phi_k) \right\}$$

Damit ergibt sich für die zu erwartenden Spektrallinien des Netzstromes i_1, des Laststromes i_2 und der Lastspannung u_2

$$f(i_1) = f_1 \pm k \cdot f_s = f_1 \pm k \cdot \frac{2}{m} \cdot f_1; \quad k = 0,1,2,3,.... \tag{5.22}$$

und speziell für das in Bild 5.8 dargestellte Beispiel:

gegeben: $f_1 = 50\text{Hz}$; $m = 16$

→ Spektrallinienpositionen (Bild 5.9): $f(i_1) = 50\text{Hz} \pm k \cdot 6,25\text{Hz}$

Bild 5.9:
Periodengruppensteuerung /
Schwingungspaketsteuerung
Spektrum $u_2(f) \sim i_1(f)$

$(U_1 = 230\text{V})$
(Simulation PSPICE)

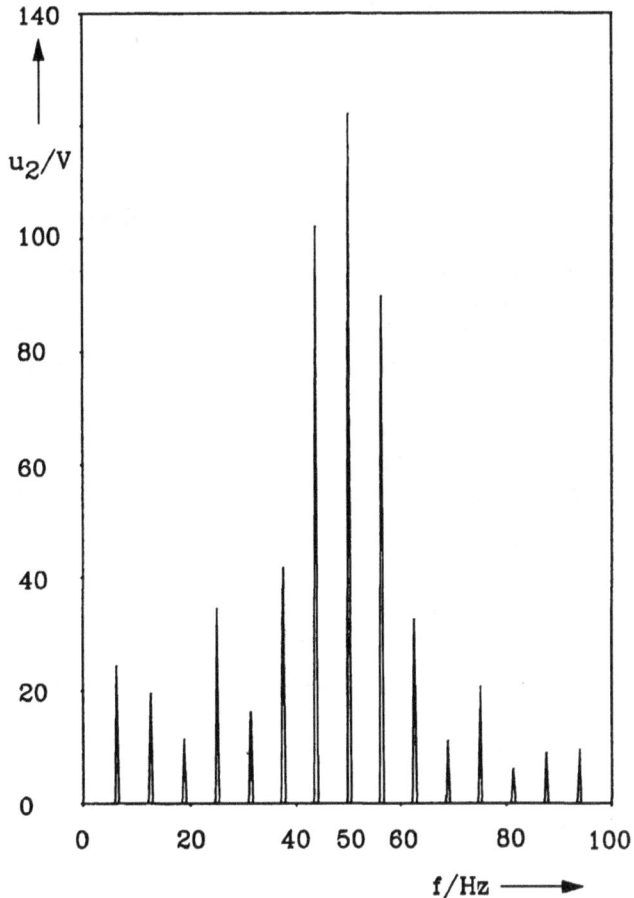

Auf Grund des Schaltens im Spannungsnulldurchgang besitzt diese Steuerungsart gewichtige Vorteile. So zeigt ein genauerer Vergleich der spektralen Umhüllenden des Stromes $i_1 = i_2$ (vgl. Kap. 10, Annahme: ideale Schaltfunktion):

An- / Abschnittsteuerungen, Sektorsteuerung ($\alpha \neq 0°$, R – Last)

    Merkmal: Strom- / Spannungssprung zum Schaltzeitpunkt

    Schaltfrequenz: $f_s = 2 \cdot f_1$

    Spektrallinien (*): $f(i_1) = f_1 \pm k \cdot 2 \cdot f_1$

    Spektrallinienabstand: $\Delta f = 2 \cdot f_1$

    spektrale Umhüllende für $f > f_1$: $i_1(f) \approx \sim 1/k$

Periodengruppensteuerung (R-Last)

    Merkmal: linearer Strom- / Spannungsanstieg zum Schaltzeitpunkt

    Schaltfrequenz: $f_s = (2/m) \cdot f_1$

    Spektrallinien (*): $f(i_1) = f_1 \pm k \cdot (2/m) \cdot f_1$

    Spektrallinienabstand: $\Delta f = (2/m) \cdot f_1$

    spektrale Umhüllende für $f > f_1$: $i_1(f) \approx \sim 1/k^2$

(*) Anmerkung: formal negative Frequenzen sind unter Beachtung der Phase gemäß $\sin(-x) = -\sin x$ bzw. $\cos(-x) = \cos x$ zu transformieren.

Die Periodengruppensteuerung zeigt wegen des geringeren Spektrallinienabstandes Δf und der Abnahme der Umhüllenden gemäß $1/k^2$ für $f > f_1$ geringere Netzrückwirkungen und damit auch geringere Funkstörungen für $f \gg f_1$. Von Nachteil ist das Auftreten von subharmonischen Spektrallinien für $f < f_1$, die sich bei einem realen, impedanzbehafteten Netz als niederfrequente Spannungsschwankungen äußern. Befinden sich in diesem Netz als weitere Verbraucher Glühlampen, so können diese Spannungsschwankungen zu sichtbaren „Flickerstörungen" führen. Der Einsatz derartiger Steuerungen ist deshalb, zumindest im Bereich höherer Leistungen, auf industrielle Energieversorgungsnetze mit eigenständiger, d.h. vom Lichtnetz getrennter Einspeisung, beschränkt.

5.2   Einphasen-Wechselstromsteller mit Phasenanschnittsteuerung und R/L-Last

Viele elektrische Verbraucher zeigen, wie in Bild 5.10 dargestellt, ohmsch/induktives und damit tiefpassartiges Verhalten.

Hat der Wechselstromsteller, was aber nicht zwingend so sein muss, eine „relevante Wechselstromwirkleistung" zu übertragen, so ist für das Lastverhalten

$$f_T = \frac{1}{2\pi \cdot \tau} = \frac{R}{2\pi \cdot L} > \approx f_1 = \frac{1}{T_1} \; ; \; f_T : \text{Tiefpassgrenzfrequenz der Last}$$

anzunehmen.

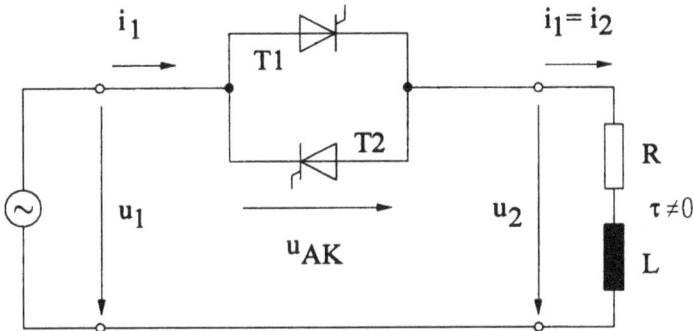

Bild 5.10: Einphasen-Wechselstromsteller mit ohmsch/induktiver Last

Bei der angenommenen *R/L*-Last muss der Laststrom i_2 der Lastspannung u_2 gemäß Bild 5.11 nacheilen. Der gerade Strom führende Thyristor wird damit nicht zum Spannungsnulldurchgang der Primärspannung u_1 sondern erst zu dem etwas späteren Zeitpunkt des Nulldurchganges des Stromes $i_2 = i_1 = 0$ verlöschen. Dies bedeutet aber auch, dass der in der Stromführung folgende Thyristor nicht bereits zum nächsten Spannungsnulldurchgang (Zündwinkel $\alpha = 0°$), sondern erst zu einem späteren Zeitpunkt, also zu einem Zündwinkel $\alpha \geq \alpha_{min}$ zündbar ist.

Der minimal mögliche Zündwinkel α_{min} ist von der Lastzeitkonstanten τ und dem jeweils vorhergehenden Zündwinkel α abhängig, also eine vom Betriebszustand abhängige Variable. Wird bei $\alpha < \alpha_{min}$ mit Kurzimpulsen gezündet, so treten, abhängig vom Inbetriebnahmezeitpunkt, in der Last nur positive oder nur negative Lastströme i_2 auf (Bild 5.12 a, Inbetriebnahme bei *t*=0). Es kommt zu einem gleichrichterartigen Fehlverhalten des Wechselstromstellers. Dieses Fehlverhalten ist, da es bei einer Transformatorlast zur Sättigung des magnetischen Kreises und damit zu einer Art Kurzschluss mit ausschließlicher Strombegrenzung durch den Wicklungswiderstand führen könnte, unbedingt zu vermeiden.

Soll die Steuerung lastunabhängige Zündsignale generieren und hiermit in der Last gleichstromfreie Wechselströme verursachen, so ist zur Vermeidung des Problems „α_{min}" mit Langimpulsen bzw. mit Impulsgatterzündung zu zünden. Mit der Wahl dieser Zündart erfolgt für $\alpha < \alpha_{min}$ stets eine gesicherte Zündung bei α_{min} und die Primärspannung wird definiert aber ungesteuert mit $u_1 = u_2$ an die Last durchgeschaltet (Bild 5.12 b) – für $\alpha > \alpha_{min}$ existiert gesteuerter Wechselstromstellerbetrieb mit $U_2 = f(\alpha)$.

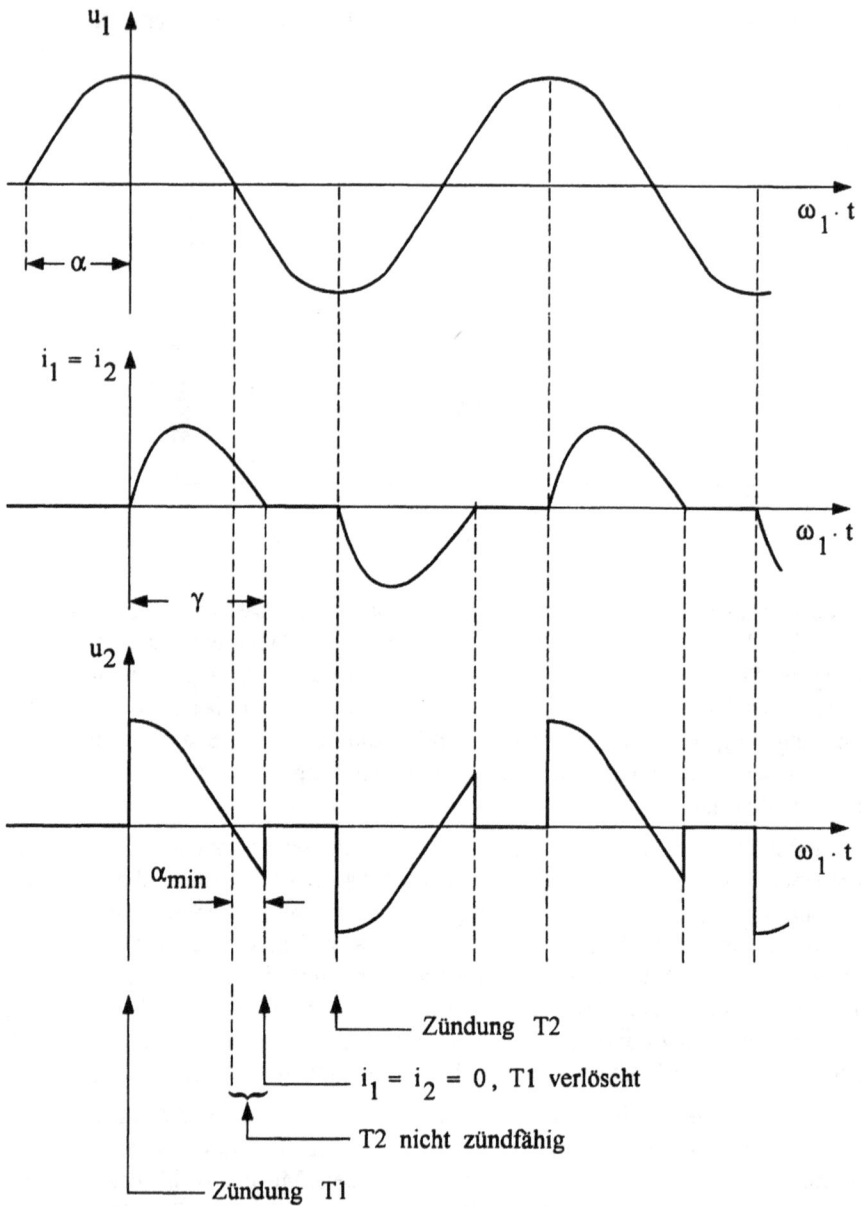

Bild 5.11: Wechselstromsteller mit ohmsch/induktiver Last
Inbetriebnahme zum Zeitpunkt $t = 0$, Strom- und Spannungszeitfunktionen für $\alpha = 90° =$ const und
$\phi(Z) = \arctan \omega_1 \tau \approx 30°$

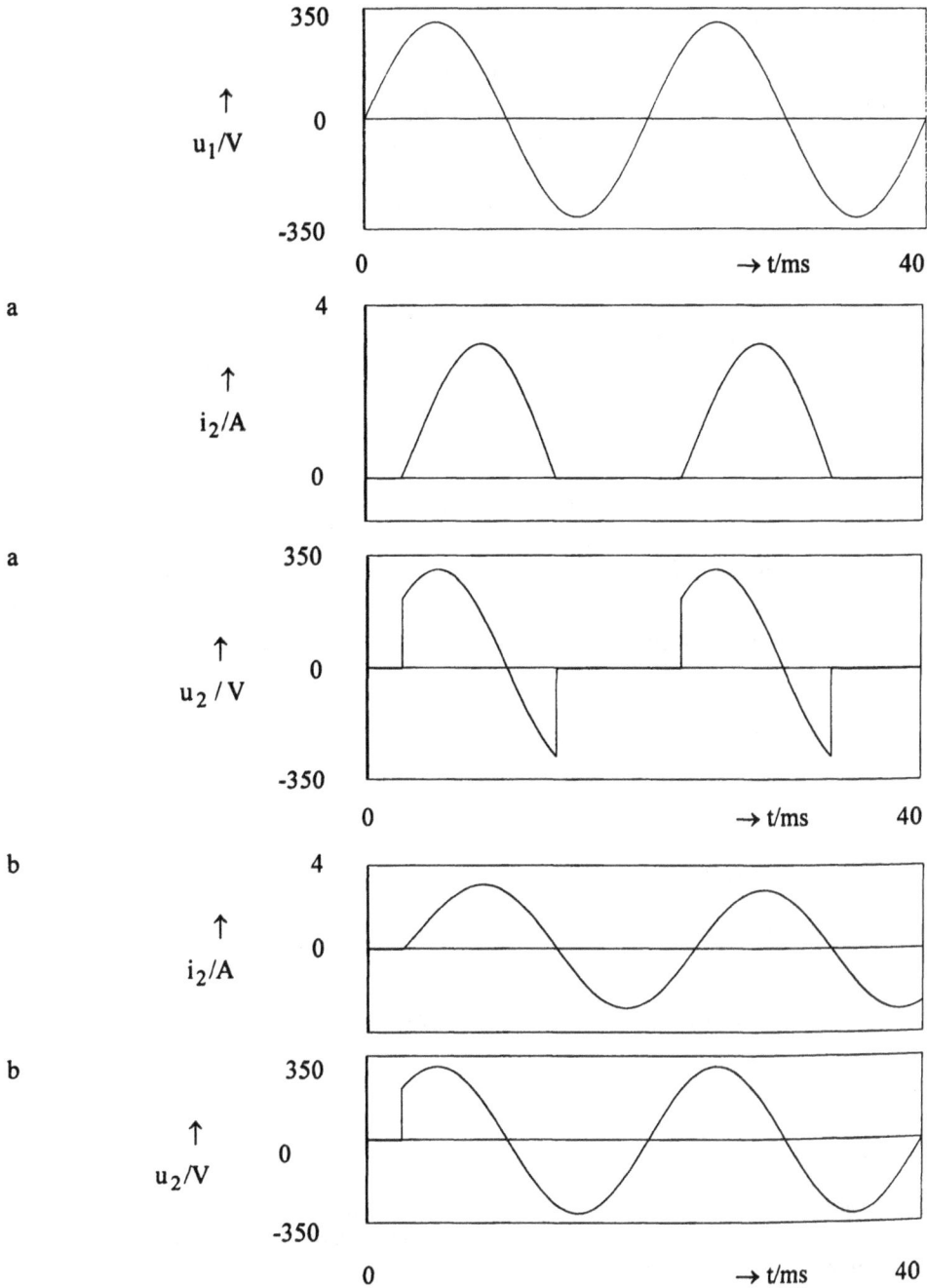

Bild 5.12: Wechselstromsteller mit ohmsch/induktiver Last $(U_1 = 230V; R = 53\Omega; L = 0,3\mu H)$;
Zündung bei $\alpha = 45° < \alpha_{min}$; a: Kurzimpulszündung; b: Langimpulszündung

Der minimal mögliche Zündwinkel α_{min} hat nicht nur Auswirkungen auf das erforderliche Zündsignal sondern auch auf die mit diesem Wechselstromsteller realisierbare Steuerkennlinie. Der Winkel α_{min} soll deshalb im Folgenden durch Lösen einer Differentialgleichung bestimmt werden. Vergleichbar mit der Bestimmung der Lückgrenze im gesteuerten Gleichrichter (vgl. Kap. 4.2.1.2) wird hierzu eine Schaltungsinbetriebnahme bei $u_1 > 0$ durch Zündung des Thyristors T1 angenommen. Erfolgt die Zündung wie in Bild 5.11 zum Zeitpunkt $t = 0$ (Zündwinkel α) so ergibt sich eine zu Kap. 4.2.1.2 (4.16) formal gleiche Lösung für den Laststrom i_2 mit

$$i_2 = \frac{\sqrt{2} \cdot U_1}{\sqrt{R + (\omega_1 L)^2}} \cdot \left\{ \sin(\omega_1 t + \alpha - \phi(Z)) - \sin(\alpha - \phi(Z)) \cdot e^{-\frac{t}{\tau}} \right\} \qquad (5.23)$$

und

$$\phi = \phi(Z) = \arctan \frac{\omega_1 L}{R} = \arctan \omega_1 \tau \; ; \; Z: \text{Lastimpedanz}$$

Der gezündete Thyristor T1 bleibt leitend, solange $i_A(T1) = i_2 > 0$ ist. Damit ist aus (5.23) der Stromflusswinkel γ, also die im Winkelmaß ausgedrückte Leitdauer des Thyristors T1, und somit die frühest mögliche Zündbarkeit des Folgethyristors T2 bestimmbar über die Bedingung

$$i_2(\omega_1 t = \gamma) = \sin(\gamma + \alpha - \phi(Z)) - \sin(\alpha - \phi(Z)) \cdot e^{-\gamma/\omega_1 \tau} = 0 \qquad (5.24)$$

Speziell für reine L-Last, d.h. für $\phi(Z) = 90°$ bzw. $\omega_1 \tau = \infty$ folgt aus (5.24)

$$\sin(\gamma + \alpha - 90°) = \sin(\alpha - 90°)$$

und unter Beachtung der möglichen Winkelbereiche bzw. Lösungsquadranten der Sinusfunktion

$$\gamma + \alpha - 90° = 180° - (\alpha - 90°) \text{ bzw. } \gamma = 360° - 2\alpha \mathrel{\hat=} 2\pi - 2\alpha \qquad (5.25)$$

sowie speziell für $\alpha=0°$:

$$\gamma(\alpha = 0°) = 360°$$

Eine darüber hinausgehende Auswertung des Zusammenhanges $\gamma = \gamma(\alpha, \phi)$ zeigt Bild 5.13. Wichtig ist die Feststellung, dass sich der Stromflusswinkel γ auf Grund des flüchtigen Anteils in der Lösung der Differentialgleichung (5.23) stets zu

$$\gamma > 180° - \alpha + \phi(Z)$$

einstellt.

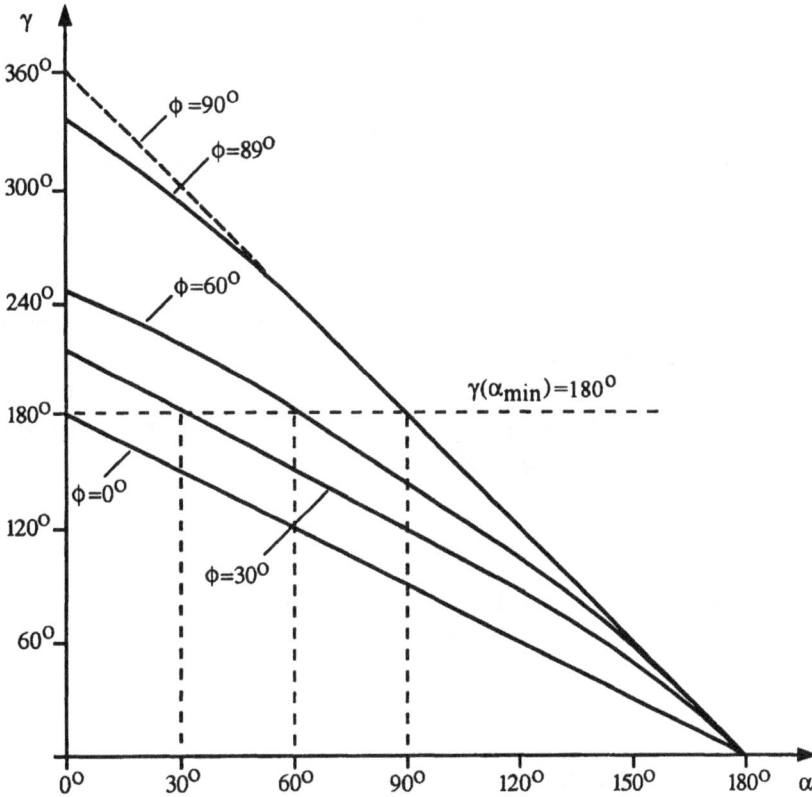

Bild 5.13: Stromflusswinkel $\gamma = \gamma(\alpha, \phi)$

Der in der Stromführung folgende Thyristor (T2) ist erst nach Verlöschen des vorher leitenden Thyristors (T1) zündbar. Hieraus folgt:

$$\alpha_{min}(T2) > \alpha(T1) + \gamma - 180°$$

Tritt im stationären Betrieb mit α = const der Grenzfall α_{min} auf, so schließen sich die Leitphasen der beiden Thyristoren unmittelbar aneinander an. Damit wird:

$$\gamma(T1) = \gamma(T2) = \gamma(\alpha_{min}) = \pi \, (\hat{=} 180°)$$

Für diesen stationären Fall wird α_{min} aus (5.24) bestimmbar. Über

$$0 = \sin(\pi + \alpha_{min} - \phi(Z)) - \sin(\alpha_{min} - \phi(Z)) \cdot e^{-\frac{\pi}{\omega_1 \tau}}$$

und $\sin(\pi + \alpha_{min} - \phi(Z)) = -\sin(\alpha_{min} - \phi(Z))$ folgt

$$0 = -\sin(\alpha_{min} - \phi(Z)) \cdot \left\{ 1 + e^{-\frac{\pi}{\omega_1 \tau}} \right\}$$

bzw., da in vorstehender Beziehung nur der Sinusterm den Wert Null annehmen kann

$$\alpha_{min}(\gamma = \pi) = \phi(Z) = \arctan \frac{\omega_1 L}{R} = \arctan \omega_1 \tau \qquad (5.26)$$

Wegen $\gamma = \pi$ schließen sich die Leitphasen der beiden Thyristoren direkt aneinander an, der flüchtige Anteil der Lösung der Differentialgleichung (5.23) entfällt und α_{min} wird nur noch durch das stationäre, über $\phi(Z)$ beschreibbare Nacheilen des Stromes i_1 bestimmt.

Wird bei ohmsch/induktiver Last, wie eingangs zur Vermeidung eines Gleichrichtereffektes gefordert, Langimpulszündung eingesetzt, so besitzt die Steuerkennlinie des stationären Zustandes die beiden Bereiche

$$0 \leq \alpha \leq \alpha_{min}$$

        automatische Zündung des Folgethyristors bei $\alpha = \alpha_{min}$
        Schaltung wirkt als eingeschalteter Schalter mit $U_2 = U_1$

und

$$\alpha_{min} \leq \alpha \leq \pi$$

        Zündung des Folgethyristors bei α
        Schaltung wirkt als steuerbarer Steller mit $U_2 = U_2(\alpha) = U_1 \dots 0$

Einen Vergleich der normierten Steuerkennlinien für die beiden Lastsituationen $\phi(Z) = 0°$ ($\rightarrow$ R-Last) und $\phi(Z) = 90°$ ($\rightarrow$ L-Last) zeigt Bild 5.14. Die Sekundärspannung bei L-Last wurde hierzu für $\alpha > \alpha_{min}$ angesetzt als

$$U_2(L) = \sqrt{\frac{1}{\pi} \cdot \int_{\alpha}^{\alpha+\gamma} (\sqrt{2} \cdot U_1 \cdot \sin \omega_1 t)^2 \cdot d\omega_1 t}$$

und mit dem Stromflusswinkel nach (5.25) zu

$$U_2(L) = \sqrt{\frac{2}{\pi} \cdot U_1^2 \cdot \int_{\alpha}^{2\pi-\alpha} \sin^2 \omega_1 t \cdot d\omega_1 t}$$

$$= U_1 \cdot \sqrt{\frac{1}{\pi} \cdot \left\{ 2\pi - 2\alpha + \sin 2\alpha \right\}} \qquad (5.27)$$

bestimmt.

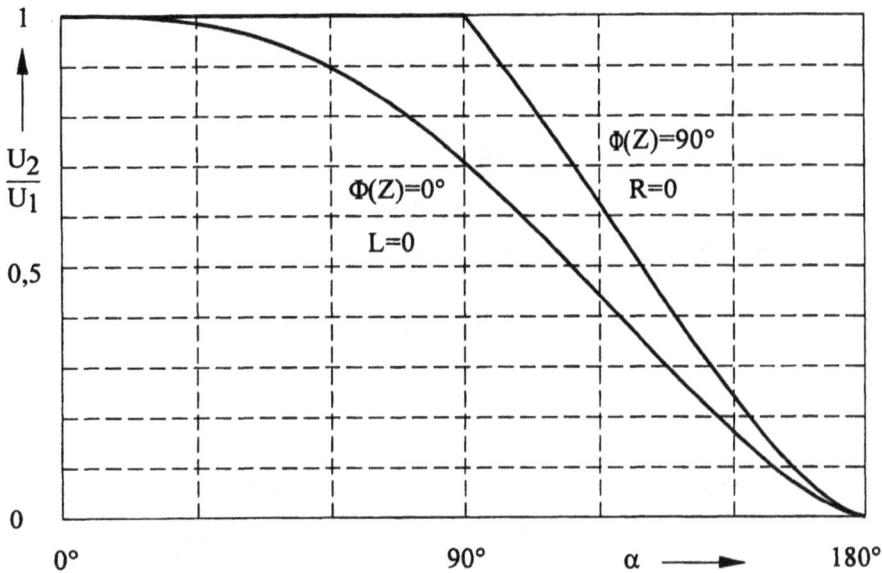

Bild 5.14: Phasenanschnittsteuerung mit R- bzw. L-Last; normierte Steuerkennlinien bei Langimpulszündung

Wie die Darstellung zeigt, ist der Aussteuerungsbereich des Wechselstromstellers mit

$$U_2 = 0 \, ... \, U_1$$

unabhängig von der Lastimpedanz $\phi(Z)$. Hiervon abhängig ist hingegen der Variationsbereich des Zündwinkels und somit, im Sinne der Regelungstechnik, die Verstärkung $dU_2 / d\alpha$.

5.3 Dreiphasen-Wechselstromsteller / Drehstromsteller

Ähnlich dem Einphasenfall sind auch für Dreiphasensysteme Wechselstromsteller oder genauer Drehstromsteller mit Phasenanschnitt-, Phasenabschnitt- und Sektorsteuerung realisierbar. Im Folgenden soll allerdings nur die Phasenanschnittssteuerung für den Sonderfall $\tau = 0$, d.h. für rein ohmsche Last behandelt werden.

Gemäß Bild 5.15 existieren hierfür die drei möglichen Lastsituationen:

1. Verbrauchersternschaltung mit angeschlossenem Mittelpunkt

2. Verbrauchersternschaltung ohne angeschlossenem Mittelpunkt

3. Verbraucherdreieckschaltung

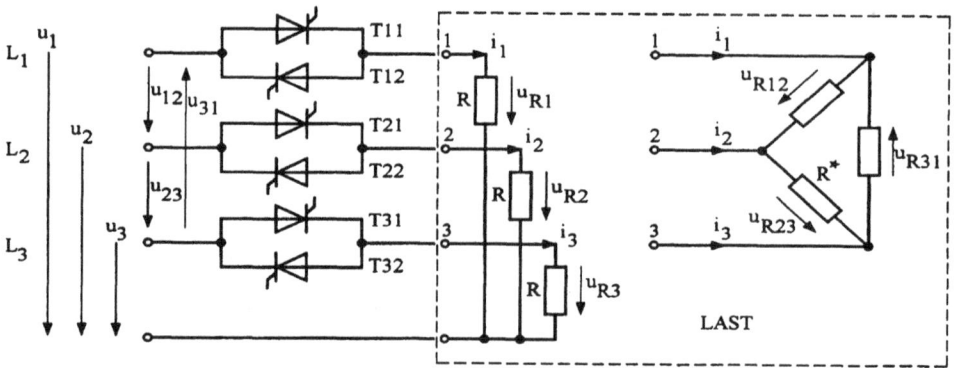

Bild 5.15: Drehstromsteller – Lastsituationen

zu Fall 1: Verbrauchersternschaltung mit angeschlossenem Mittelpunkt.

Infolge der Entkopplung der drei antiparallelen Thyristoranordnungen durch den als ideal angenommenen Anschluss des Mittelpunktes an den Neutralleiter ist der Drehstromsteller durch drei von einander unabhängige Einphasenwechselstromsteller darstellbar.

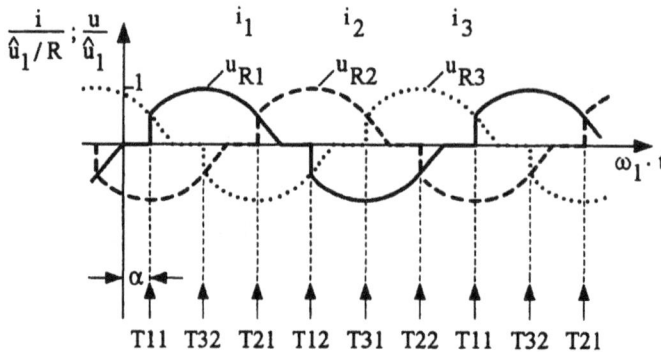

Bild 5.16:
Drehstromsteller-
Verbrauchersternschaltung
mit angeschlossenem Mit-
telpunkt ($\alpha = 30°$)

Damit können für Bild 5.16 die Ausführungen zu Kap. 5.11 bzw. die Zeitfunktionen aus Bild 5.4 direkt übernommen werden. Der Zündwinkel α ist wiederum auf den Spannungs-nulldurchgang der unverketteten Spannungen u_1 bis u_3 zu beziehen und zwischen 0° und 180° variierbar. Die Steuergleichungen der Gesamtleistungsaufnahme P_2 sowie der Last-spannungen $U_{R1}...U_{R3}$ lauten gemäß (5.1) bzw. (5.2):

$$P_2 = 3 \cdot \frac{U_1^2}{\pi \cdot R} \cdot \left\{ \pi - \alpha + \frac{\sin 2\alpha}{2} \right\}$$

$$\frac{U_{R1}}{U_1} = \frac{U_{R2}}{U_1} = \frac{U_{R3}}{U_1} = \sqrt{\frac{1}{\pi} \cdot \left\{ \pi - \alpha + \frac{\sin 2\alpha}{2} \right\}}$$

(5.28)

zu Fall 2 und 3: Verbrauchersternschaltung ohne angeschlossenem Mittelpunkt bzw. Verbraucherdreieckschaltung.

Beide Lastsituationen sind gemeinsam behandelbar, da Stern- und Dreieckschaltungen über

$$R = R^* / 3$$

eindeutig ineinander umrechenbar sind. Charakteristisch für diese Lastsituationen sind Wechselwirkungen zwischen den drei antiparallelen Thyristoranordnungen. Zur Ermittlung der Drehstromstellerfunktion bzw. der ausgangsseitigen Spannungs- und Stromzeitfunktionen empfiehlt sich deshalb zunächst das Aufstellen der Zündschemata, wobei für die Zündwinkelangabe wie bisher der Bezug auf den jeweiligen Nulldurchgang der unverketteten Spannung u_1 bis u_3 vereinbart wird. Bild 5.17 zeigt die Vorgehensweise für die Zündwinkelannahme $\alpha = 30°$. Die im Zündschema eingetragenen Zeiger sollen die Stromrichtung des jeweils gezündeten Thyristors charakterisieren; die Zeigerlänge soll auf eine Langimpulszündung mit der Zündimpulsdauer $180° - \alpha$ hinweisen. Hiermit sind die Spannungen u_{R1} bzw. u_{R12} bereichsweise wie folgt zu ermitteln:

Bereich a:

T22, T31 leitend $\rightarrow i_1 = 0 \quad \rightarrow u_{R1} = 0$

$$u_{R12} + u_{R23} + u_{R31} = 2 \cdot u_{R31} + u_{23} = 0 \quad \rightarrow u_{R31} = u_{R12} = -\frac{u_{23}}{2}$$

$$u_{AK}(\text{T11}) = -u_{31} + u_{R31} = -u_{31} - u_{23}/2 > 0 \quad \rightarrow \text{T11 zündfähig}$$

Bezug des Zündwinkels α auf den Nulldurchgang der unverketteten Spannung ist korrekt.

Bereich b: T11, T22, T31 leitend $\rightarrow$ ungestörtes Drehstromsystem

Bereich c: $i_3 = 0 \rightarrow$ T31 verlöscht

$$u_{R1} - u_{R2} - u_{12} = 2 \cdot u_{R1} - u_{12} = 0 \quad \rightarrow u_{R1} = \frac{u_{12}}{2}$$

$$u_{R12} = u_{12}$$

Bereich d: T11, T22, T32 leitend $\rightarrow$ ungestörtes Drehstromsystem

Bereich e: $i_2 = 0 \rightarrow$ T22 verlöscht

$$u_{R1} - u_{R3} + u_{31} = 2 \cdot u_{R1} + u_{31} = 0 \rightarrow u_{R1} = -\frac{u_{31}}{2}$$

$$u_{R12} + u_{R23} + u_{R31} = 2 \cdot u_{R12} + u_{31} = 0 \rightarrow u_{R12} = -\frac{u_{31}}{2}$$

Bereich f:

T11, T21, T32 leitend $\rightarrow$ ungestörtes Drehstromsystem

Bereich g ... *l*

entspricht Bereich a .. f bei jeweiliger Wirkung des antiparallelen Thyristors in den drei Thyristoranordnungen

Zündschema

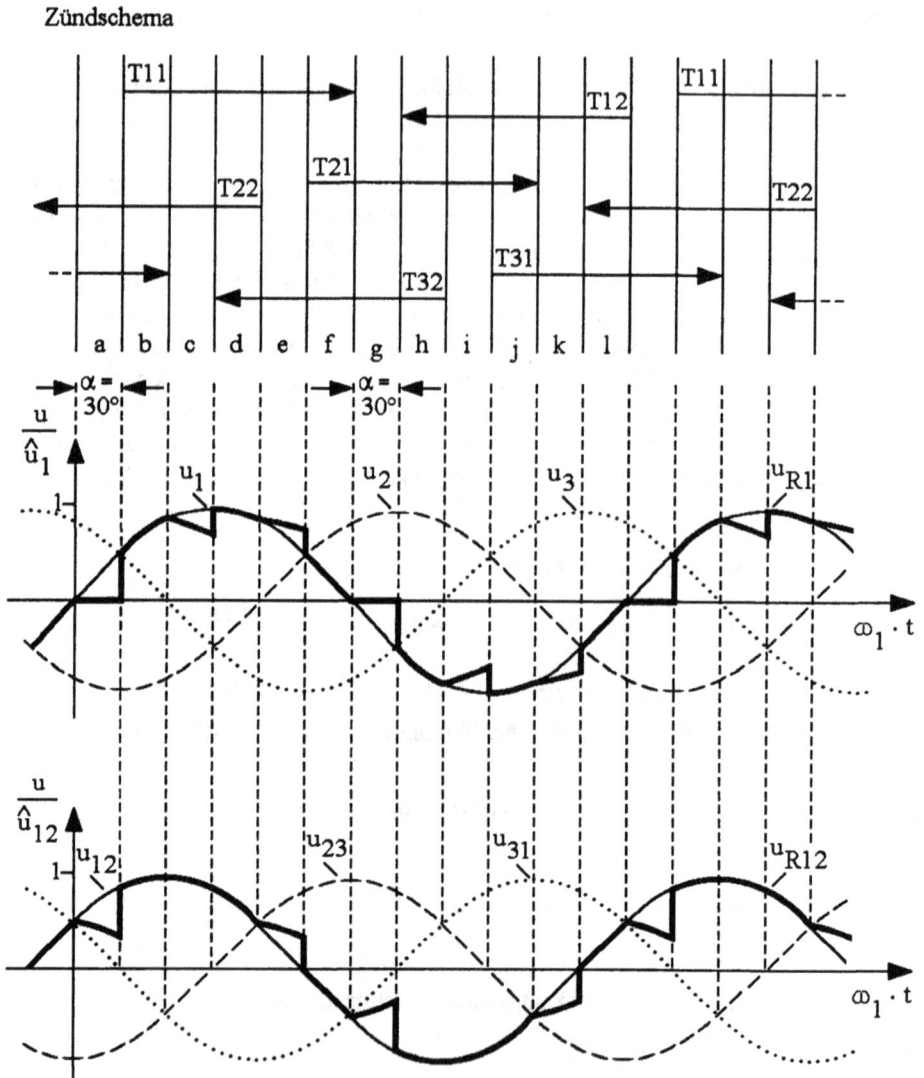

Bild 5.17: Drehstromsteller – Verbrauchersternschaltung ohne angeschlossenem Mittelpunkt bzw. Verbraucherdreieckschaltung ($\alpha = 30°$)

Eine entsprechende Herleitung für $\alpha = 105°$ zeigt Bild 5.18. Wiederum sind die Spannungen u_{R1} bzw. u_{R12} unter Beachtung des Zündschemas bereichsweise zu ermitteln:

Bereich a2:

$$i_1 = i_3 = 0 \rightarrow i_2 = 0 \rightarrow u_{R1} = u_{R12} = 0$$

$$u_{AK}(T11) = u_1 > 0 \rightarrow T11 \text{ zündfähig}$$

Zündschema

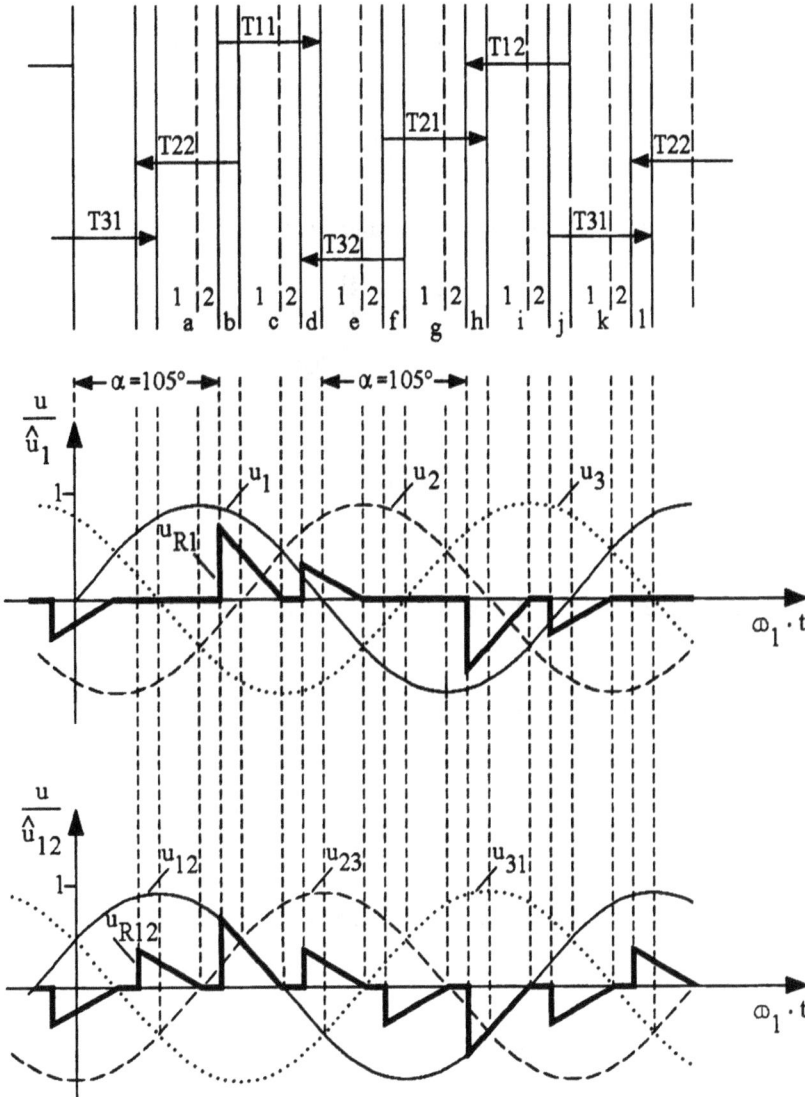

Bild 5.18: Drehstromsteller – Verbrauchersternschaltung ohne angeschlossenem Mittelpunkt bzw. Verbraucherdreieckschaltung ($\alpha = 105°$)

Bereich b:

T11 gezündet, T22 leitend

$$u_{R1} - u_{R2} - u_{12} = 2 \cdot u_{R1} - u_{12} = 0 \rightarrow u_{R1} = \frac{u_{12}}{2}$$

$$u_{R12} = u_{12} > 0 \rightarrow i_1 = -i_2 > 0$$

Bereich c1: T11 gezündet

    T22 nicht sperrfähig wegen $u_{12} > 0$ bzw. $i_1 = -i_2 > 0$; →vgl. Bereich b

Bereich c2:

$$u_{12} < 0 \rightarrow i_1 = i_2 = 0 \rightarrow \text{T22 verlöscht;} \rightarrow u_{R1} = u_{R12} = 0$$

Bereich d:

    T11 gezündet (Voraussetzung: Langimpulszündung mit $180° - \alpha$); T32 gezündet

$$u_{R1} - u_{R3} + u_{31} = 2 \cdot u_{R1} + u_{31} = 0 \rightarrow u_{R1} = -\frac{u_{31}}{2}$$

$$u_{R12} + u_{R23} + u_{31} = 2 \cdot u_{R12} + u_{31} = 0 \rightarrow u_{R12} = -\frac{u_{31}}{2}$$

Bereich e1:

    T32 gezündet; T11 nicht sperrfähig wegen $u_{31} < 0$ bzw. $i_1 = -i_3 > 0$

    → vgl. Bereich d

Bereich e2:

$$u_{31} > 0 \rightarrow i_1 = i_3 = 0 \rightarrow \text{T11 verlöscht} \rightarrow u_{R1} = u_{R12} = 0$$

Bereich f:

    T32 gezündet (Langimpulszündung); T21 gezündet

$$i_1 = 0 \rightarrow u_{R1} = 0$$

$$u_{R12} + u_{R23} + u_{R31} = 2 \cdot u_{R12} + u_{23} = 0 \rightarrow u_{R12} = -\frac{u_{23}}{2}$$

Bereich g1:

    T21 gezündet; T32 nicht sperrfähig wegen $u_{23} > 0$ bzw. $i_2 = -i_3 > 0$

    → vgl. Bereich f

Bereich g2:

$$u_{23} < 0 \rightarrow i_2 = i_3 = 0 \rightarrow \text{T32 verlöscht} \rightarrow u_{R1} = u_{R12} = 0$$

usw.

Beträgt die Zünddauer entsprechend bisheriger Voraussetzung $180° - \alpha$, so ist der Zündwinkel vergrößerbar bis zur Aussteuerungsgrenze $\alpha_{max} = 120°$. Für $\alpha > \alpha_{max}$ entfällt die Überlappung der Leitphasen zweier Thyristoren – die Schaltung ist folglich nicht mehr aktivierbar.

Auf die konkrete Ableitung der Steuerkennlinie durch Effektivwertbildung wird an dieser Stelle verzichtet und auf |Michel| verwiesen.

6 Gleichstrom-Gleichstrom-Umrichter / Gleichstromsteller

Gleichstrom-Gleichstrom-Umrichter (Gleichstromsteller, DC/DC-Wandler) besitzen die Aufgabe, Gleichgrößen in Gleichgrößen anderer Amplitude zu wandeln. Unabhängig vom Umrichterkonzept sind auf Grund der Wandlungsart

Schaltmodulation

und der Zielsetzung

$$i_2 \approx I_2 = I_d = \text{const}$$

$$u_2 \approx U_2 = U_d = \text{const}$$

die Sekundärgrößen durch Tiefpassfilter mit Induktivitäten und/oder Kapazitäten zu glätten. Bei Lasten mit großen Lastzeitkonstanten kann diese Aufgabe u.U. von der Last selbst übernommen werden.

Bei Mehrquadrantenfähigkeit und geringer Lastzeitkonstanten ist, wie in Kap. 3.2 ausgeführt, der Gleichstrom-Gleichstrom-Umrichter bei unveränderter Schalteranordnung in den Gleichstrom-Wechselstrom-Umrichter überführbar. Genannt wurde in Kap. 4.3 die Realisierbarkeit netzrückwirkungsarmer gesteuerter Gleichrichter (U-Umrichter) auf der Basis der zur Gruppe der Gleichstromsteller gehörenden Hoch- und Tiefsetzsteller. Damit reicht die Bedeutung nachstehend beschriebener Konzepte als Basis moderner Umrichter weit über die Gleichstromanwendung hinaus.

Prinzipiell lassen sich alle Gleichstrom-Gleichstrom-Umrichter als Direktumrichter realisieren. Da aber, wie später gezeigt wird, Umrichter mit $U_2 = U_d > U_1$ eine Energiezwischenspeicherung benötigen, sind derartige Umrichter auf kleinere bis mittlere Leistungen beschränkt. Die Leistungsgrenze wird bestimmt von Kriterien wie

Wandlungsqualität, Aufwand, Volumen (Gewicht), Zuverlässigkeit, Kosten, ..

und kann, wie am Beispiel des in Kap. 4.3 behandelten U-Umrichters (Basis: Hoch- und Tiefsetzsteller) dargestellt, bei hoher Anforderung zur Wandlungsqualität (Netzrückwirkung) auch zu Umrichterleistungen im MW-Bereich (Anwendungsbeispiel: Lokomotiven) führen.

DC/DC-Wandler größerer Leistungen für $U_2 = U_d > U_1$ werden meist als Zwischenkreisumrichter mit Wechselspannungszwischenkreis und transformatorischer Spannungserhöhung realisiert (Bild 6.1), wobei sich die Grenze zwischen den Konzepten „Direktumrichter" und „Zwischenkreisumrichter" mit der Verfügbarkeit schnellerer Schalter, somit höherer realisierbarer Schaltfrequenzen und damit kleinerer Energiespeicher (vgl. Kap. 6.1) zunehmend in Richtung höherer Leistungen verschiebt. Die für den Zwischenkreisumrichter erforderlichen Komponenten „Wechselrichter" und „Gesteuerte Gleichrichter" werden in Kap. 4 bzw. Kap. 7 angesprochen. Die nachstehenden Ausführungen beschränken sich deshalb ausschließlich auf den Direktumrichter.

Direktumrichter

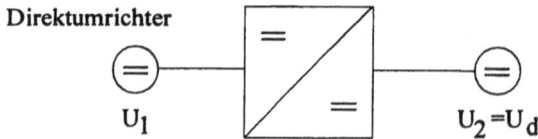

Bild 6.1:
Gleichstrom-Gleichstrom-
Umrichterkonzepte
(DC/DC-Wandler)

Zwischenkreisumrichter
= DC/AC-Umrichter + AC/DC-Umrichter

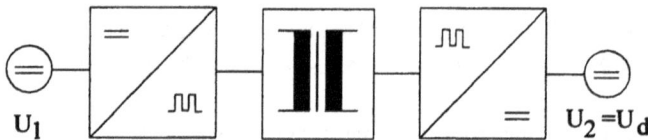

Weder Primär- noch Sekundärnetz des Gleichstromstellers beinhalten Zeitinformationen. Die Steuerschaltung muss somit die Zeitinformation zur Ansteuerung der Schalter selbst erarbeiten. Ebenfalls selbst zu erzeugen ist die Löschspannung im Falle einer Schalterausführung mit Thyristoren. Damit gehören die Gleichstromsteller in Direktumrichter-Ausführung zur Gruppe der selbstgetakteten und selbstgeführten Stromrichter.

6.1   Tief-/Hochsetzsteller – Wandlungsprinzipien

Auf der Basis der Spannungsbegriffe des Bildes 6.1 wird wie folgt unterschieden:

Tiefsetzsteller (Abwärtsregler, Buck-Converter) $U_2 = U_d < U_1$

Hochsetzsteller (Aufwärtsregler, Boost-Converter) $U_2 = U_d > U_1$

Hoch-/Tiefsetzsteller (Aufwärts-/Abwärtsregler, Flyback-Converter)

$$U_2 = U_d \gtrless U_1$$

Wie bei allen anderen Umrichterarten ist auch hier Mehrquadrantenbetrieb realisierbar. Zur Erläuterung der grundsätzlichen Wandlungsprinzipien soll jedoch an dieser Stelle zunächst nur der Einquadrantensteller diskutiert werden.

Die Bilder 6.2, 6.6 und 6.7 zeigen die Grundstrukturen der Leistungsteile von Tiefsetz-, Hochsetz- und Hochtiefsetzsteller. Der hierin eingetragene Schalter S steht stellvertretend für einen der Halbleiterschalter

Leistungs-Schalttransistor, PowerMOSFET, IGBT

Thyristor mit Lösch-Schaltung

GTO

Angenommen wird in der Regel als Last $R \neq 0$ – die zur Strom- und Spannungsglättung erforderlichen Komponenten sind somit als Bestandteil des Leistungsteils zu verstehen.

Bild 6.2 zeigt zunächst die Schaltung des bereits aus Kap. 3.2 grundsätzlich bekannten Tiefsetzstellers mit ohmscher Last R. Wesentlich für die Wandlerfunktion ist die stromglättende Wirkung der Induktivität L, da durch diese auch nach Öffnen des Schalters S ein Weiterfließen des Stromes i_2, nunmehr allerdings über die Diode D, erzwungen wird.

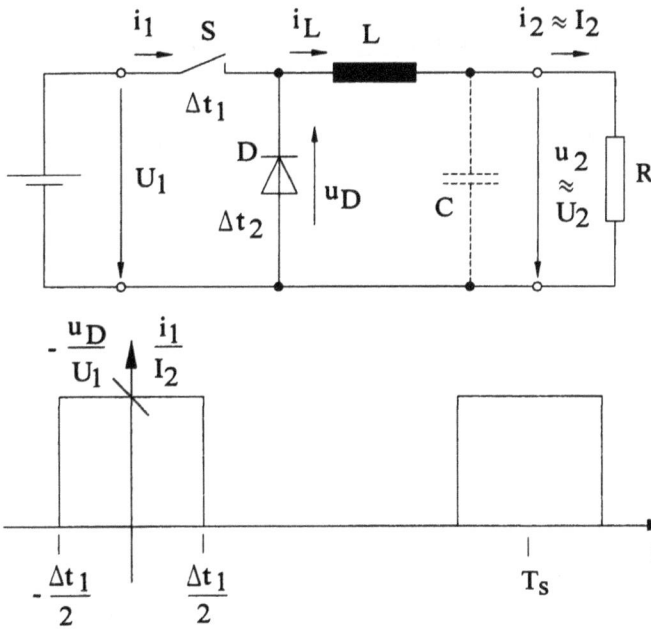

Bild 6.2: Tiefsetzsteller (Abwärtsregler, Buck-Converter); Stromglättung mit $L \to \infty$ → nichtlückender Strom $i_2 \approx I_2$

Bei nicht lückendem Strom i_2 folgt abhängig von der Stellung des Schalters S

$\Delta t_1 \to$ S ein, D aus: $u_D = -U_1$; $\Delta t_2 \to$ S aus, D ein: $u_D \approx 0$

und damit für den arithmetischen Mittelwert der Spannung $-u_D$

$$\overline{-u_D} = U_1 \cdot \frac{\Delta t_1}{\Delta t_1 + \Delta t_2} = U_1 \cdot \frac{\Delta t_1}{T_s} \qquad (6.1)$$

Die Energieübertragung von der Primär- zur Sekundärseite erfolgt bei geschlossenem Schalter S – man spricht deshalb auch von einem „Durchflusswandler".

Fehlt, wie zu Bild 6.2 unterstellt, eine ausreichend große induktive Lastkomponente, so ist zur Sicherstellung der Wandlerfunktion (Freilauf über Diode D) und zur ausreichenden Stromglättung dem Tiefsetzsteller eine Glättungsinduktivität L zuzuordnen. Die Dimensionierung dieser Glättungsinduktivität L richtet sich nach der zulässigen Stromschwankung Δi_2. Bei fehlendem Glättungskondensator C ergibt sich gemäß Kap. 3.2 / Gleichung (3.14) der Zusammenhang

$$L = \frac{U_1}{\Delta i_2 \cdot \left\{ \dfrac{1}{\Delta t_1} + \dfrac{1}{\Delta t_2} \right\}} = \frac{U_1}{\Delta i_2} \cdot \frac{\Delta t_1 \cdot \{ T_s - \Delta t_1 \}}{T_s} = f(\Delta i_2, \Delta t_1, T_s)$$

und speziell für die ungünstigste Schaltintervallkombination $\Delta t_1 = \Delta t_2 = T_s / 2$

$$L = \frac{1}{4} \cdot \frac{U_1}{\Delta i_2} \cdot T_s \sim \frac{1}{f_s} \tag{6.2}$$

Damit wird

$$i_2 \approx \frac{\overline{-u_D}}{R} = \text{const}$$

und somit nach (6.1)

$$u_2 = i_2 \cdot R \approx U_2 = \overline{-u_D} = U_1 \cdot \frac{\Delta t_1}{\Delta t_1 + \Delta t_2} \tag{6.3}$$

Auch ohne Glättungskondensator C ist also eine Lastspannung mit näherungsweisem Gleichspannungscharakter realisierbar. Die ausschließliche Spannungsstabilisierung durch einen Glättungskondensator C, d.h. ohne Induktivität L, ist nicht möglich, da hierdurch die Wirkung der Diode D und damit die Steuerungsfähigkeit aufgehoben wird.

Die Einführung des Glättungskondensators C empfiehlt sich zur Verbesserung der Spannungsglättung ($\to$ Tiefpass 2. Ordnung) sowie zur passiven, dynamisch hochwertigen Spannungsstabilisierung bei Laständerungen (R-Änderung). Zur Beurteilung der Leistungsfähigkeit dieses Tiefpasses 2. Ordnung (Bild 6.3) ist der Amplitudengang $A(\omega)$ als Teil des Frequenzganges $F(j\omega)$ zu bestimmen.

Bild 6.3:
Tiefpass 2. Ord-
nung

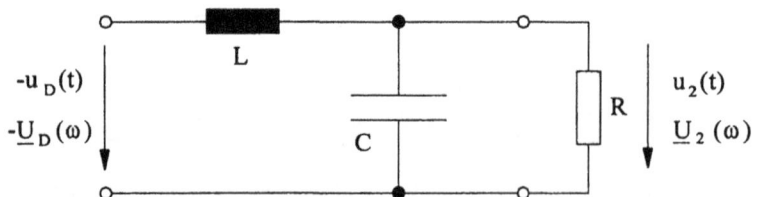

Frequenzgang:

$$F(j\omega) = \frac{\underline{U}_2(\omega)}{-\underline{U}_D(\omega)} = \frac{\dfrac{R}{1 - j\omega CR}}{j\omega L + \dfrac{R}{1 - j\omega CR}} = \frac{1}{1 + j\omega \dfrac{L}{R} - \omega^2 LC} = \frac{1}{1 + j\dfrac{\omega}{\omega_T} - \left(\dfrac{\omega}{\omega_0}\right)^2}$$

$\omega_T = \dfrac{R}{L}$: Tiefpasskreisfrequenz; $\omega_0 = \dfrac{1}{\sqrt{LC}}$: Kennkreisfrequenz   (6.4)

Amplitudengang:

$$A(\omega) = 20 \cdot \lg\left|F(j\omega)\right| dB \qquad\qquad (6.5)$$

Bild 6.4 zeigt den Amplitudengang $A(\omega)$ bei vorgegebener Tiefpasskreisgrenzfrequenz $\omega_T \ll 2\pi \cdot f_s$ und verschiedenen Kennkreisfrequenzen ω_0 als Parameter.

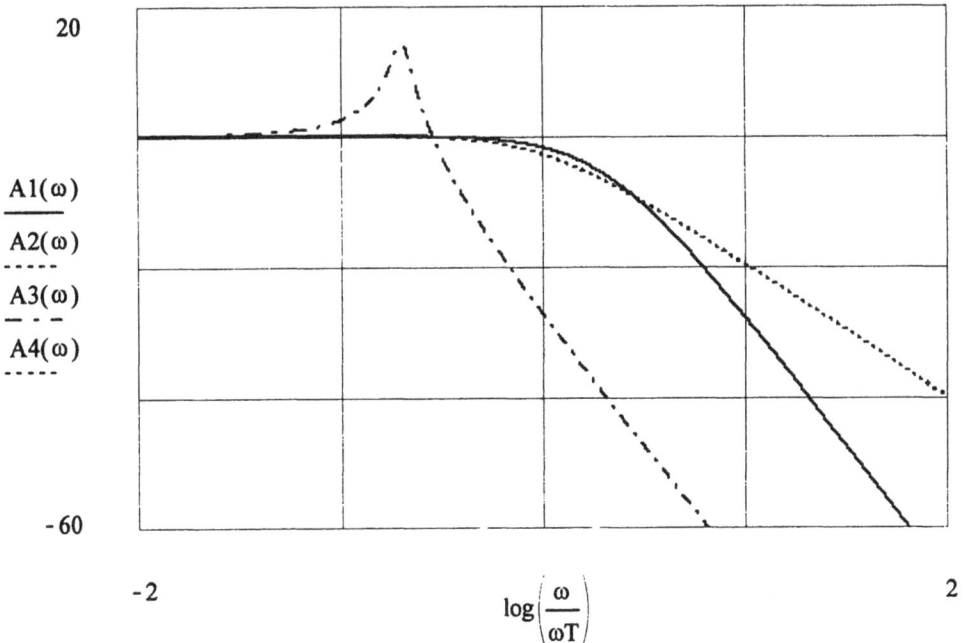

Bild 6.4: Tiefpass 2. Ordnung – Amplitudengang A/dB; $A1(\omega) = A(\omega_0 = 2 \cdot \omega_T)$;
$A2(\omega) = A(\omega_0 = 20 \cdot \omega_T) \approx A4(\omega) = A(C = 0)$; $A3(\omega) = A(\omega_0 = 0,2 \cdot \omega_T)$

Das günstigste Verhalten ohne Resonanzüberhöhung sowie voller Ausnutzung der Eigenschaften eines Tiefpasses 2. Ordnung mit $A(\omega \gg \omega_T) \triangleq -40\mathrm{dB/Dekade}$ ergibt sich für die Zuordnung $\omega_0 = 2 \cdot \omega_T = 2 \cdot R / L$. Bessere Glättungen lassen sich für $\omega_0 < 2 \cdot \omega_T$, allerdings unter Inkaufnahme von Resonanzanregungen bei Laständerungen, erzielen. Dimensionierungen mit $\omega_0 > 2 \cdot \omega_T$ sind nicht effektiv.

Die Gleichungen (6.1) und (6.3) sind, nichtlückender Strom $i_2 > 0$ vorausgesetzt, unabhängig von der Größe des Laststromes I_2 und damit unabhängig von der Sekundärleistung P_2. Im Gegensatz zu den belastungsabhängigen Steuerverfahren der Hoch- und Hoch-/Tiefsetzsteller ist keine Regelung zur Spannungsstellung erforderlich. Diese wird erst dann erforderlich, wenn z.B. bei variabler Belastung der Laststrom I_2 konstant zu halten ist.

Bei kleiner Zeitkonstanten τ und / oder aktiver Last mit geringem Laststrom i_2, wie z.B. bei einem fremderregten Gleichstrommotor mit geringer mechanischer Belastung, kann, abweichend zu Bild 6.2, auch Lückbetrieb auftreten. Im Falle des in Bild 6.5 dargestellten Beispiels eines fremderregten Gleichstrommotors und ausschließlicher Stromglättung über die Ankerinduktivität L_A macht sich die in der aktiven Last enthaltene Spannungsquelle U_i während des Lückbetriebes mit $i_A = 0$ sowohl in der Lastspannung $u_A(t)$ als auch in der Schalterspannung $u_{CE}(t)$ bemerkbar.

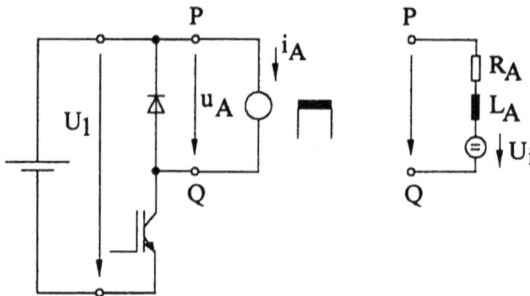

Bild 6.5:

Tiefsetzsteller mit aktiver Last
($\tau \gg T_s$) im Lückbetrieb

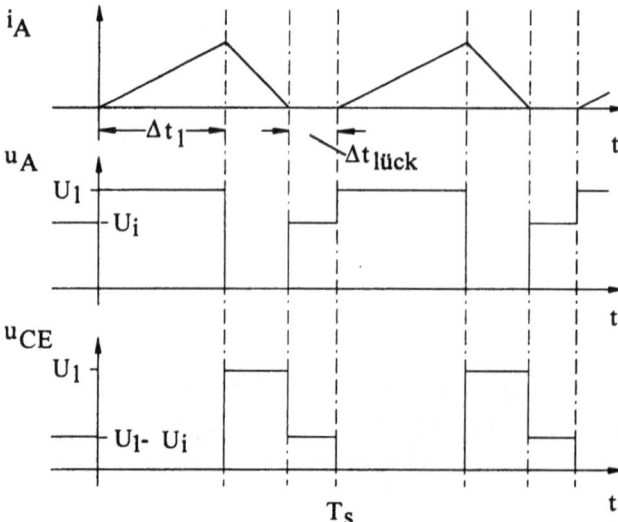

Gegenüber (6.1) führt dies bei gleicher Einschaltdauer Δt_1 des (IGBT-) Schalters und gleicher Schaltperiode T_s zu einer Erhöhung der sekundären Gleichspannung gemäß

$$-u_D = u_A = \frac{U_1 \cdot \Delta t_1 + U_i \cdot \Delta t_{\text{Lück}}}{T_s} \qquad (6.6)$$

Weitere Angaben zum Tiefsetzsteller, insbesondere zu Steuerungsprinzipien und Mehrquadrantenausführungen, beinhalten die Kap. 6.2 und Kap. 6.3.

Die Schaltung des Hochsetzstellers ist in Bild 6.6 angegeben. Angenommen wird wiederum eine ohmsche Last R. Bei geschlossenem Schalter S nimmt die als Energiezwischenspeicher wirkende Induktivität L bei $di_L/dt > 0$ magnetische Energie W_m auf und gibt diese bei geöffnetem Schalter S mit $di_L/dt < 0$ an die Last weiter. Dabei wird wegen

$$u_2 = U_1 - u_L \ ; \quad u_L = L \cdot \frac{di_L}{dt} < 0$$

die Lastspannung zu $u_2 > U_1$.

Der Diodenstrom ist funktionsbedingt zeitlich veränderlich und kann an einem ohmschen Widerstand allein keine zeitlich konstante Spannung hervorrufen. Damit wird zur Erzielung einer gleichspannungsartigen Ausgangsspannung $u_2 \approx U_2$ ein Glättungskondensator C mit der Dimensionierungsforderung

$$\tau = R \cdot C \gg T_s$$

erforderlich.

Für die Mikroanalyse, d.h. einige Schaltzyklen wird damit

$$u_2 \approx U_2 = \text{const}$$

Da sich an der Induktivität L keine Gleichspannung einstellen kann, lässt sich die Lastspannung U_d einfach über die Forderung

$$\int_{T_s} u_L \cdot dt = U_1 \cdot \Delta t_1 + (U_1 - U_2) \cdot \Delta t_2 = 0$$

zu

$$U_2 = U_1 \cdot \frac{\Delta t_1 + \Delta t_2}{\Delta t_2} \geq U_1 \qquad (6.6)$$

bestimmen.

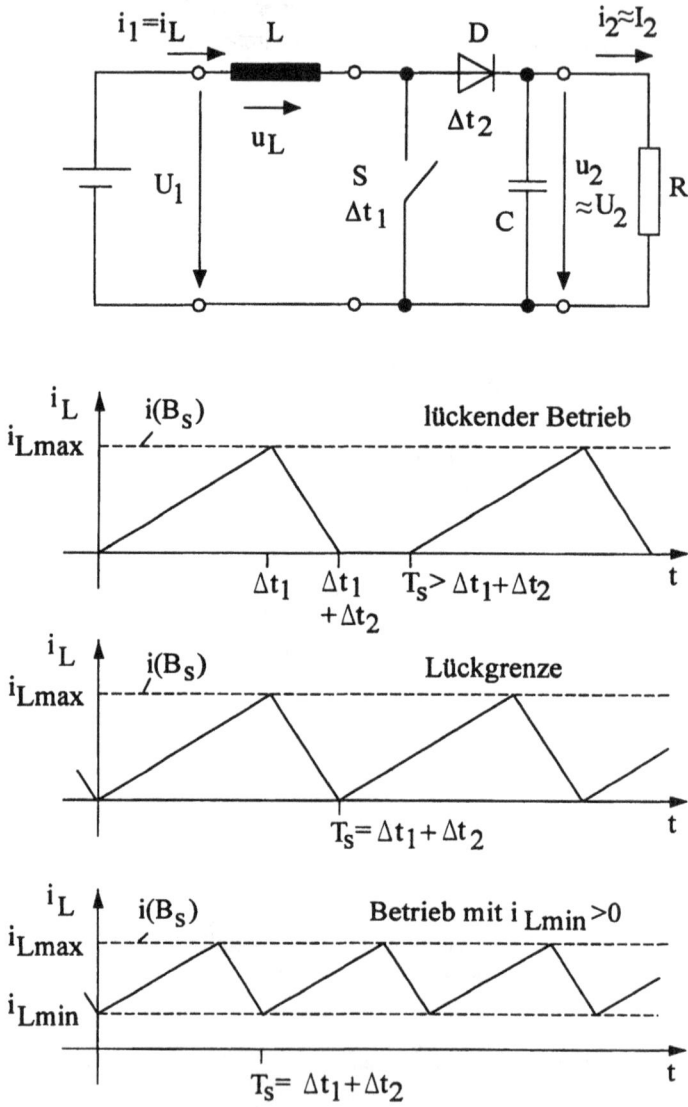

Bild 6.6: Hochsetzsteller (Aufwärtsregler, Boost-Converter); Zeitfunktionen bei $U_2 > 2 \cdot U_1$

Aussagen zum Stromverlauf $i_L(t)$ sind durch Integration innerhalb der Intervalle zu gewinnen:

S schließt zum Zeitpunkt $t=0$, Intervall Δt_1, Diode D sperrt

$u_L = U_1 > 0 \rightarrow$ zeitlich lineare Stromzunahme in der Induktivität L

$$U_1 = L \cdot \frac{di_L}{dt} \quad \rightarrow \quad \int_{i_{L\,min}}^{i_{L\,max}} di_L = \frac{U_1}{L} \cdot \int_{t=0}^{\Delta t_1} dt$$

$$\rightarrow i_{L\,max} - i_{L\,min} = \frac{U_1}{L} \cdot \Delta t_1 \; ; \quad \Delta t_1 = \Delta i_L \cdot \frac{L}{U_1} \tag{6.7}$$

S öffnet zum Zeitpunkt $t = \Delta t_1$, Intervall Δt_2, Diode D leitet

$$u_L = U_1 - U_2 < 0 \rightarrow \text{zeitlich lineare Stromabnahme in der Induktivität } L$$

$$U_1 - U_2 = L \cdot \frac{di_L}{dt} \quad \rightarrow \quad \int_{i_{L\,max}}^{i_{L\,min}} di_L = \frac{U_1 - U_2}{L} \cdot \int_{\Delta t_1}^{\Delta t_1 + \Delta t_2} dt$$

$$\rightarrow i_{L\,min} - i_{L\,max} = \frac{U_1 - U_2}{L} \cdot \Delta t_2 \; ; \quad \Delta t_2 = \Delta i_L \cdot \frac{L}{U_2 - U_1} \tag{6.8}$$

Im stationären Zustand folgt aus (6.7) und (6.8) durch Gleichsetzen der Stromintervalle $i_{L\,max} - i_{L\,min}$ die bereits aus (6.6) bekannte und nunmehr auch auf den Lückbetrieb erweiterbare Steuergleichung

$$U_2 = U_1 \cdot \frac{\Delta t_1 + \Delta t_2}{\Delta t_2} = U_1 \cdot \frac{T_s - \Delta t_{L\ddot{u}ck}}{\Delta t_2} \geq U_1 \tag{6.9}$$

(6.9) gilt prinzipiell sowohl für lückenden als auch für nichtlückenden Primärstrom i_1 und somit für jede der in Bild 6.6 dargestellten Betriebs- und Steuerungsarten. Das Anschaltintervall Δt_1 ist hierin durch die Schalteransteuerung vorgebbar, das Anschaltintervall Δt_2 hingegen wird durch die Spannung U_2 und damit durch die abgegebene Sekundärleistung bzw. zwischengespeicherte magnetische Energie W_m

$$P_2 = \frac{U_2^2}{R} = \frac{W_m}{T_s} \quad (\text{Annahme: } i_{L\,min} = 0)$$

bestimmt. Bei variablem Lastwiderstand R, und das ist der Regelfall, wird zur Konstanthaltung der Lastspannung U_2 eine Regelung erforderlich. An der Grenze des Aussteuerbereiches mit $U_1 = U_2$ entfällt wegen $\Delta t_1 = 0$ die Energiezwischenspeicherung in der Induktivität L – die Leistungsübertragung bei Verlustfreiheit wird somit zu $P_1 = P_2 = 0$. Damit U_2 nicht unkontrolliert anwachsen kann, sollte stets eine Grundlast $R \neq \infty$ existieren.

Bild 6.7 zeigt die Schaltung des Hoch-/Tiefsetzstellers. Wiederum wirkt eine Induktivität L als Energiezwischenspeicher mit Energieaufnahme bei geschlossenem Schalter S und Energieabgabe an die Last R bei geöffnetem Schalter S. Auf Grund der Dioden-Ventilwirkung tritt eine Polaritätsumkehr der Spannung auf – deshalb auch der gelegentlich benützte Begriff „Inverswandler". Da zu keinem Zeitpunkt (Voraussetzung: ideales Schalten) zweipolige Verbindung zwischen Last R und Primärseite U_1 existiert, spricht man bei Anwendung in Schaltnetzteilen auch von einem Sperrwandler.

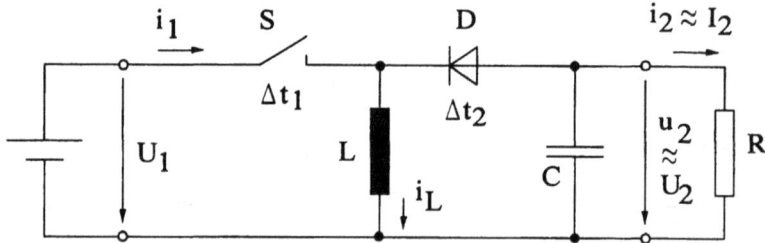

Bild 6.7: Hoch-/Tiefsetzsteller (Aufwärts-/Abwärtsregler, Flyback-Converter, Sperrwandler)

Auch hier ist mittels geeigneter Kondensatordimensionierung

$$\Delta t_1 + \Delta t_2 \ll \tau = R \cdot C$$

erreichbar, dass innerhalb einiger Schaltzyklen

$$u_2 \approx U_2 = \text{const}$$

angesetzt werden kann. Die sich hierbei im stationären Zustand einstellende Sekundärspannung U_2 ist wiederum über die Forderung, dass an einer Induktivität L keine Gleichspannung auftreten kann, einfach über die Ansätze

S leitet, D sperrt: $u_L(\Delta t_1) = U_1$

S sperrt, D leitet: $u_L(\Delta t_2) = U_2$

bestimmbar zu

$$\int_{T_s} u_L \cdot dt = U_1 \cdot \Delta t_1 + U_2 \cdot \Delta t_2 = 0$$

$$U_2 = -U_1 \cdot \frac{\Delta t_1}{\Delta t_2} ; \quad |U_2| \gtrless U_1 \tag{6.10}$$

Der Stromverlauf $i_L(t)$ entspricht jenem des Hochsetzstellers nach Bild 6.6. Wie dort dargestellt, sind sowohl lückende und als auch nichtlückende Steuerverfahren realisierbar. Δt_1 ist hierbei durch die Schalteransteuerung bestimmbar – Δt_2 ergibt sich indirekt aus der abgegebenen Sekundärleistung $P_2 = U_2^2 / R$. Damit wird wie bei dem Hochsetzsteller zur lastunabhängigen Einstellung der Sekundärspannung U_2 eine Regelung erforderlich.

Wird in (6.10) $\Delta t_1 = \Delta t_2$ gesetzt, so ist als Sonderfall des Hoch-/Tiefsetzstellers der Inverter mit

$$U_2 = -U_1$$

zu gewinnen.

Verbindet man den Hoch-/Tiefsetzsteller mit einem Inverter, so lässt sich ein Hoch-/Tiefsetzsteller ohne Umkehr der Spannungspolarität realisieren. Nachteil dieser Lösung ist die Notwendigkeit zweier Induktivitäten als Energiezwischenspeicher. Vermeidbar ist dies durch die in Bild 6.8 dargestellte Kombination von Hochsetz- und Tiefsetzsteller. Die Induktivität L wird in diesem Fall von beiden Stellern gemeinsam genutzt – beide Schalter werden gleichzeitig betätigt.

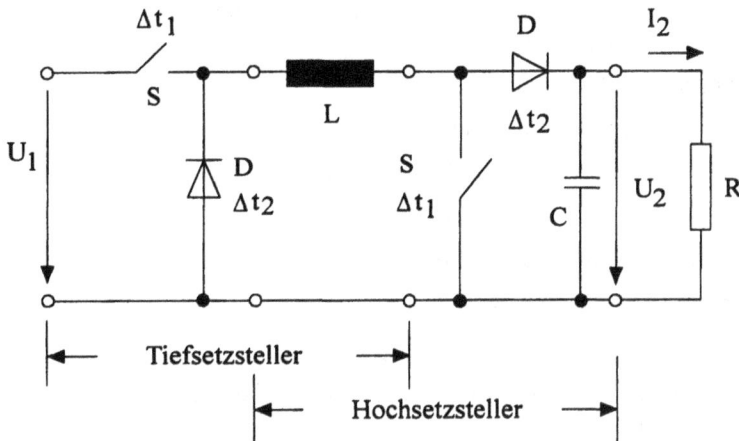

Bild 6.8: Hoch-/Tiefsetzsteller ohne Polaritätsumkehr

Auch hier ist die Steuergleichung durch Integration über die an der Induktivität L anstehende Spannung innerhalb einer Schaltperiode T_s zu

$$U_2 = U_1 \cdot \frac{\Delta t_1}{\Delta t_2} \qquad\qquad (6.11)$$

ermittelbar.

Weniger aufwändig und damit gerade in Schaltnetzteilen (Kap. 9) besonders häufig anzutreffen ist die in Bild 6.9 dargestellte Realisierung des nicht invertierenden Hoch-/Tiefsetzstellers mit einem Übertrager an Stelle der in Bild 6.7 eingetragenen Drossel. Auf Grund der Potentialtrennung durch den Übertrager kann die lastseitige Masse und damit die Spannungspolarität frei gewählt werden.

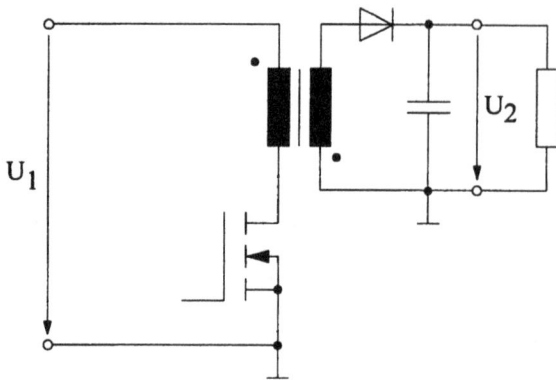

Bild 6.9:
Hoch-/Tiefsetzsteller (Sperrwandler)
mit Übertrager und freier Massewahl
auf der Lastseite
(● : Kennzeichnung Wicklungssinn)

Alle drei Grundschaltungen benötigen Induktivitäten bei allerdings unterschiedlichen Anforderungen und Stromzeitfunktionen.

Tiefsetzsteller (R/L-Tiefpass):

   Anforderung: Stromglättung

   nicht lückender Betrieb mit Freilauf über D

   Strom: $i_{L\max} = I_2 + 0,5 \cdot \Delta i_2 \approx I_2$

Hochsetzsteller, Hoch-/Tiefsetzsteller:

   Anforderung: Energiezwischenspeicherung

   Strom (Lückbetrieb): $i_{L\max} \geq 2 \cdot I_2$

Bei Annahme gleicher Sekundärströme I_2 treten im Hoch- und Hoch-/Tiefsetzsteller erhebliche größere Maxima $i_{L\max}$ der Induktivitätsströme auf. Da sich diese entscheidend auf die Auslegung des magnetischen Kreises der Induktivität L auswirken, soll die Anforderung „Energiezwischenspeicherung" und ihre Auswirkung auf die Induktivität L etwas genauer analysiert werden.

Nach Bild 6.6 erlauben Hoch- und Hoch-/Tiefsetzsteller sowohl lückenden als auch nicht lückenden Wandlerbetrieb, wobei -ohne Beweis- der lückende Betrieb durch etwas geringere Verluste und somit höheren Wirkungsgrad η, der nicht lückende Betrieb hingegen durch eine etwas höhere übertragbare Leistung P_2 gekennzeichnet ist. Wird für die weitere Betrachtung lückender Betrieb bzw. Betrieb an der Lückgrenze mit $i_{L\min} = 0$ unterstellt, so berechnet sich die übertragbare Leistung P_2 zu (Wirkungsgrad $\eta=1$):

$$P_1 = P_2 = \frac{W_m}{T_s} = W_m \cdot f_s \qquad (6.12)$$

Hierin ist W_m die innerhalb einer Schaltperiode T_s gespeicherte magnetische Energie |Küpfmüller|

$$W_m = \frac{1}{2} \cdot L \cdot i_{L\,max}^2 = \frac{1}{2} \cdot \int_V H \cdot B \cdot dV \qquad (6.13)$$

V: magnetisch wirksames Feldvolumen

$H = H(i_{L\,max})$: magnetische Feldstärke

$B = B(i_{L\,max})$: magnetische Flussdichte, magnetische Induktion

Von wesentlicher Bedeutung für die Auslegung des Hoch- oder Hoch-/Tiefsetzstellers ist die Wahl eines geeigneten magnetischen Energiespeichers. Die in der Praxis hierzu einge-setzten ferromagnetischen Kerne besitzen meist sehr komplizierte, nicht einfach erfassbare Geometrien und somit komplizierte Zusammenhänge zwischen den in (6.13) formulierten Größen L, i_L, H und B. Die Hersteller ferromagnetischer Kerne spezifizieren deshalb effektive Kenngrößen auf der Basis des nachstehend beschriebenen Ringkerns.

Zur wirkungsvollen Führung des Magnetfeldes im Kern sowie zur Erzielung großer magne-tischer Flussdichten B (vgl. (6.13)) wird bei der weiteren Diskussion einer mit einem Ring-kern realisierten Drossel (Induktivität) ein Luftspalt mit $\delta \ll l_{fe}$ (Bild 6.10) unterstellt.

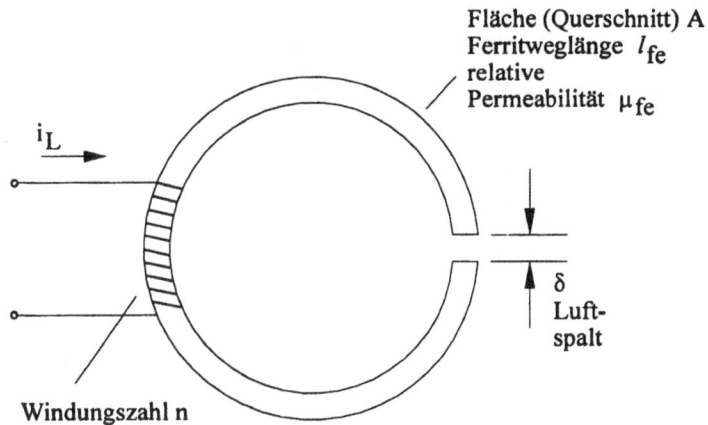

Bild 6.10:
Ringkerndrossel mit
Luftspalt $\delta \ll \ell_{fe}$

Fläche (Querschnitt) A
Ferritweglänge l_{fe}
relative
Permeabilität μ_{fe}

i_L

δ
Luft-
spalt

Windungszahl n

Die Auswertung von (6.12) ergibt bei $\delta \ll \ell_{fe}$ für den Energiegehalt der Ringkerndrossel

$$W_m = \frac{1}{2} \cdot B_L \cdot H_L \cdot V_L + \frac{1}{2} \cdot B_{fe} \cdot H_{fe} \cdot V_{fe} \quad ; \quad B_L = B_{fe} = B \qquad (6.14)$$

Indizes: L: Luftspalt; fe: ferromagnetisches Material

und nach Umrechnung magnetischer Feldstärken H in magnetische Flussdichten B über

$$B = \mu \cdot H = \mu_0 \cdot \mu_r \cdot H$$

$$\mu_0 = 4\pi \cdot 10^{-7} \, \text{H/m} = 4\pi \, \text{nH/cm}$$

μ_r: relative Permeabilität (=1 für Luft; $= \mu_{fe}$ im ferromagnetischen Material)

$$W_m = \frac{1}{2} \cdot \frac{B^2}{\mu_0} \cdot \delta \cdot A + \frac{1}{2} \cdot \frac{B^2}{\mu_0 \cdot \mu_{fe}} \cdot \ell_{fe} \cdot A$$

$$= \frac{1}{2} \cdot \frac{B^2 \cdot A}{\mu_0} \cdot \left\{ \delta + \frac{\ell_{fe}}{\mu_{fe}} \right\} \qquad\qquad (6.15)$$

$A \approx A_L \approx A_{fe}$: magnetisch wirksame Querschnittsfläche bei $\ell_{fe} \gg \delta$

Beachtet man die Größenordnung der relativen Permeabilität μ_{fe} (≈ 2000) typischer ferromagnetischer Materialien, so ist erkennbar, dass ein wesentlicher Teil der magnetisch speicherbaren Energie im Luftspalt sitzt.

Der Zusammenhang zwischen magnetischer Flussdichte B und Strom i_L wird durch das Durchflutungsgesetz beschrieben und lautet:

$$\oint_s \vec{H} \cdot \vec{ds} = H_L \cdot \delta + H_{fe} \cdot \ell_{fe} = \frac{B}{\mu_0} \cdot \delta + \frac{B}{\mu_0 \cdot \mu_{fe}} \cdot \ell_{fe} = n \cdot i_L$$

s : geschlossener Integrationsweg (hier im Ringkern)

Hieraus folgt für die magnetische Flussdichte B als Funktion des Stromes i_L

$$B = n \cdot \frac{\mu_0}{\delta + \dfrac{\ell_{fe}}{\mu_{fe}}} \cdot i_L = n \cdot \frac{\mu_0 \cdot \mu_{eff}}{\ell_{fe}} \cdot i_L \qquad\qquad (6.16)$$

In (6.16) wird mit der effektiven Permeabilität μ_{eff} eine das ferromagnetische Material und den Luftspalt δ berücksichtigende Permeabilität gemäß

$$\mu_{eff} = \frac{\ell_{fe}}{\delta + \dfrac{\ell_{fe}}{\mu_{fe}}} = \frac{\mu_{fe}}{\dfrac{\delta}{\ell_{fe}} \cdot \mu_{fe} + 1} \qquad\qquad (6.17)$$

definiert. Mit wachsendem Luftspalt δ verringern sich sowohl die effektive Permeabilität μ_{eff} als auch, und das ist ein Vorteil, der Einfluss der üblicherweise stark toleranzbehafteten relativen Permeabilität μ_{fe} des ferromagnetischen Materials auf die Eigenschaft des magnetischen Energiespeichers.

Bei linearem Kernverhalten $B \sim H \sim i_L$ ist mit (6.16) die in (6.13) angeführte Induktivität L über das Induktionsgesetz

$$u_L = n \cdot \frac{d\Phi}{dt} = n \cdot \frac{d\Phi}{di_L} \cdot \frac{di_L}{dt} = L \cdot \frac{di_L}{dt} \quad ; \quad \phi = B \cdot A : \text{magnetischer Fluss}$$

bestimmbar zu

$$L = n \cdot \frac{d\Phi}{di_L} = n \cdot \frac{\Phi}{i_L} = n \cdot \frac{B \cdot A}{i_L} = n^2 \cdot \frac{\mu_0}{\delta + \frac{\ell_{fe}}{\mu_{fe}}} \cdot A = n^2 \cdot A_L \qquad (6.18)$$

A_L : Induktivitätsfaktor, „ A_L -Wert"

Die hier für den Ringkern hergeleiteten Größen werden von den Herstellern ferromagnetischer Materialien auch für andere Kernbauformen als ringkernäquivalente, effektive magnetische Größen

ℓ_e : (wirksame) magnetische Weglänge

A_e : (wirksamer) magnetischer Querschnitt

A_L : A_L-Wert / Induktivitätsfaktor

spezifiziert. Die Gleichungen (6.15) bis (6.18) sind somit unter Verwendung dieser effektiven Größen auch für andere Kernbauformen anwendbar.

Wird über

$$i_{L\max} = i_L(B_s)$$

der Strom $i_{L\max}$ der Sättigungsflussdichte B_s zugeordnet, so folgt für die maximal übertragbare Leistung an der Lückgrenze (Wirkungsgrad $\eta{=}1$) gemäß (6.12) mit (6.15) und (6.17)

$$P_{1\max} = P_{2\max} = \frac{B_s^2 \cdot A}{2 \cdot \mu_0} \cdot \left\{ \delta + \frac{\ell_{fe}}{\mu_{fe}} \right\} \cdot f_s = \frac{B_s^2 \cdot A}{2 \cdot \mu_0 \cdot \mu_{eff}} \cdot \ell_{fe} \cdot f_s \qquad (6.19)$$

bzw. aus (6.12) mit (6.13) und (6.18):

$$P_{1\max} = P_{2\max} = \frac{n^2 \cdot \mu_0 \cdot A}{2 \cdot \left\{ \delta + \frac{\ell_{fe}}{\mu_{fe}} \right\}} \cdot i_L^2(B_s) \cdot f_s$$

$$= \frac{n^2 \cdot \mu_0 \cdot \mu_{eff} \cdot A}{2 \cdot \ell_{fe}} \cdot i_L^2(B_s) \cdot f_s \qquad (6.20)$$

Bei großer relativer Permeabilität ($\mu_{fe} \to \infty$) wird der Ausdruck (ℓ_{fe} / μ_{fe}) in (6.19) bzw. (6.20) vernachlässigbar und es verbleibt

$$P_{1\max}(\mu_{fe} \to \infty) = P_{2\max}(\mu_{fe} \to \infty) \approx \frac{B_s^2 \cdot A}{2 \cdot \mu_0} \cdot \delta \cdot f_s \approx \frac{n^2 \cdot \mu_0 \cdot A}{2 \cdot \delta} \cdot i_L^2(B_s) \cdot f_s$$

Folglich kann durch Vergrößerung des Luftspaltes δ – für die streuarme Führung des magnetischen Feldes ist weiterhin $\delta \ll \ell_{fe}$ erforderlich! – die Leistungsübertragung, allerdings zu Lasten eines vergrößerten Induktivitätsstromes

$$i_L(B_s) \sim \delta,$$

erhöht werden.

In (6.19) ist als eine weitere wichtige Größe die magnetisch wirksame Geometrie enthalten. Einfach erkennbar ist der Einfluss der Geometrie bei luftspaltfreiem Kern mit $\delta=0$. Bei diesem ist das Produkt $\ell_{fe} \cdot A$ zum magnetisch wirksamen Kernvolumen V zusammenfassbar und es wird

$$P_{1\max}(\delta = 0) = P_{2\max}(\delta = 0) = \frac{B_s^2}{2 \cdot \mu_0 \cdot \mu_{fe}} \cdot V \cdot f_s \tag{6.21}$$

Die Gleichungen (6.19) bis (6.21) zeigen, dass bei gegebenem Kernmaterial die übertragbare Leistung durch Vergrößerung des Luftspaltes δ (Probleme: Streuung, Strom $i_{L\max} \sim \delta \rightarrow$ Schaltverluste), durch Vergrößerung des magnetisch wirksamen Volumens V oder durch Erhöhung der Schaltfrequenz $f_s = 1/T_s$ steigerbar ist. Aus dem Bestreben, möglichst kleine und damit auch leichte leistungselektronische Wandler zu bauen, kommt gerade der Abhängigkeit

$$P \sim f_s$$

besondere Bedeutung zu, zumal mit einer Vergrößerung der Schaltfrequenz f_s bei gleicher Welligkeit $w_u(U_2)$ eine Reduzierung von Kapazität und Baugröße des Stabilisierungskondensators C einhergeht bzw. bei gleicher Kapazität C eine Verringerung der Welligkeit $w_u(U_2)$ auftritt. Dabei ist die Erhöhung der Schaltfrequenz f_s gemäß (6.7) und (6.8) -gültig für den Hochsetzsteller an der Lückgrenze mit $\Delta i_L = i(B_s)$ - über

$$f_s = \frac{1}{\Delta t_1 + \Delta t_2} = \frac{1}{i_L(B_s) \cdot \dfrac{L}{U_1} + i_L(B_s) \cdot \dfrac{L}{U_2 - U_1}} \sim \frac{1}{L}$$

mit einer Reduzierung der Induktivität L und, zur Beibehaltung der in einer Schaltperiode T_s gespeicherten Energie $W_m = \text{const}$, über (6.13) mit einer Erhöhung von $i_L(B_s) \sim 1/\sqrt{L}$ verbunden.

Der Versuch, die Schaltfrequenz f_s durch den Einsatz schneller Halbleiterschalter S möglichst hoch zu setzen, wird limitiert durch die mit wachsender Schaltfrequenz f_s zunehmenden Kern- und Schaltverluste – hier existiert bei Realisierung des Schalters S durch PowerMOSFET ohne spezielle Entlastungsschaltungen ein Optimum bei etwa 70 ... 150kHz – sowie durch die zunehmende EMV-Problematik (Kap. 10).

Da sowohl im Hochsetzsteller als auch im Hoch-/Tiefsetzsteller nur das Einschaltintervall Δt_1 des Schalters S und damit die zwischengespeicherte Energie vorgebbar ist, das Intervall Δt_2 folgt aus dem Momentanwert

$$U_2 = \sqrt{P_2 \cdot R} \qquad (6.22)$$

der Lastspannung U_2, ist zur Einstellung der Sollausgangsspannung U_{2soll} eine Regelung erforderlich. Ohne diese Regelung würde bei gleich bleibender Energiezwischenspeicherung und Lückbetrieb mit $T_s = \text{const}$ eine Verringerung des Lastwiderstandes R über (6.22) einer Verringerung der Ausgangsspannung U_2 sowie eine Vergrößerung des Schaltintervalls Δt_2 bewirken. Die zur Einstellung der Ausgangsspannung erforderliche Regelung hat ausgehend von der maximal übertragbaren Leistung P_{2max} gemäß (6.19) bzw. (6.20) die Leistungsübertragung so auf $P_2 < P_{2max}$ zu reduzieren, dass sich über die Leistungsbilanz

$$\frac{W_m}{T_s} = W_m \cdot f_s = P_2 = \frac{U_{2soll}^2}{R}$$

die geforderte Sollausgangsspannung U_{2soll} einstellt. Auf der Basis eines lückenden Betriebes bieten sich hierzu über

$$P_2 = \frac{1}{2} \cdot L \cdot i_{Lmax}^2 \cdot f_s \quad ; \quad i_{Lmax} < i_L(B_s)$$

zwei Strategien an:

1. *festfrequente Regelung* (Bild 6.11)

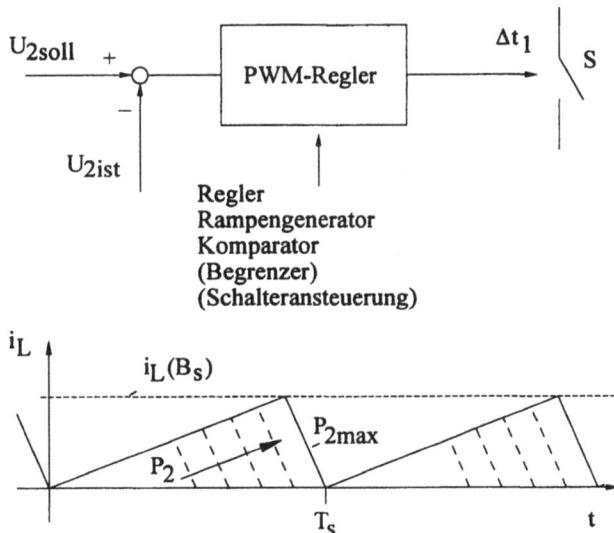

Bild 6.11:
festfrequente Regelung über
Regler mit Pulsweitenmodulator
PWM (Impulsbreitensteuerung)

Vorgabe:

$$f_s = 1/T_s = \text{const}$$

Steuerung P_2 über $W_m \sim i_{L\,\text{max}}^2$ durch Steuerung der Einschaltdauer Δt_1

→ für $P_{2\,\text{max}}$: $i_{L\,\text{max}} = i(B_s)$; $\Delta t_1 + \Delta t_2 = T_s$; nichtlückender Betrieb

→ für $P_2 < P_{2\,\text{max}}$: $i_{L\,\text{max}} < i_L(B_s)$; $\Delta t_1 + \Delta t_2 < T_s$; Lückbetrieb

2. Regelung mit variabler Frequenz (vgl. Bild 6.6, Lückbetrieb)

Vorgabe:

$$i_{L\,\text{max}} = i_L(B_s) \text{ bzw. } \Delta t_1 = \text{const}$$

Steuerung P_2 durch Steuerung der Schaltperiode T_s

→ für $P_{2\,\text{max}}$: $T_s = \Delta t_1 + \Delta t_2$; nichtlückender Betrieb

→ für $P_2 < P_{2\,\text{max}}$: $T_s > \Delta t_1 + \Delta t_2$; Lückbetrieb

Der Schalter S in der Grundschaltung des Tiefsetzstellers und in der Grundschaltung des Hoch-/Tiefsetzstellers kann sowohl in der Leitung zum Plus-Pol als auch in der Leitung zum Minus-Pol der Primärspannung U_1 angeordnet werden. Ist, wie in vielen Anwendungen, der Minus-Pol der Primärspannung U_1 Bezugsmasse, so spricht man bei einer Schalteranordnung in der Leitung zum Plus-Pol von einem „high-side-Schalter" – bei einer Anordnung des Schalters in der Leitung zum Minuspol von einem „low-side-Schalter". Besonders einfach ist die Schalteransteuerung bei der „low-side-Variante", da in diesem Fall eine gemeinsame Bezugsmasse von Leistungs- und Steuerteil möglich ist. Anders bei der „high-side-Variante" – diese Variante benötigt bei einer an Bezugsmasse angeschlossenen Steuerung eine Transformation des Ansteuersignales mittels

Übertrager (vgl. Bild 2.50)
Optokoppler und Treiberstufe mit potentialgetrennter Betriebsspannung
Ladungspumpe |Hering, Bressler, Gutekunst|
Bootstrap-Schaltung |IR|...

auf das Emitter- (Source-, Kathoden-) Potential des Schalters S (floating point), bietet aber dafür den Vorteil, dass Primärseite und Sekundärseite (Last) gleiches, nicht unterbrochenes Bezugspotential besitzen, und dass bei nicht angesteuertem und somit geöffnetem Schalter S an der Last keine möglicherweise kritischen Berührungsspannungen anliegen. Besonders verbreitet ist der „high-side-Schalter" mit Schalter-Ansteuerung über eine Bootstrap-Schaltung in der Kfz-Elektronik auf Grund der dort üblichen massebezogenen Lasten oder in den in Kap. 6.2 noch zu besprechenden Mehrquadrantenschaltungen.

Bild 6.12 zeigt das Prinzip einer derartigen Schaltung am Beispiel eines Tiefsetzstellers. Die Ansteuerung des dort angenommenen PowerMOSFET-Schalters S erfolgt über die Treiberstufe T3 und T4. Diese Treiberstufe erhält ihre Betriebsspannung aus dem kapazitiven Speicher / Bootstrap-Kondensator C_B. Dieser wird bei $-u_D \approx 0$, dies ist der Fall bei Schaltungsinbetriebnahme mit zunächst sperrendem Schalter S und stromfreier Last bzw.

im Betrieb bei Zirkulation des Laststromes im Freilaufkreis $(L \rightarrow R \rightarrow D \rightarrow L)$, über die Diode D_B aus der Betriebsspannungsquelle U_B der Steuerelektronik auf $U(C_B) \approx U_B$ aufgeladen. Da sich die Spannung an C_B nicht sprunghaft verändern kann, wird so, unabhängig vom momentanen Source-Potential des Schalters S, für die Treiberstufe eine näherungsweise konstante, auf das Source-Potential des Schalters S bezogene Betriebsspannung bereitgestellt. Gleichfalls auf das Source-Potential des Schalters S bezogen ist somit das Ausgangssignal der Treiberstufe und damit die Ansteuerung des Schalters S. Das ursprünglich massebezogene Ansteuersignal des Steuerteils wird über einen „level-shifter", das ist ein Differenztaktverstärker (T1 und T2) mit nachfolgender Impulsaufbereitung z.B. über Komparator und Flip-Flop, auf das Source-Potential des Schalters S transformiert.

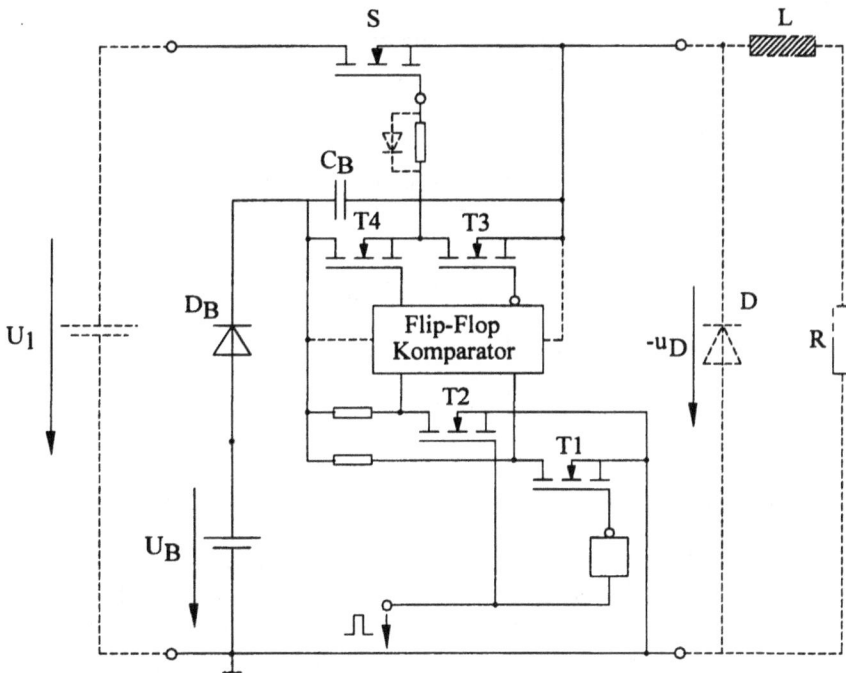

Bild 6.12: Ansteuerung eines „high-side-Schalters" mit Bootstrap-Schaltung

6.2 Mittelpunkt- / Brückenschaltungen – Mehrquadrantenschaltungen

Die in Kap. 6.1 behandelten Grundschaltungen erlauben auf Grund der Ventilwirkung der eingesetzten Halbleiter nur eine Spannungs- und Strompolarität, sind also Einquadranten-Gleichstromsteller. Mehrquadrantenbetrieb erfordert die Erweiterung der Grundschaltungen.

Für $|U_2| < U_1$ sind dies Erweiterungen des Tiefsetzstellers zu

Mittelpunktschaltungen (M)

Brückenschaltungen (B)

$\rightarrow$ Zweiquadrantenbetrieb ($U_2 \underset{<}{\overset{>}{0}}; I_2 \geq 0$)

bzw.

Antiparallelschaltungen (M oder B)

$\rightarrow$ Vierquadrantenbetrieb ($U_2 \underset{<}{\overset{>}{0}}; I_2 \underset{<}{\overset{>}{0}}$

Für $U_2 < U_1$ (oder umgekehrt) bei $I_2 \underset{<}{\overset{>}{0}}$ kommen Kombinationen von Tiefsetzsteller und Hochsetzsteller in Betracht.

Mittelpunkt- und Brückenschaltungen sind trotz gewisser Unterschiede der jeweils möglichen und angewandten Steuerverfahren hinsichtlich ihrer Vor- und Nachteile direkt vergleichbar mit den in Kap. 4.2 ermittelten Vor- und Nachteilen entsprechender Varianten netzgeführter, gesteuerte Gleichrichter.

	M-Schaltung	B-Schaltung
Primärspannungen	2	1
Schalteraufwand	$0,5 \cdot$ B-Schaltung	$2 \cdot$ M-Schaltung
Anzahl Steuerverfahren (Kap. 6.3)	<B-Schaltung	>M-Schaltung
Güte des Betriebszustandes	gering	abhängig vom Steuerverfahren

Bild 6.13 zeigt als erste Schaltungsvariante die unsymmetrische Mittelpunkt-Schaltung MK. Für die Primärspannungen wird hierin, was nach den Grundsatzausführungen zur Schaltmodulation in Kap. 3.2. für DC/DC-Wandler nicht zwingend so sein muss, Betragsgleichheit unterstellt. Gilt für die Anschaltintervalle $\Delta t_1 + \Delta t_2 \ll \tau = L / R$, so kann nicht lückender Strom mit $i_2 \approx I_2 > 0$ angenommen werden. Die Last ist damit für einige Schaltzyklen als Stromsenke interpretierbar. Unter dieser Voraussetzung lauten die Steuergleichungen

für die Sekundärspannung U_2

$$U_2 = \overline{u_2} = U_1 \cdot \frac{\Delta t_1 - \Delta t_2}{\Delta t_1 + \Delta t_2} = -U_1 \ldots + U_1 \underset{<}{\overset{>}{0}} \qquad (6.23)$$

und für den Sekundärstrom I_2 im eingeschwungenen Zustand

$$I_2 = \frac{U_2}{R} = \frac{U_1}{R} \cdot \frac{\Delta t_1 - \Delta t_2}{\Delta t_1 + \Delta t_2} \geq 0 \qquad (6.24)$$

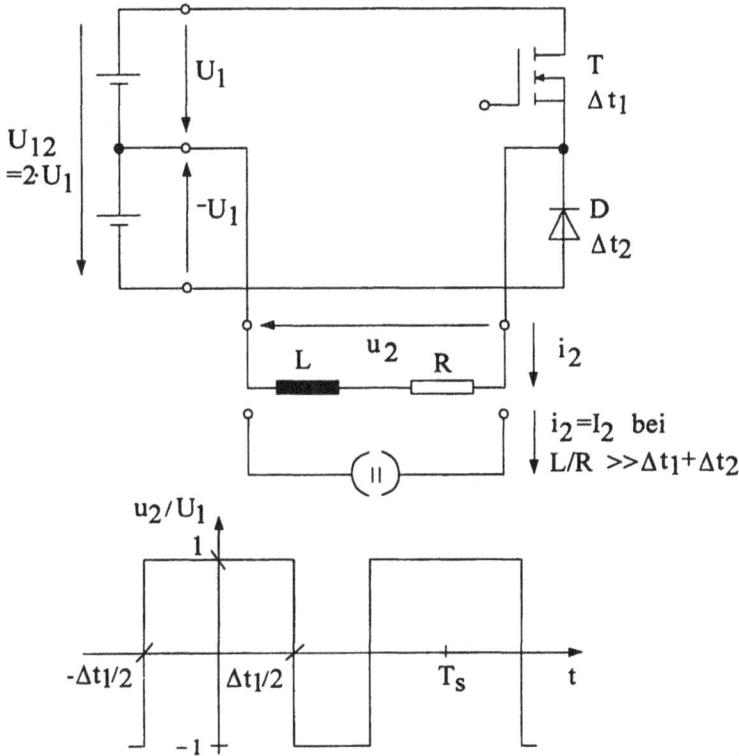

Bild 6.13: Zweiquadranten-Gleichstromsteller in unsymmetrischer Mittelpunktschaltung (MK); Schalteranordnung:„ unsymmetrische Halbbrücke"

Der Sekundärstrom I_2 kann auf Grund der Ventilwirkung der Halbleiter nur positive Werte annehmen. Die Sekundärspannung U_2 hingegen kann, solange $i_2 > 0$ ist, sowohl positiv als auch negativ werden. Bei der dargestellten Schaltung handelt es sich also um einen Wandler, der bei der in Bild 6.13 angenommenen passiven Last nur temporär, d.h. solange in der Induktivität L magnetische Energie gespeichert ist, Zweiquadrantenbetrieb ermöglicht. Der Anwendungsbereich der Schaltung entspricht den in Kap. 4.2.1.1 (Bild 4.8 und Bild 4.9) geschilderten Beispielen, also z.B. dem gesteuerten Anheben und Absenken einer Aufzuglast oder dem schnellen Er- und Entregen von Magneten.

Durch primärseitige Parallelschaltung und sekundärseitige Serienschaltung (Bild 6.14) lässt sich aus zwei Mittelpunktschaltungen (MK: Mittelpunktschaltung mit kathodenseitiger Verbindung und MA: Mittelpunktschaltung mit anodenseitiger Verbindung) eine unsymmetrische Brückenschaltung formen. Die sekundärseitige Serienschaltung gestattet bei Annahme gleicher Lastströme die Elimination des Mittelpunktanschlusses, sodass die Notwendigkeit zweier Primärspannungen entfällt. Mit dieser Elimination tritt dann immer Laststromgleichheit selbst bei unterschiedlichen Anschaltintervallen auf und die Schaltung kann in die übliche Brückendarstellung umgezeichnet werden. Nach dieser Umzeichnung liegt die Last in der Brückendiagonale zweier unsymmetrischer Halbbrücken.

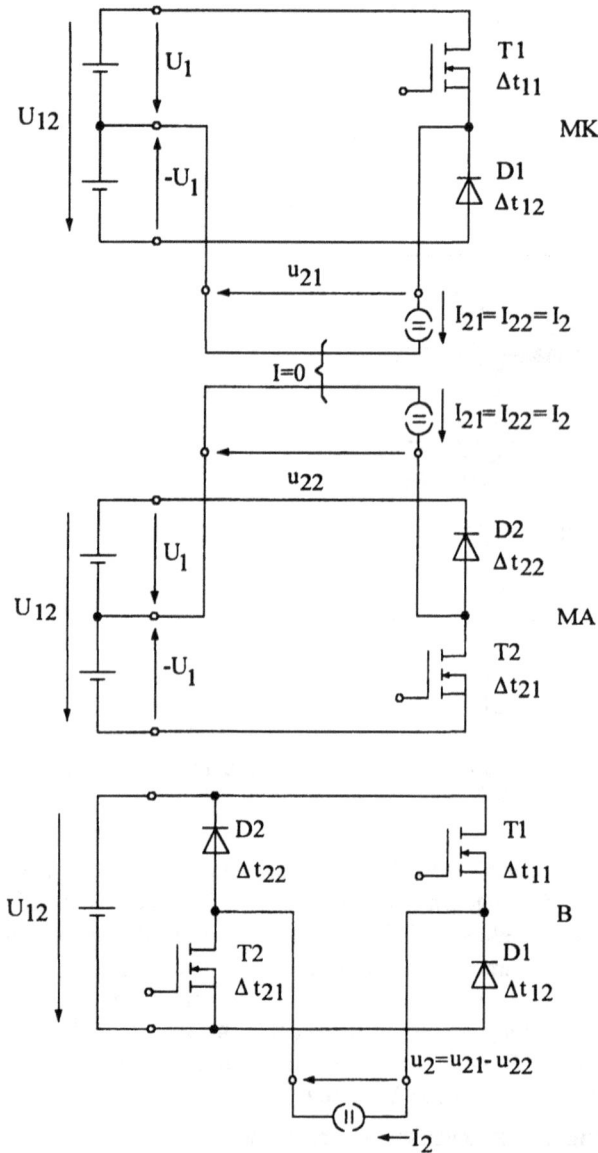

Bild 6.14:
Zweiquadranten-Gleichstromsteller
in unsymmetrischer Brückenschal-
tung

$$U_2(MK) = U_{21}$$

$$= U_1 \cdot \frac{\Delta t_{11} - \Delta t_{12}}{\Delta t_{11} + \Delta t12}$$

$$U_2(MA) = U_{22}$$

$$= -U_1 \cdot \frac{\Delta t_{21} - \Delta t_{22}}{\Delta t_{21} + \Delta t_{22}}$$

Bei nicht lückendem Betrieb mit $i_2 > 0$ lautet die Steuergleichung der Sekundärspannung U_2

$$U_2 = U_2(MK) - U_2(MA)$$

$$= \frac{U_{12}}{2} \cdot \left\{ \frac{\Delta t_{11} - \Delta t_{12}}{\Delta t_{11} + \Delta t_{12}} + \frac{\Delta t_{21} - \Delta t_{22}}{\Delta t_{21} + \Delta t_{22}} \right\} = -U_{12} \dots + U_{12} \; \begin{smallmatrix} > \\ < \end{smallmatrix} \, 0 \qquad (6.25)$$

Unter Beachtung der Ventilwirkung der Halbleiterschalter folgt für den Sekundärstrom I_2 des eingeschwungenen Zustandes (R/L-Last): $I_2 = U_2 / R \geq 0$.

Der Anwendungsbereich der unsymmetrischen Brückenschaltung entspricht jenem der unsymmetrischen Mittelpunktschaltung. Die Brückenschaltung, und das ist der Vorteil gegenüber der Mittelpunktschaltung, benötigt jedoch nur eine Primärspannung U_{12}, gestattet darüber hinaus eine bessere Ausnutzung dieser Spannung bei allerdings verdoppeltem Ventilaufwand und erlaubt mehrere Steuerverfahren.

Will man Sekundärgrößen beliebiger Polarität (Vierquadrantensteller) stellen, so ist jeder Laststromrichtung ein eigener Steller zuzuordnen. Hierzu sind die eben genannten unsymmetrischen Schaltungen durch Antiparallelschaltung in Halbbrücken bzw. symmetrische Mittelpunktschaltungen (Bild 6.15) oder in Vollbrücken bzw. symmetrische Brückenschaltungen (Bild 6.16) zu überführen.

Bild 6.15: Symmetrische Halbbrücke (Universalschalter)

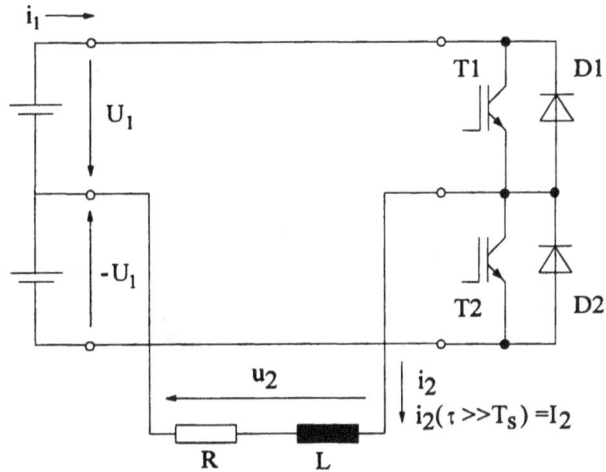

Unabhängig von der jeweiligen Schalterrealisierung zeigt der Vergleich der Bilder 6.15 und 6.16 einen Schaltungsaufbau mit prinzipiell identischen, der symmetrischen Halbbrücke entsprechenden Schaltungszweigen. Diese Schaltungszweige sind bereits bekannt von selbstgeführten 4Q-Gleichrichterschaltungen (Kap. 4.3.1, Bilder 4.71 und 4.72) und werden auf Grund ihrer Vierquadrantenfähigkeit erneut auftreten bei der Realisierung von Gleichstrom-Wechselstrom-Umrichterschaltungen (Kap. 7). Mit Ausnahme des Wechselstromstellers ermöglicht die in Bild 6.15 dargestellte symmetrische Halbbrücke also die Realisierung aller Umrichtervarianten und wird somit als Universalschalter (Kap. 2.7) zur Basis aller moderner Wandlerschaltungen.

Werden an Stelle von Leistungs-Schalttransistoren, PowerMOSFETs, IGBTs oder GTOs Thyristoren eingesetzt, so ist zu beachten, dass sich der Kondensator der dann erforderlichen Löschschaltung (vgl. Bilder 2.54 und 6.17) während des Löschvorganges zwar über den Hauptthyristor, nicht jedoch über die antiparallel zum Hauptthyristor liegende Diode entladen darf. Erforderlich wird eine für die Dauer der Schonzeit t_c wirksame Entkopplung von Hauptthyristor und Diode durch Verlangsamung der unerwünschten Entladung über eine Entkopplungsinduktivität L_e.

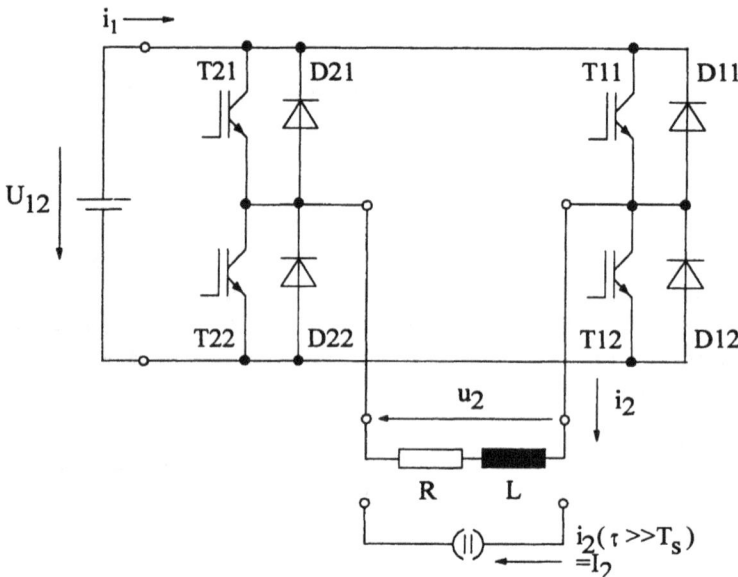

Bild 6.16:
Vierquadranten-
Gleichstromsteller /
symmetrische Brü-
ckenschaltung /
Vollbrücke

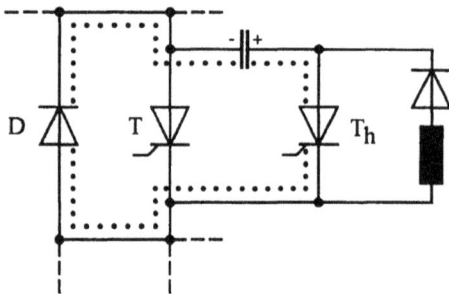

Bild 6.17:
Zur Problematik des Löschvorganges im Vier-
quadranten-Gleichstromsteller mit Thyristoren

···· Kurzschluss der Löschschaltung
      nach Zündung von T_h über D

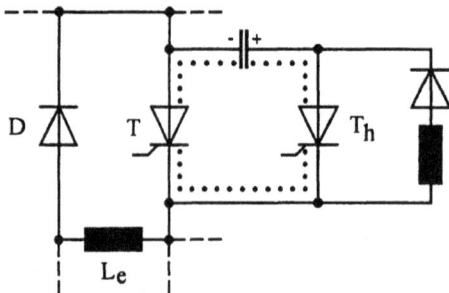

···· Löschvorgang bei Entkopplung über L_e

Einen so gegenüber Bild 6.16 modifizierten Vierquadranten-Gleichstromsteller mit Thyristoren zeigt Bild 6.18. Die Entkopplungsinduktivität L_e wird hierin als Induktivität mit
Mittenanzapfung gemeinsam für die beiden Löschschaltung einer Halbbrücke genutzt.

Bild 6.18:
Vierquadranten-
Gleichstromsteller / Voll-
brücke mit Thyristoren

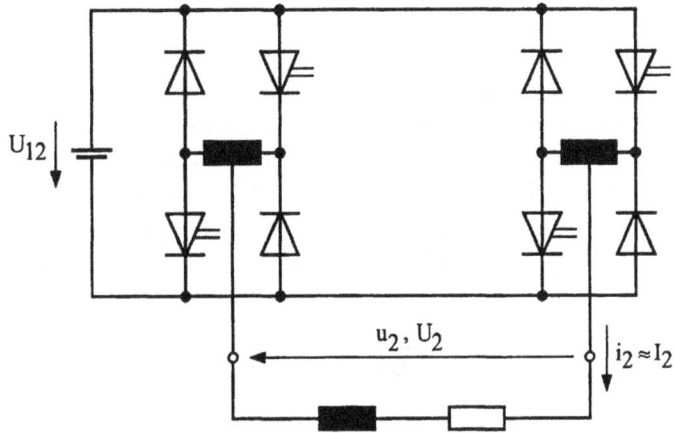

Vergleicht man den Aufwand einer Stellerrealisierung mit Thyristoren mit jenem Aufwand (Bild 6.16), der bei abschaltfähigen Schaltern (Leistungstransistor, PowerMOSFET, IGBT, GTO) anfällt, so ist klar ersichtlich, dass die moderne Leistungselektronik die Thyristorvariante nur noch bei sehr hohen Schaltleistungen (vgl. Bild 2.1) in Erwägung zieht.

Mittelpunkt- und Brückenschaltungen entstanden durch Erweiterungen des Tiefsetzstellerkonzeptes in Richtung Mehrquadrantenfähigkeit. Häufig, z.B. für den Ladungsaustausch zwischen Batterien unterschiedlicher Spannungen, man spricht dann auch von einem Batteriemanagement, wird nur eine eingeschränkte Mehrquadrantenfähigkeit mit $I_2 \gtrless 0$ bei $U_1 > U_2 > 0$ gefordert. Bild 6.19 zeigt eine hierfür geeignete Kombination eines Tiefsetzstellers mit einem Hochsetzsteller.

Bild 6.19: Kombination Hochsetzstel-
ler / Tiefsetzsteller zu 2Q-
Gleichstromsteller mit positiver und
negativer Strompolarität

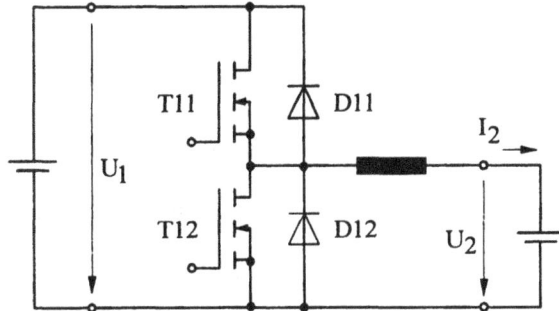

Als Schalteranordnung ist wieder der Universalschalter, also die symmetrische Halbbrücke aus Bild 6.15 erkennbar. Die Ansteuerung von T11 (T12 gesperrt) mit Freilauf über D12 führt zum Tiefsetzstellerbetrieb mit $I_2 > 0$ – die Ansteuerung von T12 (T11 gesperrt) mit magnetischer Energiezwischenspeicherung und Entregung über D11 führt zum Hochsetzstellerbetrieb mit $I_2 < 0$. Wie zu Kap. 2.7 unter dem Begriff „Synchronschalter" erwähnt, kann zur Reduzierung der Schalterverluste, dies ist besonders bei kleinen Betriebsspannungen wichtig, bei leitender Diode D11 zusätzlich der PowerMOSFET T11 und bei leitender Diode D12 der PowerMOSFET T12 durchgeschaltet werden.

6.3   Steuerverfahren

In Kap. 3.2 (Bilder 3.2 und 3.3) wurde die Funktionsweise eines leistungselektronischen Wandlungsprozesses durch den Begriff „Schaltmodulation" gekennzeichnet. So wie es nun in der Nachrichtentechnik verschiedene Arten der Schaltmodulation gibt, so existieren auch für leistungselektronische Wandler verschiedene Modulations- bzw. Steuerverfahren.

Für Wandler mit zwei Schaltintervallen (Grundschaltungen, Mittelpunktschaltungen) mit der Steuergleichung (3.13) und den Begriffen gemäß Kap. 3.2

$$U_2 = \frac{U_{11} \cdot \Delta t_1 + U_{12} \cdot \Delta t_2}{\Delta t_1 + \Delta t_2}$$

sind dies:

- Impulsbreitensteuerung (Pulsbreitenmodulation, PWM : pulse width modulation):

  Schaltperiode $T_s = \Delta t_1 + \Delta t_2 = 1/f_s = $ const

  Steuerung durch Schaltintervall Δt_1 bzw. Tastverhältnis $v_T = \Delta t_1 / T_s$

  Kennzeichen: konstante Spektrallinienpositionen, Güte $= f(T_s, \tau)$

- Impulsfrequenzsteuerung, Impulsfolgesteuerung (Pulsfrequenzmodulation):

  Schaltintervall Δt_1 (oder Δt_2) = const

  Steuerung durch variable Schaltfrequenz $f_s = 1/T_s$

  Kennzeichen: variable Spektrallinienpositionen, Güte $= f(T_s, \tau)$

- Stromleitverfahren, Zweipunktregelung (Bild 6.20):

  Vorgabe eines Strom-Sollwertes I_2 mit Toleranzband / Güte Δi_2

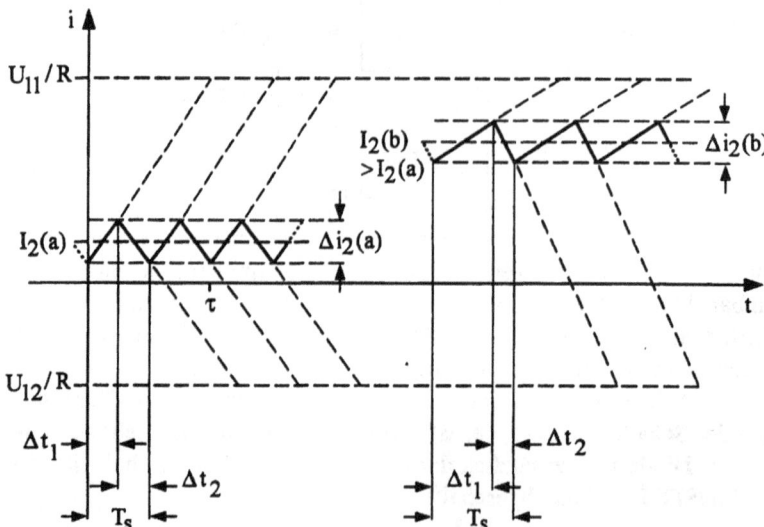

Bild 6.20: Strom-
leitverfahren
(Zweipunktrege-
lung)

Die Schaltintervalle Δt_1, Δt_2 und damit die Schaltperiode T_s gehen aus dem Stromsoll-wert I_2 und der Toleranzvorgabe Δi_2 hervor. Die Auflösung von (3.13) und (3.14) nach den gesuchten Intervallen ergibt:

$$\Delta t_1 = \Delta i_2 \cdot \frac{L}{U_{11} - R \cdot I_2} \; ; \quad \Delta t_2 = \Delta i_2 \cdot \frac{L}{R \cdot I_2 - U_{12}} \qquad (6.26)$$

$$T_s = \Delta t_1 + \Delta t_2 = \frac{\Delta i_2 \cdot L \cdot (U_{11} - U_{12})}{(U_{11} - R \cdot I_2) \cdot (R \cdot I_2 - U_{12})} \qquad (6.27)$$

Kennzeichen: variable Spektrallinienpositionen

Güte / Stromschwankung unabhängig von τ ($\tau \neq 0$!) vorgebbar

Anmerkung: Das Stromleitverfahren gestattet die Vorgabe beliebiger Sollkurven und damit, 4Q-Fähigkeit vorausgesetzt, auch die Vorgabe von Wechselgrößen mit einer über Δi_2 einstellbaren Güte (vgl. z.B. netzrückwirkungsarme Wechselstrom-Gleichstrom-Umrichter gemäß Kap. 4.3.1).

In Brückenschaltungen – Bild 6.14, (6.25) – sind vier Schaltintervalle festlegbar. Dement-sprechend können die genannten Steuerverfahren unabhängig vom Prinzip „Impulsbrei-tensteuerung" „Impulsfolgesteuerung" oder „Stromleitverfahren" zu Steuerverfahren mit jeweils ganz speziellen Eigenschaften erweitert werden (Bild 6.21).

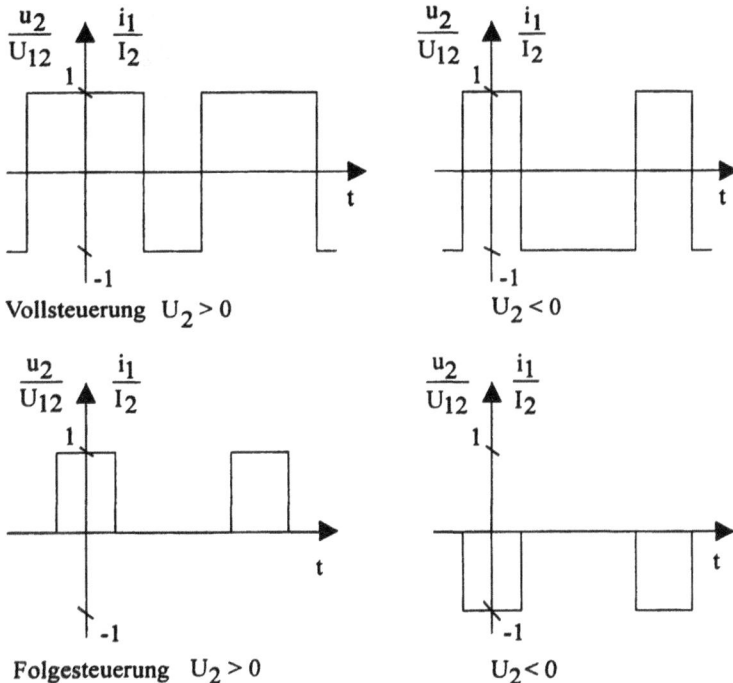

Bild 6.21:
2Q-
Gleichstromsteller
(Brückenschaltung)
Vergleich Vollsteu-
erung / Folgesteue-
rung

- Vollsteuerung:

  identische Ansteuerung der aktiven Schalter T1 und T2

  Schaltintervalle: $\Delta t_{11} = \Delta t_{21} = \Delta t_1$; $\quad \Delta t_{12} = \Delta t_{22} = \Delta t_2$

  aus (6.25): $U_2 = U_{12} \cdot \dfrac{\Delta t_1 - \Delta t_2}{\Delta t_1 + \Delta t_2} \mathop{\gtrless}\limits_{<}^{>} 0$; $\quad I_2 \big|_{\text{stationär}} \geq 0$ $\hspace{2cm}$ (6.28)

  Kennzeichen:

  Zweiquadrantenbetrieb

  $\Delta u_2 = 2 \cdot U_{12}$ $\quad \rightarrow$ große Welligkeit (geringe Güte) der Sekundärspannung u_2

  $\Delta i_1 = 2 \cdot I_2$ $\quad \rightarrow$ große Welligkeit (geringe Güte) des Primärstromes i_1

- Folgesteuerung $\triangleq$ polaritätsabhängige Halbsteuerung

  für $U_2 > 0$:

  T1 eingeschaltet: $\Delta t_{11} + \Delta t_{12} = \Delta t_{11}$; $\Delta t_{12} = 0$; T2 getaktet

  $\rightarrow$ Betriebszustände: Einspeisen (T1&T2) / Freilauf (T1&D2)

  aus (6.25): $U_2 = \dfrac{U_{12}}{2} \cdot \left\{ 1 + \dfrac{\Delta t_{21} - \Delta t_{22}}{\Delta t_{21} + \Delta t_{22}} \right\} = 0 \dots + U_{12}$ $\hspace{1.5cm}$ (6.29)

  für $U_2 < 0$:

  T1 ausgeschaltet: $\Delta t_{11} + \Delta t_{12} = \Delta t_{12}$; $\Delta t_{11} = 0$; T2 getaktet

  $\rightarrow$ Betriebszustände: Freilauf (D1&T2) / Rückspeisen (D1&D2)

  aus (6.25): $U_2 = \dfrac{U_{12}}{2} \cdot \left\{ -1 + \dfrac{\Delta t_{21} - \Delta t_{22}}{\Delta t_{21} + \Delta t_{22}} \right\} = -U_{12} \dots 0$ $\hspace{1.5cm}$ (6.30)

  Kennzeichen:

  Zweiquadrantenbetrieb

  aufwändige Steuerung

  $\Delta u_2 = 1 \cdot U_{12}$ $\quad \rightarrow$ geringere Welligkeit (größere Güte) der Sekundärspannung u_2

  $\Delta i_1 = 1 \cdot I_2$ $\quad \rightarrow$ geringere Welligkeit (größere Güte) des Primärstromes i_1

Anmerkung: Im geschilderten Beispiel einer Folgesteuerung wird durch den Zustand von T1 die Polarität und durch das Takten von T2 die Betragsamplitude der Sekundärspannung U_2 eingestellt. Eine hierzu gleichwertige Folgesteuerung ist durch Vertauschen der Funktionen von T1 und T2 realisierbar.

7 Gleichstrom-Wechselstrom-Umrichter / Wechselrichter

Gleichstrom-Wechselstrom-Umrichter / Wechselrichter bzw. DC/AC-Wandler oder „Zerhacker" haben die Aufgabe, Gleichgrößen in Wechselgrößen zu wandeln. Erforderlich ist gemäß früherer Ausführungen zur Schaltmodulation (Kap. 3.2) eine im Vergleich zur Gesamtperiode T_2 der Pulsung nicht zu große Zeitkonstante τ im Wechselgrößennetz. Kurvenform und Güte der Wechselgröße, Variationsbereich von Amplitude und Frequenz sowie Phasenzahl sind abhängig von der Schaltungsstruktur und der damit realisierbaren Steuerverfahren.

Die Grundstrukturen der DC/AC-Wandler basieren auf der Vierquadrantenausführung des DC/DC-Wandlers als symmetrische Halb- oder Vollbrücke (Kap. 6.2). Auf Grund der Umkehrbarkeit der Wandlungsrichtung „Einspeisung/Rückspeisung" besitzen diese Schaltungen eine enge Verwandtschaft zum selbstgeführten 4Q-Gleichrichter (AC/DC-Wandler) nach Kap. 4.3. Dementsprechend sind auch die dort angesprochenen Steuerverfahren zur Leistungsfaktoroptimierung bzw. zur sinusförmigen Netzstromaufnahme für DC/AC-Wandler hoher Wandlungsgüte übernehmbar.

7.1 Schaltungsstrukturen

Als selbstgeführte Wandlerschaltung benötigt der DC/AC-Wandler wie auch der DC/DC-Wandler abschaltbare Ventile. Speziell bei der Anwendung von Thyristoren führt die erforderliche Löschschaltung zu Ausführungsformen, die die Löschschaltung oder zumindest Teile derselben möglichst ökonomisch, nämlich gemeinsam für mehrere Thyristoren einsetzen.

Damit kann man die Schaltungsstrukturen wie folgt klassifizieren:

- Wechselrichter mit Einzellöschung

- Thyristor-Wechselrichter mit Phasenlöschung

- Thyristor-Wechselrichter mit Phasenfolgelöschung

- Schwingkreisumrichter

7.1.1 Wechselrichter mit Einzellöschung

Auf Grund des mit Thyristoren verbundenen hohen Löschaufwandes wird dieser Wechsel-richtertyp inzwischen fast nur noch mit abschaltbaren Ventilen realisiert.

Bild 7.1 zeigt als einfachste Variante die Struktur des Einphasen-Wechselrichters in sym-metrischer Halbbrückenschaltung (Halbbrücke: Universalschalter / Antiparallelschaltung von je einer unsymmetrischen MK- und MA-Mittelpunktschaltung).

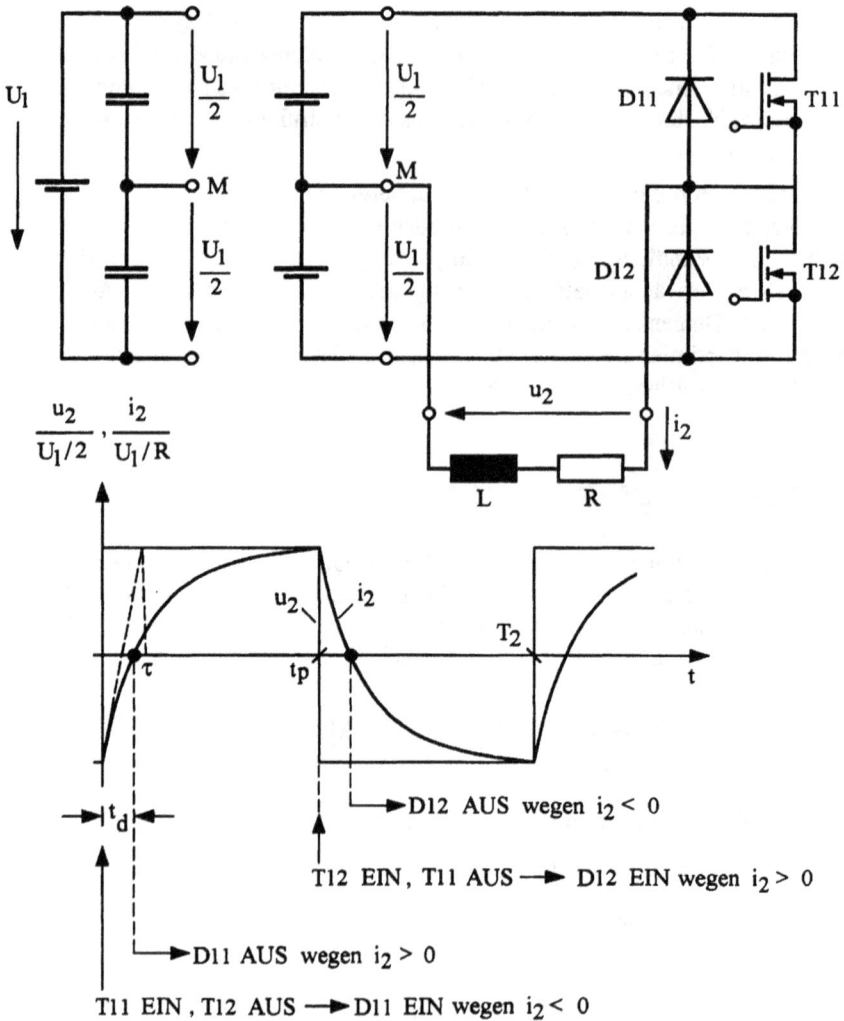

Bild 7.1: Einphasen-Wechselrichter / symmetrische Halbbrückenschaltung mit Einzellöschung

Erforderlich sind, wie bei Mittelpunktschaltungen üblich, zwei Primärspannungsquellen. Auf Grund der Betragsgleichheit der Amplituden dieser Primärspannungsquellen sowie der symmetrischen Belastung durch den Wechselrichter können diese durch eine Spannungsquelle U_1 mit kapazitivem Mittelpunkt M nachgebildet werden. Bei ungenügender Symmetrie ist eine zusätzliche ohmsche Symmetrierung angebracht. Durch die Art der Zusammenschaltung der Ventile entsteht die Antiparallelschaltung eines MOSFET mit einer Diode, eine Anordnung also, wie sie gemäß Kap. 2.3 charakteristisch ist für die Technologie des PowerMOSFET. Nicht zu hohe dynamische Anforderungen vorausgesetzt, kann also als Vorteil dieser Zusammenschaltung die herstellungsbedingte interne MOSFET-Diode mit genutzt werden.

Mit dargestellt sind in Bild 7.1 die sekundärseitigen Spannungs- und Stromzeitfunktionen innerhalb einer kompletten Schaltperiode T_2. Angenommen wird hierzu eine primitive Wechselgrößennachbildung durch Einfachpulsung sowie ein ohmsch-induktiver Verbraucher mit der Zeitkonstanten $\tau < T_2$. Erkennbar ist, wie nach einer Spannungsumpolung auf Grund des nacheilenden Stromes die Stromführung zunächst von den Dioden zu übernehmen ist – deshalb auch der Begriff „Rückstromdiode". Bei rein ohmscher Last, was sich allerdings negativ auf die Güte (Klirrfaktor) des Laststromes i_2 auswirken würde, könnten folglich die Dioden entfallen. Im hier dargestellten Fall der Einfachpulsung entspricht der dargestellte Schaltzyklus bereits einer Periode $T_2 = 1/f_2$ der zu bildenden sekundären Wechselgröße. Man spricht deshalb auch von einer Steuerung mit 180°-Pulsung (vgl. Kap. 7.2).

Großer Nachteil der Einphasen-Halbbrückenschaltung ist neben der geringen maximalen sekundären Spannungsamplitude $\hat{u}_2 = U_1/2$ die Notwendigkeit eines primären Spannungsmittelpunktes. Vermieden wird dieser Nachteil bei symmetrischen Vollbrückenschaltungen. Diese setzen sich gemäß Bild 7.2 für sekundäre Ein- bzw. Zweiphasennetze aus zwei symmetrischen Halbbrückenschaltungen und für Dreiphasennetze (m-Phasen) aus drei (m) symmetrischen Halbbrücken zusammen. Die symmetrische Halbbrücke aus Bild 7.1 stellt damit das Grundelement aller Wechselrichterschaltungen dar.

Die in Bild 7.2 gezeigten Wechselrichterschaltungen sind prinzipiell auch durch Thyristoren mit Einzellöschung realisierbar (Beispiel: Bild 7.3). Zu beachten ist die zu Bild 6.17 und Bild 6.18 (Kap. 6.2) diskutierte Entkopplung von Löschschaltung und antiparalleler Diode / Rückstromdiode durch eine Induktivität.

Vorteile des Wechselrichters mit Einzellöschung sind:

größte Steuerungsflexibilität → Einfach-/Mehrfachpulsung mit Voll- und Folgesteuerung realisierbar

großer Einstellbereich für die Sekundärfrequenz f_2

großer Einstellbereich für die Sekundärspannung u_2 (vgl. Kap. 7.2)

große Flexibilität gegenüber Lastvariationen

Diese Aussagen gelten prinzipiell auch für Wechselrichterschaltungen mit einzeln gelöschten Thyristoren (Bild 7.3); allerdings sind dort auf Grund des dynamischen Thyristorverhaltens sowie der wechselseitigen Abhängigkeit von Löschkondensatordimensionierung und

Anodenstrom der Variationsbereich der realisierbaren Steuerwinkel sowie die Möglichkeiten der Mehrfachpulsung (vgl. Kap. 7.2) etwas eingeengt.

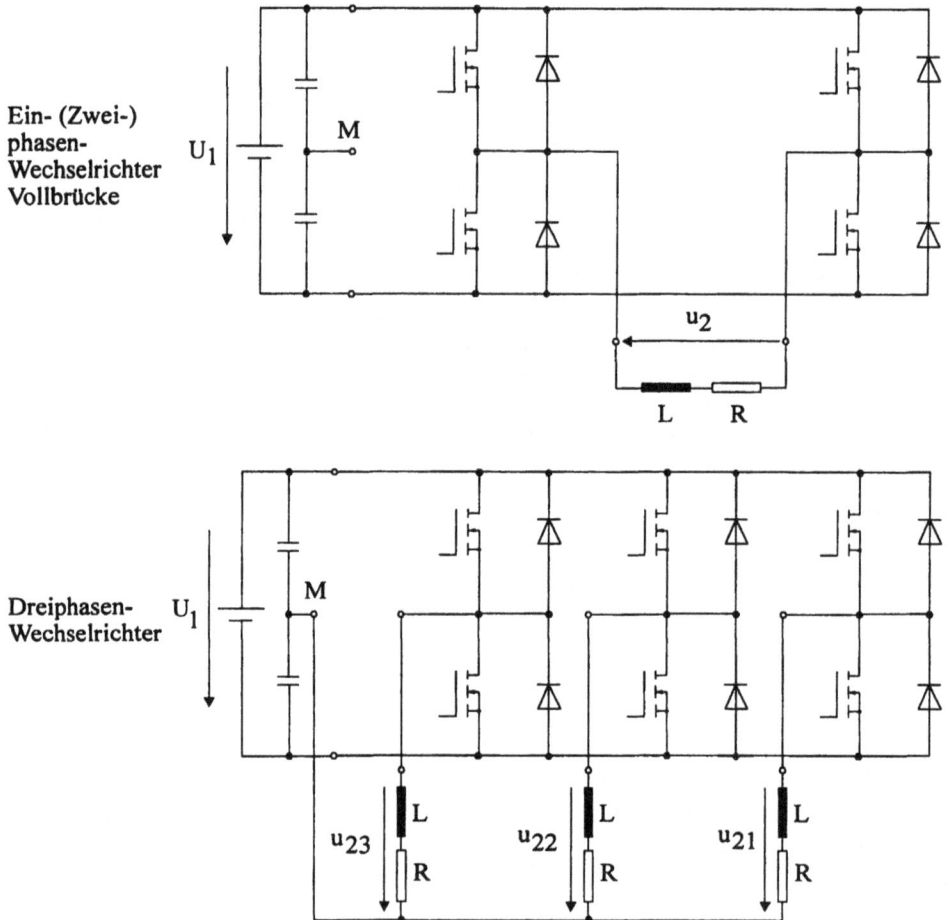

Bild 7.2: DC/AC-Wandler, Wechselrichter (m=3: M-Anschluss optional) ; Basis: symmetrische Halbbrücke

Der Schaltungsaufwand und die genannten Einschränkungen im Steuerungsbereich führen, zumal für Neuentwicklungen zwischenzeitlich abschaltbare Ventile hoher Schaltleistung (GTO, IGBT) zur Verfügung stehen, zu einer Verdrängung des Thyristor-Wechselrichters mit Einzellöschung in den nur für Sonderanwendungen interessanten Bereich sehr hoher Leistungen.

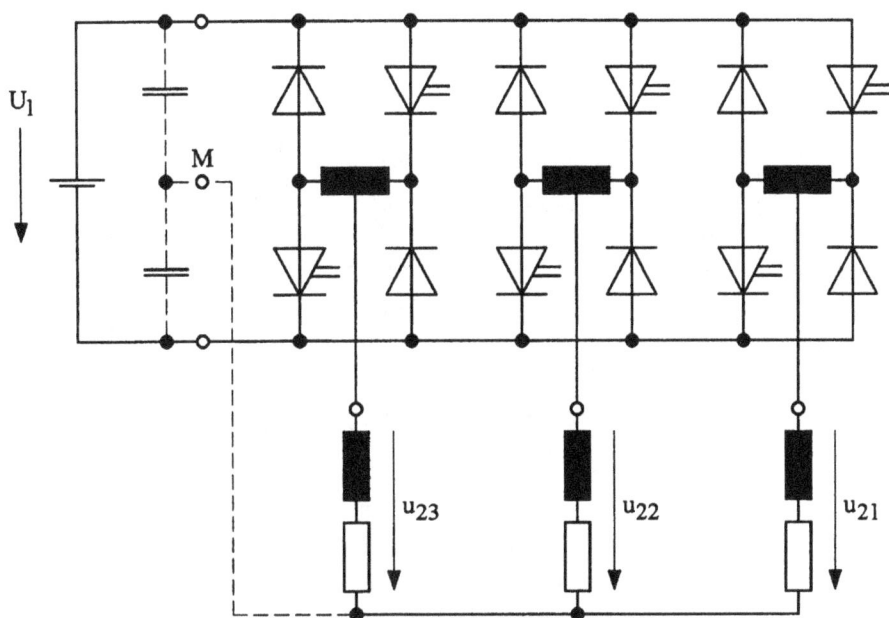

Bild 7.3: Dreiphasen-Wechselrichter mit Thyristoren und Einzellöschung

7.1.2   Thyristor-Wechselrichter ohne Einzellöschung

Im Dreiphasen-Wechselrichter mit Thyristoren und Einzellöschung (Bild 7.3) sind bei Verwendung einer Löschschaltung mit Umschwingkreis (Bild 2.57) neben den sechs unvermeidbaren Hauptthyristoren u.a. sechs weitere Hilfsthyristoren nebst Ansteuerschaltungen sowie sechs Umschwingkreise (C, L1) erforderlich. Dieser Schaltungsaufwand ist enorm und führt zwangsläufig zur Suche nach Möglichkeiten zur Aufwandsreduzierung. Lösungsansätze hierzu bieten, bei allerdings reduzierter Steuerungsflexibiltität, die Wechselrichter mit

Phasenlöschung → Kommutierung innerhalb einer Halbbrücke

bzw. mit

Phasenfolgelöschung → Kommutierung zwischen Halbbrücken

In beiden Lösungsansätzen werden Teile der Löschschaltung für mehrere Thyristoren gemeinsam genutzt.

Bild 7.4 zeigt zunächst die Grundschaltung eines Einphasen-Wechselrichters mit Phasenlöschung und gemeinsamer Nutzung der Löschschaltung, bestehend aus den Löschelementen C_L, L_L und den beiden Hilfsthyristoren Th1 bzw. Th2, Bild 7.5 eine entsprechende Erweiterung für den Dreiphasen-Wechselrichter ohne primärseitigem Spannungsmittelpunkt.

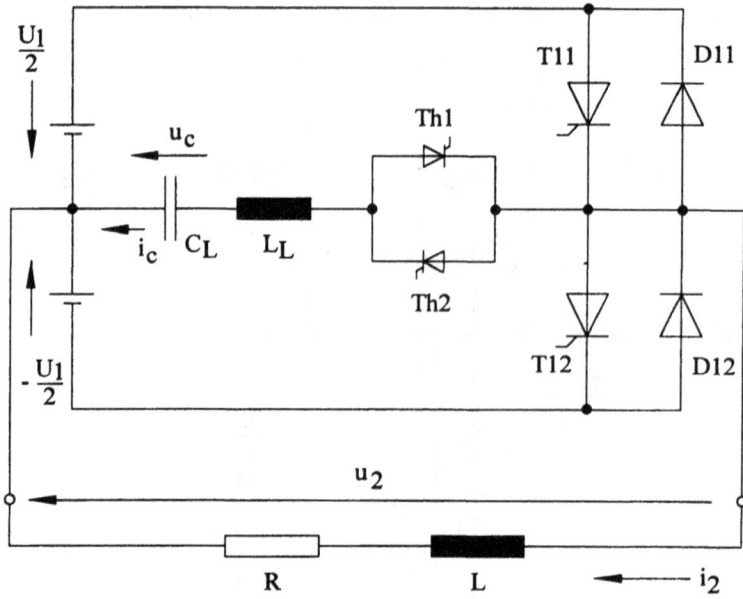

Bild 7.4: Einphasen-Thyristor-Wechselrichter mit Phasenlöschung

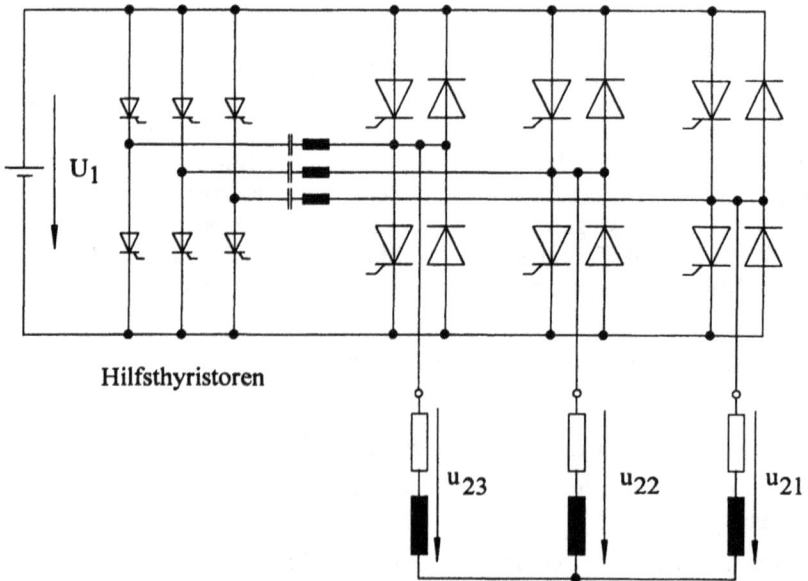

Bild 7.5: Dreiphasen-Thyristor-Wechselrichter mit Phasenlöschung

Der Thyristor-Wechselrichter mit Phasenlöschung ist in seinen Steuerungsmöglichkeiten gegenüber dem Wechselrichter mit Einzellöschung eingeschränkt – es ist nur Einfach-/Mehrfachpulsung mit Vollsteuerung möglich. Das Ausschalten des Halbbrückenzweiges mit dem Thyristor T11 wird durch Zündung von Th1, das Ausschalten des Halbbrückenzweiges mit dem Thyristor T12 durch Zündung von Th2 bewirkt. Zur Funktionserläuterung zeigt Bild 7.6 unter den Annahmen

$\tau = L \, / \, R \neq 0$

T11 leitend, T12 sperrt

$i_2 \approx \mathrm{const} > 0 \;\rightarrow$ vernachlässigbare Laststromänderung innerhalb des zeitlich kurzen Kommutierungsintervalles

$u_c = +U_1$ (bei Inbetriebnahme realisierbar durch Zündung von Th2 zusammen mit T11 $\hat{=}$ Anlegen der Gleichspannung $U_1/2$ an einen ungedämpften Schwingkreis mit Ventilwirkung (vgl. Erläuterungen zu Kap. 2.4.3.2 „Schaltungsinbetriebnahme von Löschschaltungen"))

Kommutierungseinleitung durch Zündung des Hilfsthyristors Th1

die Simulation (SIMPLORER) einer Kommutierung des Laststromes von der oberen Hälfte der Halbbrücke (T11) zur unteren Hälfte (D12). Dabei wurden folgende Schaltungsparameter zugrundegelegt:

$U_1 / 2 = 100 \mathrm{V}; \, i_2 = 100 \mathrm{A}; C_L = 25 \mu \mathrm{F}; L_L = 8 \mu \mathrm{H}$

Der Löschkondensator C_L wird nach Zündung von Th1 mit $i_A(\mathrm{Th1}) = -i_c$ über die Induktivität L_L, die Parallelschaltung von T11 mit D11 und die Spannungsquelle $U_1/2$ umgeladen. Wegen $i_2 = -i_c + i_A(\mathrm{T11}) - i_D(\mathrm{D11}) = \mathrm{const}$ führt diese Umladung zunächst bei $-i_c < i_2$ zur zunehmenden Reduzierung von $i_A(T11)$, bis bei $-i_c \geq i_2$ die Diode D11 leitend wird und den weiteren Stromanstieg von $-i_c$ mit $i_D(\mathrm{D11}) = -i_c - i_2$ übernimmt.

Im Gegensatz zu den Löschschaltungen des Kap. 2.4.3.2 liegt hier während des Löschvorganges am Thyristor T11 nur die Spannung

$$u_{AK}(\mathrm{T11}) = -u_D(\mathrm{D11}) \approx -1\mathrm{V} \ldots -2\mathrm{V}$$

an. Voraussetzung für den Übergang der Diode D11 vom Rückwärts-Sperrzustand in den Vorwärts-Durchlasszustand und damit zur Gewährleistung einer ausreichenden Schonzeit für den Thyristor T11 ist die Dimensionierung

$$\hat{i}_c = U_1 \cdot \sqrt{\frac{C_L}{L_L}} > \hat{i}_2; \quad \text{typisch}: \hat{i}_c \approx 1{,}5 \cdot \hat{i}_2$$

Nach Ende der Kommutierung / Löschung von T11 bzw. genauer nach Beendigung der Umladung des Löschkondensators, diese wird gegen Ende der Kommutierung durch die Diode D12 übernommen, ist $u_c \approx -U_1$. Damit ist die Schaltung vorbereitet zur Löschung des Folgethyristors T12.

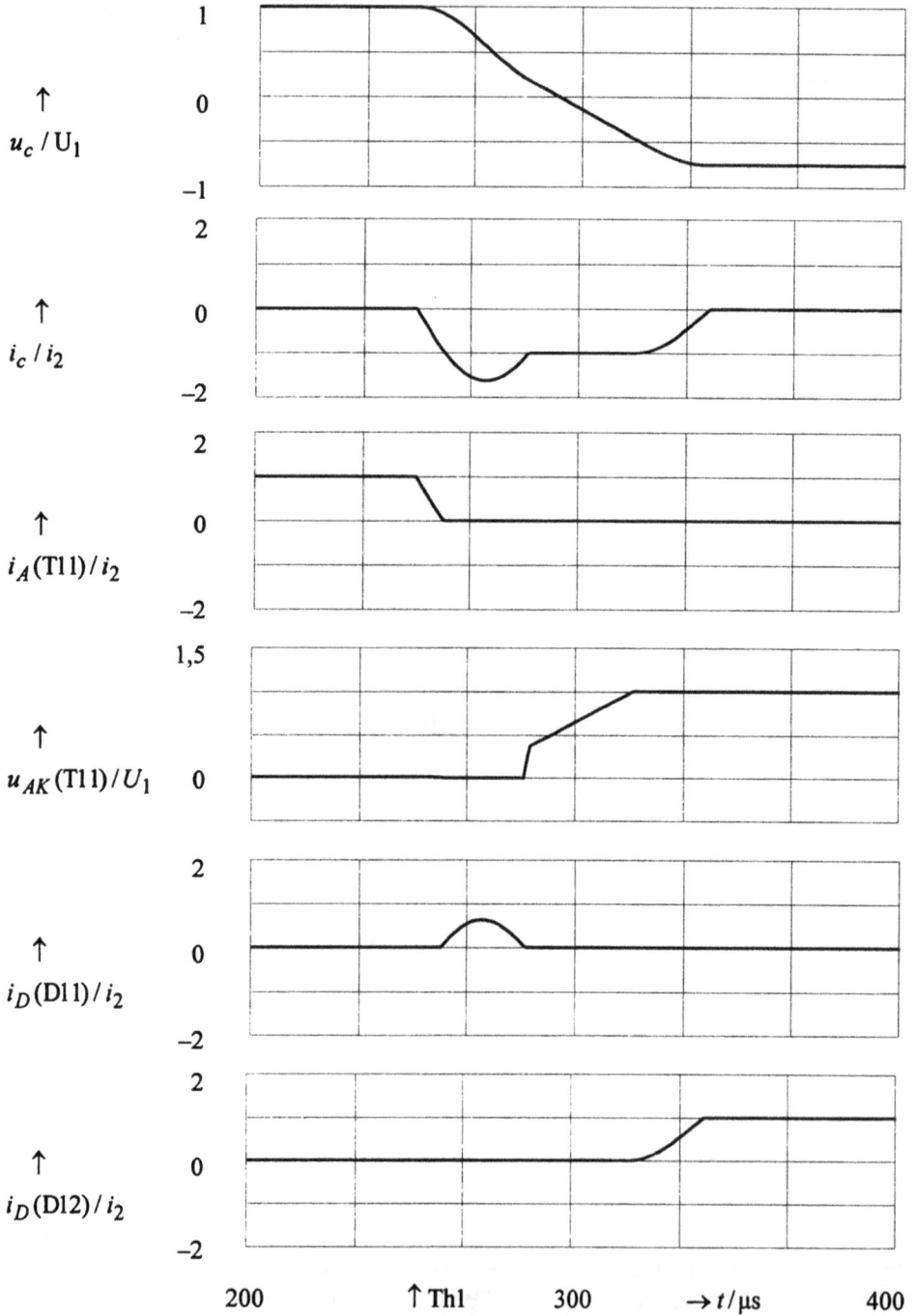

Bild 7.5: Einphasen-Thyristor-Wechselrichter mit Phasenlöschung / Kommutierung T11→D12

Die Bilder 7.6 bis 7.8. zeigen Wechselrichter mit Phasenfolgelöschung. Ihr Kennzeichen ist die Einbeziehung der Hilfsthyristorfunktion in den Hauptthyristor und Verwendung der kapazitiven Energiespeicher – nunmehr als Kommutierungskondensator bezeichnet – für mehrere zu löschende Thyristoren. Der nochmals gegenüber Einzellöschung und Phasenlöschung reduzierte Ventilaufwand führt zu einer weiteren Einschränkung der möglichen Steuerverfahren. Realisierbar ist nur noch Einfachpulsung (180°-Pulsung, Kap. 7.2.1).

Wechselrichter mit Phasenfolgesteuerung sollen zunächst an Einphasenschaltungen für rein ohmsche Verbraucher erläutert und später auf ohmsch-induktive Verbraucher erweitert werden. Der Begriff „Phasenfolge" verweist auf mehrphasige Wechselgrößen und ist hier nur bei Interpretation der Sekundärspannung u_2 als verkettete Spannung eines fiktiven Zweiphasensystems gerechtfertigt.

Bild 7.6 zeigt hierzu eine erste Schaltung, bestehend aus zwei gleichen Strängen mit jeweils zwei Thyristoren. Der Kommutierungskondensator C liegt in der Brückendiagonale dieser beiden Stränge und damit direkt parallel zum Verbraucher R.

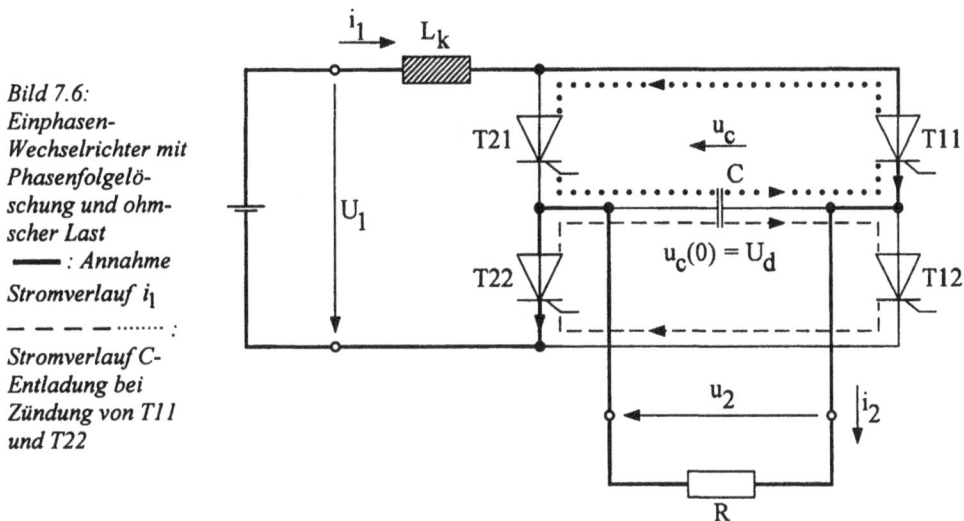

Bild 7.6:
Einphasen-
Wechselrichter mit
Phasenfolgelö-
schung und ohm-
scher Last

——— : *Annahme*
Stromverlauf i_1

— — — — ········· :

Stromverlauf C-
Entladung bei
Zündung von T11
und T22

Wird für $t < 0$ Leitzustand der Thyristoren T11 und T22 angenommen, so ist $u_2(t < 0) = u_c(t < 0) = U_1$. Wird weiterhin zum Zeitpunkt $t = 0$ Zündung der Thyristoren T12 und T21 unterstellt, so entlädt sich der Kommutierungskondensator C über die gepunktet bzw. gestrichelt eingetragenen Strompfade und erzwingt so in den für $t < 0$ leitenden Thyristoren die Anodenströme $i_A(\text{T11}) = 0$ und $i_A(\text{T22}) = 0$. Damit sperren diese Thyristoren – der Kommutierungskondensator C wird auf $u_c = -U_1$ umgeladen und steht somit in der folgenden Phasen zur Löschung der Thyristoren T12 und T21 bereit. In der Praxis wird die Schaltung zur Vermeidung von Ventilkurzschlüssen über T11 und T12 bzw. T21 und T22 durch eine Kommutierungsinduktivität L_k zu ergänzen sein.

Nachteilig in der Schaltung nach Bild 7.6 ist die Kopplung der beiden gepunktet bzw. gestrichelt eingetragenen Umladestromkreise mit ihrer problematischen Stromaufteilung bei der Parallelschaltung toleranzbehafteter Halbleiterventile. Eine Verbesserung ergibt sich durch getrennte Zuordnung von Kommutierungskondensatoren zu den beiden gepunktet bzw. gestrichelt eingetragenen Stromkreisen und Entkopplung dieser Stromkreise und des Verbrauchers durch Dioden (Bild 7.7). Aufgrund der größeren Ventilzahl im Strompfad führt dies allerdings zur Erhöhung der Ventilverluste.

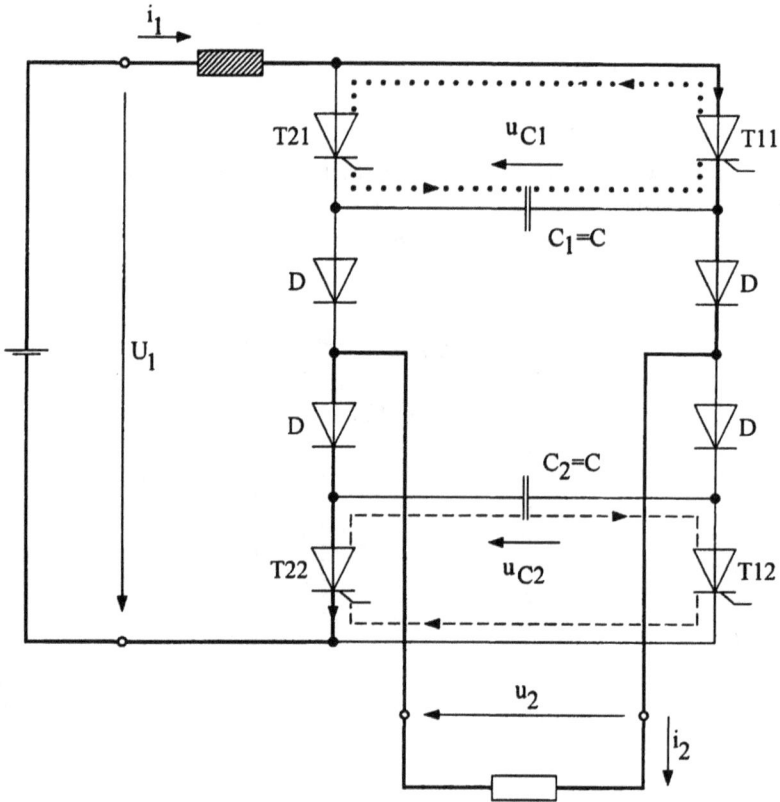

Bild 7.7: Einphasen-Wechselrichter mit Phasenfolgelöschung und entkoppelten Kommutierungskondensatoren; D: Sperrdioden; ⸺ *: T11 und T22 leitend, Stromverlauf i_1;* ⸺ ⸺ ⸺ ······ *: Stromverlauf C-Entladung bei Zündung von T12 und T21*

Soll der Wechselrichter mit Phasenfolgelöschung auch für ohmsch-induktive Verbraucher einsetzbar sein, so ist entsprechend der Anmerkungen zu Bild 7.1 ein Strompfad für den nacheilenden Strom durch antiparallele Dioden zu den beiden Thyristorsträngen zu schaffen (Aufbau mit symmetrischen Halbbrücken, Bild 7.8). Die zwischengeschalteten Induktivitäten haben dabei entsprechend der Erläuterungen zu Bild 6.17 Thyristorstränge und Diodenstränge während der Kommutierung von einander zu entkoppeln.

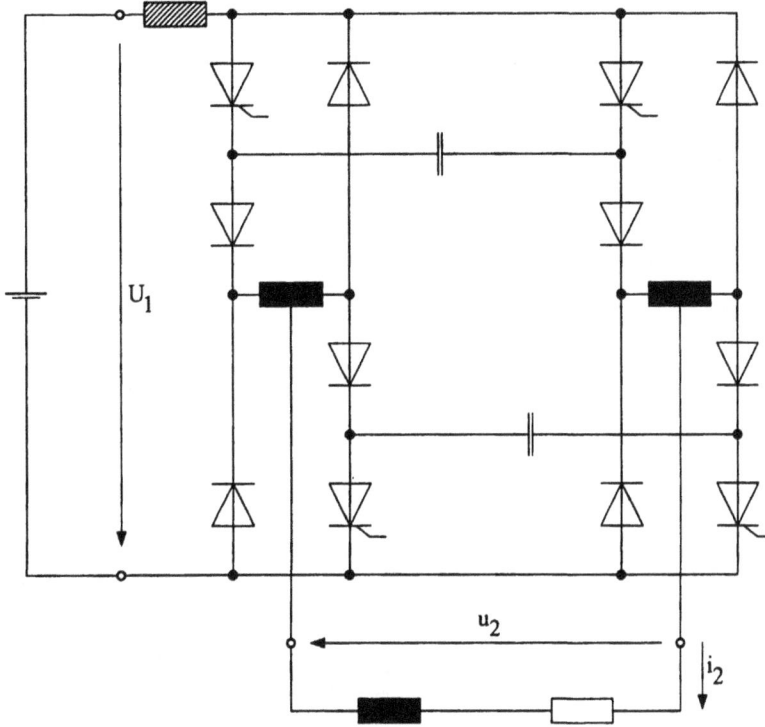

Bild 7.8: Einphasen-Wechselrichter mit Phasenfolgelöschung für ohmsch-induktive Verbraucher

Auf Grund des Prinzips der Löschung der Thyristoren durch jeweiliges Zünden der entsprechenden Thyristoren der Folgephase ist, wie bereits erwähnt, nur das Steuerungsprinzip der 180°-Pulsung (Kap. 7.2.1) realisierbar. Die relative Einschaltdauer t_p / T_2 der Thyristoren wird dabei zu $t_p / T_2 = 0{,}5$. Die Amplitude der Ausgangsspannung $\hat{u}_2$ bzw. ihrer Grundschwingungskomponente $\hat{u}_{21}$ ist nur durch Veränderung der Eingangsspannung U_1 steuerbar. Wegen der geringen Steuerungsmöglichkeit, von der Wechselrichterschaltung ist nur die Sekundärfrequenz steuerbar, werden derartige Wechselrichter häufig auch nur als Zerhacker bezeichnet.

7.1.3 Schwingkreisumrichter

Eine weitere Aufwandsreduzierung gegenüber dem Thyristor-Wechselrichter mit Einzellöschung, aber auch dem Thyristor-Wechselrichter mit Phasen- oder Phasenfolgelöschung, bietet der Schwingkreisumrichter bei nochmals reduzierter Steuerungsflexibilität |Heumann, Stumpe|. Keines der später in Kap. 7.2 geschilderten Steuerungsverfahren ist direkt anwendbar. Die Frequenz f_2 ist durch Ansteuerungsmaßnahmen nicht variierbar.

Bild 7.9 zeigt als Beispiel die Variante des Serien-Schwingkreismrichters. Einem ohmsch-induktiven Verbraucher ist ein Kondensator C in Serie geschaltet und bildet mit diesem eine resonanzfähige Struktur mit der Kennfrequenz

$$f_0 = \frac{1}{2\pi \cdot \sqrt{LC}} \qquad\qquad (7.1)$$

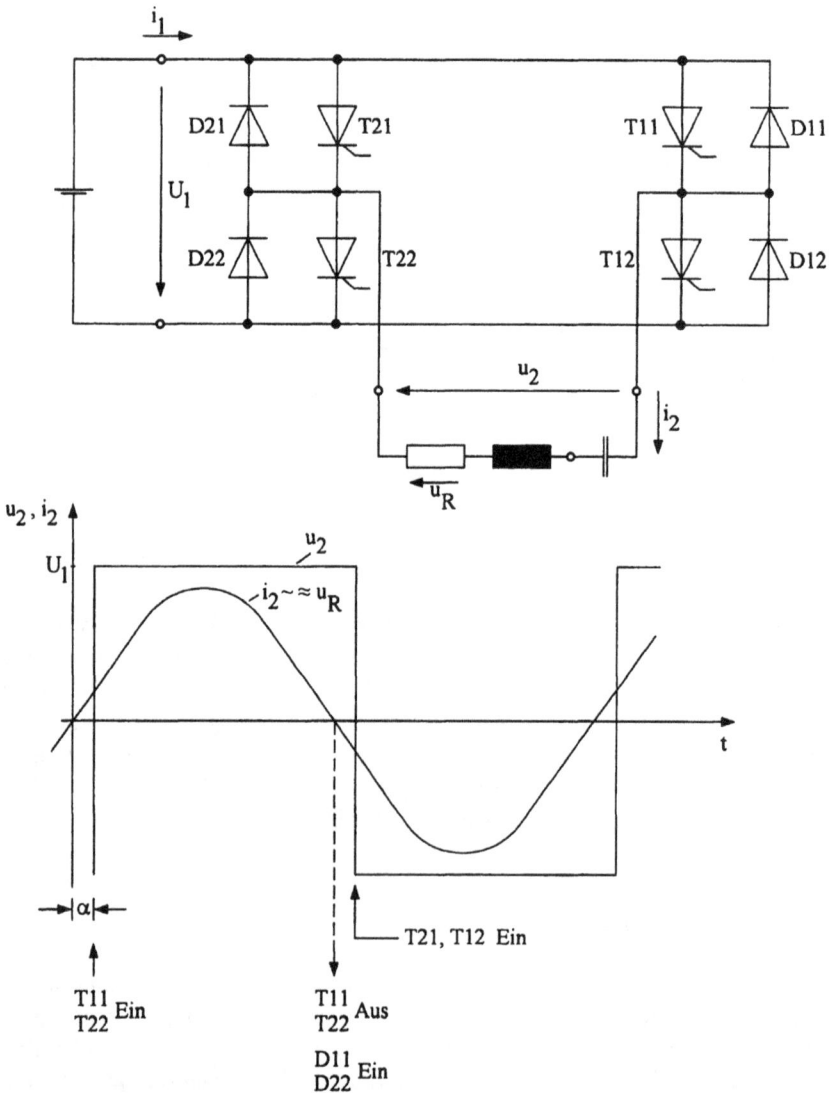

Bild 7.9: Serien-Schwingkreisumrichter; Strom-/Spannungszeitdiagramme im stationären Zustand

Durch Zünden, beispielsweise der Thyristoren T11 und T22, wird dem Serienschwingkreis bei $u_2 = U_1 > 0$ und $i_1 > 0$ Energie zugeführt. Damit wird unter der Voraussetzung der Schwingungsfähigkeit, diese ist gegeben für

$$R < 2 \cdot Z_0; \quad Z_0 = \sqrt{\frac{L}{C}} \tag{7.2}$$

eine entsprechend des Verbraucherwiderstandes R gedämpfte Schwingung angefacht. Der Strom i_1 steigt zunächst an wird anschließend wieder zu $i_1 = 0$, sobald der Kondensator C seinen maximalen Ladezustand errecht hat. Damit verlöschen die Thyristoren T11 und T22. Die zu diesem Zeitpunkt auftretende Kondensatorspannung ist dämpfungsabhängig und erreicht Werte $u_c > U_1$. Sobald dies der Fall ist, werden die Dioden D11 und D22 leitend und übernehmen mit $i_1 < 0$ bei $u_2 = U_1$ die Stromführung bis zur Zündung der Folgethyristoren T21 und T12. Es existiert stets ein über die Primärspannung U_1 mit $u_2 = +U_1$ oder $u_2 = -U_1$ geschlossener Serienschwingkreis. Die in diesem angefachte Schwingung wird durch lastgetaktetes, zeitrichtiges Zünden der Thyristoren entdämpft und führt im stationären Zustand zu einem sinusförmigen Stromverlauf i_2 mit der Frequenz $f_2 \approx (<) f_0$. Die Amplitude $\hat{i}_2$ des Laststromes ist steuerbar durch den Grad der Entdämpfung, d.h. durch den Zündwinkel α nach dem Stromnulldurchgang.

Die Thyristoren verlöschen jeweils im Nulldurchgang des Laststromes. Im Sinne der Klassifizierung des Kap. 3.1 handelt es sich um eine lastgeführte Schaltung – im Gegensatz zu selbstgeführten Schaltung kann im Schwingkreisumrichter auf Löschschaltungen verzichtet werden.

7.2 Steuerungsprinzipien / Pulsungsverfahren

Die angestrebte Kurvenform der sekundären Wechselgröße wird mittels Schaltvorgängen, eventuell verbunden mit einer Filterung, aus einer primären Gleichgröße gewonnen. Ist das Ziel die Bildung einer sinusförmigen Sekundärgröße, so wird der Steuerungsaufwand bzw. die Komplexität des Pulsungsverfahrens bei vorgegebenem Filteraufwand mit zunehmender Annäherung an die Sinusform, ausdrückbar durch einen geforderten Klirrfaktor k, zunehmen. Andererseits wird bei gleichbleibender Anforderung an die Sinusannäherung der Filteraufwand bei zunehmender, natürlich sinnvoll gelenkter Komplexität des Pulsungsverfahrens abnehmen. Da eine Steigerung der Komplexität des Pulsungsverfahrens Ventile mit hoher realisierbarer Schaltfrequenz voraussetzt, sind derartige Verfahren Wechselrichtern mit Transistoren, PowerMOSFETs bzw. IGBTs vorbehalten.

Im Folgenden werden unabhängig von der bereits in Kap. 7.1 betrachteten Schaltungsrealisierung einige Pulsungsverfahren vorgestellt und deren charakteristische Eigenschaften ermittelt. Da alle Pulsungsverfahren, allerdings nicht immer mit gleicher Leistungsfähigkeit, sowohl als Vollsteuerung als auch – meist besser – als Folgesteuerung realisierbar sind, wird in den Beispieldarstellung willkürlich auf diese Steuerungsprinzipien zugegriffen.

7.2.1   180°-Pulsung / Sektorsteuerung

180°-Pulsung und, bei etwas größerem Aufwand, Sektorsteuerung bilden die gewünschte Sekundärgröße durch Einfachpulsung, also durch einen Spannungsimpuls pro Halbperiode $T_2 / 2$ der Sekundärgröße, nach. Im Falle der 180°-Pulsung geschieht dies, wie im Beispiel des Bildes 7.1, durch Vollsteuerung (Zerhackerbetrieb), im Falle der Sektorsteuerung durch Folgesteuerung.

Bild 7.10 zeigt als Anwendungsbeispiel der Sektorsteuerung die Spannungszeitfunktionen eines dreiphasigen Gleichstrom-Wechselstrom-Umrichters.

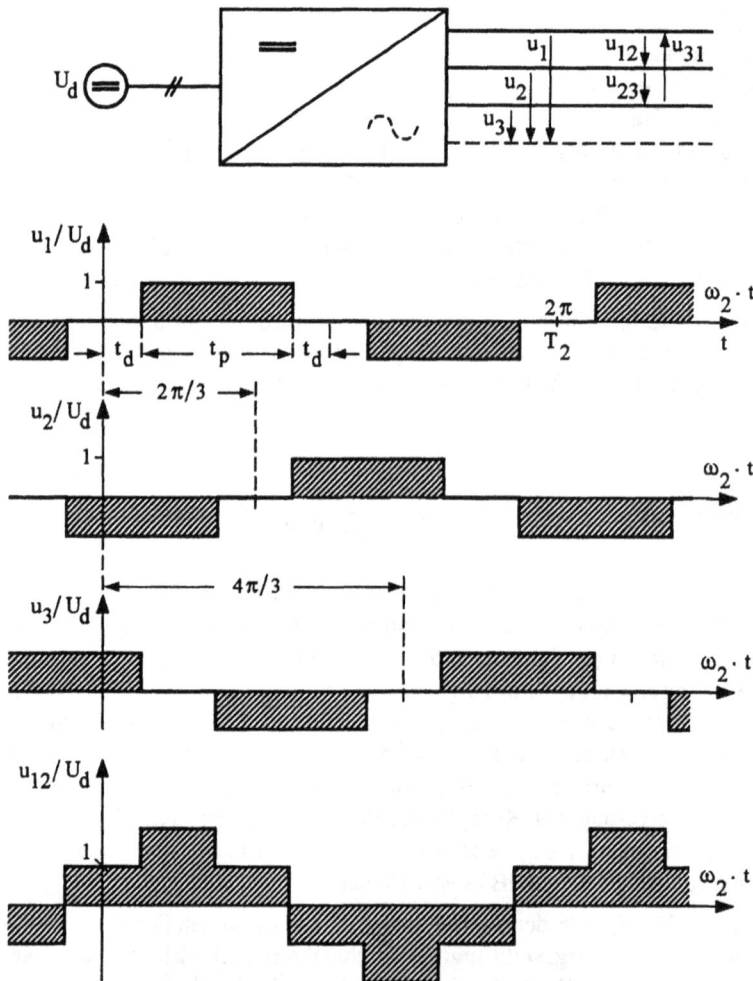

Bild 7.10:
Dreiphasiger
Wechselrichter
mit Sektorsteue-
rung

Das angewandte Pulsungsverfahren ist zwar durch einen Spannungsimpuls pro Halbperiode der unverketteten Sekundärspannung gekennzeichnet. Die verkettete Sekundärspannung (Außenleiterspannung) zeigt entsprechend der Zusammensetzung aus zwei unverketteten

Spannungen eine treppenartige Struktur. Die Sekundärfrequenz f_2 wird durch die Pulsungsperiode T_2, der Effektivwert der unverketteten bzw. verketteten Sekundärspannungen durch die Impulsbreite t_p gesteuert. Die Sekundärspannungen zeigen auf Grund des primitiven Pulsungsverfahrens deutlich ihre von Impulsen abgeleitete Entstehung. Neben der Grundschwingung bzw. 1. Harmonischen existieren ausgeprägte Oberschwingungen bzw. Harmonische der Ordnungszahl n>2.

Der Gesamteffektivwert U_1 der unverketteten Sekundärspannungen u_1 bis u_3 lautet:

$$U_1 = \sqrt{\frac{1}{T_2} \cdot \int_{T_2} u_1^2(t) \cdot dt} = U_d \cdot \sqrt{\frac{2 \cdot t_p}{T_2}} \qquad (7.3)$$

Für die Amplituden von Grund- und Oberschwingungen liefert die Fourier-Analyse (Beispiel Strang 1 – Definitionen gemäß (4.24) bis (4.27))

$$\hat{u}_{1n} = \left| \frac{4}{n \cdot \pi} \cdot U_d \cdot \sin n\pi \frac{t_p}{T_2} \right|; \quad n = 1, 3, 5, \ldots \qquad (7.4)$$

und speziell für den Effektivwert U_{11} der Grundschwingung bzw. 1. Harmonischen:

$$U_{11} = \frac{2 \cdot \sqrt{2}}{\pi} \cdot U_d \cdot \sin \pi \frac{t_p}{T_2} \qquad (7.5)$$

Bild 7.11 zeigt eine Darstellung der Gesamteffektivwertes U_1 sowie des Effektivwertes U_{11} der Grundschwingung zusammen mit einer Darstellung des Klirrfaktors k nach (4.34) in Abhängigkeit von der relativen Impulsdauer t_p / T_2.

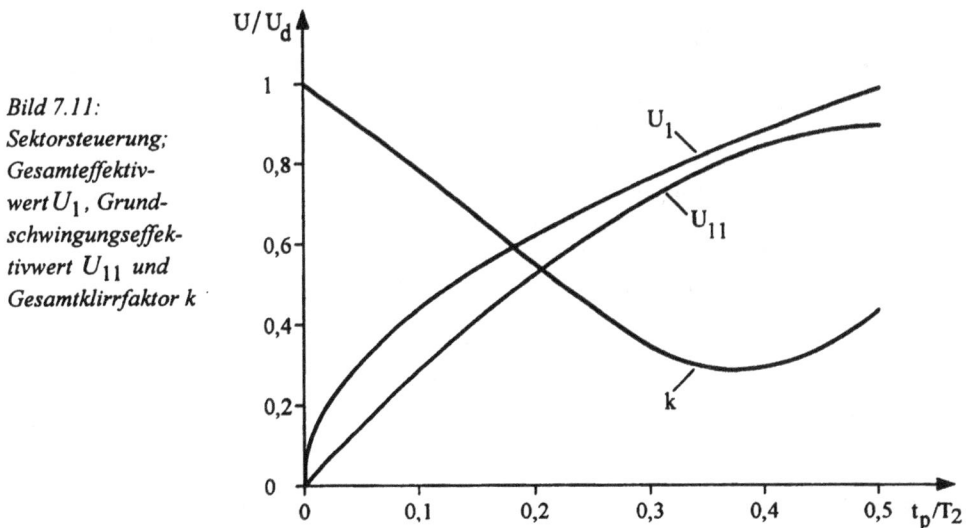

Bild 7.11:
Sektorsteuerung;
Gesamteffektiv-
wert U_1, Grund-
schwingungseffek-
tivwert U_{11} und
Gesamtklirrfaktor k

Im Spektrum der verketteten Spannungen des symmetrischen Drehstromsystems entfallen grundsätzlich alle Harmonischen mit Ordnungszahlen $n = v \cdot 3$ (v ganzzahlig). Der Beweis hierfür kann am Beispiel der Spannung u_{12} geführt werden. Angelehnt an die Darstellung (4.24) lautet der Ansatz für die n. Harmonische der unverketteten Spannung

$$u_{1n} = \hat{u}_{1n} \cdot \sin(n\omega_2 t + \phi_n)$$

$$u_{2n} = \hat{u}_{1n} \cdot \sin\left[n \cdot (\omega_2 t - \frac{2\pi}{3}) + \phi_n \right]$$

und somit

$$u_{12n} = u_{1n} - u_{2n} = \hat{u}_{1n} \cdot \sin(n\omega_2 t + \phi_n) - \hat{u}_{1n} \cdot \sin\left[n \cdot (\omega_2 t - \frac{2\pi}{3}) + \phi_n \right]$$

Für $n = v \cdot 3$ (v=1, 2, 3, ...) ist

$$\sin\left[n(\omega_2 t - \frac{2\pi}{3}) + \phi_n \right] = \sin\left[n\omega_2 t - v \cdot 2\pi + \phi_n \right] = \sin(n\omega_2 t + \phi_n)$$

und somit $u_{12n} = 0$.

Sektorsteuerung und 180°-Pulsung werden auf Grund der einfachen Realisierbarkeit gerne dort eingesetzt, wo der Klirrfaktor der Sekundärspannung von untergeordneter Bedeutung ist. Ein Anwendungsbeispiel ist der Gleichstrom-Gleichstrom-Umrichter mit Wechselspannungszwischenkreis (Bild 6.1).

7.2.2   Mehrfachpulsung / Pulsbreitenmodulation

Ähnlich der Ausführungen zu Kap. 4.3.1 (netzrückwirkungsarme Wechselstrom-Gleichstrom-Umrichter) lässt sich auch hier, wie bereits zu Bild 1.5 erwähnt, der Klirrfaktor der Sekundärspannung u_2 und damit deren Qualität durch Mehrfachpulsung erheblich verbessern. Neben einigen Verfahren, die bei geringer Pulszahl durch Optimierung der Schaltzeitpunkte gezielt bestimmte Harmonische reduzieren |Daum, Zach| verzeichnen auf Grund der inzwischen verfügbaren, schnellen abschaltbaren Schalter wie PowerMOSFET, IGBT und GTO die Verfahren Pulsbreitenmodulation und Stromleitverfahren zunehmende Bedeutung. Ebenfalls von großer Bedeutung ist die Vektorsteuerung oder Raumzeiger-Modulation mit Einbeziehung eines Drehstrommotors in die Systembetrachtung |Hagmann|.

• Pulsbreitenmodulation / Spannungssteuerung

Ziel der Pulsbreitenmodulation ist die Pulsformung der Sekundärspannung $u_2(t)$ mit einer von störenden Spektralkomponenten möglichst freien Spektralumgebung um die Sekundär-frequenz f_2. Zusätzlich auftretende Spektralkomponenten mit $f \neq f_2$ werden in einen für die Anwendung unkritischen oder durch Tiefpassfilter einfach zu beherrschenden Fre-quenzbereich $f \gg f_2$ verschoben. Die Schaltzeitpunkte werden, wie in Bild 4.68 (dort allerdings für einen I-Umrichter) dargestellt, aus dem Vergleich der Sinussollkurve u_{2soll} mit der Frequenz f_2 und einer Dreieckschwingung mit der Schaltfrequenz $f_s \gg f_2$ gebildet. Ausgangsspannung $u_2(t)$ und das zugeordnete Spektrum $u_2(f)$ entsprechen qualitativ den in Bild 4.70 für den Eingangsstrom i_1 eines I-Umrichters dargestellten Verläufen. Zeitfunktion und Spektrum des Sekundärstromes i_2 entsprechen bei R-Last wegen $i_2 = u_2/R$ qualitativ den Eigenschaften der Sekundärspannung u_2, bei R/L-Last führt die Tiefpasswirkung der Last bei einer Tiefpassgrenzfrequenz $f_T < f_s$ zur Stromglättung.

- Stromleitverfahren / Stromsteuerung

In Kap.6.3 wurde das Stromleitverfahren (Zweipunktregelung) als ein mögliches Verfahren zur Steuerung des Gleichstromstellers diskutiert. Grundgedanke war die Vorgabe eines Stromsollwertes samt eines zulässigen Toleranzbereiches. Über- oder Unterschreitungen des Toleranzbereiches bestimmten die Schaltzeitpunkte der leistungselektronischen Schalter. Dieser Grundgedanke des Stromleitverfahrens ist vom Prinzip auf beliebige Kurvenformen erweiterbar und damit auch auf den Wechselrichter zur Stromsteuerung anwendbar. Das Stromleitverfahren setzt für endliche Schaltintervalle eine endliche Stromänderungsgeschwindigkeit $|di/dt| \neq \infty$ voraus und ist somit auf reine R-Lasten nicht anwendbar. Erforderlich ist eine induktive Lastkomponente, sei es als Bestandteil der Last oder als Vorschaltinduktivität L. Diese Induktivität L ist so zu dimensionieren, dass die seitens der Last maximal mögliche zeitliche Ist-Stromänderung größer ist als die maximal geforderte zeitliche Soll-Stromänderung im Stromnulldurchgang. Für eine Einphasen-Wechselrichter-Vollbrücke (Bild 7.2 oben) bedeutet dies:

$$\left.\frac{di_{2ist}}{dt}\right|_{max} = \left.\frac{d}{dt}\left\{\frac{U_1}{R}\left(1 - e^{-\frac{t}{\tau}}\right)\right\}\right|_{max} = \frac{U_1}{L} \geq$$

$$\left.\frac{di_{2soll}}{dt}\right|_{max} = \frac{d}{dt}\left\{\sqrt{2} \cdot I_{2soll} \cdot \sin \omega_1 t\right\}_{max} = \sqrt{2} \cdot I_{2soll} \cdot 2\pi f_1 \tag{7.6}$$

$$L \leq \frac{U_1}{\sqrt{2} \cdot I_{2soll} \cdot 2\pi f_1} \tag{7.7}$$

Ein Dimensionierungsbeispiel:

Vorgabe

$U_1 = 100\text{V}; \quad R = 1\Omega; \quad I_{2soll} = 20\text{A}$

Induktivität (7.7)

$L \leq 12,4\text{mH}$

Die Bilder 7.12 und 7.13 zeigen eine Simulation des Steuerverfahrens auf der Basis des Simulationsprogrammes SIMPLORER. Großer Vorteil des Simulationsprogramms ist an dieser Stelle die Möglichkeit, über Zustandsgraphen die Ansteuerung der leistungselektronischen Schalter zu gewinnen. Damit können die Eigenschaften des Steuerverfahrens ohne Entwurfs- und Simulationsaufwand für die Steuerelektronik ermittelt werden.

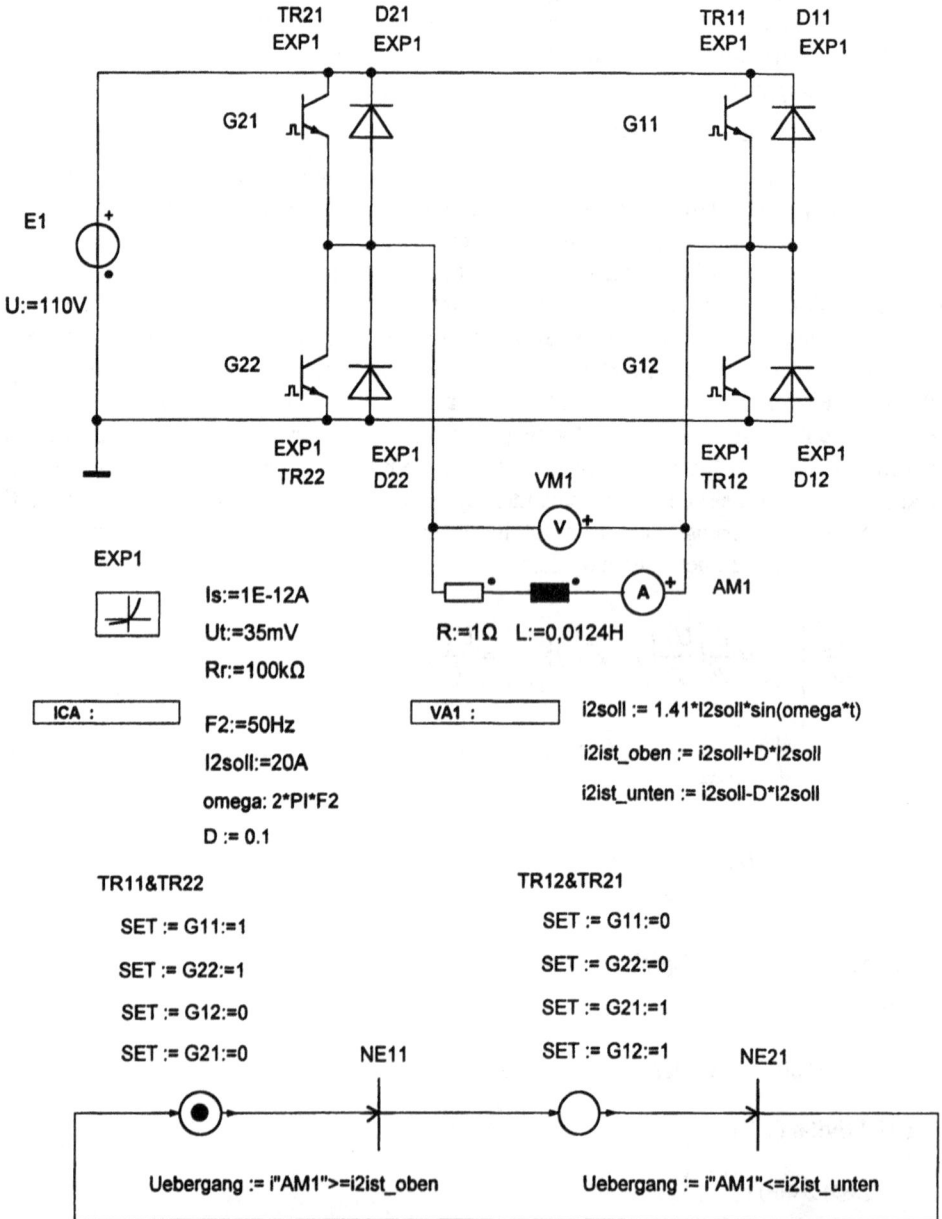

Bild 7.12: Einphasen-Wechselrichter mit Stromleitverfahren / Eingabe „Simplorer-Schematics"

Die Schaltbildeingabe – Einphasen-Wechselrichter-Vollbrücke – ist mit den im Dimensionierungsbeispiel als Grenzfall zu (7.7) ermittelten Daten versehen.

Die aktiven Halbleiterschalter (IGBTs) werden als statische Elemente behandelt und im Durchlass- und Sperrverhalten durch die Kennlinie „EXP1" (vgl. Erläuterung zu Bild 2.17) charakterisiert. Die Gate-Ansteuerung erfolgt über logische Steuergrößen mit z.B. G11=1 (IGBT TR11 im Durchlass) und G11=0 (IGBT TR11 sperrt).

Neu, und in den bisher diskutierten Simulationsbeispielen nicht erläutert, ist die Steuerung über Zustandsgraphen. Die beiden mit „TR11&TR22" und „TR12&TR21" bezeichneten Zustände kennzeichnen die möglichen Schaltzustände der aktiven (IGBT-) Halbleiterschalter. Definiert werden diese Zustände über „SET-Anweisungen" der logischen Gate-Steuergrößen G11 bis G22. Als Übergangskriterium für den Übergang vom Zustand „TR11&TR22" zum Zustand „TR12&Tr21" wird das Erreichen des oberen Stromtoleranzbereiches (→NE11), als Übergangskriterium für den Übergang vom Zustand „TR12&TR21" zum Zustand „TR11&Tr22" wird das Erreichen des unteren Stromtoleranzbereiches (→NE21) bezeichnet. Der Zustand „TR11&TR22" ist als Startbedingung für die Simulation markiert (schwarzer Punkt im Zustand).

Über die „ICA-Zuweisung" werden Konstanten wie die Frequenz $F2 = f_2$, der Solleffektivwert des Sekundärstromes $I2soll = I_{2soll}$, das Toleranzband für das Stromleitverfahren $D = 0,5 \cdot \Delta i_2 / I_{2soll}$ sowie die Kreisfrequenz $omega = \omega_2$ definiert. Die „VA1-Anweisung" definiert auf der Basis der „ICA-Zuweisung" die Zeitfunktion des Sollstromes sowie die oberen und unteren Toleranzbänder.

Bild 7.13 zeigt Simulationsresultate zu Zeitfunktionen und Spektren der Sekundärgrößen u_2 und i_2. Als Schaltungsparameter wurde zum einen die im Schaltplan eingetragene und gemäß (7.7) als Grenzdimensionierung bestimmte Induktivität $L = 12,4\text{mH}$ und zum anderen eine um den Faktor 2 reduzierte Induktivität $L = 6,2\text{mH}$ gewählt. Die Simulation zeigt, wie durch eine Reduzierung der Induktivität L die Pulszahl zunimmt. Im Spektrum äußert sich dies durch eine Verschiebung unerwünschter Spektralkomponenten $f \neq f_2$ in den Bereich höherer Frequenzen. Ebenfalls eine Vergrößerung der Pulszahl und damit verbunden eine Verschiebung der unerwünschten Spektralkomponenten zu hohen Frequenzen ließe sich durch eine Reduzierung des Toleranzbandes erzielen.

a

u_2

a

i_2

b

u_2

b

i_2

$u_2(t):$ ↑ $-120V$......$+120V$ $u_2(f):$ ↑ 0......$+120V$

$i_2(t):$ ↑ $-40A$ .....$+40A$ $i_2(f):$ ↑ 0......$+40A$

        → 0.......$+20ms$ → 0......$+5kHz$

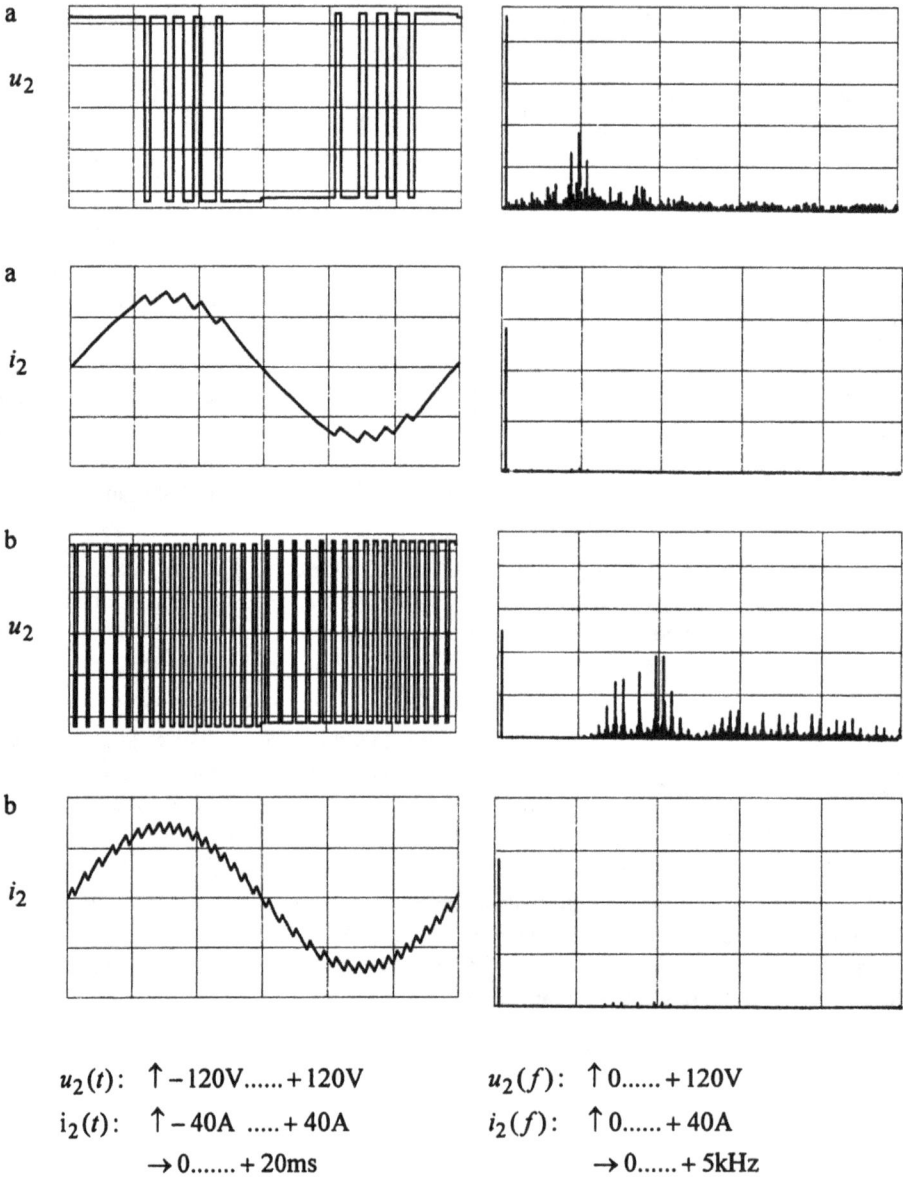

Bild 7.13: Einphasen-Wechselrichter mit Stromleitverfahren; a: $L=12,4mH$; b: $L=6,2mH$

8 Wechselstrom-Wechselstrom-Umrichter

Wechselstrom-Wechselstrom-Umrichter lassen sich auf direktem Wege, d.h. ohne Zwischenkreis, nur realisieren für

$$f_2 = f_1$$

und für

$$f_2 \ll f_1$$

Die Realisierungen für $f_2 = f_1$ wurden auf Grund ihrer großen Verbreitung bereits im Kap. 5 als Wechselstromsteller behandelt. Lösungen für $f_2 \ll f_1$ sowie Umrichter mit Zwischenkreis werden im Folgenden angesprochen.

8.1 Netzgeführter Direktumrichter

Der netzgeführte Direktumrichter basiert auf dem gesteuerten Vierquadranten-I-Umrichter bzw. Umkehrstromrichter und ist wie dieser als einzige Wechselstrom-Wechselstrom-Umrichtervariante für den Einsatz von Thyristoren ohne Löschschaltung geeignet.

Der Vierquadranten-I-Umrichter nach Kap. 4.2.4. erlaubt beliebige Kombinationen

$$U_{di\alpha} \gtrless 0 \quad / \quad I_d \gtrless 0$$

und muss so in der Lage sein, durch geeignete zeitliche Variation des Zündwinkels α langsam veränderliche Gleichspannungen und Ströme, also Wechselgrößen geringer Frequenz f_2 zu generieren. Aus dem Wandlungsprinzip folgt, dass die Grundfrequenz f_2 der Sekundärgröße stets kleiner als die Primärfrequenz f_1 sein muss. Damit liegt die maximale Sekundärfrequenz bei etwa

$$f_{2\,max} \approx 0{,}5 \cdot f_1$$

Dies begrenzt den Einsatz des Direktumrichters auf wenige praktische Anwendungen, wie z.B. auf die Speisung großer, langsam laufender Synchron- und Asynchronmaschinen. Diese Einschränkung einerseits und die Verfügbarkeit schneller ein- und ausschaltbarer Halbleiterschalter (GTO, IGBT) andererseits mit der Möglichkeit zur erheblich besseren Nachbildung sekundärer Sinusgrößen haben zwichenzeitlich die Bedeutung dieser Umrichtervariante deutlich reduziert. Weitere Details –Steuerverfahren, Zeitfunktionen, ...- vgl. |Jäger|, |Zach|.

8.2   Zwischenkreisumrichter / Frequenzumrichter

Des Wechselstrom-Wechselstrom-Umrichter mit Zwischenkreis (Bild 8.1) basiert auf der energetisch entkoppelten Zusammenschaltung eines Gleichrichters (Wechselstrom-Gleichstrom-Umrichter) mit einem Wechselrichter (Gleichstrom-Wechselstrom-Umrichter).

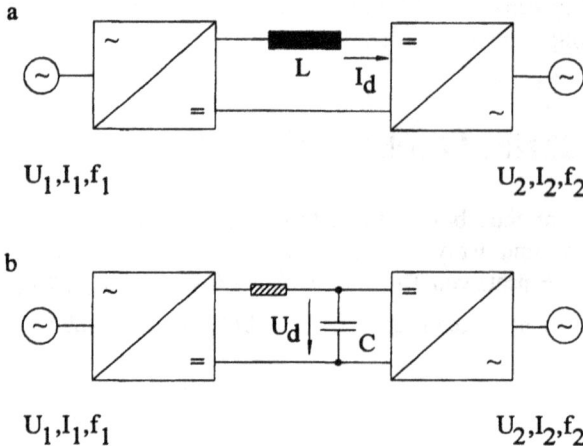

Bild 8.2: Wechselstrom-Wechselstrom-Umrichter; a: mit Gleichstromzwischenkreis, b: mit Gleichspannungszwischenkreis

Je nach Art des entkoppelnden Energiespeichers Induktivität L oder Kapazität C entstehen:

- Wechselstrom-Wechselstrom-Umrichter mit Gleichstromzwischenkreis / eingeprägter Zwischenkreisstrom I_d

  Beispiel:

  Gleichrichter: netzgeführter, gesteuerter Thyristorgleichrichter (Kap. 4.2)

  Wechselrichter: Thyristor-Wechselrichter mit Phasenfolgelöschung (Kap. 7.1.2)

- Wechselstrom-Wechselstrom-Umrichter mit Gleichspannungszwischenkreis / eingeprägte Zwischenkreisspannung U_d

Beispiel:

Gleichrichter: ungesteuerter Dioden-Gleichrichter (Kap. 4.2) oder selbstgeführter, netz-rückwirkungsarmer IGBT- (GTO-) Gleichrichter (Kap. 4.3)

Wechselrichter: IGBT- (GTO-) Wechselrichter mit Einzellöschung (Kap. 7.1.1)

Anwendung: moderne Antriebe wie z.B. Lokomotiven mit Asynchronmotoren

Der Begriff Frequenzumrichter ist in der Regel für die in der modernen Antriebstechnik be-sonders beliebte Umrichtervariante mit Gleichspannungszwischenkreis reserviert. Die Bil-der 8.2 und 8.3 zeigen hierzu zwei Ausführungsvarianten. In beiden Darstellungen wird, was auf Grund der Entkopplung über den kapazitiven Energiespeicher C nicht zwingend so sein muss, für das Primärnetz ein Dreiphasen-Drehstromnetz angenommen. Weiter wird als Aufgabe die Speisung eines Drehstrommotors, z.B. also einer Asynchronmaschine, ange-nommen. Ist Energierückspeisung in das Primärnetz wirtschaftlich uninteressant und sind Aspekte wie Leistungsfaktor und Netzrückwirkung unbedeutend (Bild 8.2), so kann als ein-fachste Variante des Wechselstrom-Gleichstrom-Umrichters ein ungesteuerter Dioden-gleichrichter (B6-Schaltung, Kap. 4.2.2) eingesetzt werden. Damit Energierückspeisung von Motor und Wechselrichter bei endlicher Größe des kapazitiven Energiespeichers C nicht zu unbeherrschbaren Überspannungen am Energiespeicher C führen, kann zur gesteuerten Entladung des Energiespeichers ein Bremsumrichter vorgesehen werden. Dessen Struktur ist die eines Tiefsetzstellers, wobei auf eine induktive Komponente des Bremswiderstandes auf Grund fehlender Glättungsanforderungen verzichtet werden kann.

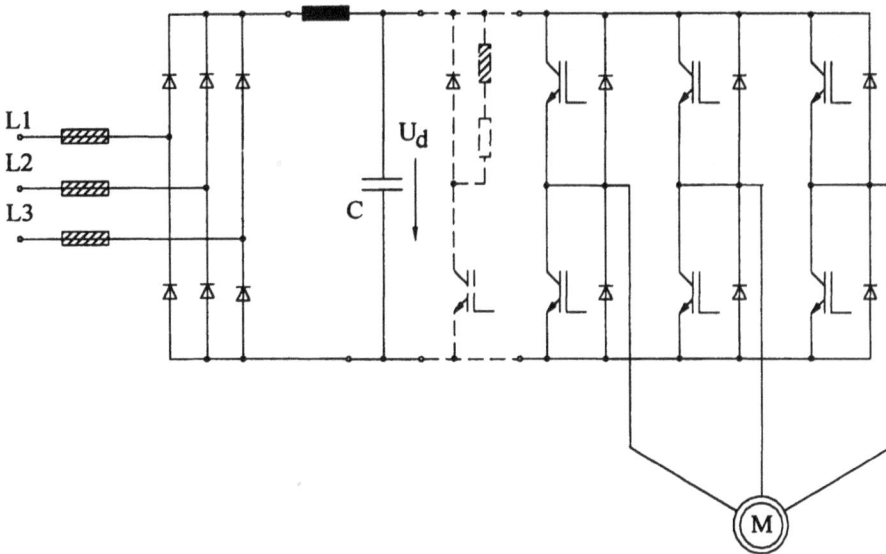

Bild 8.2: Wechselstrom-Wechselstrom-Umrichter mit ungesteuertem Gleichrichter, Gleichspan-nungszwischenkreis, (- - - Bremsumrichter), Wechselrichter mit Mehrfachpulsung

Sind dagegen Energierückspeisung ins Primärnetz oder Leistungsfaktor und Netzrückwir-kung wesentliche Auslegungskriterien (Bild 8.3), so ist als Wechselstrom-Gleichstrom-Umrichter der U-Umrichter mit geeigneter Mehrfachpulsung (Kap. 4.3.1) einzusetzen. Auch hier kann, sollte das Primärnetz nicht immer zur Aufnahme der Energierückspeisung bereit sein, ein zusätzlicher Bremsumrichter erforderlich sein.

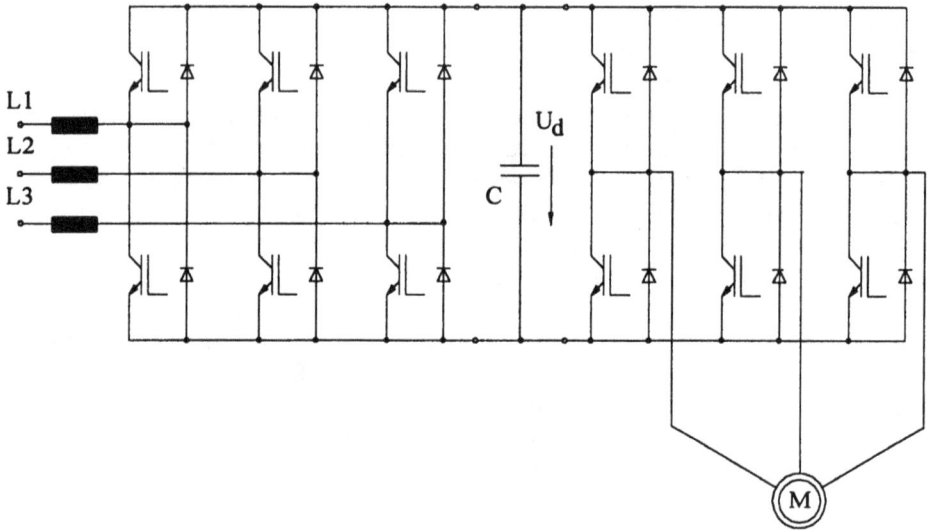

Bild 8.3: Wechselstrom-Wechselstrom-Umrichter mit selbstgeführtem, leistungsfaktoroptimiertem Gleichrichter, Gleichspannungszwischenkreis und Wechselrichter mit Mehrfachpulsung

Konzepte der in Bild 8.3 dargestellten Art werden in Aufzügen und Bahnfahrzeugen, in letzteren allerdings mit Einphasen-Gleichrichterschaltungen (Bilder 1.4 und 4.71) und GTO-Ausführung, eingesetzt.

9 Schaltnetzteile

Netzteile haben die Aufgabe, aus einem vorgegebenem Primärnetz, meist einem Wechsel-spannungsnetz mit der Spannung U_1, Gleichspannungen geringer Amplitude $U_2 \ll U_1$ für die Spannungsversorgung von Elektronikschaltungen bereit zu stellen. Grundsätzlich gibt es hierfür die beiden Lösungsansätze (Beispiele: Bild 9.1):

- Netzteil mit Linearregler / Analogregler
- Netzteil mit Schaltregler / Schaltnetzteil

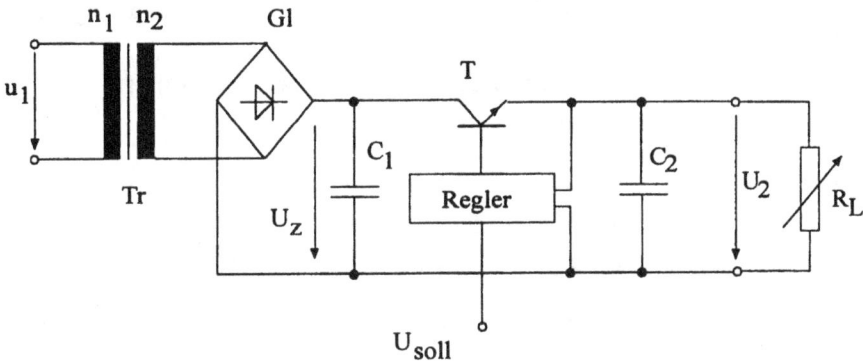

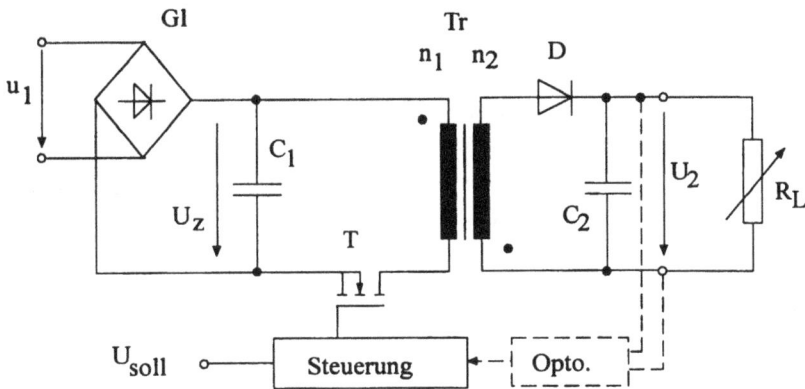

Bild 9.1: Netzteilbeispiele; oben: mit Linearregler; unten: mit Schaltregler

Der Vergleich der beiden Lösungsansätze |Anke 1| zeigt folgende Vorteile (+) und Nachteile (-):

Netzteil mit Linearregler / Analogregler:

+ hohe Güte der Sekundärspannung u_2, dynamisch hochwertige Ausregelung von Laständerungen

− geringer Wirkungsgrad η, Beispiel: $U_1 = 230V \pm 20\%$ → $\eta \approx 45\%...65\%$

− ungeeignet für große Primärspannungsbereiche (Grund: Abnahme Wirkungsgrad)

− geringer Leistungsfaktor λ (Grund: Diodengleichrichter mit U-Stabilisierung, Bild 4.2)

− Gewicht und Volumen groß (Ursachen: Kühlkörper, Transformatorauslegung für Primärfrequenz f_1, Tiefpassfilterung für $f_T < 2 \cdot f_1$)

− Elektromagnetische Verträglichkeit (EMV), Netzrückwirkung (Kap. 10)

Netzteil mit Schaltregler

+ hoher Wirkungsgrad η (>90%)

+ guter Leistungsfaktor bei PFC-Regelung (Kap.10; $\lambda \to 99\%$)

+ anpassungsfähig an große Primärspannungsbereiche (Beispiel: $80V < U_1 < 270V$)

+ Gewicht und Volumen gering (Grund: Übertragerauslegung für Schaltfrequenz $f_s \gg f_1$, Tiefpassfilterung für $f_T < f_s$)

− geringe Güte der Sekundärspannung u_2, Totzeit bei der Ausregelung von Laständerungen

− Elektromagnetische Verträglichkeit (EMV), Netzrückwirkung, Funkstörung (Kap. 10)

Die Vorteile des Netzteiles mit Schaltregler sind so überzeugend, dass mit einer ständig zunehmenden Verbreitung dieses Netzteiltyps zu rechnen ist. Ausgenommen sind Anwendungsfälle mit besonders hoher Anforderung an die Güte der Sekundärspannung u_2. Aber auch hier findet man Netzteile mit Schaltregler als Vorregler vor einem Linearregler zur Anpassung an große Primärspannungsbereiche.

Im Sinne früherer Ausführungen kann jedes Schaltnetzteil als Zwischenkreisumrichter mit den Bereichen

Ungesteuerter Gleichrichter (AC/DC-Wandler)

Wechselrichter (DC/AC – Wandler) } DC/DC – Wandler
Gleichrichter (AC/DC – Wandler)

interpretiert werden. Steuerung / Regelung erfolgen im DC/DC-Wandler. Aus dieser strukturellen Aufteilung folgt, dass sich Schaltnetzteile für primäre Wechselspannungsnetze von jenen für primäre Gleichspannungsnetze lediglich durch die Existenz eines ungesteuerten Netzgleichrichters unterscheiden.

Aus Gründen der Betriebssicherheit wird von Schaltnetzteilen meist eine Potentialtrennung zwischen Primär- und Sekundärseite gefordert. Abhängig vom Ort dieser Potentialtrennung wird zwischen sekundär und primär getakteten Schaltnetzteilen unterschieden.

Das Beispiel eines sekundär getakteten Schaltnetzteiles, bestehend aus Transformator (Potentialtrennung), ungesteuertem Gleichrichter (B2-Schaltung, Graetz-Gleichrichter) und Tiefsetzsteller zeigt Bild 9.2.

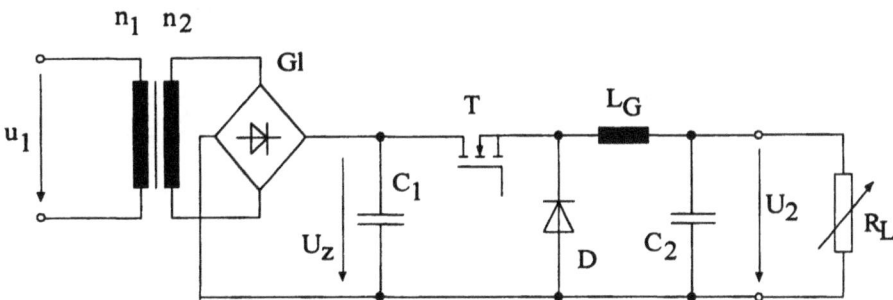

Bild 9.2: sekundär getaktetes Schaltnetzteil / Basis: Tiefsetzsteller

Vorteile der Sekundärtaktung sind die geringe Sperrbeanspruchung des Transistor und die schaltungstechnisch einfache Realisierbarkeit eines Regelung. Von Nachteil sind die Auslegung des Tiefsetzstellers für hohe Ströme und die Dimensionierung des Transformator für die Primärfrequenz f_1. Hieraus resultieren großes Volumen, großes Gewicht und ein im Vergleich zur Primärtaktung etwas ungünstigerer Wirkungsgrad. Auf Grund der Anordnung des Transformators am Schaltnetzteileingang ist das Konzept nur für primärseitige Wechselspannungsnetze realisierbar.

Bei primär getakteten Schaltnetzteilen wird die Potentialtrennung mittels Übertrager (Transformator) in den Bereich des mit hoher Schaltfrequenz f_s betreibbaren Schaltwandlers verlagert. Das Konzept ist sowohl für primärseitige Wechselspannungs- als auch Gleichspannungsnetze geeignet. Abhängig von Struktur und Betriebsart des Schaltwandlers existieren verschiedene Lösungen.

Bild 9.3 zeigt zunächst das Konzept des Sperrwandlers mit einem Hoch-/Tiefsetzsteller (Kap. 6.1, Bild 6.7) als zentralem Schaltwandler. Wie in Bild 6.9, dort allerdings zur freien Wahl des sekundären Bezugspotentiales eingeführt, ist die für die Energiespeicherung erforderliche Induktivität L Bestandteil des Übertragers. Die Induktivität des Übertragers speichert bei geschlossenem Transistorschalter T magnetische Energie und gibt diese bei geöffnetem Transistorschalter T über die Diode D an die Last weiter. Im dargestellten Fall wird der Übertrager völlig entmagnetisiert – die Schaltung arbeitet also im Lückbetrieb. Als Vorteil dieser Schaltung ist der geringe Schaltungsaufwand und die einfache Funktion zu verzeichnen. Von Nachteil ist auf Grund der Energiezwischenspeicherung und der unipolaren Magnetisierung der relativ große Übertrager sowie die bei $\ddot{u} > 1$ hohe Sperrbeanspruchung des Transistors mit

$$u_{DS\,max} = U_z + \ddot{u} \cdot U_2; \quad \ddot{u} = n_1 / n_2$$

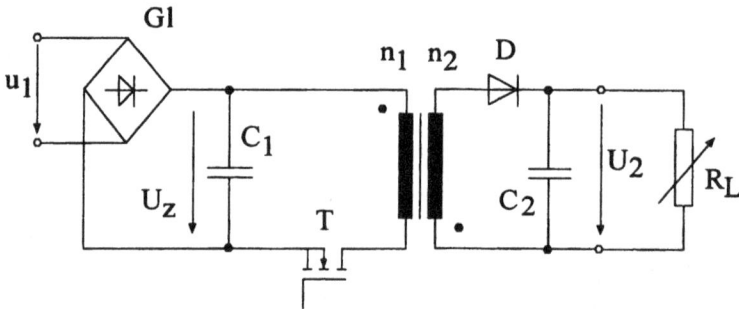

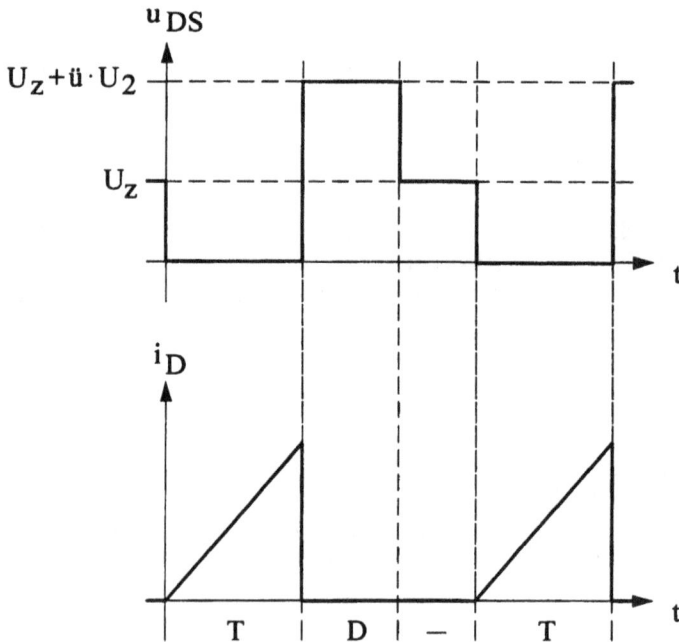

Bild 9.3: Sperrwandler

Den Durchflusswandler, ein Schaltnetzteilkonzept auf der Basis des Tiefsetzstellers (Kap. 6.1, Bild 6.2) zeigt Bild 9.4. Der Übertrager dient lediglich zur Potentialtrennung und, falls erforderlich, zur Spannungsübersetzung. Die beiden, bei nicht lückendem Strom i_L möglichen Betriebszustände sind:

Energieübertragung von der Primär- zur Sekundärseite bei geschlossenem Transistor-schalter T und leitender Diode D1

Freilauf bei geöffnetem Transistorschalter T, sperrender Diode D1 und leitender Diode D2

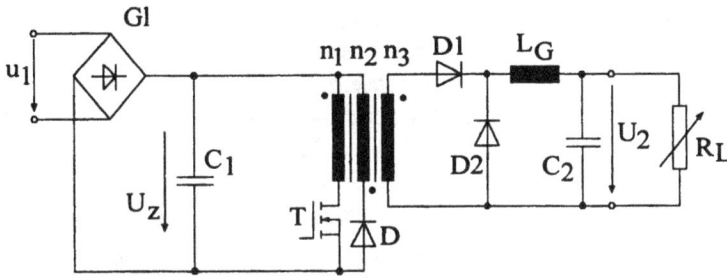

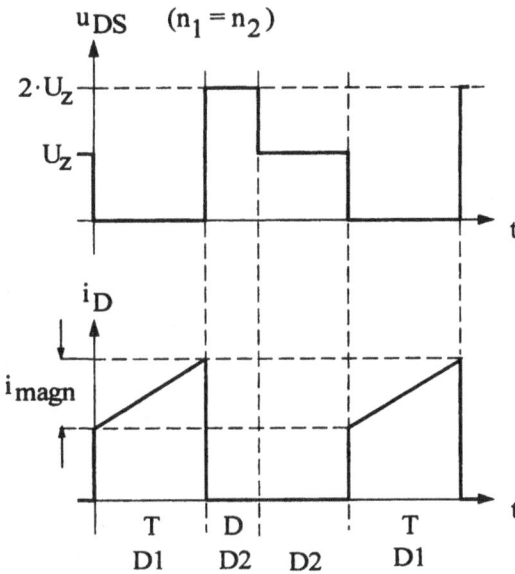

Bild 9.4: Durchflusswandler

Bei leitendem Transistorschalter T wird, erkennbar am Stromhub des Magnetisierungsstro-mes i_{magn}, magnetische Energie im Übertrager zwischengespeichert. Diese nicht an der Energieübertragung von Primär- zu Sekundärseite beteiligte Energie wird zur Vermeidung der magnetischen Sättigung des Übertragers während der Sperrphase des Transistors T über eine Hilfswicklung n_2 und die Diode D an den Kondensator C_1 zurückgespeist. Die Diode D1 dient während dieser Entmagnetisierung zur Entkopplung von der Lastseite.

Dem Nachteil dieser Schaltung, dem relativ großen Schaltungsaufwand (Glättungsinduktivi-tät L_G, 3 Übertragerwicklungen, 3 Dioden), steht als Vorteil die geringere Transformatorbaugröße sowie die über das Windungszahlenverhältnis n_1 / n_2 bestimmbare geringere Sperrbeanspruchung des Transistors gegenüber.

Der Durchflusswandler nach Bild 9.4 benötigt auf Grund der unipolaren Magnetisierung eine dritte Übertragerwicklung sowie zusätzliche Dioden D und D1 für den Entmagnetisierungsstrompfad und zur Abkopplung des Freilaufkreises (D2 / L_G) während der Entmagnetisierung. Dieser Entmagnetisierungsaufwand lässt sich, allerdings zu Lasten eines größeren Schalteraufwandes, in Schaltungen mit bipolarer Übertragermagnetisierung (Bild 9.5) vermeiden. Basis dieser Schaltungen sind Wechselrichter (Kap. 7.1.1) mit Übertrager und sekundärseitiger Gleichrichtung über ungesteuerte I-Umrichter (Kap. 4.2.1). Infolge der bipolaren, symmetrischen Magnetisierung sind diese Schaltungen mit geringen Übertragerbaugrößen realisierbar. Die Sperrbelastung der Schalter ist mit $u_{DS\,\max} = U_1$ (Halbbrücke, Vollbrücke) bzw. mit $u_{DS\,\max} = 2 \cdot U_1$ (Gegentaktwandler) gering.

Für den Betrieb am primärseitigen Wechselspannungsnetz sind die Schaltungen in Bild 9.5 wie in Bild 9.4 durch einen ungesteuerten Netzgleichrichter zu ergänzen.

Der Einsatz der Schaltnetzteile gemäß Bild 9.3 bis Bild 9.5 ist abhängig von der zu übertragenden Wirkleistung. Bei geringen Wirkleistungen (1 ... 300W) wird der Sperrwandler auf Grund des geringen Schaltungsaufwandes, bei höheren Wirkleistungen (100 .... >3000W) der Gegentaktwandler infolge des geringeren Übertrageraufwandes favorisiert.

Sind Volumen und Gewicht ein Hauptkriterium für die Wahl des Schaltnetzteilkonzeptes, dann wird man auf der Basis der Aussage (6.21) versuchen, die Schaltfrequenz f_s zu erhöhen. Dem stehen die mit wachsender Schaltfrequenz f_s steigenden dynamischen Verluste der Halbleiterschalter entgegen. Abhilfe bieten spezielle Entlastungsnetzwerke , Schaltverfahren mit „soft-switching" (Kap. 10) sowie Schaltnetzteile mit Quasi-Resonanz-Wandlern als interne Wechselrichter. Gemäß Bild 9.6 kommen als derartige interne Wechselrichter, abhängig von der Art der Lastankopplung, Serienresonanzwandler, Parallelresonanzwandler oder Kombinationen beider Varianten in Frage |Hering, u.a.|, |Brückl|. Die Wandler werden außerhalb der Resonanz f_{res} betrieben und gestatten durch die Steuerung der Schaltfrequenz $f_s \neq f_{res}$ die Beeinflussung der Leistungsübertragung. Es existieren unter- und überresonante Steuerverfahren. Das Beispiel einer überresonanten Betriebsart mit $f_s > f_{res} = 1/(2\pi \cdot \sqrt{L \cdot C})$ ist in Bild 9.6 mit dargestellt. In diesem überresonanten Fall besitzt der Schwingkreis induktives Verhalten – der Schwingkreisstrom i eilt der Schwingkreisspannung $U_1 - u_{DS}$ (T1) nach. Bei Betrieb nahe des Resonanzfalles wird fast im Stromnulldurchgang geschaltet. Folglich treten geringe dynamische Verluste in den Schaltern auf und es können, wie angestrebt, hohe Resonanz- und Schaltfrequenzen f_{res}, f_s (MHz-Bereich) bei kleinen Bauelementegrößen C und L gewählt werden. Wie zu Bild 9.4 ist auch hier die Schaltung für den Betrieb am primären Wechselspannungsnetz durch einen ungesteuerten Netzgleichrichter zu ergänzen. Ebenfalls zu ergänzen ist ein ungesteuerter Gleichrichter für sekundäre Gleichgrößen.

Werden besonders geringe Ausgangsspannungen u_2 benötigt, das gilt z.B. für die Speisung moderner Mikroprozessoren, dann ist zur Reduzierung der Spannungsabfälle und der Verluste der Ersatz der Gleichrichterdioden DG in Bild 9.5 und Bild 9.6 (dort im nicht dargestellten sekundärseitigen Gleichrichter) durch Synchronschalter (Synchrongleichrichter) gemäß Kap. 2.7 |Stengl, Tihany| empfehlenswert.

Halbbrücke

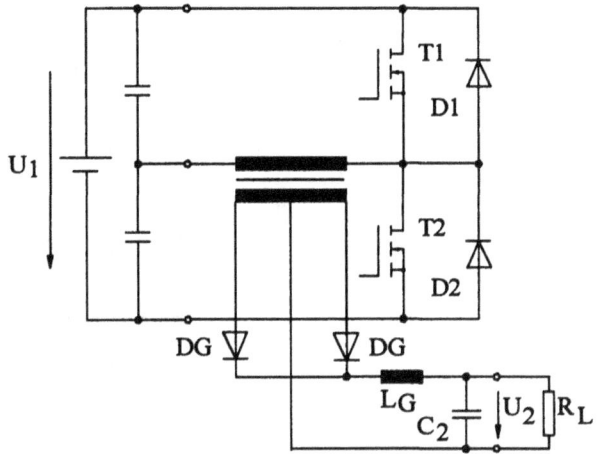

Vollbrücke

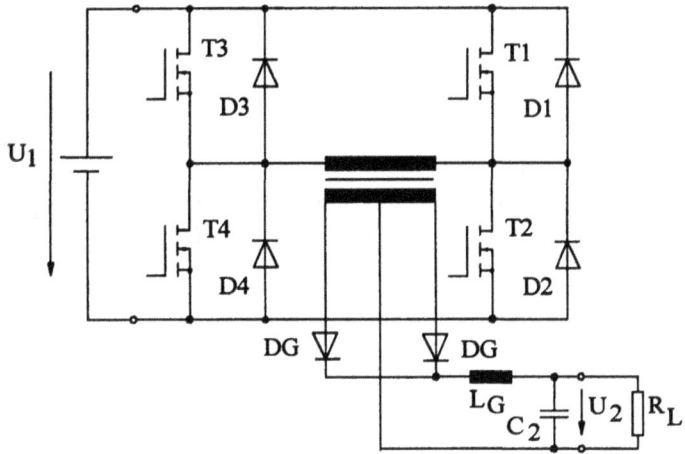

Gegentakt-
wandler

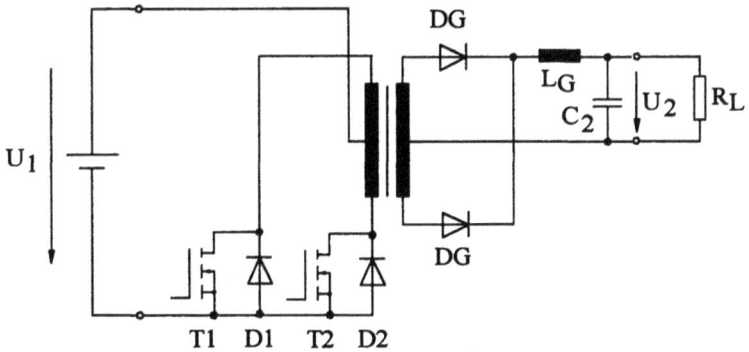

Bild 9.5: Schaltnetzteil: DC/AC-Wandler, Übertrager, ungesteuerter I-Umrichter

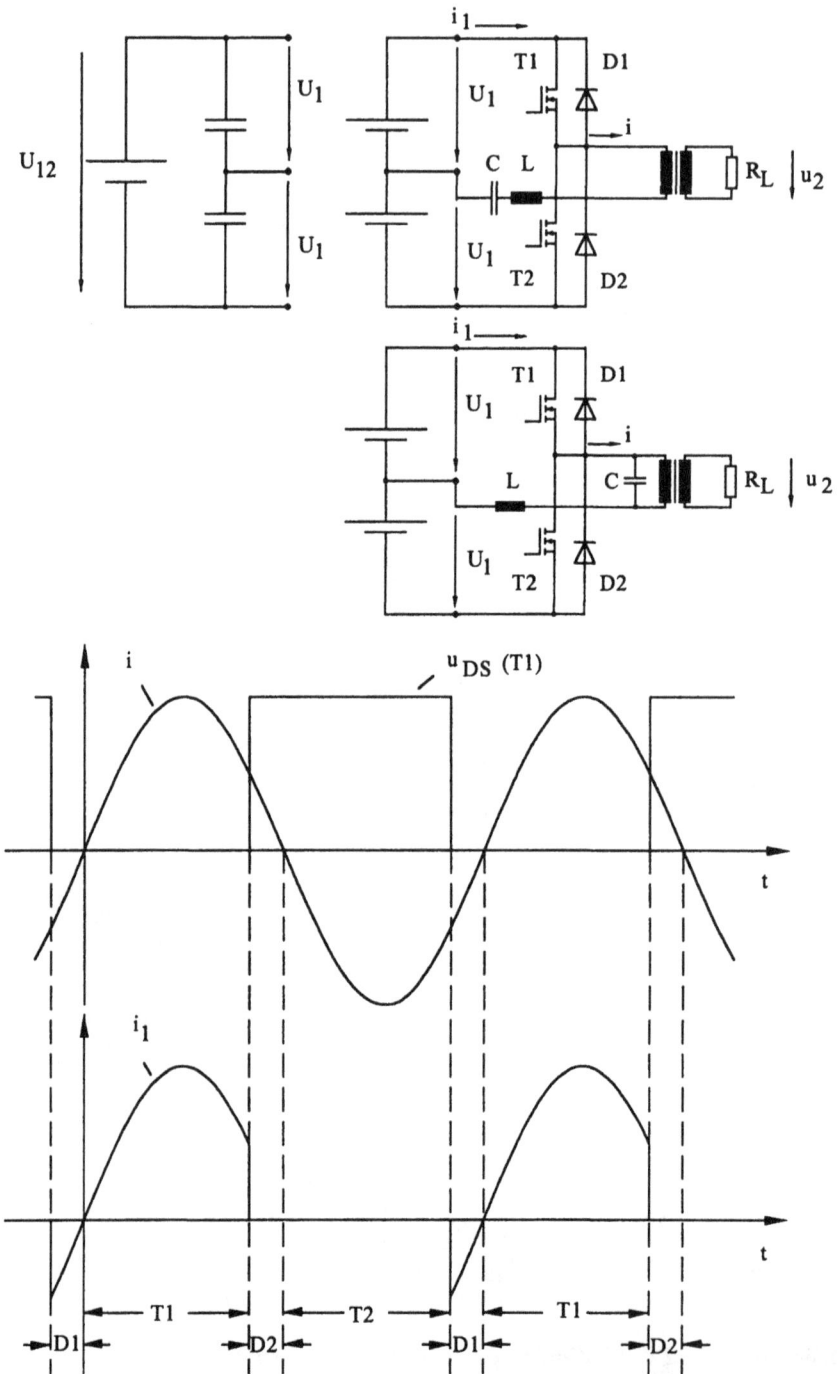

Bild 9.6: Quasi-Resonanzwandler; oben: Serienresonanzwandler; unten: Parallelresonanzwandler

10 Elektromagnetische Verträglichkeit (EMV)

10.1 Problemstellung / EMV-Gesetz

Die Leistungselektronik wandelt elektrische Betriebszustände mittels der Methode „Schaltmodulation". Damit treten Schaltvorgänge in Erscheinung, die gemäß

Fourier-Analyse für periodische Vorgänge

bzw.

Fourier-Integral, Fourier-Transformation, Laplace-Transformation für nicht periodische Vorgänge

zumindest theoretisch unendlich ausgedehnte Spektren besitzen. Diese Spektren breiten sich sowohl innerhalb als auch außerhalb des leistungselektronischen Wandlers aus – der Wandler wird zum Störgenerator. Geht man, was keineswegs selbstverständlich ist, von einer Beherrschung der internen Ausbreitungsvorgänge, d.h. von einer Gewährleistung der Eigenstörsicherheit, aus, so verbleibt als Umwelt- und Schnittstellenproblem die Ausbreitung der Spektren in die Umgebung

über das primäre Energieversorgungssystem

→ leitungsgebundene Kopplung

über das sekundäre Energieversorgungssystem

→ leitungsgebundene Kopplung

über elektrische, magnetische und elektromagnetische Felder, ausgehend vom leistungselektronischen Wandler und den angeschlossenen Leitungen

→ leitungsungebundene bzw. feldgebundene Kopplung

Häufig, aber nicht immer, handelt es sich bei dem sekundären elektrischen Betriebszustand um ein räumlich eng begrenztes Inselnetz, z.B. um eine Beleuchtungseinrichtung oder einen Motor, sodass man die dort auftretenden spektralen Auswirkungen mit in das Problem Eigenstörsicherheit einbeziehen kann. Die beiden verbleibenden Kopplungen über das primäre Energieversorgungssystem und über Felder stellen hingegen auf Grund der möglichen

Auswirkungen auf andere elektrische Systeme ein echtes elektromagnetisches Umweltproblem dar. Hierzu einige Beispiele:

- Beeinträchtigung der Netzzeitfunktion durch Abbildung des nicht sinusförmigen Netzstromes an der stets endlichen Netzimpedanz $Z_N \neq 0$ (Bilder 1.6 und 10.1)

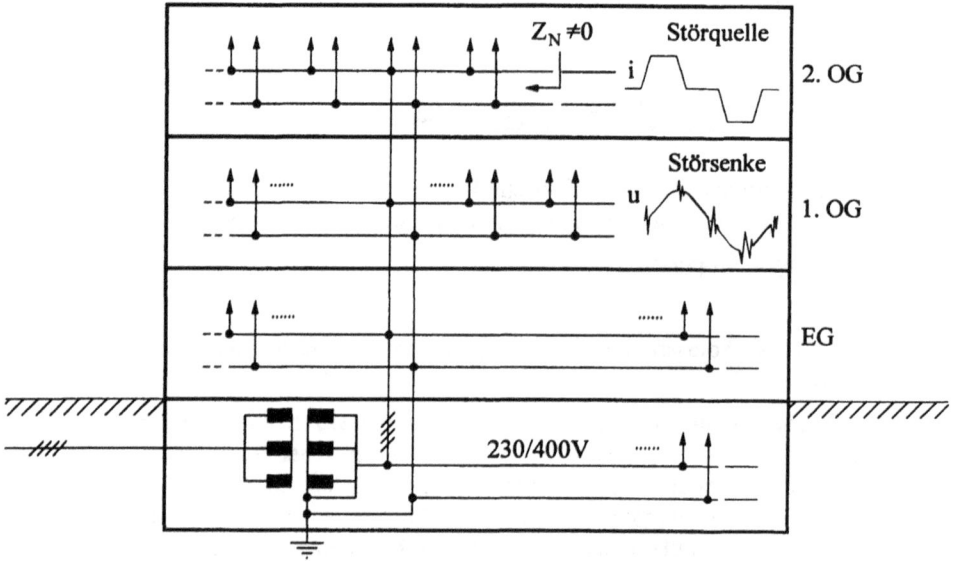

Bild 10.1: Gebäudeinstallation – Rückwirkung von Schaltvorgängen auf das Energieversorgungsnetz

- Fehlsteuerung bei netzgetakteten Stromversorgungen (fehlerhafte Erkennung des Spannungsnulldurchganges → fehlerhafte Zündwinkeleinstellung bei gesteuerten Gleichrichtern, bei Dimmerschaltungen)
- Addition von Strom-Oberschwingungen im Neutralleiter → Überlastung des üblicherweise unter der Annahme symmetrischer Drehstrombelastungen unterdimensionierten Neutralleiters → Brandgefahr

  höhere Verluste in Maschinen auf Grund energiereicher Oberschwingungen

  Gegendrehmomente

  Beispiel: 3-Phasen-System |Fluke|

f/Hz	50	100	150	200	250	300	350	400	450
Drehrichtung	+	-	o	+	-	o	+	-	o
+	vorwärts drehend								
-	rückwärts drehend								
o:	Addition im Neutralleiter								

- Flickerstörungen (Helligkeitsmodulation von Glühlampen bei subharmonischen Spektralanteilen (Periodengruppen- bzw. Schwingungspaketsteuerung Kap. 5.1.3))
- Störung von HF-Empfangseinrichtungen (Funkstörung)
- Störung von Datenverarbeitungsanlagen

Die genannten Beispiele zeigen zwei durch unterschiedliche Frequenzbelegungen und unterschiedliche Ausbreitungsmechanismen charakterisierbare Bereiche:

- Bereich „Netzrückwirkung (Kap. 10.2)"

  $0 < f <\approx 10\text{kHz}$ (EMV-Gesetz: $<2\text{kHz}$ bei Grundschwingung mit $f_1 = 50\text{Hz}$)

  → Vorgehensweise: Analyse der einzelnen Spektrallinien

  → Störgrößenausbreitung bevorzugt zwischen den für die Energieübertragung maßgebenden Nominalleitern (Phasenleiter und Neutralleiter)

  → symmetrische Störgrößenausbreitung

- Bereich „Funkstörung (klassische EMV, Kap. 10.3)"

  $10\text{kHz} < f < f_{\max} = s \cdot 1 /(\pi \cdot t_r)$

  $t_r = \min(t_r, t_f), t_r$: risetime, t_f : falltime (Impulsflanken), s: Sicherheitsfaktor

  typisch für schnelle Transistortechnik:

  $f_{\max}(s = 1) = 30\text{MHz}...100\text{MHz}$

  → Vorgehensweise: Analyse der spektralen Umhüllenden

  → Störgrößenausbreitung bevorzugt zwischen Nominalleiter (Phasenleiter, Neutralleiter) und Erdleiter (PE)

  → unsymmetrische / asymmetrische Störgrößenausbreitung

Historisch gesehen traten beide Auswirkungsbereiche zunächst unabhängig voneinander in Erscheinung und führten als getrennte Umweltprobleme zu getrennten Umweltnormen. Erst das EMV-Gesetz („Gesetz über die elektromagnetische Verträglichkeit von Geräten" |Chun|, |EMV|, |Kohling 1|,|Kohling 2|) führte als „Klammer" um diese Umweltnormen zu einer ganzheitlichen Betrachtung. Anders im militärischen Bereich (VG-Normen |VG|, MIL-Std's) – hier wurde das EMV-Problem unabhängig vom Auswirkungsbereich stets ganzheitlich betrachtet.

Die Umweltnormen beinhalten jeweils

Begriffsbestimmungen

Messvorschriften

Emissionsgrenzwerte (Netzrückwirkung, Funkentstörung, EMV-Emissionsteil)

Störfestigkeitsanforderungen (EMV-Störfestigkeitsteil)

Konstruktionsempfehlungen (teilweise)

und sind zumindest im zivilen Bereich gegliedert in

Fachgrundnormen (generic standards)

Allgemeine Anforderungen für Störemission und Störfestigkeit unter Berücksichtigung der EMV-Umgebung → Auflistung der zu beachtenden Grundnormen, der einzuhaltenden Emissionsgrenzwerte und der anzuwendenden Prüfpegel

Beispiele:

EN 50081-1 (VDE 0839 Teil 81-1)
Störaussendung Wohnbereich, Geschäfts- und Gewerbebereiche sowie Kleinbetriebe

EN 50081-2 (VDE 0839 Teil 81-2)
Störaussendung Industriebereich (*)

EN 50082-1 (VDE 0839 Teil 82-1)
Störfestigkeit Wohnbereich, Geschäfts- und Gewerbebereiche sowie Kleinbetriebe

EN 50082-2 (VDE 0839 Teil 82-2)
Störfestigkeit Industriebereich (*)

* : Unter Industriebereich wird meist ein Bereich mit eigenständiger Energieeinspeisung über einen Transformator verstanden.

Grundnormen (basic standards)

Formulierung der Grundlagen phänomenbezogener Messverfahren zum Nachweis der EMV und des Einhaltens geforderter Grenzwerte

Produktnormen (product standards)

Formulierung besonderer Anforderungen bestimmter Produkte (Vorrang gegenüber Fachgrundnormen)

Gemäß EMV-Gesetz haftet jeder Hersteller und Vertreiber eines elektrischen Gerätes für die Einhaltung der Umweltnormen. Damit wird es für diesem zu einer existenziellen Pflicht, sich mit diesen Umweltnormen zu befassen. Laut EMV-Gesetz, das nachstehend auszugsweise zitiert wird, müssen Geräte allgemein und damit auch die hier diskutierten leistungselektronischen Wandler so beschaffen sein, dass

1. die Erzeugung elektromagnetischer Störungen so weit begrenzt wird, dass ein bestimmungsgemäßer Betrieb von Funk- und Telekommunikationsgeräten sowie sonstigen Geräten möglich ist, (→Eigenschaft Störquelle)

2. die Geräte eine angemessene Festigkeit gegen elektromagnetische Störungen aufweisen, sodass ein bestimmungsgemäßer Betrieb möglich ist (→Eigenschaft Störsenke).

Das Einhalten der beschriebenen Forderungen wird vermutet für Geräte, die übereinstimmen

mit den einschlägigen harmonisierten europäischen Normen, deren Fundstellen im Amtsblatt der Europäischen Gemeinschaften veröffentlicht wurden. Diese Normen werden in

DIN VDE-Normen umgesetzt und ihre Fundstellen im Amtsblatt des Bundesministers für Post und Telekommunikation veröffentlicht

oder

mit einschlägigen nationalen Normen der Mitgliedsstaaten der Europäischen Gemeinschaften für Bereiche, in denen keine harmonisierten europäischen Normen bestehen. Voraussetzung dafür ist die Anerkennung der Normen nach dem in der EMV-Richtlinie 89/336/EWG vorgesehenen Verfahren. Die Fundstellen der Normen werden im Amtsblatt des Bundesministers für Post und Telekommunikation und im Amtsblatt der europäischen Gemeinschaften veröffentlicht.

Derjenige, der in einem Mitgliedsland der Europäischen Gemeinschaften ein Gerät in den Verkehr bringt, hat die Übereinstimmung des Gerätes mit den Vorschriften des EMV-Gesetzes sowie anderer in Frage kommender EG-Richtlinien durch ein EG-Konformitätszeichen zu bescheinigen. Dieses Konformitätszeichen (Bild 10.2) besteht aus dem Kurzzeichen CE, der Jahreszahl, in dem das Zeichen angebracht wurde, und eventuell einer Ergänzung, die das Kennzeichen der bescheinigenden Stelle angibt.

Bild 10.2:
EG – Konformitätszeichen
Ergänzungen:
   Jahreszahl
   Stelle EG-Baumusterbescheinigung

Die nachfolgenden Ausführungen sollen erste Informationen zur EMV- gerechten Behandlung leistungselektronischer Wandler geben. Da in der Leistungselektronik das Verhalten als Störquelle im Vordergrund steht, wird bevorzugt dieser Aspekt behandelt. Der Aspekt „Störsenke" wird nur kurz angesprochen.

10.2 Netzrückwirkung

Im Auswirkungsbereich „Netzrückwirkung" (|Anke 2|, |Anke 3|) sind die von einem leistungselektronischen Wandler verursachten Spektralkomponenten in der Nähe der primären Netzfrequenz f_1 zu ermitteln und mit den genormten Emissionsgrenzwerten hinsichtlich ihrer Zulässigkeit zu vergleichen. Da die sich ausbildenden Spektralkomponenten nicht nur vom Messobjekt, hier der getakteten Stromversorgung, sondern auch von der symmetrischen Innenimpedanz (Netzimpedanz) Z_{Ns} des betriebsnotwendigen Spannungsversorgungsnetzes bestimmt werden, ist je nach anzuwendender Norm an einem starren Netz oder an einem Netz mit einer künstlichen, genormten Netznachbildung zu messen.

Nach EN 60555-2 (DIN VDE 0838 Teil 2/06.87, IEC 555-2)

   Rückwirkungen in Stromversorgungsnetzen, die durch Haushaltsgeräte und ähnliche Einrichtungen verursacht werden ist diese symmetrische Netzimpedanz bei Anordnung im Phasenleiter (L1) spezifiziert als

$$Z_{Ns} = 0,4\Omega + j\omega \cdot 0;8\text{mH} \,, \tag{10.1}$$

bei Aufteilung auf Phasenleiter L1 und Neutralleiter N (→wichtig für Drehstromnetze) als

$$Z_{NsL1} = 0,24\Omega + j\omega \cdot 0,478\text{mH}$$
$$Z_{NsN} = 0,16\Omega + j\omega \cdot 0,318\text{mH} \tag{10.2}$$

Die Emissionsgrenzwerte, ausgedrückt als zulässige Spannungs-Oberschwingungsverhältnisse (Oberschwingungsgehalt (4.37))

$$\kappa_n = \frac{U_n}{U_1} \tag{10.3}$$

U_n : Effektivwert n-te Harmonische

U_1 : Effektivwert Grundschwingung (1. Harmonische)

werden in EN 60555-2 für Haushaltsgeräte wie folgt spezifiziert:

Harmonische n	Spannungs-Oberschwingungsverhältnis [%]	
3	0,85	
5	0,65	
7	0,6	tragbare
9	0,4	Elektrowerk-
11	0,4	zeuge * 1,5
13	0,3	
15 .. 19 ungerade	0,25	
2	0,3	
4 .. 40 gerade	0,2	

EN 60555-2 basiert auf der internationalen Normenempfehlung IEC 555. Deren Normenteil IEC 555-2 (Neunummerierung laut IEC: IEC 1000-3-2) erfuhr zwischenzeitlich eine Verallgemeinerung auf Geräte mit Strömen <16A pro Leiter und ist die Basis einer Neuformu­lierung der europäischen Grundnorm EN 61000-3-2 bzw. der DIN VDE 0838-2. Im Ent­wurfsstadium befindet sich die Normenempfehlung IEC 1000-3-4 für Ströme >16A pro Leiter. Speziell für elektrische Antriebe existiert die Produktnorm EN 61800-3.

Da der Begriff „Haushaltsgeräte" in der Grundnorm EN 61000-3-2 nicht mehr vorkommt, werden zur Charakterisierung der zulässigen Emission die Geräte anwendungsabhängig einzelnen Klassen zugeordnet. Diese lauten:

Klasse A:

Symmetrische dreiphasige Betriebsmittel und alle anderen Betriebsmittel, ausgenommen diejenigen, die in einer der folgenden Klassen genannt sind

Klasse B:

Tragbare Elektrowerkzeuge

Klasse C:

Beleuchtungseinrichtungen einschließlich Beleuchtungsregler

Klasse D:

Betriebsmittel mit einer „speziellen Kurvenform" (gepulster Strom spezieller, genau definierter Zeitfunktion) und einer Leistung $P \leq 600W$, ausgenommen Motorantriebe.

Klasse E und F:

professionelle Einrichtungen

Im Gegensatz zur ursprünglichen EN 60555-2 werden nunmehr zur Beurteilung der Störgrößenemission Oberschwingungsströme gemessen. Diese Vorgehensweise erscheint sinnvoller, da die ursprünglich angewandte Spannungsmessung eine in der Messpraxis problematische Einhaltung der genormten Netzimpedanz erforderte, und da die nunmehr vorgeschlagene Strommessung eher eine worst-case-Aussage zum Störverhalten des Prüflings liefert. Auf die Nachbildung einer Netzimpedanz wird also verzichtet. Erforderlich ist allerdings ein möglichst starres, niederimpedantes Energieversorgungsnetz. Die hierzu einzuhaltende Netzimpedanz wird nicht direkt, sondern indirekt in Abhängigkeit vom jeweiligen Prüfling durch Angabe des maximal zulässigen Spannungs-Oberschwingungsgehaltes spezifiziert. Die Spezifikation lautet:

Harmonische n	Spannungs-Oberschwingungsgehalt
3	$\leq 0{,}9\%$
5	$\leq 0{,}4\%$
7	$\leq 0{,}3\%$
9	$\leq 0{,}2\%$
2 ... 10 gerade	$\leq 0{,}2\%$
11 ... 40	$\leq 0{,}1\%$

Bei Geräten der Klasse A dürfen die Harmonischen des Eingangsstromes die in nachstehender Tabelle angegebenen absoluten Grenzwerte nicht überschreiten. Für Geräte der Klasse B sind die Grenzwerte der Klasse A mit dem Faktor 1,5 zu multiplizieren. Berechnet man die Spannungsabfälle, welche die aufgeführten Oberschwingungsströme an der Netzimpedanz Z_{Ns} nach (10.1) hervorrufen und normiert man diese auf $U = 230V$, so ergeben sich wiederum die in der EN 60555-2 geforderten Grenzwerte der Spannungs-Oberschwingungsverhältnisse. Geändert haben sich also die Messmethode und nicht die Grenzwerte.

Harmonische n	$I_{n\,\mathrm{max}}$ / A
ungeradzahlig	
3	2,3
5	1,14
7	0,77
9	0,40
11	0,33
13	0,21
$15 \leq n \leq 39$	$0,15 \cdot 15/n$
geradzahlig	
2	1,08
4	0,43
6	0,30
$8 \leq n \leq 40$	$0,23 \cdot 8/n$

Interessant ist die Klasse D. Angesprochen werden Betriebsmittel mit „spezieller Kurvenform (Bild 10.3)", wie sie z.B. bei ungesteuerten Gleichrichterschaltungen und somit bei nahezu allen Elektronikgeräten vorzufinden sind. Die Grenzwerte hierfür werden sowohl leistungsbezogen als auch absolut definiert.

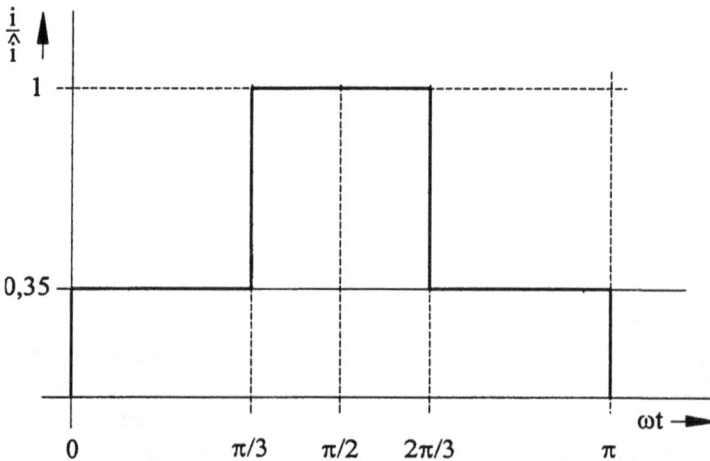

Bild 10.3:
EN 61000-3-3 / Betriebsmittel mit „spezieller Kurvenform (95%-Kurve)"

Harmonische n	Grenzwert in mA/W	Maximalwert in A
3	3,4	2,3
5	1,9	1,14
7	1,0	0,77
9	0,5	0,4
11	0,35	0,33
13-39 (ungerade)	3,85/n	vgl. Klasse A

Bild 10.4 zeigt zur Klasse D-Problematik das Beispiel eines ungesteuerten U-Netzgleichrichters mit berechneten Zeitfunktionen und Stromspektren (Bild 10.5).

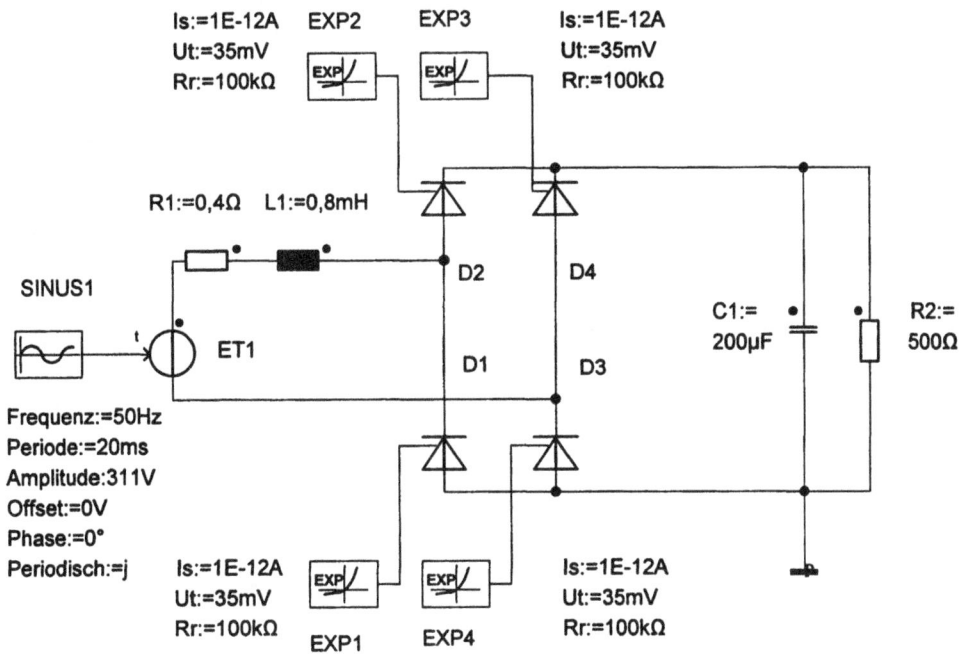

Bild 10.4: Ungesteuerter Netzgleichrichter – B2 Brückenschaltung / Graetz-Gleichrichter ; Schaltplaneingabe gemäß „Simplorer-Schematics" R1, L1: symmetrische Netzimpedanz nach EN 60555-2 ; D1 ... D4: Simulation mit statischer Exponentialkennlinie

Infolge des großen Ladekondensators C_1 (typisch: $C = 100\mu F...mF$) treten im Bereich der positiven und negativen Netzmaxima hohe impulsartige Ladeströme auf, die bei endlicher Netzimpedanz gemäß |Fender| (Bild 10.7) zur Abflachung der positiven und negativen Netzspannungsmaxima führen. Zur Minimierung der Netzrückwirkung sollte der Ladekondensator (Bild 10.6) möglichst geringe Kapazitätswerte, zur Stabilisierung / Glättung der Lastspannung hingegen möglichst große Kapazitätswerte aufweisen.

↑
u(ET1)/V

u(R2)/V

↑
i(R1)/A

↑
f(i(R1))/A

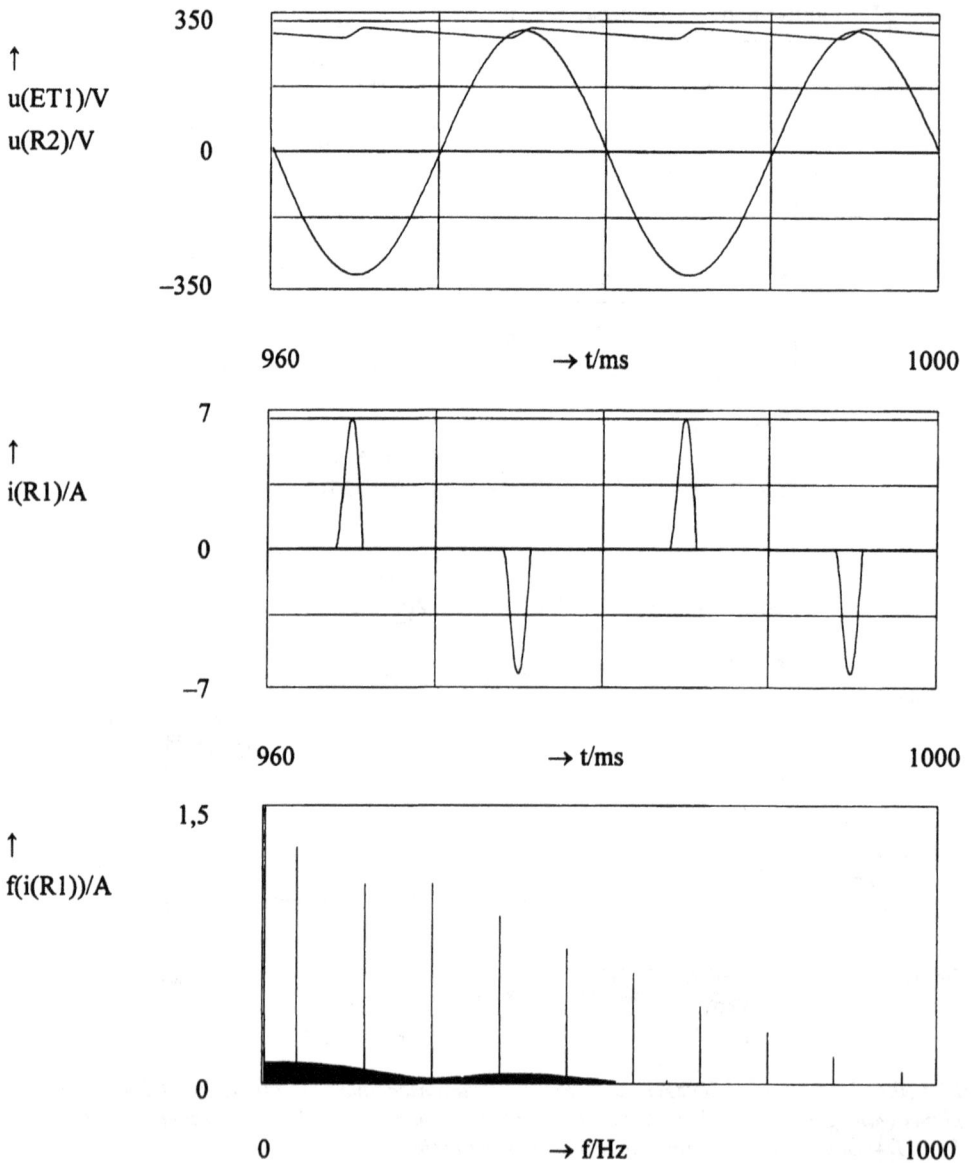

Bild 10.5: Zeitfunktionen (Lastspannung, Netzstrom) und Spektrum (Netzstrom) des ungesteuerten U-Umrichters (Netzgleichrichter)

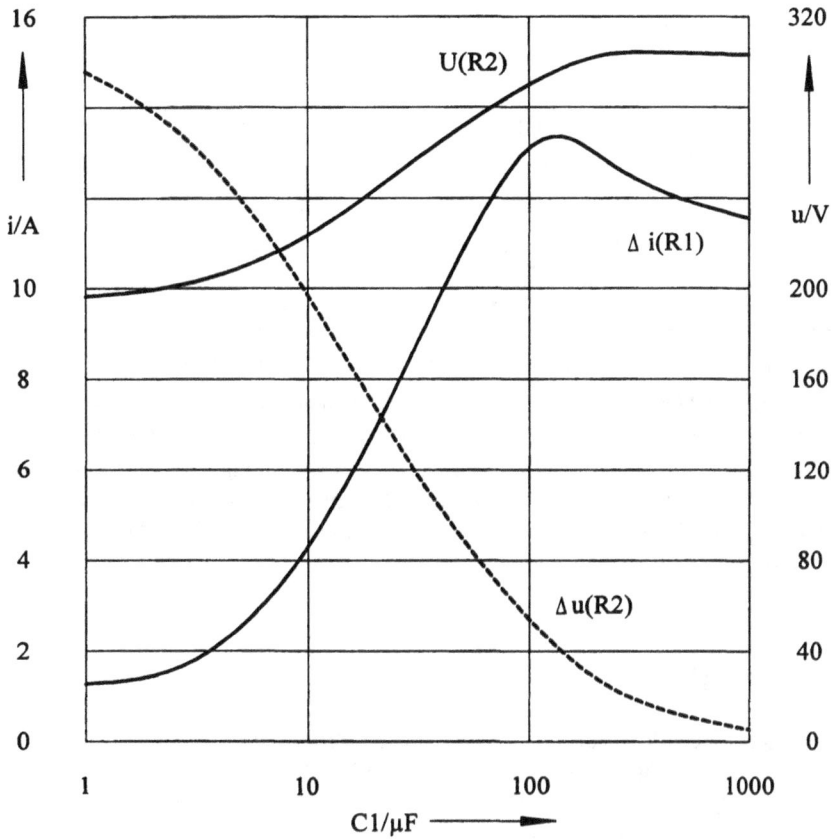

Bild 10.6: Ungesteuerter U-Gleichrichter (Netzgleichrichter, B2-Schaltung); U(R2): Gleichspannungsanteil der Lastspannung; $\Delta u(R2) = u_{max} - u_{min}$: Spannungsschwankung an der Last; $\Delta i(R1) = i_{max} - i_{min}$: Netzstromamplitude (Spitze-Spitze)

Bild 10.7:
Messung – Rückwirkung eines Netzgleichrichters auf die Netzspannung
(100V/Div, 5A/Div, 2ms/Div)

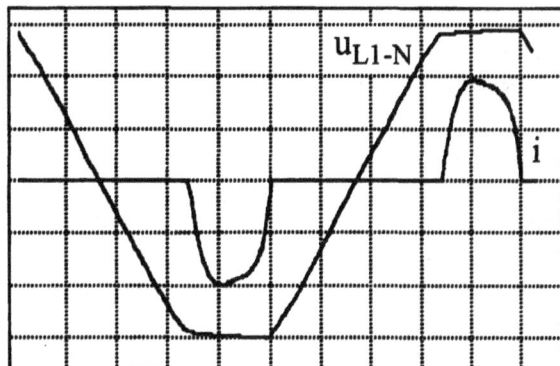

Die Auswertung von Bild 10.5 ergibt

Harmonische n	I_n / A	$\dfrac{I_n}{mA} / \dfrac{P}{W}$, P=197,57W
1	0,859	4,348
3	0,821	4,155
5	0,752	3,806
7	0,657	3,325
9	0,545	2,759

und damit Emissionsgrößen oberhalb der durch Klasse D erlaubten Grenzwerte.

Bei idealer (50Hz) Netzspannung trägt die Grundschwingung / 1. Harmonische des Netzstromes nach Bild 10.5 (Grundschwingungs-) Wirkleistung P sowie, entsprechende Phasenverschiebung zwischen den Grundschwingungen von Spannung und Strom vorausgesetzt (hier vernachlässigbar), Grundschwingungsblindleistung Q. Harmonische n>1 verursachen als Verzerrungsblindleistung D Netzrückwirkung. Dieser Sachverhalt, beschreibbar durch den Leistungsfaktor

$$\lambda = \frac{P}{\sqrt{P^2 + Q^2 + D^2}} \tag{10.4}$$

zeigt, dass netzrückwirkungsarme und leistungsfaktoroptimierte Schaltungskonzepte über $\lambda \to 1$ durch Minimierung von Grundschwingungsblindleistung Q und Verzerrungsblindleistung D eigentlich das gleiche Ziel verfolgen sollten. Bereits in Kap. 4.3.1 wurde jedoch bei der Behandlung netzrückwirkungsarmer Gleichrichter darauf verwiesen, dass das EMV-Gesetz mit seiner Limitierung der Netzrückwirkung im Frequenzbereich $f < 40 \cdot f_1 = 20\text{kHz}$ (bei $f_1 = 50\text{Hz}$) und der Limitierung der Funkstörgrößen im Frequenzbereich $f > 150\text{kHz}$ die Möglichkeit einräumt, über geeignete Mehrfachpulsung unerwünschte Spektren in den unspezifizierten Frequenzbereich $20\text{kHz} < f < 150\text{kHz}$ zu verschieben um so, auch ohne Leistungsfaktoroptimierung, die Vorgaben des EMV-Gesetzes zu erfüllen. Damit werden leistungsfaktoroptimierte Wandlerkonzepte immer auch netzrückwirkungsarm, netzrückwirkungsarme Wandlerkonzepte hingegen nicht zwingend auch leistungsfaktoroptimiert sein.

Welche Abhilfemaßnahmen bieten sich bei einer Überschreitung der Emissionsgrenzwerte im Netzrückwirkungsbereich an? Die gedanklich nahe liegendste Maßnahme ist sicherlich die des Filtereinbaus. Die genauere Betrachtung wird allerdings schnell zeigen, dass handelsübliche EMV- oder Funkentstörfilter erst für f > 10kHz erwähnenswerte Einfügungsdämpfungen aufweisen und somit an dieser Stelle unwirksam sind. Wirksame Filter für den in Betracht kommenden sehr tiefen Frequenzbereich benötigen, zumal sie für den Betriebsstrom auszulegen sind, große Induktivitäten und große Kapazitäten, sodass ihr Einsatz in der Regel aus Gewichts-, Volumens- und sicherlich auch Kostengründen zu verwerfen ist. Allenfalls Saugkreise, das sind auf ganz spezielle störende Frequenzen abgestimmte Serien-

schwingkreise (Bild 10.8), kommen in Betracht. Der Saugkreis schließt bei seiner Serienre-
sonanzfrequenz

$$f_0 = \frac{1}{2\pi \cdot \sqrt{LC}} \quad \rightarrow \quad Z_{F2}(f_0) \approx 0 \qquad\qquad (10.5)$$

die Netzimpedanz Z_{Ns} kurz und verhindert so die Ausbreitung der Störgröße in den Netzanschluss. Der Kurzschluss wirkt nicht nur gegenüber dem zu entstörenden leistungselektronischen Wandler sondern auch gegenüber dem Netzanschluss. Großer Nachteil dieser
Entstörmaßnahme ist deshalb das Absaugen von Störgrößen nicht nur aus dem leistungselektronischen Wandler sondern auch aus dem Netzschluss. Dies verändert die Scheinleistung am Netzanschluss und kann zur Überlastung des Saugkreises führen.

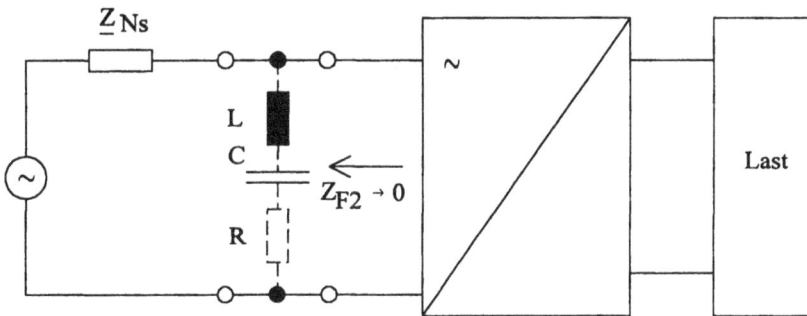

Bild 10.8: Reduzierung der wirksamen Netzimpedanz durch Saugkreis

Da mehrere parallel geschaltete Saugkreise, aber auch Saugkreise in komplexen Netzkonfigurationen (weitere Verbraucher, Kompensationsmittel, ...), unerwünschte Parallelresonan-
zen hervorrufen, wird diese Methode selten auf mehr als zwei Saugkreise angewandt.

Als weitere Lösungsmöglichkeiten verbleiben elektronische, gelegentlich auch als aktive
Oberschwingungsfilter oder Leistungsfaktoroptimierung (PFC: power factor controlling)
bezeichnete Maßnahmen. Hierunter sind aufwändige Steuerverfahren mit Mehrfachpulsung
zu verstehen. Beispiele hierfür wurden bereits in Kap. 4.3.1 genannt. Die Bilder 10.9 bis
10.12 (|Fritsch|, |Herfurth|, |Siemens|) zeigen als weiteres Beispiel die Anwendung in einem
Schaltnetzteil sowie einige hieran gewonnene Messresultate.

Basis der Schaltung ist ein Hochsetzsteller mit sehr kleiner Eingangskapazität C_E. Diese
wird so gewählt, dass sie zwar für den Hochsetzsteller innerhalb seiner Schaltperiode stabi-
lisierend wirkt, für die Funktion des ungesteuerten B2-Netzgleichrichter hingegen vernachlässigbar ist. Damit werden durch den Gleichrichter die sägezahnförmigen Ströme des
Hochsetzstellers in Abhängigkeit von der momentanen Polarität der Eingangsspannung an
den Netzanschluss durchgeschaltet. Da Hochsetzsteller Spannungen $U_A \geq \hat{u}_z$ liefern, ist,
sollte eine kleine Ausgangsspannung erforderlich sein, die Eingangswechselspannung trans-
formatorisch zu reduzieren oder die Ausgangsspannung durch einen nachgeordneten
Tiefsetzsteller zu reduzieren.

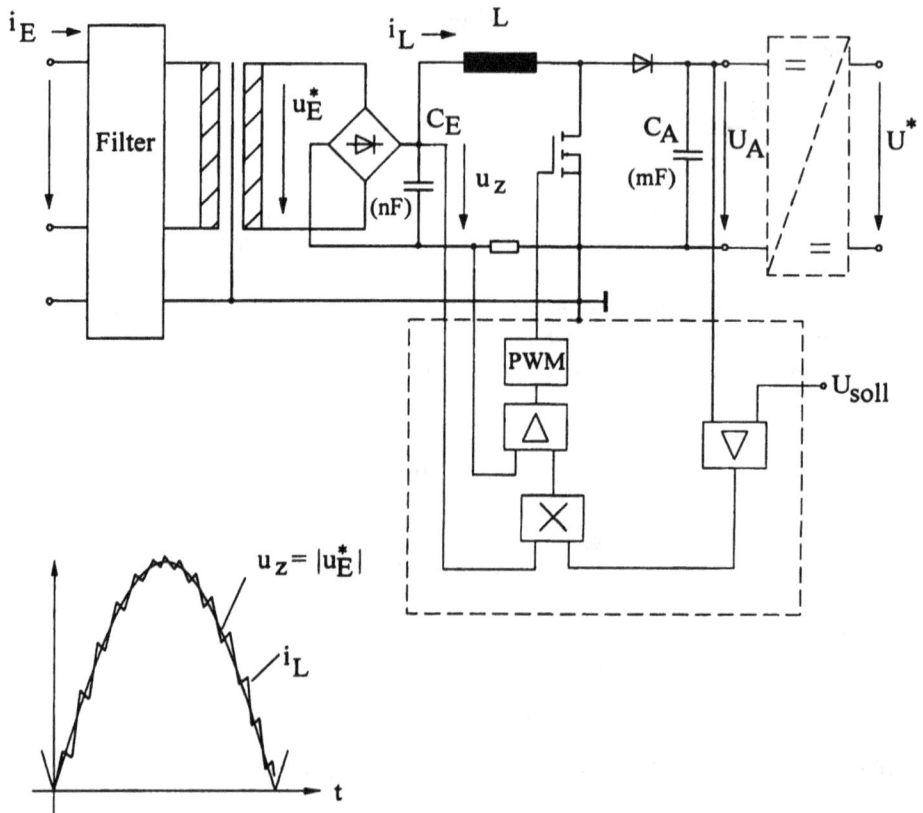

Bild 10.9: Schaltnetzteil mit sinusförmiger Netzstromaufnahme und geregelter Gleichspannung $U_A > \hat{u}_z$

Das Steuerteil zur Ansteuerung des MOSFET benötigt Informationen über den Sollwert und den Istwert der Ausgangsspannung sowie Informationen über die gleichgerichtete Eingangsspannung und den Eingangsstrom des Hochsetzstellers. Das Verfahren bietet durch Nachführung des Stromes i_L an der Form der gleichgerichteten Eingangsspannung

$$u_z = \left| u_E^* \right|$$

eine Lösung für den Problembereich Netzrückwirkung, nicht hingegen für den Problembereich Funkstörung. Ganz im Gegenteil! Auf Grund der zur Nachbildung eines sinusförmigen Stromes erforderlichen Mehrfachpulsung sind schnelle Schalter einzusetzen. Dies führt zu Schaltimpulsen höherer Flankensteilheit, damit gemäß Kap. 10.3 zu einer Ausdehnung der Störspektren hin zu höheren Frequenzen (Bild 6.12) und so zu einer Verschärfung des Problems Funkstörung. Zur Beherrschung auch dieses Bereiches ist ein in Bild 10.9 mitdargestellter Funkentstörfilter zu installieren.

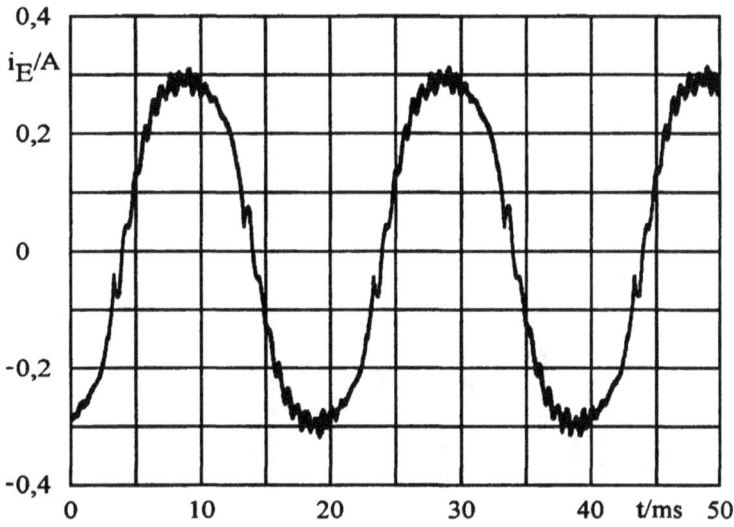

Bild 10.10: Schaltnetzteil mit sinusförmigem Netzstrom i_E ($U_A = 60V$; $I_A = 0,48A$)

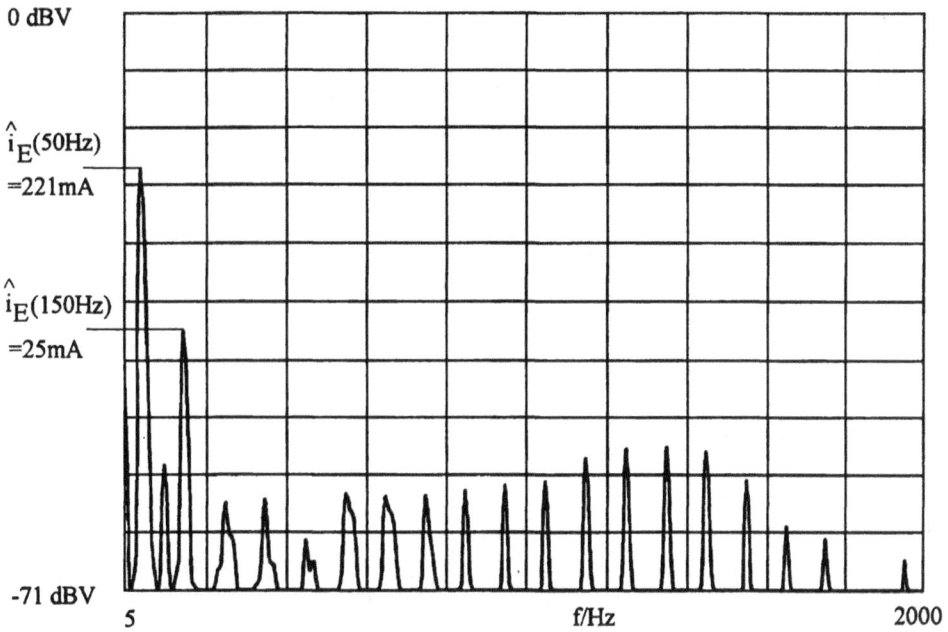

Bild 10.11: Schaltnetzteil mit sinusförmigem Netzstrom i_E ($U_A = 60V$; $I_A = 0,48A$); Spektrum des Netzstromes i_E

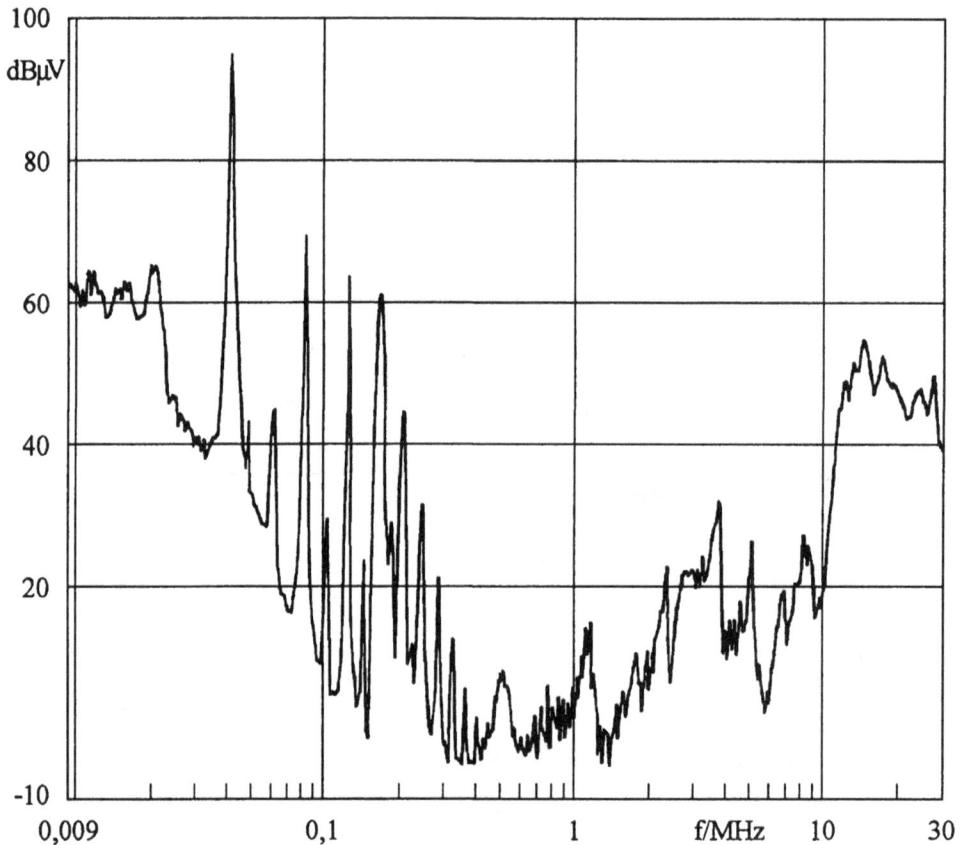

Bild 10.12: Schaltnetzteil mit sinusförmigem Netzstrom i_E ($U_A = 60V$; $I_A = 0{,}48A$), Funkstörspannung nach DIN VDE 0875 (Erläuterung Kap. 10.3.3)

10.3   Funkstörung

Unter „Elektromagnetische Beeinflussung / Funkstörung" |Anke 2|, |Anke 3| werden alle jene elektromagnetischen Wechselwirkungen verstanden, die im Frequenzbereich $f > 10\text{kHz}$ (EMV-Gesetz: $f > 150\text{kHz}$) auftreten. Da die empfindlichsten Störsenken in diesem Frequenzbereich Funkempfangseinrichtungen sind, hat sich hierfür auch der Begriff „Funkstörung" gebildet. Entstörmaßnahmen, die an einer Störquelle angewandt werden und bei dieser zur Reduzierung der Emission führen sollen, werden demzufolge gerne als „Funkentstörung" bezeichnet.

Im Folgenden sollen speziell Funkstörungen betrachtet werden. Da hierbei Phänomene zu beachten sind, die sich deutlich von jenen im Netzrückwirkungsbereich unterscheiden, sollen die Störungsursache und die Störungsausbreitung zunächst etwas genauer betrachtet werden.

10.3.1 Störungsursache

Wesentliche Ursache für Störungen ist der dem leistungselektronischen Wandlungsprozess zu Grunde liegende Schaltvorgang y_s. Dieser ist gekennzeichnet durch eine Amplitude, eine Periode T_s, eine Impulsdauer t_i und durch die Flankenintervalle t_r bzw. t_f (t_r: risetime, t_f: falltime). Beschränkt man sich bei der Spektralanalyse auf einen einzelnen Schaltvorgang y_s und bestimmt man dessen Spektrum auf der Basis der Fourier-Reihe

$$y_s = Y_{s0} + \sum_{n=1}^{\infty} \hat{y}_{sn} \cdot \sin(n\omega_s t + \phi_n); \quad n = 1, 2, \cdots \infty$$

durch Bildung des Grenzüberganges $T_s \to \infty$, so führt dies zu einem kontinuierlichen Spektrum, beschreibbar durch die Angabe des Betrages einer einseitigen (Grund: $n \geq 0$) Amplitudendichte bzw. einseitigen Spektralfunktion gemäß

$$\Delta f = \lim_{T_s \to \infty} \frac{1}{T_s} = \lim_{T_s \to \infty} f_s = df \to 0 \tag{10.6}$$

$$C(f) = \left| \lim_{T_s \to \infty} \frac{\hat{y}_{sn}}{\Delta f} \right| = \left| \lim_{T_s \to \infty} \hat{y}_{sn} \cdot T_s \right|; \quad f \geq 0 \tag{10.7}$$

$$Dim[C(f)] = Dim[y_s] \cdot s$$

Verzichtet man auf die spektrale Feinstruktur dieses Spektrums und ermittelt lediglich die spektrale Umhüllende $C^*(f)$, so zeigt sich, dass im Rahmen der für EMV-Belange relevanten Genauigkeit (selten besser 6dB) nur die schnellere der beiden Impulsflanken $\min(t_r, t_f)$ von Bedeutung ist. Damit wird die Amplitudendichte der spektralen Umhüllenden durch die Angabe von Grenzfrequenzen

$$f_{g1} = 1/(\pi \cdot t_i); \quad f_{g2} = 1/(\pi \cdot t_r) \tag{10.8}$$

bzw. durch einfache Nomogramme erfassbar. Bild 10.13 zeigt ein derartiges Nomogramm der einseitigen Spektralfunktion für einen Schaltimpuls mit der normierten Amplitude 1.

Ein Auswertungsbeispiel:

gegeben: Einzelimpuls bzw. Transiente mit

$\hat{u} = 1000V$

$t_i = 1\mu s$, $t_r = t_f = 100ns$

gesucht: Umhüllende $\overset{*}{L}_C$ des Betrages der Amplitudendichtefunktion in dBμVs

Lösung mit Bild 10.13:

$$\overset{*}{L}_C = 20 \cdot \lg\frac{\hat{u} \cdot C^*}{1\mu Vs}\,dB\mu Vs = 20 \cdot \lg\frac{\hat{u}}{1\mu V}\,dB\mu V + 20 \cdot \lg\frac{C^*}{s}\,dBs$$

$$= 180dB\mu V + \overset{*}{L}_C\,(Bild\,10.13;\,Ampl.=1)$$

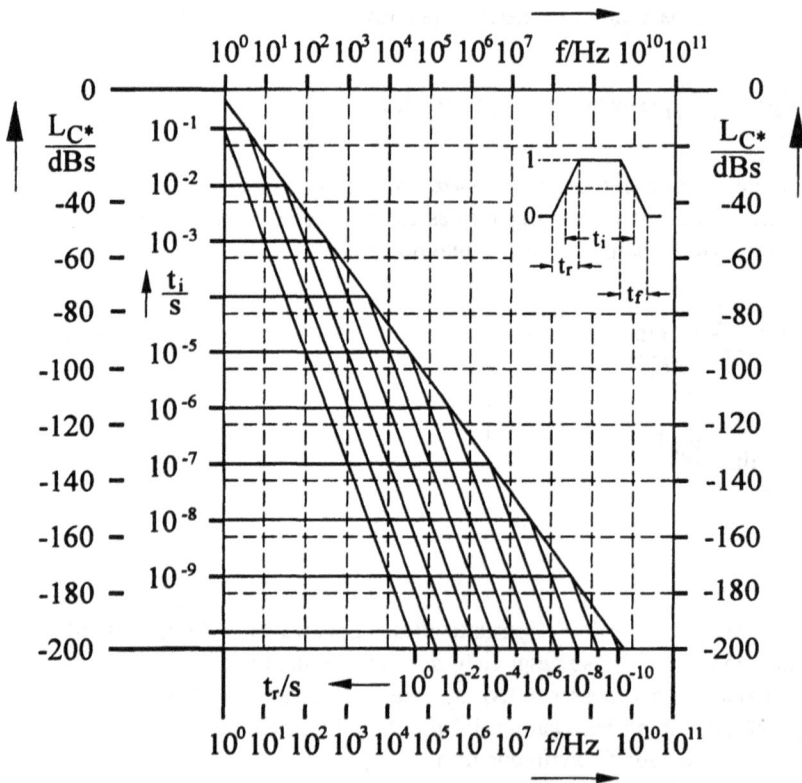

Bild 10.13: Nomogramm der Amplitudendichte C* (Umhüllende des Betrages der einseitigen Spektralfunktion, normierte Amplitude 1)

Die spektrale Ausdehnung der auf diese Weise ermittelten Umhüllenden des Amplitudendichtespektrums ist zumindest theoretisch unbegrenzt. Dennoch kann eine für die Praxis sinnvolle Abschätzung der maximalen spektralen Ausdehnung gefunden werden, wenn der Frequenzgang potentieller Beeinflussungswege mit in die Betrachtung einbezogen wird. So kann in vielen Beeinflussungsfällen (|Anke 4|, Beispiel: Bild 10.14 und 10.15) gezeigt werden, dass

$$\text{Kopplung}\Big|_{\text{worst-case}} \sim f \qquad\qquad\qquad (10.9)$$

Wird nun als relevante maximale Ausdehnung von Spektren jene Frequenz f_{max} angegeben, ab der die Amplitude am Ort einer Störsenke abnimmt, so führt dies mit

Frequenzbereich	Störquelle (q)	Kopplung	Störsenke (s)
$0 \cdots f_{g1}$	$C_q^* = \text{const}$	$\sim f$	$C_s^* \sim f$
$f_{g1} \cdots f_{g2}$	$C_q^* \sim 1/f$	$\sim f$	$C_s^* = \text{const}$
f_{g2}	$C_q^* \sim 1/f^2$	$\sim f$	$C_s^* \sim 1/f$

zur oberen Ausdehnungsgrenze der Störspektrums

$$f_{max} = s \cdot f_{g2} = s \cdot \frac{1}{\pi \cdot t_r}; \quad (t_r < t_f) \qquad\qquad (10.10)$$

Der Sicherheitsfaktor s, üblicherweise in Abhängigkeit vom Gefährdungsrisiko durch elektromagnetische Störgrößen zu $s = 3 \cdots 10$ gewählt, berücksichtigt, dass für $f > f_{g2}$ das Spektrum zwar abnimmt, aber dennoch noch nicht abrupt völlig vernachlässigbar ist.

Hierzu einige Anhaltspunkte aus der Elektronik:

Anwendung	t_r	f_{g2}	$f_{max}(s=3)$
Leistungselektronik			
Netzthyristoren	100µs	3,2kHz	9,55kHz
Leistungstransistor	0,1µs	3,2MHz	9,55MHz
Satndard-PowerMOSFET	10ns	32MHz	95,5MHz
Digitaltechnik			
Standard TTL	10ns	32MHz	95,5MHz
high speed CMOS	6ns	53,1MHz	159MHz
74AC/ACTxxx	2ns	159MHz	477MHz

Anmerkungen:

* Bei periodischer Impulswiederholung geht das Spektrum gemäß Fourier-Analyse in ein äquidistantes Linienspektrum über. Wird auch hierfür durch Bezug der Spektrallinien-amplitude auf den Spektrallinienabstand Δf über

$$C(n \cdot f_s) = \frac{\hat{y}_{sn}}{\Delta f} = \frac{\hat{y}_{sn}}{f_s} = \hat{y}_{sn} \cdot T_s \qquad\qquad (10.11)$$

eine Amplitudendichte gebildet, so bleiben die grundsätzlichen Aussagen zur Form der spektralen Umhüllenden und damit zu den Grenzfrequenzen erhalten.

- Eine zu Bild 10.13 verwandte Darstellung von Amplitudendichtespektren bietet die EMV-Tafel nach DIN VDE 0847. Auf Grund ihrer Herleitung über die Laplace-Transformation (komplexe Fourier-Transformation → beidseitige Spektralfunktion) gilt diese Darstellung formal für positive und negative Frequenzen und unterscheidet sich damit von der Darstellung nach Bild 10.13 wie folgt:

$$\text{Amplitudendichte (EMV-Tafel)} = 0,5 \cdot \text{Amplitudendichte (Bild 10.13)}$$

Mit vorstehender Spektral- und Kopplungsbetrachtung lässt sich auch ein wichtiger Effekt, nämlich das Entstehen asymmetrischer Störgrößen erläutern. Bild 10.14 zeigt hierzu einen Schaltungsauszug aus einer mit Schaltvorgängen arbeitenden Schaltung, also z.B. aus einem leistungselektronischen Wandler oder einer Digitalschaltung.

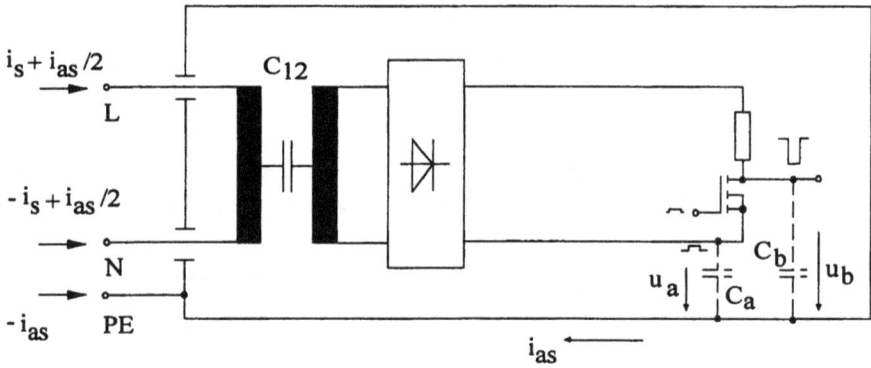

$$i_{as} = C_a \frac{du_a}{dt} + C_b \frac{du_b}{dt}$$

bei MOSFET-Schalter mit Kühlkörper: $C_b \gg C_a$

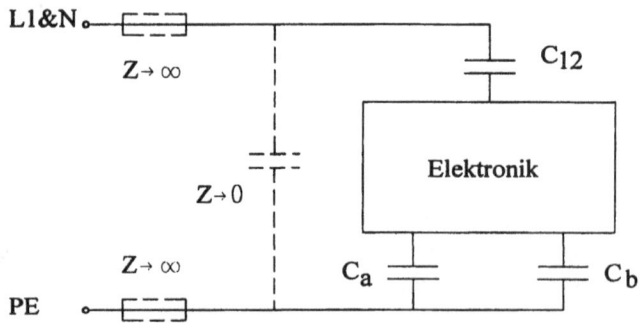

Bild 10.14: Entstehung asymmetrischer Störgrößen / Ersatzschaltbild mit Entstörmaßnahmen (- - -)

Angenommen ist ein als Schalter betriebener MOSFET mit ohmscher Last. Durch Anlegen eines Gate-Impulses wird im potentialfreien inneren Schaltungsbereich, das ist der symmetrische Schaltungsbereich, ein Schaltvorgang ausgelöst, der sich als Potentialänderung an allen Anschlüssen des MOSFET bemerkbar macht. Als Folge unvermeidbarer parasitärer Feldkapazitäten zwischen den MOSFET-Anschlüssen und Erde (PE) sowie zwischen Primär- und Sekundärwicklung des Transformators C_{12} fließen dielektrische Verschiebungsströme zwischen den MOSFET-Anschlüssen und dem Erdleiter (PE), die sich dann im Erdleiter als asymmetrischer Störstrom (Gleichtaktstrom) i_{as} bemerkbar machen.

Die Beschreibung einer einphasig angeschlossenen Schaltung ist also auf die drei Leiter L, N und PE zu erweitern. Auf Grund der Kirchhoff'schen Gesetze genügt dabei zur kompletten Beschreibung eines Dreileiteranschlusses die Angabe zweier voneinander unabhängiger Ströme (zweier unabhängiger Spannungen).

Zwei Beschreibungsalternativen (→ Kap. 10.3.2) sind üblich:

- unsymmetrische Beschreibung:

  Verhalten zwischen Leiter L – PE

  Verhalten zwischen Leiter N – PE

  Anwendung: Messtechnik

- symmetrische Beschreibung (Differenztakt, differential mode, normal mode) i_s

  Beschreibung des Nominalverhaltens am Netzanschluss zwischen Leiter L und N

  asymmetrische Beschreibung (Gleichtakt, common mode) i_{as}

  Beschreibung des parasitär verursachten Verhaltens gegenüber dem Erdleiter

  Anwendung: Ausbreitung von Störgrößen, Kopplungsphysik, Entstörmaßnahmen

Zugeordnet zu den Zeitfunktionen „symmetrischer Potentialsprung" und „asymmetrischer Störstrom" treten die in Bild 10.15 dargestellten Spektren auf. Erkennbar ist, dass sich auf Grund der frequenzabhängigen Kopplung über parasitäre Kapazitäten sowie der in Kap. 10.3.2 noch zu diskutierenden Störgrößenausbreitung, das Verhalten des Netzanschlusses gegenüber symmetrischen Störgrößen wird dort als Tiefpass erkannt, die spektrale Relevanz des asymmetrischen Störspektrums im Vergleich zum symmetrischen Störspannungsspektrum hin zu hohen Frequenzen verlagert.

Damit ist folgende weitere Zuordnung möglich:

- symmetrische Störgrößen

  → Netzrückwirkung

- asymmetrische Störgrößen

  → ≈ Funkstörung

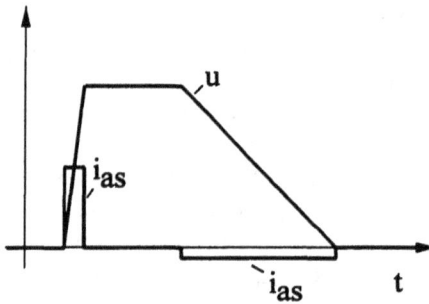

Bild 10.15:
Zuordnung Zeitfunktionen – Spektren

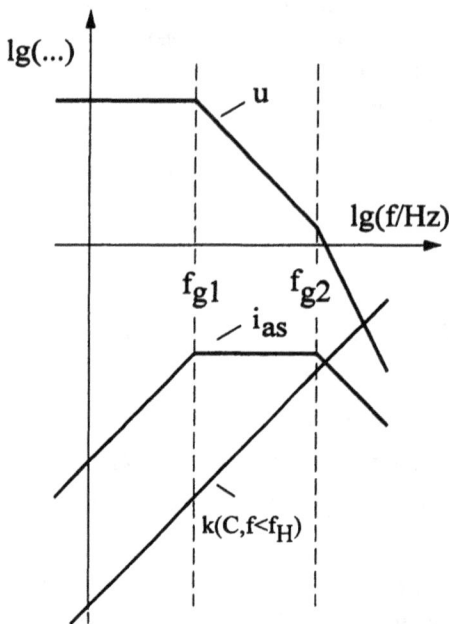

10.3.2   Störgrößenausbreitung

Die Störgrößenausbreitung von der Störquelle in das angeschlossene Leitungsnetz wird von der HF-Impedanz Z_N des Leitungsnetzes und der Dämpfungskonstanten α im Leitungsnetz bestimmt. Das Leitungsnetz lässt sich dabei ebenfalls

unsymmetrisch (Messtechnik)

oder

symmetrisch und asymmetrisch (Ausbreitungsphysik)

beschreiben.

Symmetrische und asymmetrische Leitungsbetrachtung unterscheiden sich im Wesentlichen durch die Querleitwerte G_s' bzw. G_{as}', die im ersten Fall weiteren Verbrauchern und Querabzweigungen (umgerechnet auf die Leitungslänge ℓ) und im zweiten Fall den vergleichsweise wesentlich kleineren Isolationsquerleitwerten entsprechen. Die Einspeisung (z.B. Trafostation) kann in beiden Fällen näherungsweise als Kurzschluss angesetzt werden. Für den Frequenzgang der Netzimpedanzen Z_N stellen die unterschiedlichen Querleitwerte keinen gravierenden Einflussfaktor dar. Unabhängig von der Art der Netzdarstellung ist die Netzimpedanz näherungsweise beschreibbar durch die Parallelschaltung einer Induktivität mit dem HF-Wellenwiderstand des Leitungssystems (bei allerdings ausgeprägten Resonanzen im Frequenzgang der asymmetrischen Netzimpedanz $Z_{Nas}(f)$). Ganz anders ist die Situation für die Dämpfungskonstante α. Hier zeigt Bild 10.16 für das Rechenbeispiel einer Laborgebäudeinstallation das Resultat

$$\alpha_s \gg \alpha_{as} \tag{10.12}$$

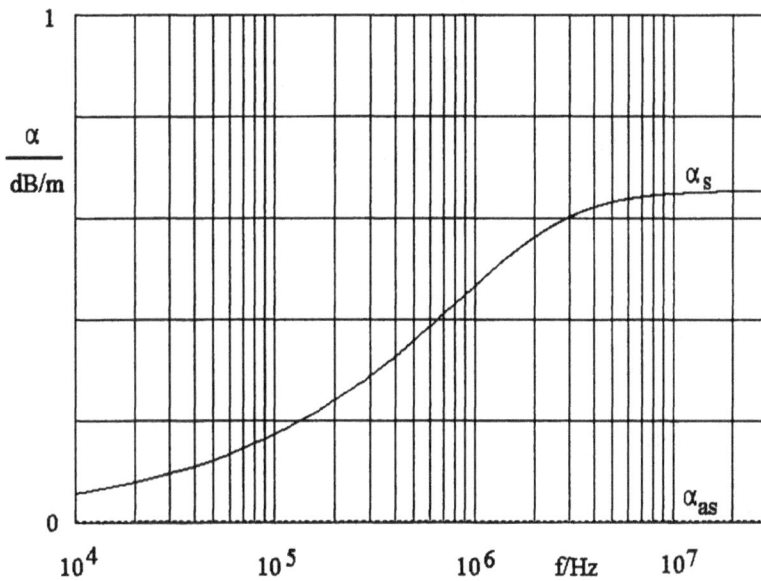

Bild 10.16: Dämpfungskonstanten α in einer Gebäudeinstallation; Annahmen: Stromabzweig: 6A/10m, Verbrauchsmittelisolation: 90kOhm/m, keine Funkentstörfilter

Die symmetrische Dämpfungskonstante α_s ist also unter der Voraussetzung weiterer Verbraucher im Netz erheblich größer und nimmt zusätzlich mit der Frequenz zu. Damit besitzt die symmetrische Leitungsnetzkomponente Tiefpasscharakter.

Ist die geometrische Ausdehnung einer Störquelle klein gegenüber den Wellenlängen der zu betrachtenden Frequenzen ($< 0,1 \cdot \lambda_{min}(f_{max})$), so kann allein das angeschlossene Leitungsnetz Störleistung übertragen. In der Umgebung der Störquelle selbst können nur elektrische und / oder magnetische Blindleistungsfelder geringer Reichweite mit

$$E \text{ bzw. } H \sim 1/r^n; \quad n \geq 2; \ r: \text{Abstand}$$

auftreten.

Bild 10.17 zeigt die Situation für ein Einphasennetz. Folgende Effekte sind zu erkennen:

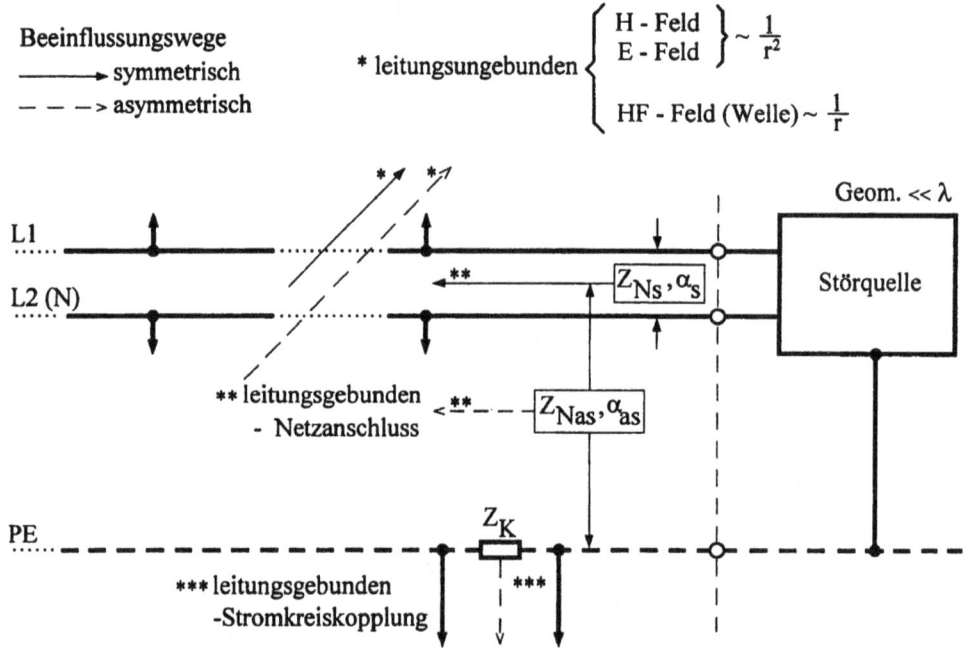

Beeinflussungswege

———→ symmetrisch

— — —> asymmetrisch

* leitungsungebunden $\left\{ \begin{array}{l} \text{H - Feld} \\ \text{E - Feld} \end{array} \right\} \sim \frac{1}{r^2}$

$\text{HF - Feld (Welle)} \sim \frac{1}{r}$

** leitungsgebunden
- Netzanschluss

*** leitungsgebunden
-Stromkreiskopplung

Geom. $\ll \lambda$

L1

L2 (N)

Z_{Ns}, α_s

Störquelle

Z_{Nas}, α_{as}

PE

Z_K

Bild 10.17: Zur Ausbreitung von Störgrößen

- leitungsgebundene Ausbreitung – Netzanschluss

    symmetrische Komponente

        spektrale Dominanz im tiefen Frequenzbereich

        starke mit der Frequenz zunehmende Dämpfung

        → geringe Reichweite

        → nur niederfrequente Störungskomponenten von Bedeutung

        → Transiente hoher Amplitude und geringer Dauer werden gewandelt in Transiente geringerer Amplitude und größerer Dauer (Grund: Tiefpassbegrenzung des Transientenspektrums)

    asymmetrische Komponente

        spektrale Dominanz im höheren Frequenzbereich

        sehr geringe Dämpfung

        → große Reichweite

→ Dominanz gegenüber symmetrischer Komponente im Frequenzbereich $>\approx 500\text{kHz} \rightarrow u_{as} \approx u_{us}$

→ kaum Transientenabflachung, da kaum Bandbegrenzung des Transientenspektrums

- leitungsgebundene – Stromkreiskopplung

(mehrere Stromkreisanteile im Leiter „Erde")

→ nur asymmetrische Komponente von Bedeutung

- leitungsungebundene Ausbreitung

symmetrische Komponente

Dominanz im tiefen Frequenzbereich, kaum Ausbreitung im hohen Frequenzbereich

→ niederfrequente E-/H-Feldkopplung

→ hochfrequente elektromagnetische Abstrahlung in der Regel vernachlässigbar, da infolge starker Dämpfung zu geringe antennenwirksame Leitungsausdehnung

asymmetrische Komponente

Dominanz im hohen Frequenzbereich (kurze Wellenlängen), weit reichende Ausbreitung

→ im Vergleich zur symmetrischen Komponente meist relativ geringe niederfrequente E-/H-Feldkopplung

→ hochfrequente elektromagnetische Abstrahlung, da infolge geringer Leitungsdämpfung große wirksame Antennenlänge, Feldabnahme $\sim 1/r$ (Anmerkung: Wirkleistungsabstrahlung bewirkt nunmehr Dämpfung der asymmetrischen Komponente).

Vorstehende Überlegungen lassen erwarten, dass auf Grund der am Entstehungsort sicherlich viel größeren symmetrischen Komponente diese nahe am Entstehungsort und allgemein im tieferen Frequenzbereich dominiert. Im mittleren Frequenzbereich wird dann infolge der unterschiedlichen Dämpfung die Bedeutung der symmetrischen Komponente immer stärker zurückgedrängt und die asymmetrische Komponente beginnt zu dominieren. Im hohen Frequenzbereich, wo mit vergleichbaren Größenordnungen von Leitungsgeometrie und Wellenlänge zu rechnen ist, wird allein die hochfrequente Abstrahlung als Resultat einer abgestrahlten asymmetrischen Komponente verbleiben.

10.3.3 Störgrößenmessung

Die Sicherstellung der „Elektromagnetischen Verträglichkeit" ist als Umwelt- und Schnittstellenproblem aufzufassen. Zur Beherrschung derartiger Probleme bedarf es Normen, d.h. Vorschriften, die sowohl die Art der Messtechnik als auch die einzuhaltenden Grenzwerte eventueller Störgrößenemissionen genau festlegen. Entwickelt wurden eine Vielzahl derartiger nationaler und internationaler Normen. Von besonderer Bedeutung für deutsche Belange sind dabei im militärischen Anwendungsbereich die VG-Normen 95370 .. 95377 und im zivilen Bereich die Fachgrundnorm EN 50081 sowie Produktnormen wie EN55011,

EN55014, EN55022 u.a. (DIN VDE Normen 0875 .. 0879). Die genannten zivilen Normen basieren auf Empfehlungen des IEC-Komitees CISPR (CISPR: Comite International Special des Perturbations Radioelectrique / International Special Commitee on Radio Interference) und haben als Zielsetzung die Gewährleistung eines störungsfreien Rundfunkempfangs.

Die Vorgehensweise der zivilen Normen soll im Folgenden etwas genauer betrachtet werden. Angenommen wird zunächst, dass das betrachtete Gerät zusammen mit seiner Netzanschlussleitung, diese wird festgelegt auf $\ell = 80\text{cm}$, die Einheit Störquelle bildet. Ist die geometrische Ausdehnung dieser Störquelle (leistungselektronischer Wandler samt Zuleitungen) klein im Vergleich zur kleinsten relevanten Wellenlänge

$$\text{Geometrie} < \lambda_{min} = \frac{c}{f_{max}} = \frac{c \cdot \pi \cdot t_r}{s} \qquad (10.13)$$

so ist im Wesentlichen nur leitungsgebundene Störsignalemission zu erwarten. Eine Störleistungsabstrahlung über Felder wird vernachlässigbar sein. Diese Feststellung bedeutet jedoch nicht, dass auch Blindleistungsfelder in unmittelbarer Geräteumgebung vernachlässigbar sein müssen. Im militärischen Normungsbereich, wo nicht nur der störungsfreie Funkempfang im Zentrum des Interesses steht, werden deshalb auch tieffrequente Blindleistungsfelder in 1m-Entfernung von der Störquelle analysiert, wobei im Falle leistungselektronischer Wandler auf Grund der Impedanzsituation eine Dominanz des magnetischen Feldes gegenüber dem elektrischen Feld zu erwarten ist.

Im zivilen Normenbereich ist die Einhaltung der Emissionsgrenzwerte für leitungsgebundene unsymmetrische Störspannungen im tiefen Frequenzbereich sowie für feldgebundene Störfeldstärken im Fernfeld als Maß für die Störleistung im hohen Frequenzbereich nachzuweisen.

Von besonderer Bedeutung ist die Messung der leitungsgebundenen Störgrößenemission. Hierzu ist die Störquelle an den betriebsnotwendigen Netzanschluss anzuschließen und die unsymmetrische Störspannung, also die Störspannung zwischen Leiter (L bzw. N) und Erde (PE) mit einem frequenzselektiven Gerät (Funkstörempfänger, EMV-Empfänger) zu messen. Der EMV-Empfänger hat die Eigenschaften des Funkempfanges (Funkempfänger samt Wahrnehmungsvermögen des Menschen) bei breitbandigen und schmalbandigen Störgrößen über

Bandbreite AM-(Amplitudenmodulation)-Bereich: $B(150\text{kHz} < f < 30\text{MHz}) = 9\text{kHz}$

subjektive, d.h. gehörrichtige Signalbewertung breitbandiger, pulsartiger Störgrößen durch quasi-peak-Detektor

Signalbewertung schmalbandiger, sinusartiger Störgrößen durch Betragsmittelwert-Detektor (average-Detektor)

nachzubilden.

Die Messung soll reproduzierbar sein, darf also nicht von der zufällig am Netzanschlusspunkt auftretenden Netzimpedanz beeinflusst werden. Stattdessen muss zwischen Netzanschluss und Messobjekt eine Netznachbildung mit den beiden Aufgaben

Simulation einer statistisch abgesicherten unsymmetrischen Netzimpedanz Z_{Nus}

HF-Trennung zwischen Netz und Messanordnung

eingefügt werden. Der Wert der Netzimpedanz ist abhängig vom nachzubildenden Energie-versorgungsnetz und dem betrachteten Frequenzbereich.

Beispiel technisches Wechselspannungsnetz:

$$10 \text{kHz} < f < 30 \text{MHz}: \quad Z_{Nus} = (5\Omega + j\omega \cdot 50\mu\text{H}) \| 50\Omega \quad \text{(Bild 10.18)}$$

$$100 \text{kHz} < f < 30 \text{MHz}: \quad Z_{Nus} = j\omega \cdot 50\mu\text{H} \| 50\Omega$$

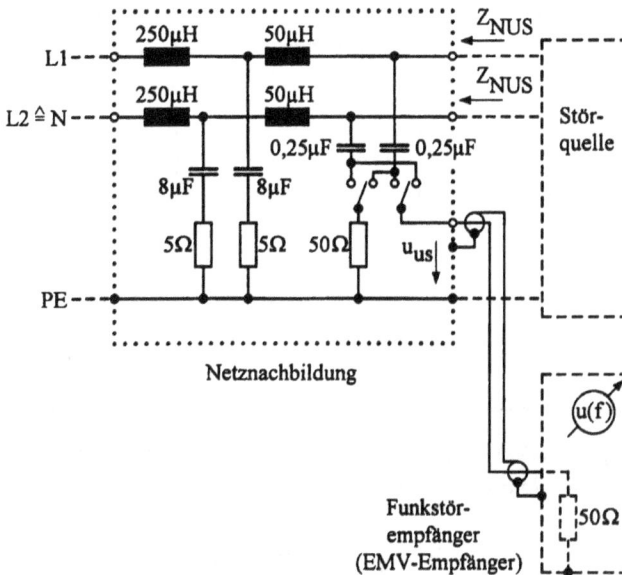

Bild 10.18: Messung der unsymmetrischen Störspannung an einer Netznachbildung (NNB); NNB-Spezifikation: DINVDE 0876 (CISPR 16)

Die Größe der unsymmetrischen Störspannung setzt sich aus symmetrischer und asymmetrischer Störgröße zusammen. Von großer Bedeutung ist folglich die räumliche Anordnung des Prüflings relativ zum Leiter „Erde" bzw. zu einer „Erdfläche". Die Norm fordert deshalb die Anordnung des Prüflings im Abstand 0,4m gegenüber einer Erdfläche >2m*2m bzw. der Wand einer geschirmten Messkabine.

Bild 10.19 zeigt als Beispiel Emissionsgrenzkurven nach CISPR 22 (EN 55022), gültig für Datenverarbeitungsgeräte (ITE-Geräte: Information Technology Equipment), in denen ja leistungselektronische Wandler in Form von Schaltnetzteilen verbreitet Einsatz finden. Die dabei aufgeführten Grenzwertklassen berücksichtigen unterschiedliche, vom Einsatzort abhängige Anforderungen. Geräte der Grenzwertklasse B eignen sich für den Betrieb in Wohnanlagen oder Betrieben mit Anschluss an Niederspannungsnetzen, die auch der Versorgung von Wohnanlagen dienen. Geräte der Grenzwertklasse A eignen sich für den Betrieb an Niederspannungsnetzen, die nicht der Versorgung von Wohnanlagen dienen.

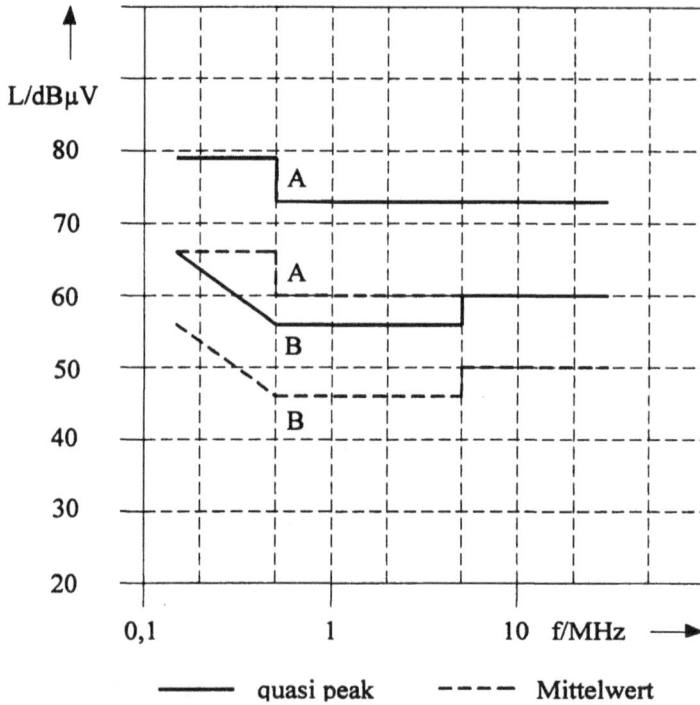

Bild 10.19: Grenzwerte unsymmetrischer Störspannungen gemäß EN 55022: ITE-Geräte; EN 55011: ISM-Geräte (B); EN 55014: Haushaltsgeräte, Halbleiterstellglieder

Das Resultat einer normgerechten, leitungsgebundenen Messung ist für das Beispiel eines Schaltnetzteiles mit 400kHz-Taktfrequenz in Bild 10.20 wiedergegeben. Ein weiteres Messbeispiel enthielt Bild 10.12.

Die feldgebundene Störsignalvermessung soll ein Maß für die Störleistungsemission, genauer ein Maß für die Strahlungsdichte S liefern. Gemessen wird hierzu gemäß Bild 10.21 unter so genannten Freifeldbedingungen, d.h. also im ungestörten Fernfeld über einer leitenden elliptischen Ebene. Da für dieses Fernfeld im Gegensatz zum Nahfeld gemäß

$$S(r > \frac{\lambda}{2\pi}) = E \cdot H = \frac{E^2}{\Gamma_0} = H^2 \cdot \Gamma_0 \qquad (10.14)$$

r : Messabstand; λ : Wellenlänge

S : Strahlungsdichte; E : elektrische Feldstärke; H : magnetische Feldstärke

$\Gamma_0 = 377\Omega$: Freiraumwellenwiderstand

Bild 10.20:
Schaltnetzteil Taktfrequenz
400kHz; unsymmetrische
Störspannung; oben: ohne
Funkentstörfilter; unten:
mit Funkentstörfilter
(Bandbreite: 9kHz, Detek-
tor: quasi-peak)

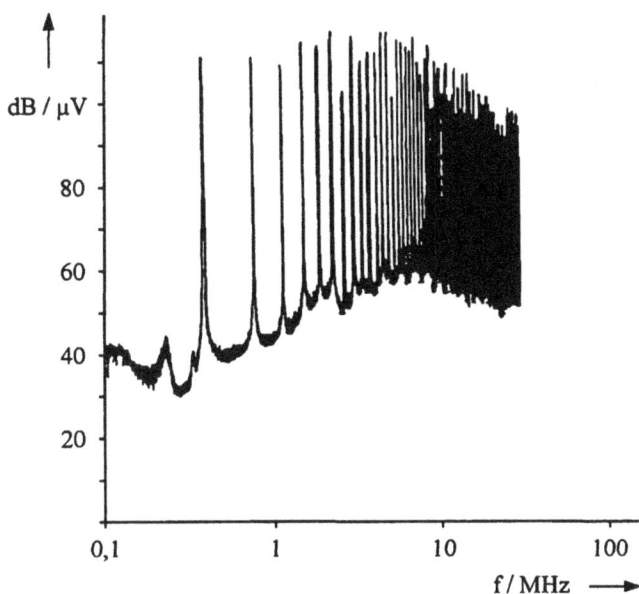

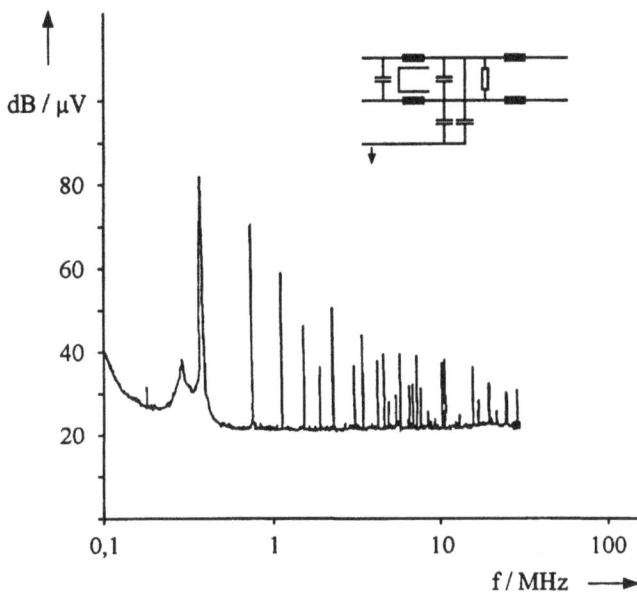

eine eindeutige rechnerische Beziehung zwischen Strahlungsdichte S und elektrischer Feldstärke *E* besteht, genügt die Messung der elektrischen Feldstärke. Gemessen wird wiederum mit einem Funkstörempfänger/EMV-Empfänger mit einer an den FM-(Frequenzmodulation)-Empfangsbereich angepassten Bandbreite B=120kHz und quasi-peak Detektor. Die einzuhaltenden Grenzwerte zeigt Bild 10.22.

Prüfling
Störquelle

Empfangsantenne
v: vertikal polarisiert
h: horizontal polarisiert

$h_s = 1m$

d

h_e

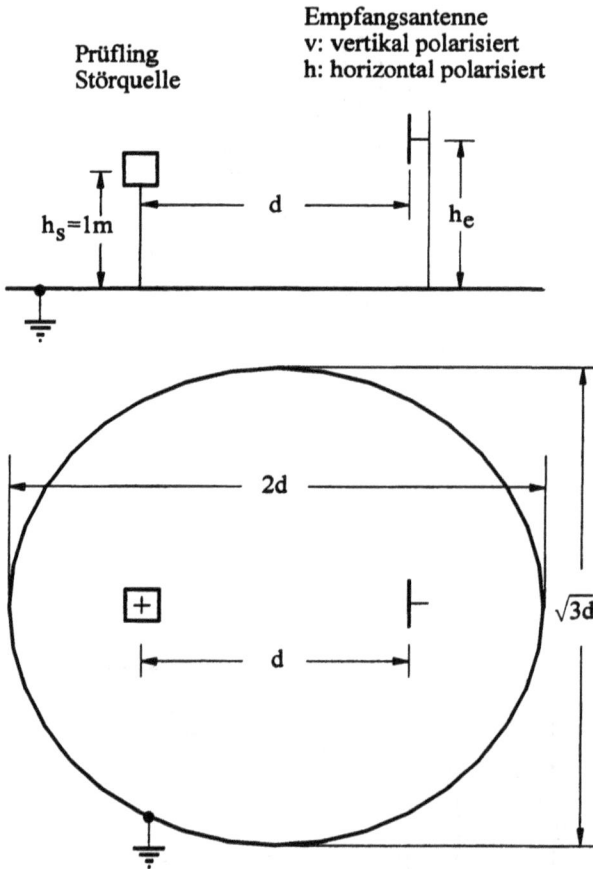

Bild 10.21:
Freifeldmessung / Messgelände
nach DIN VDE 0877/T2
Klasse A:
d(30 ... 1000MHz)=30m
Klasse B:
d(30 ... 1000MHz)=10m
$h_e = 1 ... 4m$ justiert für Ma-
ximalanzeige
Angaben nach EN 55011 (DIN
VDE 0875/T11)

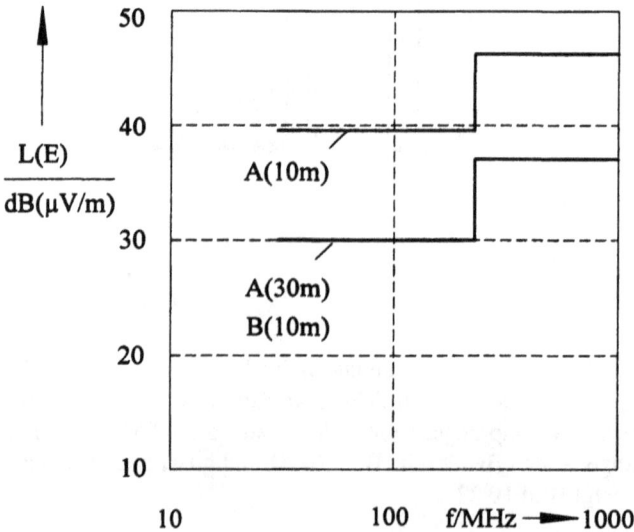

2d

$\sqrt{3}d$

d

50

40

$\dfrac{L(E)}{dB(\mu V/m)}$

A(10m)

30

A(30m)

B(10m)

20

10

10

100   f/MHz ⟶ 1000

Bild 10.22:
Grenzwerte der elektrischen
Störfeldstärke nach
EN 55011 (DIN VDE
0875/T11)
A(10m) berechnet über
$E \sim 1/d$

10.4   Störfestigkeit

Die Störfestigkeit leistungselektronischer Wandler ist zwar in der Regel von etwas geringerer Problematik, ihre Untersuchung wird aber vom EMV-Gesetz (Fachgrundnormen EN 50082) zwingend vorgeschrieben und ist demzufolge ebenfalls zu beachten. Die anzuwendenden Grundnormen mit den wesentlichen Messprinzipien sind in EN 61000-4-... (IEC 1000-4-...,) zu finden. Die wichtigsten Grundnormen sind:

EN 61000-4-1

   Übersicht über Störfestigkeits-Messverfahren

EN 61000-4-2

   Störfestigkeit gegen elektrostatische Entladungen (ESD)

EN 61000-4-3

   Störfestigkeit gegen hochfrequente el. magn. Felder

EN 61000-4-4

   Störfestigkeit gegen schnelle transiente Störungen (Burst)

EN 61000-4-5

   Störfestigkeit gegen Stoßspannungen (Surge)

EN 61000-4-11

   Störfestigkeit gegen Spannungseinbrüche, kurzzeitige Unterbrechungen und Spannungsänderungen

10.5   Entstörung

Von leistungselektronischen Wandlern ausgehende Störgrößen im Energieversorgungsnetz sind auf Schaltvorgänge (Schaltimpulse) im Leistungs- und Steuerteil zurückzuführen. Es wurde gezeigt, dass die relevante spektrale Ausdehnung der Pulsspektren abschätzbar ist durch (10.10)

$$f_{\max} = s \cdot \frac{1}{\pi \cdot t_r}$$

Eine allererste Entstörmaßnahme sollte deshalb immer darauf abzielen, die Flankenintervalle t_r (min von Anstiegs- bzw. Abfallszeit) so groß zu machen, wie es seitens der Anwendungsaufgabe gerade noch zulässig ist. Dies wirkt sich sowohl günstig aus auf das primäre symmetrische Störspektrum als auch, wie die Ausführungen zu Bild 10.14 und Bild 10.15 zeigten, auf das als Folge verursachte besonders kritische asymmetrische Störspektrum. Zur Beeinflussung der Flanken bieten sich neben entsprechender Ansteuerung der Halbleiterschalter – hierbei ist der Einfluss auf die dynamische Verlustleistung zu beachten – Entlastungsnetzwerke (Bild 10.23) an den Schaltern an. Hierunter sind Beschaltungen zu verstehen, die sowohl das *di/dt*-Verhalten (Serieninduktivität, Kommutierungsinduktivität) als auch das *du/dt*-Verhalten (Parallel-RC-Netzwerk, TSE-Beschaltung) zu kleineren Werten hin korrigieren.

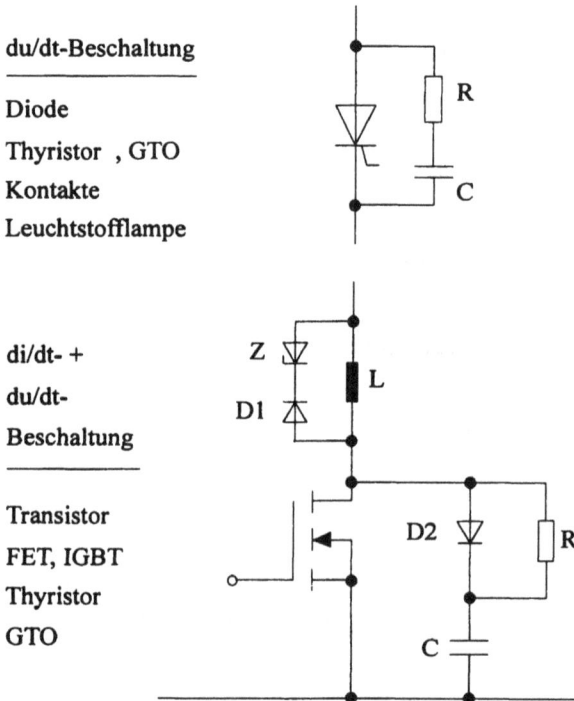

du/dt-Beschaltung

Diode

Thyristor , GTO

Kontakte

Leuchtstofflampe

Bild 10.23:
Entlastungsnetzwerke (Beispiele)

di/dt- +

du/dt-

Beschaltung

Transistor

FET, IGBT

Thyristor

GTO

Der Nachteil der Entlastungsschaltungen nach Bild 10.23, nämlich die verlustbehaftete Entregung der zur Entlastung erforderlichen Energiespeicher, wird bei Entlastungschaltungen mit resonantem Übergangsverhalten vermieden. Dem Vorteil eines verbesserter Wirkungsgrad durch Rückgewinnung der in den Entlastungsenergiespeichern zwischengespeicherten Energie steht als Nachteil ein erhöhter Schaltungsaufwand gegenüber.

Bild 10.24 erläutert ein derartiges, als „soft switching" bezeichnetes Verfahren am Beispiel eines Hochsetzstellers |Ilchmann|. Grundidee ist ähnlich wie bei Resonanzwandlern das Schalten im Strom- oder Spannungsnulldurchgang durch Hinzufügen eines aktiven, resonanten Entlastungsnetzwerkes. Unterstellt man, was in vielen Anwendungsfällen der Fall ist, einen „nichtlückenden Betrieb" mit $i_L > 0$, so führt das Einschalten des Transistors T ohne gestrichelt dargestelltem Entlastungsnetzwerk infolge des Zusammentreffens hoher Sperrspannungen ($u_r = U_2$) mit hohen Drosselströmen i_L zu hohen dynamischen Verlusten $P_{dyn} \sim f_s$ und damit zu einer Begrenzung der bei akzeptablen Wirkungsgraden erreichbaren Schaltfrequenz f_s. Bei gegebener Drossel (Kernvolumen, Bauform, Material) bedeutet dies wegen $P_2 \sim f_s$ eine Begrenzung der maximal übertragbaren Leistung P_2. Mit dem aktiven, resonanten Entlastungsnetzwerk wird dies vermieden.

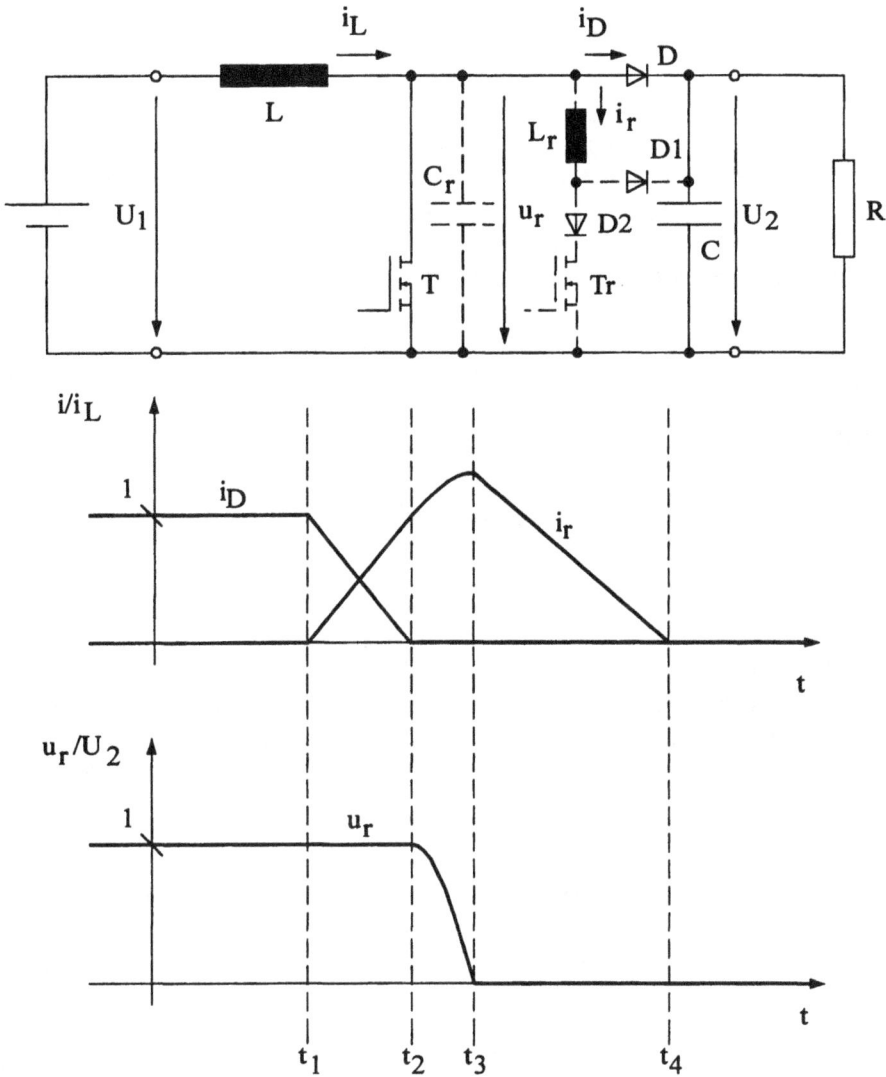

Bild 10.24: Hochsetzsteller mit aktivem, resonanten Entlastungsnetzwerk

Zur Erläuterung des Einschaltvorganges mit Entlastungsnetzwerk wird im Folgenden auf Grund der geringen Dauer der Umschaltung (Kommutierung) von D nach T i_L = const und auf Grund der Dimensionierung $\tau = R \cdot C \gg T_s = 1/f_s$ U_2 = const unterstellt. Wird vor dem Einschalten des Transistors T der Transistor Tr des Entlastungsnetzwerkes durchge-schaltet (Zeitpunkt t_1), so übernimmt dieser zunächst mit $u_r = U_2$ = const allmählich den Drosselstrom i_L bei gleichzeitiger Abnahme des Diodenstromes i_D. Solange die Diode D leitet, gilt

$$i_L = i_r + i_D; \quad i_r = \frac{U_2}{L_r} \cdot (t - t_1)$$

Die Diode D sperrt zum Zeitpunkt t_2 infolge $i_D(t_2) = 0$. Es folgt ein Umschwingvorgang über die nun als Serienschwingkreis wirkende Anordnung C_r und L_r bei weiterer Zunahme des Stromes $i_r(u_r > 0)$ und Abnahme der Spannung u_r. Der Transistor T wird dann zugeschaltet, wenn zum Zeitpunkt t_3 die Spannung u_{DS} zu $u_{DS}(t_3) = u_r(t_3) = 0$ geworden ist. Da über die Diode D2 (nur erforderlich bei Halbleiterschalter mit Inversdiode) ein Rückwärtsumschwingen des Stromes i_r im Resonanzkreis unterbunden wird, erfolgt im Zeitabschnitt $t_3 \rightarrow t_4$ eine Entregung der Induktivität L_r über D1 zur Last. Mit den geschilderten Maßnahmen wird der Transistor Tr bei $i_D(t_1) = 0$ und der Transistor T bei $u_{DS}(t_3) = 0$ zugeschaltet. Da bei keinem der beiden Transistoren während des Durchschaltens hohe Produkte $i_D \cdot u_{DS}$ auftreten, werden in beiden Transistoren hohe dynamische Verlustleistungen vermieden.

Der für das Entstehen von Funkstörungen besonders kritische asymmetrische Störstrom ergab sich in Bild 10.14 auf Grund parasitärer Kopplungen zum Erdleiter zu

$$i_{as} = C_a \cdot \frac{du_a}{dt} + C_b \cdot \frac{du_b}{dt}$$

Die beiden Summanden besitzen unterschiedliche Vorzeichen, sodass sich bei Betragsgleichheit eine Kompensation dieser Summanden zu $i_{as} = 0$ ergibt. Diese als Symmetrierung bezeichnete Maßnahme kann man durch einen symmetrischen Aufbau, eventuell ergänzt durch einen kapazitiven Abgleich anstreben. Im Stromversorgungsbereich ist diese Symmetrierung auf Grund der in der Regel ungenügend definierten Kapazitäten gegenüber Kühlkörper, Gehäuse usw. nur eingeschränkt realisierbar bzw. Zufällen ausgesetzt und ein individueller Abgleich meist zu kostenaufwändig. Ein Ansatz zur Verbesserung wird in |Fischer| als „virtuelle Masse" beschrieben. Verstanden wird hierunter eine ausgedehnte flächen- oder gitterförmige Leiterstruktur in der Nähe der betrachteten Schaltung. Bild 10.25 zeigt bezogen auf das Problembeispiel des Bildes 10.14 den Ansatz. Die virtuelle Masse / Fläche wird über die beiden -Kondensatoren ($C \gg C_a; C_b$) HF-mäßig symmetriert. Nicht zu verwechseln ist die Maßnahme „virtuelle Masse" mit der Maßnahme „Schirmung", da bei letzterer die Ableitung hochfrequenter Störgrößen durch Erdung der Metallumhüllung erfolgt.

Will man die Amplitude asymmetrischer Störgrößen weiter reduzieren, so muss man den gerätebezogenen Innenwiderstand für die asymmetrische Störgröße vergrößern. Als eine erste, sehr wirkungsvolle Maßnahme bietet sich hierzu die Reduzierung der in Bild 10.14 dargestellten Koppelkapazität C_{12} zwischen Primär- und Sekundärseite des Transformators an. High-Isolation- oder auch Störschutztransformatoren (Bild 10.26) lösen dies durch räumliche Separierung von Primär- und Sekundärwicklung sowie durch Einbau einer oder mehrerer Schirmungen zwischen beiden Wicklungsteilen. Die Schirmungseffektivität derartiger Transformatoren wird als Dämpfungsmaß a_{as} der asymmetrischen Störgröße angegeben. Ihre Größe ist abhängig von der zur Nachbildung kapazitiver Belastungen gewählten sekundärseitigen Messkapazität C_M. Üblich ist die Wahl $C_M = 0{,}01\,\mu\text{F}$.

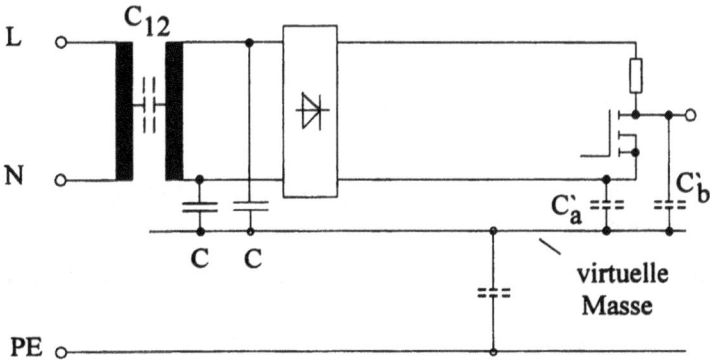

Bild 10.25: Symmetrierung über virtuelle Masse

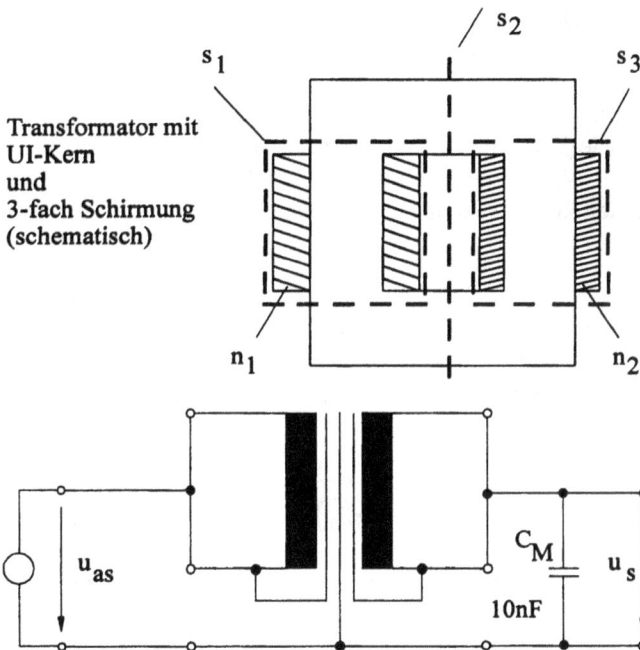

Bild 10.26: Störschutztransformator (high-isolation-transformer); oben: Struktur; unten: Messung asymmetrische Dämpfung a_{as}

Hierzu ein Vergleich kommerziell verfügbarer Netztransformatoren:

Netztransformator $\ddot{u} = 1:1$, Wicklung auf EI-Kern, keine Schirmung

Kopplungskapazität $C_{12} = 370\text{pF}$

asymmetrische Dämpfung $a_{as}(C_M = 0{,}01\mu F) = 28 dB$

Störschutztransformator ü = 1:1 gemäß Bild 10.26

Kopplungskapazität $C_{12} \approx 0{,}0005 pF$

asymmetrische Dämpfung $a_{as}(C_M\,0{,}01\mu F) \approx 146 dB$

(Achtung: rechnerisch ermittelte Dämpfungen > 140 dB lassen sich messtechnisch nicht nachweisen!)

Symmetrische Beeinflussungen lassen sich bei derartigen Transformatoren bei allerdings nur mäßiger Effizienz durch groß dimensionierte Transformatorstreuinduktivitäten sowie durch die in Bild 10.26 angegebenen Anschlüsse der Schirme s_1 und s_3 reduzieren.

Eine weitere Möglichkeit zur Reduzierung der asymmetrischen Störgröße besteht im Einbau einer Erdleiterdrossel (→ Bild 10.14). Auch hiermit erhöht sich, allerdings zulasten einer in der Regel unerwünschten Unterbrechung der Sicherheitsfunktion des Erdleiters, die gerätebezogene Innenimpedanz für die asymmetrische Störgröße.

Eine Maßnahme, gleichermaßen zur Reduzierung symmetrischer und asymmetrischer Störgrößen geeignet, ist die des Einbaus eines Netzfilters (Störschutzfilter). Bild 10.27 zeigt ein derartiges Filter. Es enthält mit der stromkompensierten Drossel L und den C_y-Kondensatoren eine Filterkomponente gegen asymmetrische und mit den C_x-Kondensatoren sowie Streuanteilen der Drossel L eine Filterkomponente gegen symmetrische Störungen. Der Widerstand R soll bei abgeschaltetem Gerät den ladungsfreien Zustand (Personenschutz) der Kondensatoren Gewähr leisten.

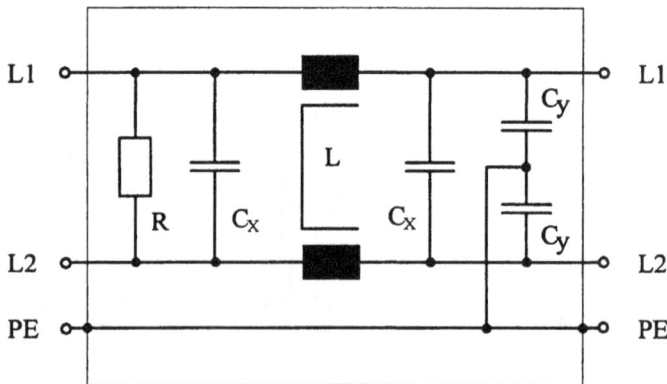

Bild 10.27: Netzfilter (Funkentstörfilter) gegen symmetrische und asymmetrische Störgrößen; Dimensionierungsbeispiel: $L = 12 mH$; $C_x = 1\mu F$; $C_y = 10 nF$; Einfügungsdämpfung (50Ω-System), $a_{s\,max} \approx a_{as\,max} \approx 60 dB$

Spezifiziert wird von den Herstellern derartiger Filter die Einfügungsdämpfung in 50 Ω - Messsystemen, was zwar gute Filtervergleiche erlaubt, auf Grund der in der Regel davon abweichenden Netz- und Geräteimpedanz aber nur bedingt Aufschluss über die tatsächlich erreichbare Dämpfung gibt. Eine etwas bessere Realitätsbezogenheit ist von Messungen nach CISPR 17 zu erwarten, da hier neben der Einfügungsdämpfung in $50\,\Omega$ -Systemen die Einfügungsdämpfung in $0,1\,\Omega\,/100\,\Omega$ - und $100\,\Omega\,/0,1\,\Omega$ -Systemen ermittelt wird. Auf eine Kontrollmessung, eventuell auch eine vorhergehende Rechnersimulation, sollte jedoch nicht verzichtet werden.

Große Aufmerksamkeit ist dem Filtereinbau zu widmen. Bei schlecht installierten Filtern kann insbesondere die asymmetrische Einfügungsdämpfung ganz erheblich leiden. Bild 10.28 zeigt hierzu einige Beispiele:

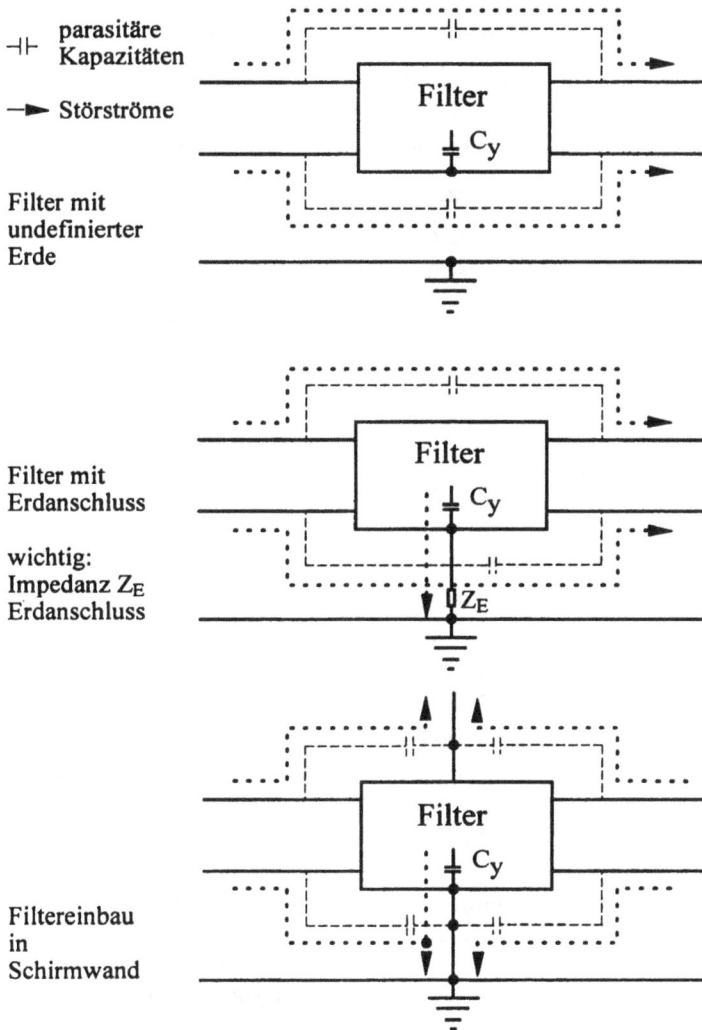

Bild 10.28: Parasitäre Einflüsse bei der Filterinstallation

Erläuterungen:

Filtereinbau mit undefinierter Erde

Kopplung von Primär- zu Sekundärseite über parasitäre Kapazitäten

eventuelles Metallgehäuse des Filters nicht effektiv

kein „Abfließen" des asymmetrischen Störstroms über die C_y-Kondensatoren zur Erde

Filter mit Erdanschluss

Kopplung von Primär- zu Sekundärseite über parasitäre Kapazitäten

Filtermetallgehäuse reduziert wirksame parasitäre Kapazitäten

„Abfließen" des asymmetrischen Störstroms ist abhängig von der Impedanz Z_E des Erdanschlusses

optimal: flächige Kontaktierung des Filtergehäuses mit der Erdfläche

Kompromiss: drahtförmiger Anschluss

$Z_E \approx \omega \cdot L' \cdot \ell$;   Schätzwert $L' \approx 1\mu H/m$

Beispiel: $\ell = 1cm$; $f = 100MHz \rightarrow Z_E \approx 6,28\Omega$

Filtereinbau in Schirmwand

minimale parasitäre Kopplung

optimales „Abfließen" des asymmetrischen Störstroms

Bild 10.20 zeigt die Auswirkung eines Filtereinbaus in das bereits in Kap. 10.3.3 vermessene „schnelle" Schaltnetzteil mit 400kHz-Taktfrequenz. Wie diese Messung zeigt, sind Filtermaßnahmen im Bereich tiefer Frequenzen auf Grund der dann erforderlichen Filterbaugröße uneffektiv. Störprobleme leistungselektronischer Systeme sind dort primär lösbar durch die Wahl geeigneter Steuerkonzepte (Stichwort „aktives Oberschwingungsfilter", vgl. Kap. 10.2.)

Abschließend zeigt Bild 10.29 ein in Bezug auf EMV-Maßnahmen recht weit gehendes Strukturbeispiel für einen AC/AC-Wandler mit Gleichspannungszwischenkreis.

Wichtig ist die Formulierung sogenannter EMV-Bereiche, d.h. die Aufteilung des Gerätes in Zonen vergleichbarer Empfindlichkeit. Nach außen ist der Wandler voll geschirmt. Gleichfalls gegeneinander geschirmt sind Leistungs- und Steuerteil. Der Leistungsteil beinhaltet zum einen den Gleichrichter (AC/DC-Wandler) mit aktivem Oberschwingungsfilter und zum anderen einen DC/AC-Wandler mit einem oberschwingungsarmen Steuerverfahren (Beispiel: Stromleitverfahren). Leistungs- und Steuerteil sind voneinander potentialgetrennt und besitzen getrennte Filter zum Netzanschluss. Steuersignale zum Leistungsteil gehen über Übertrager, wobei eine Metallfolie (Achtung: Folie darf keinen Kurzschlussring bilden zwischen Primär- und Sekundärwicklung) eine durchgehende Schirmung Gewähr leistet. Eine Alternative geringerer Güte ist die für hochimpedante Leitungen geeignete Signalübertragung über Durchführungskondensatoren. Rückmeldungen aus dem Leistungsteil

(i_{ist}, u_{ist}) verlaufen über Optokoppler. Bei allen Durchführungen ist zu beachten, dass deren konstruktive Ausführung die Durchgängigkeit der Schirmung zu Gewähr leisten hat.

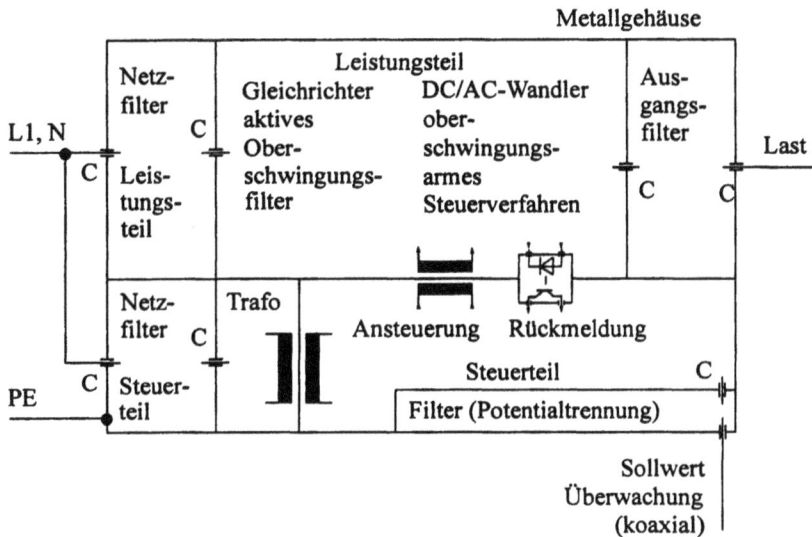

Bild 10.29: AC/AC-Wandler: Strukturbeispiel / EMV-Bereiche

In der Praxis sollten sich allerdings die zu ergreifenden Maßnahmen zur Vermeidung unwirtschaftlicher Lösungen nicht am technisch Machbaren sondern an der tatsächlichen EMV-Gefährdung, ersatzweise an den zu beachtenden Normen orientieren. So ist z.B. die in Bild 10.29 aufgeführte gegenseitige Schirmung von Steuer- und Leistungsteil zwar eine gute EMV-Maßnahme, kann aber in der Regel durch wirtschaftlichere Ansätze, wie z.B. einer sinnvollen Beschaltung der Halbleiterschalter, durchdachte Leitungsführung und gute Layout-Gestaltung |Anke 5|, |Durcansky| ersetzt werden.

Vorstehend wurden stets EMV-Maßnahmen unter dem Aspekt der Entstörung von Störquellen diskutiert. Auf Grund des reziproken Verhaltens von Störquellen und Störsenken (Voraussetzung: lineares Verhalten) sind diese Maßnahmen aber auch uneingeschränkt zur Gewährleistung der erforderlichen Störfestigkeit einzusetzen.

Literatur

Adragna, C., Ausbau einer Stromversorgung – einfach und preisgünstig, Realisierung eines Sperrwandlers mit hohem Leistungsfaktor, Elektronik 11/1998, 68 – 81

Anke, D., Getaktete Stromversorgungen (Schaltnetzteile), Fachseminar OTTI-Technik-Kolleg, Regensburg, 1999

Anke, D., Besonderheiten der EMV in der Energietechnik, in Gonschorek, K. H. u. Singer, H., Elektromagnetische Verträglichkeit - Grundlagen, Analysen, Maßnahmen, Teubner-Verlag, Stuttgart, 1992

Anke, D., Elektromagnetische Beeinflussung durch leistungselektronische Wandler, Störsicherheit elektronischer Schaltungen, in Wilhelm, J., Elektromagnetische Verträglichkeit, expert-Verlag, 5. Auflage, Ehningen, 1992

Anke, D., Elektromagnetisch verträgliche Signalübertragung, in Tränkler, H.-R. u. Obermeier, E., Sensortechnik – Handbuch für Praxis und Wissenschaft, Springer-Verlag Berlin Heidelberg New York, 1998

Anke, D., EMV-gerechte Auslegung von Verbindungen und Schnittstellen, Fachseminar Elektromagnetische Verträglichkeit / EMV-gerechte Entwicklung von Geräten, OTTI-Technik-Kolleg, Regensburg, 2000

Brückl, M., Dimensionierung und Aufbau eines Resonanzwandlers, Diplomarbeit FH-Regensburg, 1996

Chun, E., Internationale EMV-Normen und juristische Konsequenzen aus dem EMV-Gesetz, 3. Int. Kongress für Elektromagnetische Verträglichkeit EMV'92, VDE-Verlag Berlin und Offenbach, 1992

Daum, D., Unterdrückung von Oberschwingungen durch Pulsbreitensteuerung, ETZ-A, Bd. 93 (1972), H. 9,528-530

Deboy, D., Lorenz, L., März, M., Kühle Lösung für heiße Anwendungen – CoolMOS Ein Quantensprung in der Hochvolt-MOSFET-Technologie macht Anwenderträume wahr, Elektronik 19, 42 – 50, 1998

Durcansky, G., EMV-gerechtes Gerätedesign, Franzis-Verlag München, 1999

Duyan, H., Hahnloser, G., Traeger, G., PSPICE für Windows, Teubner Verlag Stuttgart, 1996

EMV, EMV-Gesetz, Bundesgesetzblatt vom 12.11.1992 (Neufassungen/Überarbeitungen: 08.09.1995, 30.06.1997)

Fender u.a., Oberschwingungskompensation und Überspannungsbegrenzung durch Geräte mit ungesteuertem Gleichrichter und Kondensator, 6. Int. Kongress für Elektromagnetische Verträglichkeit EMV'98, VDE-Verlag

Fischer, R. u.a., Anwendung des Prinzips der virtuellen Masse zur Reduzierung von HF-Abstrahlung von Leitungen und Kabelbäumen, 3. Int. Kongress für Elektromagnetische Verträglichkeit EMV'92, VDE-Verlag Berlin Offenbach, 1992

Fritsch, P., Bau eines aktiven Oberschwingungsfilters (Schaltnetzteil mit sinusförmiger Stromaufnahme), Diplomarbeit FH Regensburg, 1993

Fluke, Oberschwingungen in Versorgungsnetze, Firmenbroschüre, 1996

Hagmann, G., Leistungselektronik Grundlagen und Anwendungen, AULA-Verlag Wiesbaden, 1993

Herfurth, M., Aktives Oberwellenfilter in Netzgleichrichterschaltungen für Schaltnetzteile, Int. Makroelektronik-Konferenz, München, 1984

Ilchmann, B., Die neue Generation der aktiven Leistungsfaktor-Korrektur (Teil 1 u. 2), Elektronik 23 u. 25, 1996

Hering, E., Bressler, K., Gutekunst, J., Elektronik für Ingenieure, VDI Verlag, 1992, Springer-Verlag Berlin, 1998

Heumann, K., Stumpe, C., Thyristoren – Eigenschaften und Anwendungen, Teubner-Verlag, Stuttgart, 1974

Hoefer, E., Nielinger, H., SPICE Analyseprogramm für elektronische Schaltungen, Springer-Verlag, Berlin Heidelberg, 1985

Hoffmann, A., Stocker, K., Thyristor-Handbuch, Siemens Berlin und München, 1976

Holbrook, J.G., Laplace-Transformation, Vieweg Verlag Braunschweig, 1984

IR, International Rectifier, Datenbuch Power Conversion (CD), 1997

Jäger, R., Leistungselektronik Grundlagen und Anwendungen, VDE-Verlag Berlin Offenbach, 1988

Klingenstein, O., Schaltnetzteile in der Praxis, Vogel Buchverlag Würzburg, 1992

Kohling, A., EG-Richtlinien, Gesetze und Normen zur Sicherstellung der EMV, 4. Int. Kongress für Elektromagnetische Verträglichkeit EMV'94, VDE-Verlag Berlin und Offenbach, 1994

Kohling, A., CE-Konformitätskennzeichnung, EMV-Richtlinie und EMV-Gesetz, Anforderung an Hersteller und Auswirkungen auf Produkte, Publicis MCD Verlag, Berlin, 1995

Küpfmüler, K., Einführung in die theoretische Elektrotechnik, Springer-Verlag, 1990

Kurscheidt, P., Leistungselektronik, Verlag Berliner Union Stuttgart, 1977

Mecke, H. u.a., Ein neues Steuerkonzept für dreiphasige Schaltungen zur sinusförmigen Stromaufnahme, 6. Int. Kongress für Elektromagnetische Verträglichkeit EMV'98, VDE-Verlag Berlin und Offenbach, 1998

Meyer, M., Selbstgeführte Thyristor-Stromrichter, Siemens Berlin und München, 1974

Michel, M., Die Strom- und Spannungsverhältnisse bei der Ansteuerung von Drehstromlasten über antiparallele Ventile, Dissertation TU Berlin, 1966

Philippow, E., Taschenbuch Elektrotechnik, Band 1, Allgemeine Grundlagen, Carl Hanser Verlag München Wien, 1986

Siemens AG, Auto-/Industrieelektronik, HL Anwendungsbericht 4/91, TDA 4816G-Integrierte Steuerschaltung für sinusförmige Netzstromaufnahme

Stengl, J. P., Tihany, J., Leistungs-MOS-FET-Praxis, Pflaum Verlag München, 1992

VG, Elektromagnetische Verträglichkeit 2, DIN-Taschenbuch 516 (VG-Normen), Beuth Verlag, Berlin und Köln, laufend aktualisiert

Zach, F., Leistungselektronik, Springer-Verlag Wien, 1990

Bezugsquellen:

EN-Normen, VDE-Normen: VDE Verlag, Berlin

IEC-Normen: Bureau Central de la Commission Electrotechnique Internationale, Genf

VG-Normen: Beuth Verlag, Berlin und Köln

PSPICE, Hoschar Systemelektronik, Karlsruhe

SIMPLORER, Simec, Chemnitz

Sachregister

A

Abschaltthyristor 44, 89
Abstrahlung 329
Abwärtsregler 246
AC/AC-Wandler 3
AC/DC-Umrichter, -Wandler 2
Aktive Oberschwingungsfilter 317
Akzeptoren 11
A_L-Wert 259
Amplitudendichte 321
Amplitudenspektrum 131, 181
Anfangsüberlappungswinkel 144, 189
Asymmetrische Störgröße 307, 324, 325
Aufwärtsregler 246
Aufwärts-/Abwärtsregler 246
Average Detektor 330

B

Basic standards 308
Belastungskennlinie 152
Beweglichkeit 11
Blindleistungsdiagramm 136, 164,
  167, 170, 201
Blindleistungskompensation 217
BIMOS-Schalter 42
Boost-Converter 246
Bootstrap-Schaltung 262
Breitbandige Störgröße 330
Buck-Converter 246
B2-Brückenschaltung 159, 201
B6-Brückenschaltung 191, 201

C

CISPR 330
Common mode 325
CoolMOS 41

D

Dämpfung Störgrößenausbreitung 326
DC/AC-Wandler 3
DC/DC-Umrichter, -Wandler 2, 96, 245
Defektelektron 10
Differentieller Widerstand 15, 51
Differenztakt (differential mode) 325

Diode 12
Direktumrichter 293
Donatoren 11
Dotierung 11
Drehstromsteller 239
Dreiphasensysteme 173, 239, 276, 276,
  278
Dreiphasen-Wechselstromsteller 239
Durchflutungsgesetz 258
Durchflusswandler 247, 301
Dynamische Ausschaltverlustleistung 23

E

Effektive Permeabilität 258
Eigeninduktivität 17
Eigenstörsicherheit 305
Einfügungsdämpfung 340
Einphasen-Wechselstromsteller 221
Einphasen-Wechselstromsteller mit
  ohmsch/induktiver Last 232
Einphasen-Wechselrichter 274, 278, 281,
  290
Einpulsgleichrichter 26
Einraststrom 62
Einschwingvorgang 96
Elektrische Feldstärke 12, 332
Elektromagnetische Verträglichkeit
  (EMV) 8, 128, 298, 305
Elektron (Elementarladung) 10
Emission 307
EMV-Bereich 342
EMV-Empfänger 330
EMV-Gesetz 209, 305, 308
EMV-Richtlinie 309
EMV-Tafel 324
Energieeinspeisung 116
Energierückspeisung 116
Energiezwischenspeicher (Induktivität)
  251, 253, 256
Entlastungsnetzwerk 25, 42, 302, 326
Entstörung 335
EN-Normen 308, 309, 329, 335

180°-Pulsung

F

Fachgrundnormen 308

Feldgebundene Kopplung 305

Fernfeld 332

Filter 6, 316

Flickerstörung 232, 307

Flyback-Converter 246

Folgesteuerung gesteuerter Gleichrichter 168, 199, 201

Fourier-Analyse 130, 179, 224, 230, 321

Freilaufdiode 26, 31, 137

Freiraumwellenwiderstand 332

Freiwerdezeit 59, 75

Fremdführung, -Taktung 95

Frequenzthyristor 60

Frequenzumrichter 3, 215, 294

Führung 94

Funkstörempfänger 330

Funkentstörfilter 318, 340

Funkstörung 7, 307, 318, 320,325

Funkstörung Störungsursache 321

G

Gate-Ladecharakteristik 40

Gegentaktwandler 302

Generic standards 308

Gesteuerter Gleichrichter 105

Glättungsinduktivität 248

Glättungskapazität 248

Gleichrichterbetrieb 116

Gleichstrom-Gleichstrom-Umrichter 2, 245

Gleichstromleistung 129

Gleichstromsteller 2, 96, 245

Gleichstromsteller Brückenschaltung 264

Gleichstromsteller Mittelpunktschaltung 264

Gleichstrom-Wechselstrom-Umrichter 3, 96, 245, 273

Gleichtakt 325

Grundnormen 308

Grundschwingungsgehalt 128

Grundschwingungsblindleistung Gleichrichter129, 163, 179, 183, 193

Grundschwingungswirkleistung Gleichrichter129, 162, 179, 183, 193

Grundschwingungsblindleistung Wechselstromsteller 226

Grundschwingungswirkleistung Wechselstromsteller 222, 226

GTO 9, 44, 89

H

Halbleitermaterialien 10

Halbsteuerung 165, 197, 201

Halbwellensteuerung 229

Haltestrom 52, 58

High-side-Schalter 64, 262

Hochsetzsteller 215, 246, 251, 317, 336

Hoch-/Tiefsetzsteller 246, 253, 299

I

Ideelle Gleichspannung 115, 162, 175, 191, 201

IEC 330

IGBT 9, 34, 41

I-Umrichter 105, 108, 210

Impulsbreitensteuerung 270

Impulsfolgesteuerung 270

Impulsfrequenzsteuerung 270

Impulsgatterzündung 64

Induktiver (Spannungs-) Verlust 149, 170, 172, 190

Induktivität 256

Induktivitätsfaktor 259

Inverswandler 254

Inverter 255

K

Kenndaten gesteuerter Gleichrichter 200

Kippvorgang 47

Klassifizierung 1, 94

Klirrfaktor 128, 132

Kommutierung 16, 113, 139, 170, 187

Kommutierungsinduktivität 25, 141, 170

Kommutierungsgruppe 201

Kommutierungszahl 201

Komparator 155

Konformitätszeichen 309

Kopplung Störgrößen 323

Kreisstrom 206

Kreisstrombehafteter Umkehrstromrichter 207

Kreisstromfreier Umkehrstromrichter 208

Kritische Feldstärke 13

Kritische Spannungssteilheit 55

Kritische Stromsteilheit 57, 140, 170

Kurzimpulszündung 64

Kurzschlussspitzenstrom 143

L

Ladungsträgerdichte 11

Langimpulszündung 64

Latch-up 42

Lawinendurchbruch 15, 23, 45

Leistungsfaktor 316

Leistungsfaktor gesteuerter Gleichrichter 137, 185, 202, 209

Leistungsfaktor Wechselstromsteller 226

Leistungsübertragung Gleichstromsteller 253

Leistungstransistor 34

Leitfähigkeit 11

Leitungsgebundene Kopplung 305

Leitungsungebundene Kopplung 305

Linearregler 297

Löschschaltung 62, 70

Löschschaltung mit Nachladeinduktivität 87

Löschschaltung mit Rückladekreis 84

Low-side-Schalter 262

Lückbetrieb gesteuerter Gleichrichter 121, 185

Lückbetrieb Gleichstromsteller 250, 252, 261

Lückgrenze 124, 186, 252

Luftspalt Ringkerndrossel 258

M

Magnetentregung 119

Magnetische Energie 251, 256

Magnetische Feldstärke 257

Magnetischer Fluss 258

Magnetische Flussdichte (Induktion) 257

Makroanalyse 97

Mehrfachpulsung 6, 317

Mehrfachpulsung Gleichrichter 210

Mehrfachpulsung Wechselrichter 288

Mikroanalyse 98, 109

Mitkopplung 47

Minimal möglicher Zündwinkel Wechselstromsteller 233

M2-Mittelpunktschaltung 110

M2-Schaltung Freilaufdiode 138

M2-Schaltung Kommutierung 139

M2-Schaltung Leistungsanalyse 127

M2-Schaltung Spannungsverluste 149

M2-Schaltung Steuerteil 154

M2-Schaltung Transformator 152

M3-Mittelpunktschaltung 173

N

Natürlicher Zündzeitpunkt 110, 174

Netzfilter 340

Netzführung 95

Netzgeführter Wechselstrom-Gleichstrom-Umrichter 108

Netzimpedanz 306

Netzimpedanz symmetrisch 309

Netzimpedanz unsymmetrisch 330

Netznachbildung 309 330

Netzrückwirkung 7, 106, 128, 230, 307, 309, 325

Netzrückwirkungsarme Wechselstrom-Gleichstrom-Umrichter 209

Netztaktung 94

Netzthyristor 60

Normierte Steuergleichung 116

Nullkippspannung 47

O

Oberschwingungsgehalt 128, 132

Oberschwingungsverhältnis 310

P

Parallelresonanzwandler 302

Periodengruppensteuerung 229

Permeabilität 257

PFC-Regelung 298, 317

Phasenanschnittsteuerung 221

Phasenabschnittsteuerung 226

pn-Übergang 12

PowerMOSFET 34, 37

PowerMOSFET Ausgangskennlinienfeld 40

Produktnormen 308
psn-Diode 14
PSPICE 26
PWM Pulsbreitenmodulation 212, 261, 270, 288

Q
Quasi-peak-Detektor 330
Quasi-Resonanzwandler 302

R
Rampengenerator 155
Randwertproblem 98
Raumladung 12
Regelung 261
Rekombination 17
Relative Kurzschlussspannung 140
Ringkerndrossel 257
Rückstrom 19
Rückstromspitze 20, 139
Rückwärtskennlinie (reverse) 15

S
Sättigungsflussdichte 259
Sättigungssperrspannung 15
Saugkreis 316
Schaltmodulation 5, 95, 132, 229, 245, 270, 305
Schaltnetzteil 215, 297, 317
Schaltnetzteil sinusförmiger Netzstrom 318
Schaltnetzteil primär getaktet 299
Schaltnetzteil sekundär getaktet 299
Schaltregler 297
Scheinleistung 129, 137, 178
Schleusenspannung 15, 51
Schmalbandige Störgröße 330
Schonzeit 60, 74
Schwankung 98
Schwingkreisumrichter 283
Schwingungspaketsteuerung 229
Sektorsteuerung gesteuerter Gleichrichter 210
Sektorsteuerung Wechselrichter 286
Sektorsteuerung Wechselstromsteller 226
Selbstführung 95
Selbstgeführte Wechselstrom-Gleichstrom-Umrichter 209

Selbsttaktung 94
Serienresonanzwandler 302
Shockleysche Diodengleichung 14
Shorted Emitter 55
SIMPLORER 26, 107, 213, 235, 280, 290, 313
Sinusförmiger Netzstrom 215
Snap-off-Verhalten 19
SOAR-Diagramm 37, 41
Soft-recovery-Verhalten 19, 26
Soft-switching 302, 326
Spannungsglättung 105
Spektrum Nomogramm 321
Sperrverzögerungsladung 16, 19, 58, 139
Sperrverzögerungszeit 20
Sperrwandler 254, 299
Steuerkennlinie Gleichrichter 116, 164, 177
Steuerkennlinie Wechselstromsteller 223, 230, 238
Steuerverfahren Gleichstromsteller 270
Steuerverfahren Wechselrichter 285
Störfestigkeit 307, 335
Störgrößen Messung 329
Störquelle 308
Störsenke 308
Störgrößenausbreitung 326
Störschutzfilter 340
Störschutztransformator 338
Störung 7
Störungsursache Funkstörung 321
Störungsursache Netzrückwirkung 309
Strahlungsdichte 332
Stromflusswinkel gesteuerter Gleichrichter 113, 121, 175
Stromflusswinkel Wechselstromsteller 236
Stromglättung 105
Stromleitverfahren 217, 270, 288
Subharmonische 232
Synchronisation 155
Synchronschalter 39, 92, 269, 302
Symmetrierung 338
Symmetrische Halbbrücke 92, 267, 273, 302

Symmetrische Brückenschaltung
    (Gleichstromsteller) 268, 273
Symmetrische Störgröße 307, 325
Stoßionisation 13
Strommittelwert 98
Stromschwankung 98
T
Tailstrom 42
Taktung 94
Taylor-Reihe 97
Teilstromrichter 159
Temperaturspannung 15
Thyristor 9, 43
Thyristor di/dt -Verhalten 55
Thyristor du/dt -Verhalten 54
Thyristor Rückwärts-Sperrkennlinie 45
Thyristor- Vorwärts-Blockierkennlinie
    46
Thyristor-Vorwärts-Durchlasskennlinie
    51
Thyristor mit Löschschaltung 9
Tiefsetzsteller 246, 247, 299, 300
Tiefpass 71, 95, 105, 245
Tiefpass 2. Ordnung 248
Trägerstaueffekt (TSE) 21
Transformatorausnutzung 152, 178
Transformatorverlust 149
Transistor Ausgangskennlinienfeld 35
Triac 44, 89
TSE-Beschaltung 26, 55
Typenleistung 152, 178, 202
U
Über-Kopf-Zündung 50, 55
Überlappungswinkel 144, 172, 189
Übertrager 66
Universalschalter 92, 267
Umkehrstromrichter 203, 293
Unsymmetrische Halbbrücke (Gleich-
    stromsteller) 264
Unsymmetrische Brückenschaltung
    (Gleichstromsteller) 265
Unsymmetrische Störgröße 307, 325
U-Umrichter 105, 215
V
Vektormodulation 288

Ventile 7
Ventilkurzschluss 22, 143, 170
Ventilverlust 149
Vertikal-MOSFET 39
Verschiebungsfaktor 137
Verzerrungsblindleistung 129, 137,179
VG-Normen 307, 329
Vierquadranten-Gleichrichter 203, 293
Vierquadranten-Gleichstromsteller 267
Virtuelle Masse 338
Vollbrücke 268, 273, 302
Vollsteuerung gesteuerter Gleichrichter
    164, 194, 201
Vollsteuerung Gleichstromsteller 271
Vorwärtskennlinie (forward) 15
W
Wechselstromschalter 219
Wechselstromsteller 3, 219
Wechselstrom-Gleichstrom-Umrichter 2,
    105
Wechselstrom-Wechselstrom-Umrichter
    3, 208, 293
Wechselstrom-Wechselstrom-Umrichter
    ,mit Gleichspannungszwischenkreis
    294
Wechselstrom-Wechselstrom-Umrichter
    mit Gleichstromzwischenkreis 294
Wechselrichter 3, 96, 273
Wechselrichter mit Einzellöschung 274
Wechselrichter mit Phasenlöschung 277
Wechselrichter mit Phasenfolgelöschung
    277, 281
Wechselrichterbetrieb 116
Wechselrichtertrittgrenze 113, 145
Welligkeit 128, 133, 202, 272
Z
Zerhacker 273
Zünddiagramm 53
Zündung 52
Zündschaltung 62
Zündverzögerungszeit 55
Zündwinkel 111
Zweiphasensysteme 110
Zwischenkreisumrichter 5, 245, 294

www.ingramcontent.com/pod-product-compliance
Lightning Source LLC
Chambersburg PA
CBHW081528190326
41458CB00015B/5483